从零学习电工

杨锐　编著

·北京·

内容简介

本书采用全彩图解＋视频讲解的形式，对电工基础知识、电气元器件、常用电气仪表的使用以及家庭用电电路、电动机控制电路、PLC 接线和变频器应用等知识进行了系统的介绍。

书中涉及电路均采用实物图与示意图对照的方式进行讲解，一页一图，彩色接线，直观清晰，一目了然；重难点电路配备教学视频，手机扫码观看，便于读者快速掌握接线方法。

本书内容源于电工现场，又应用于电工现场，不仅有必备的理论知识，更有丰富的实践操作，非常适合电工初学者、PLC 初学者、行业初级电工、电工维修人员等自学使用，也可用作职业院校及培训机构相关专业的教材及参考书。

图书在版编目（CIP）数据

从零学习电工/杨锐编著．—北京：化学工业出版社，2021.6（2024.8重印）
ISBN 978-7-122-38728-8

Ⅰ.①从…　Ⅱ.①杨…　Ⅲ.①电工技术　Ⅳ.①TM

中国版本图书馆CIP数据核字（2021）第046569号

责任编辑：耍利娜　　文字编辑：师明远
责任校对：王素芹　　装帧设计：王晓宇

出版发行：化学工业出版社（北京市东城区青年湖南街 13 号　邮政编码 100011）
印　　装：北京天宇星印刷厂
787mm×1092mm　1/16　印张 $15^3/_4$　字数 387 千字　　2024 年 8 月北京第 1 版第 6 次印刷

购书咨询：010-64518888　　售后服务：010-64518899
网　　址：http://www.cip.com.cn
凡购买本书，如有缺损质量问题，本社销售中心负责调换。

定　　价：89.00 元

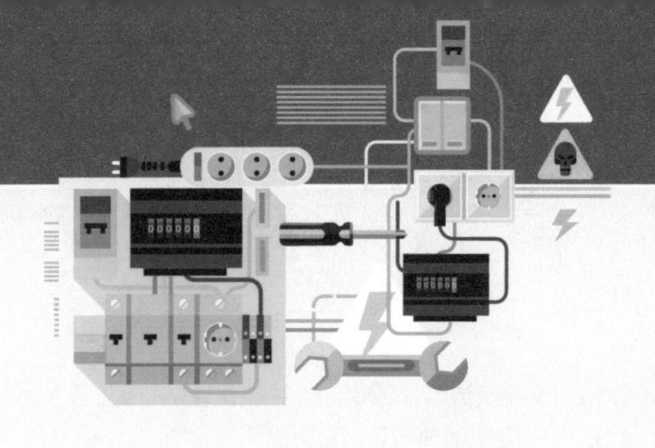

前言

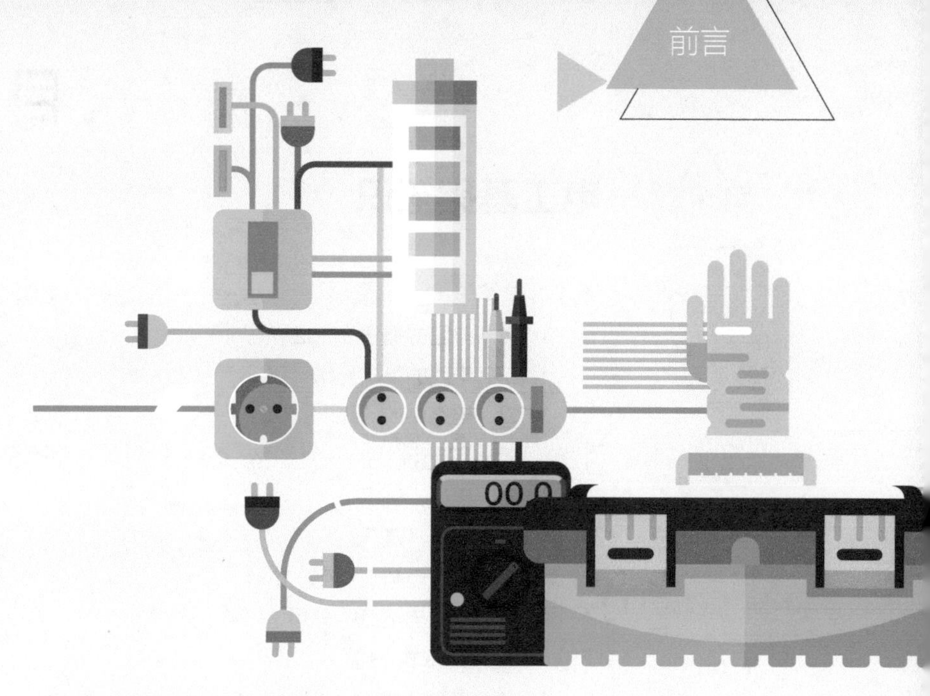

《从零学习电工》是笔者在总结电工现场操作经验和教学实践的基础上编写而成的。本书选取了大量电工电路示例进行重点介绍，这些电工电路有的是生活中经常使用的，有的是近年来出现的新型控制电路。每个示例都有其自身的特点，各个示例之间又互为补充。读者既可以单独选读，也可以由前至后、由浅入深地进行系统学习。如果你是初学者，建议通读全书，同时配合书中提供的视频课程来学习。

本书采用实物图与电路图对照结合的方式，介绍了电工基础、电气元器件、常用电气仪表的使用以及家庭用电电路、电动机控制电路、PLC和变频器电路的工作原理、实物接线等内容，方便电工初学者尽快掌握电路的本质，并学以致用。书中电气简图中所用的图形符号参照的是最新国家标准，实际使用中可能有与旧的电气简图所用符号不一致的地方，读者应逐步废弃旧的电气图形符号，掌握新的电气图形符号。

在讲解电工电路原理时，笔者尽量使用简洁的语言、易懂的电路，使读者一目了然。对于部分经常使用却又模棱两可的电路，本书也力求做出较为客观的分析，以帮助读者加深对应用电路的认识，消除心中的疑惑。只要读者按照章节顺序细心阅读，领悟其中的道理，定会受益匪浅。

本书配套了部分讲解视频，更多资源可关注微信公众号“工业帮课程”获取。

在编写本书的过程中，笔者查阅了大量文献资料，并与现场使用和维护电气设备的工作人员进行了充分的交流，对书中涉及电路进行了实验证明。但由于水平有限，且受硬件条件制约，书中疏漏之处在所难免，敬请广大读者批评指正。

编著者

目 录

第1章 电工基础知识

第2章 电气元器件

第 3 章 常用电气仪表的使用

第 4 章 家庭用电电路

第5章 电动机控制电路

第6章 PLC 接线

第7章 变频器应用

193

附录 237

参考文献 242

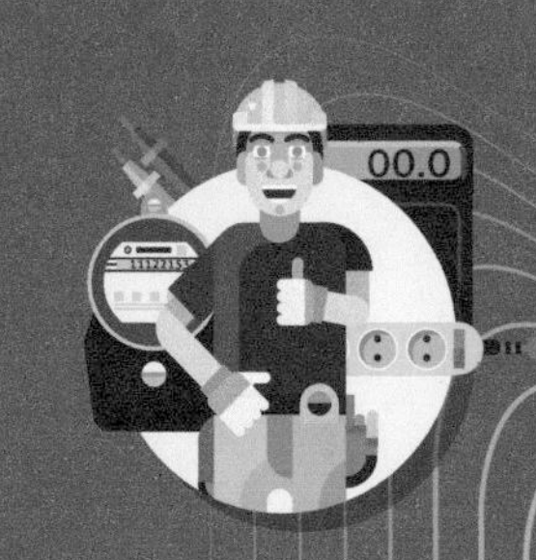

第 1 章
电工基础知识

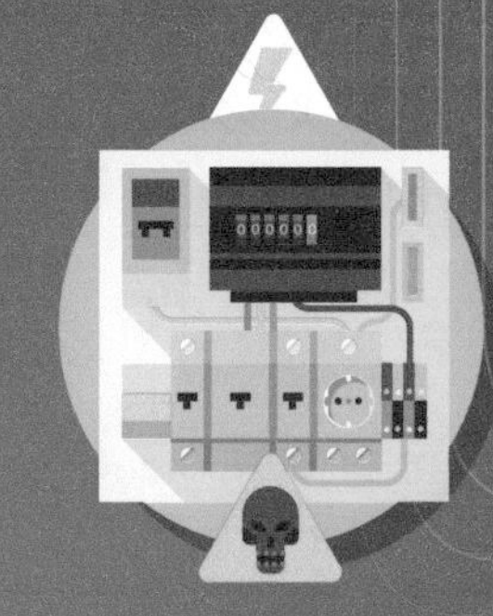

1.1 电路

1.1.1 电路的概念

电路是电工技术和电子技术的基础。把一些电气设备或元器件，按其所要实现的功能，用一定方式连接而成的电流通路即为电路。

电路的作用有两点：一是可以实现能量的传输与转换；二是可以实现信号的传递和转换。

简单地讲，我们把电流所走的路线称为电路。用细铁丝将一个电灯泡、一个开关与一节电池连接，即可组成一个简单的电路，如下图所示。

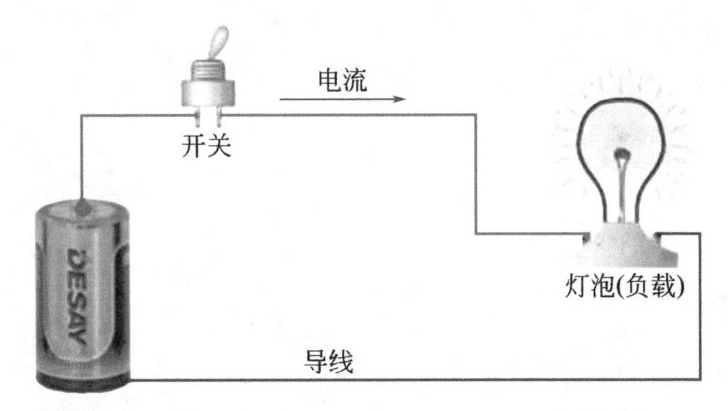

如果将上面的实际电路用标准的电路图形符号画出来，可得到如下图所示的电路原理图。

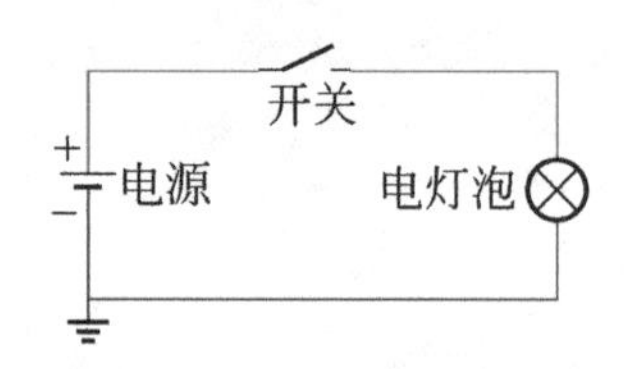

按照这个电路原理图，可制作出许多不同的照明器具，如手电筒、探照灯等。如果将其中的电池更换成220V的交流电源，就是我们所熟知的电灯照明电路，如下图所示。

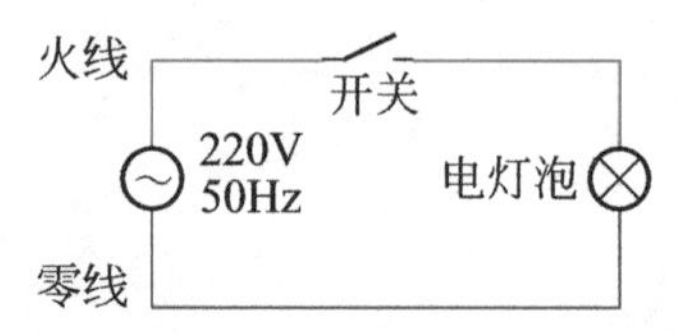

每个电路都有它的作用、功能。但电路有很多种，不同的电子（电气）设备中各个电路的作用可能各不相同。

电路的作用对象被称为负载。例如，喇叭是音频放大器的负载，电灯泡是电池的负载。通常负载将电能转换成其他形式的能量。

1.1.2 电路的基本元素

在电气工程中，我们关注的是信号的传输或是能量的转移，要实现信号的传输或能量的转移，就需要有互连的电子（电气）设备，其中的每一个组成部分即是电路元素，电路由多个不同的电路元素构成，如下图所示。

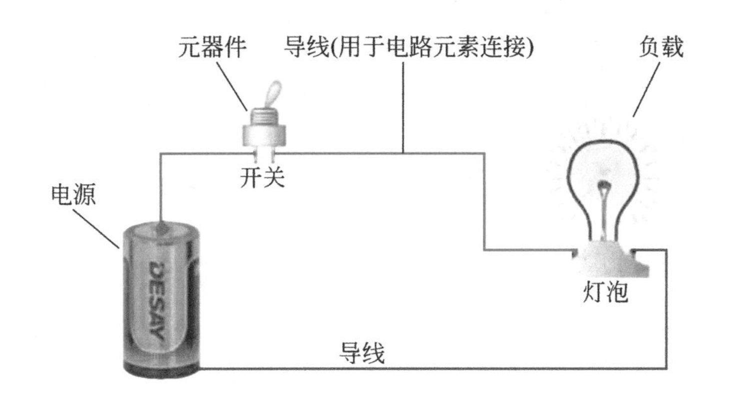

1.1.3 电路中的“地”

“地”是与电路相关的一个重要概念，在电路图中，我们通常会看到“地”的电路图形符号，如下图所示。

（旧标准符号）（旧标准符号）（新标准符号）

“地”分为设备内部的信号接地和设备接大地，两者概念不同，目的也不同。电路的“地”，又称“参考地”，就是零电位的参考点，也是构成电路信号回路的公共端，它为设备中的所有信号提供了一个公共参考电位。

在工程实践中，通常将设备的外壳与大地连在一起。设备接大地是为了保护人员安全而设置的一种接线方式。

不要将设备外壳的接地与电路中的“地”等同起来，也千万不要将上面所述的设备外壳接地与 220V 交流电中的零线等同起来。如果使设备外壳与零线等同，将给人员带来致命的伤害。

1.2 电压和电流

1.2.1 电压

在电路中，任意两点之间的电位差被称为这两点的电压。例如一节 1.5V 的电池，其正极比负极高 1.5V。

电压用符号 U 表示。电压的单位是伏特，用 V 表示。除了伏特，常用的电压单位还有微伏（μV）、毫伏（mV）、千伏（kV）。它们之间的换算关系为

$$1\text{kV}=1000\text{V}，1\text{V}=1000\text{mV}，1\text{mV}=1000\mu\text{V}$$

1.2.2 电流

在电源电压的作用下，导体内的自由电子 (电荷) 在电场力的作用下有规律地定向移动，即形成电流，如下图所示。

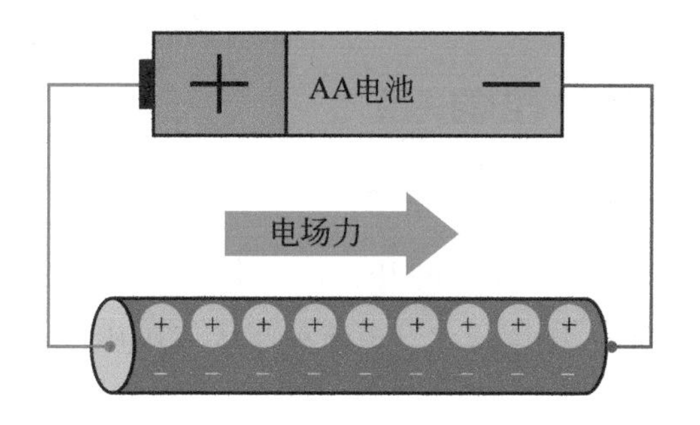

电流用 I 表示，其单位是安培，用 A 表示。除了安培，常用的电流单位还有毫安（mA）及微安（μA）。它们之间的换算关系为

1A=1000mA，1mA=1000μA

1.2.3 直流电与交流电

直流电（DC）是指电压方向不随时间的变化而变化的电流。我们平常所使用的手电筒、手机、平板电脑等的电池发出的电流都属于直流电，如下图（a）所示。

交流电（AC）是指电压大小与方向随时间变化而变化的电流。日常的照明用电就是交流电，如下图（b）所示。交流电是有频率的，通常电网接入供电为 50Hz、220V。

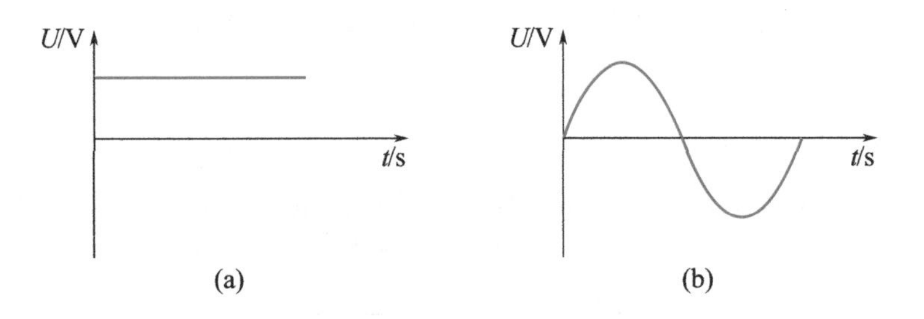

1.2.4 电压与电流的关系

电压与电流的关系如下所示。

电流（I）=电压（U）/电阻（R）

电阻一定时，电压越大，电流就越大。电压一定时，电阻越大，电流就越小。

著名的欧姆定律就是用来表述电压、电流与电阻三者之间关系的。欧姆定律表明：流过电阻的电流与其两端电压成正比，而与本身的阻值成反比。

1.3 电路的连接方式

1.3.1 串联方式

如果电路中多个负载首尾相连，那么称它们的连接状态是串联的，该电路即称为串联电路。

如下图所示，在串联电路中，通过每个负载的电流是相同的，且串联电路中只有一个电流通路，当开关断开或电路的某一点出现问题时，整个电路将处于断路状态，因此当其中一盏灯损坏后，另一盏灯的电流通路也被切断，该灯不能点亮。

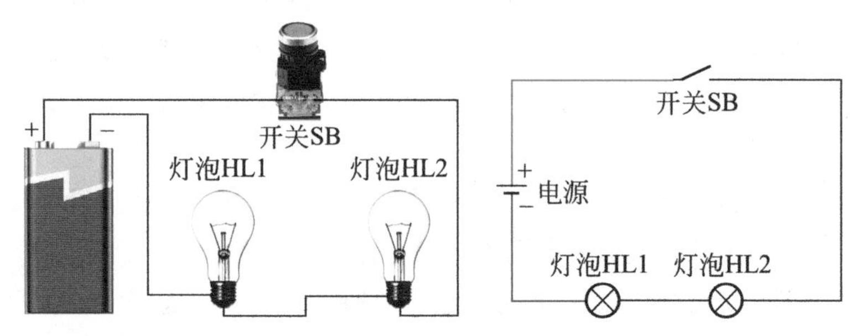

在串联电路中，流过每个负载的电流相同，各个负载分享电

源电压，如下图所示，电路中有三个相同的灯泡串联在一起，那么每个灯泡将得到 1/3 的电源电压。每个串联的负载可分到的电压与它自身的电阻有关，即自身电阻较大的负载会得到较大的电压值。

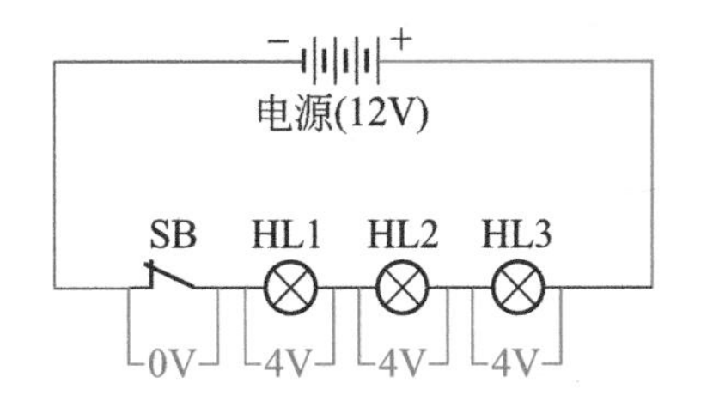

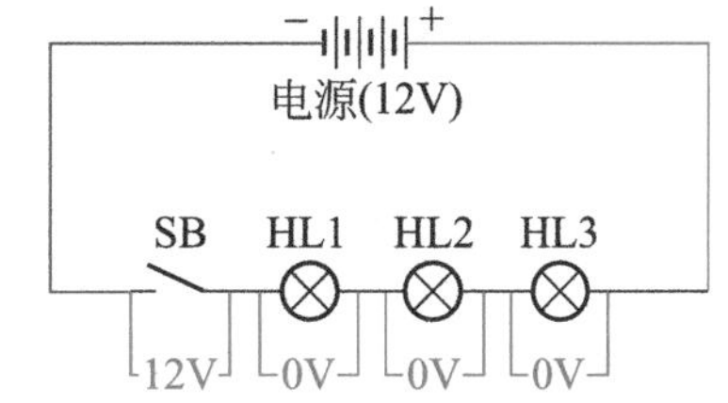

1.3.2 并联方式

两个或两个以上负载的两端都与电源两极相连，称这种连接状态为并联，该电路即为并联电路。

如下图所示，在并联状态下，每个负载的工作电压都等于电源电压。不同支路中会有不同的电流通路，当支路某一点出现问题时，该支路将处于断路状态，照明灯会熄灭，但其他支路依然正常工作，不受影响。

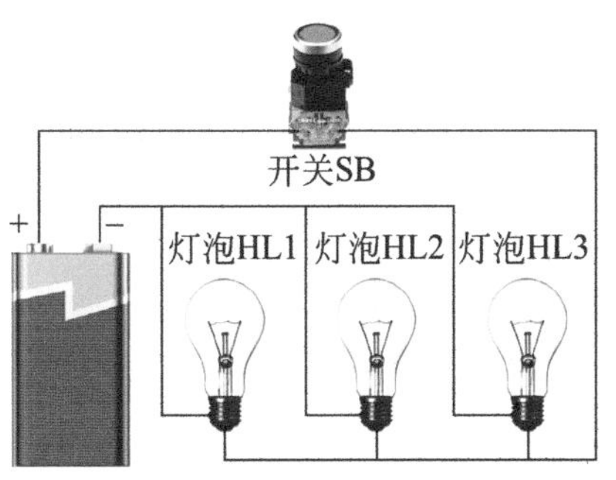

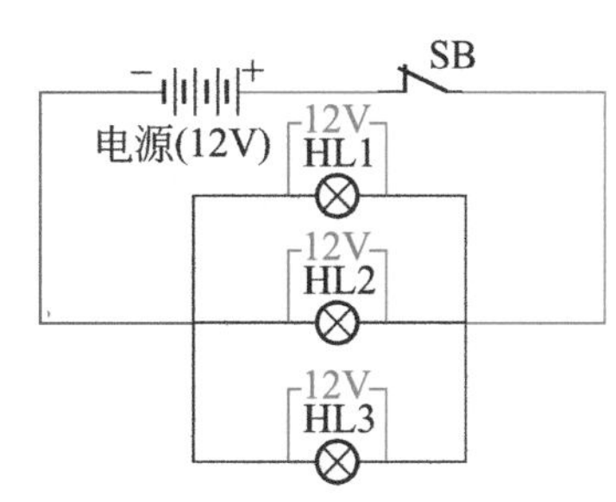

1.3.3 混联方式

如下图所示，将电气元器件串联和并联连接后构成的电路称为混联电路。

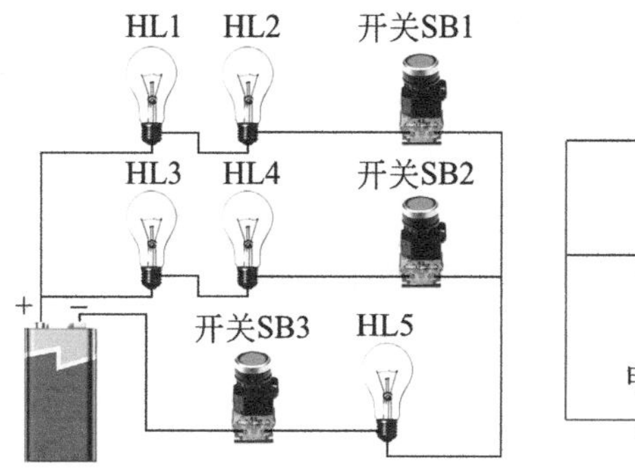

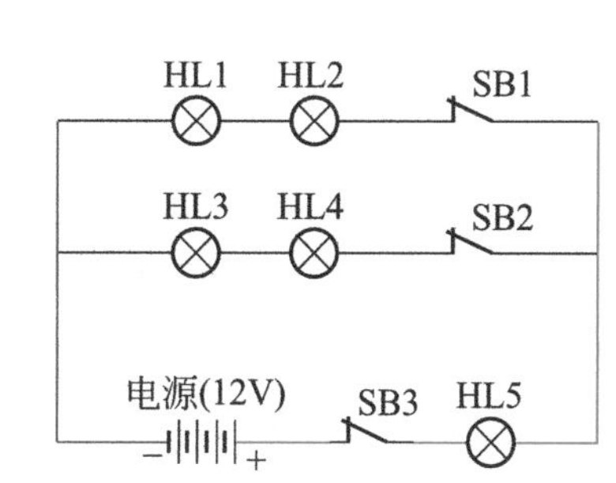

1.4 电阻串并联计算

在电路系统中，电阻的应用较为广泛，电阻的电路系统连接分为串联、并联和混联。

1.4.1 电阻的串联

多个电阻首尾相连，串接在电路中，称为电阻的串联。如下图所示。

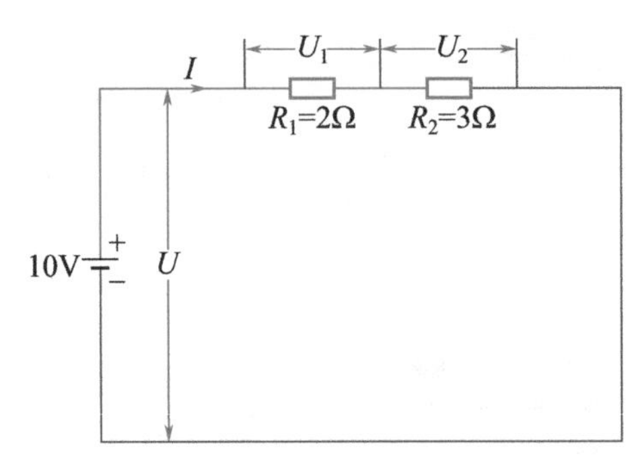

在上图所示电路中，两个串联电阻上的总电压为 U；电阻串联后总电阻 $R=R_1+R_2=5\Omega$；流过各电阻的电流 $I=U/(R_1+R_2)=10V/5\Omega=2A$；电阻 R_1 上的电压 $U_1=IR_1=(2\times2)V=4V$，电阻 R_2 上的电压 $U_2=IR_2=(2\times3)V=6V$。

电阻串联的特点如下。

① 流过各串联电阻的电流相等，都为 I。

② 电阻串联后的总电阻 R 等于各串联电阻之和，即 $R=R_1+R_2$。

③ 总电压 U 等于各串联电阻上电压之和，即 $U=U_1+U_2$。

④ 串联电阻越大，两端电压越高，因为 $R_1<R_2$，所以 $U_1<U_2$。

1.4.2 电阻的并联

多个电阻的头头相连、尾尾相接，在电路中称为电阻的并联，如下图所示。

并联的电阻 R_1、R_2，两端的电压相等，$U_1=U_2=U$；流过 R_1 的电流 $I_1=U_1/R_1=(12/24)A=0.5A$，流过 R_2 的电流 $I_2=U_2/R_2=(12/12)A=1A$；总电流为 $I=I_1+I_2=(1+0.5)A=1.5A$；R_1、R_2 并联总电阻为

$$R=\frac{R_1R_2}{R_1+R_2}=8\Omega$$

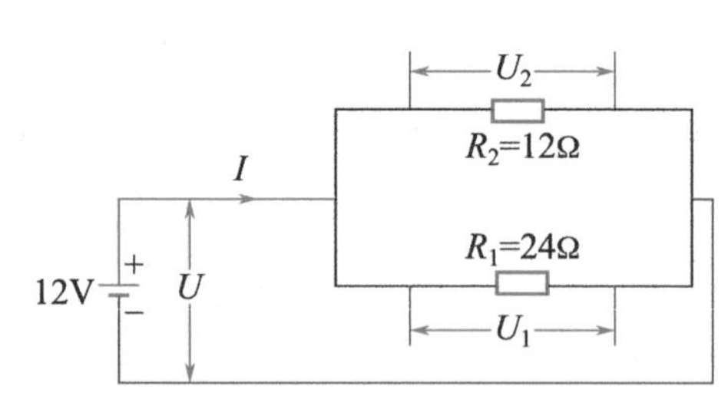

电阻并联有以下特点。

① 并联的电阻两端的电压相等，即 $U_1=U_2$。

② 总电流等于流过各个并联电阻的电流之和，即 $I=I_1+I_2$。

③ 电阻并联总电阻的倒数等于各并联电阻的倒数之和。

④ 在并联电路中，电阻越小，流过的电流越大，因为 $R_1>R_2$，所以流过 R_1 的电流 I_1 小于流过 R_2 的电流 I_2。

1.4.3 电阻的混联

一个电路中的电阻既有串联又有并联时，称为电阻的混联，如下图所示。

对于电阻混联电路，总电阻可以这样求：先求并联电阻的总电阻，再求串联电阻与并联电阻的总电阻之和，并联电阻 R_3、R_4 的总电阻为

$$R_{并}=\frac{R_3R_4}{R_3+R_4}=\frac{12\times24}{12+24}\Omega=8\Omega$$

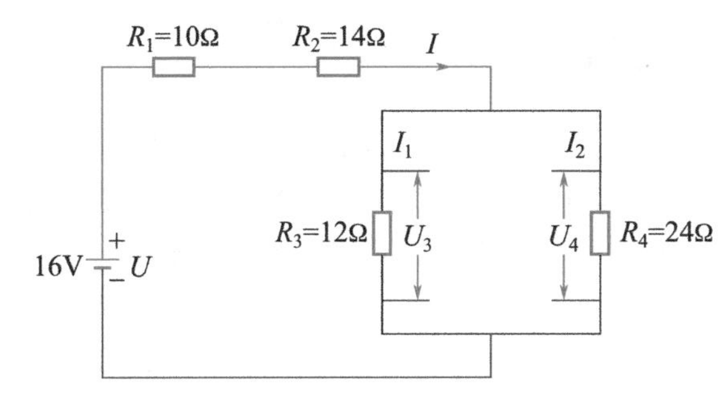

电路的总电阻为：

$$R_{总} = R_1 + R_2 + R_{并} = (10 + 14 + 8)\Omega = 32\Omega$$

1.5 电气图形符号

电气图是电气工程中进行沟通、交流信息的载体。电气图所表达的对象不同，提供信息的类型及表达方式也不同，这样就使电气图具有多样性。电气图的图形符号是识图的基础，相关人员应熟练掌握。电气图的图形符号很多，这里介绍一些常见的电气图的图形符号，如下图所示。

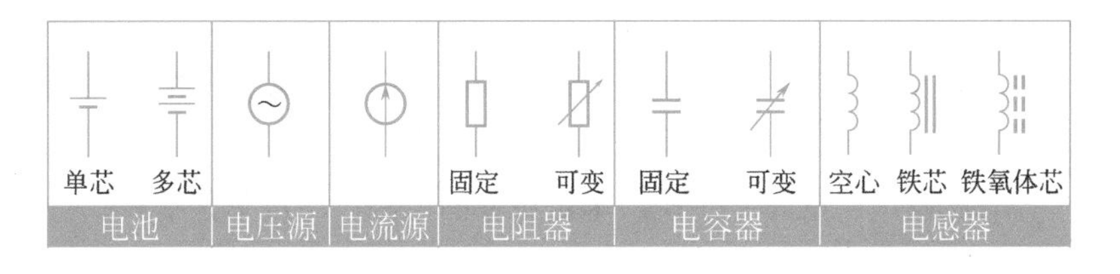

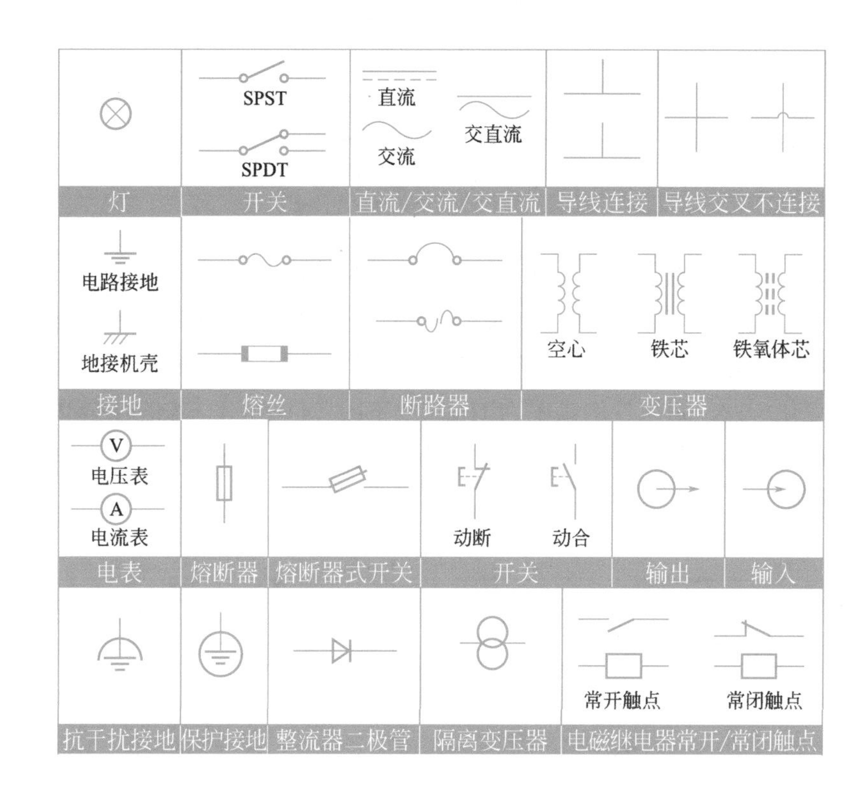

1.6 交流电的基础知识

交流电的大小与方向随时间的变化而做周期性的变化。工程上用的一般都是正弦交流电，即交流电的变化规律按正弦函数变化，如下图所示。

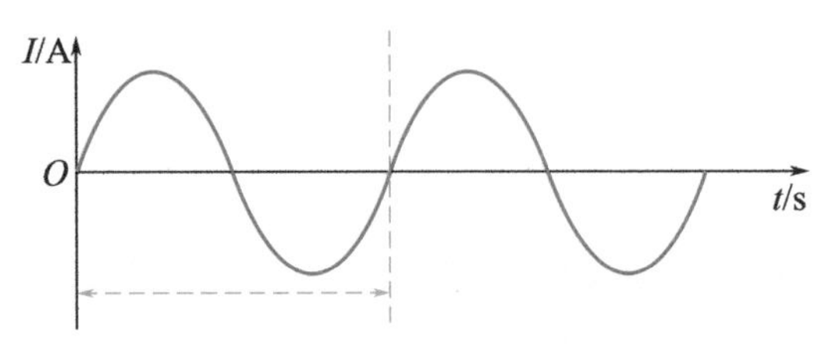

交流电完成一次周期性变化所需要的时间称为周期。

频率 f 是指单位时间（1s）内信号发生周期性变化的次数。频率的国际单位是赫兹（Hz）。若信号在单位时间（1s）内只周期性变化一次，则信号的频率为 1Hz，如下图（a）所示。若信号在单位时间内只周期性变化两次，则信号的频率为 2Hz，如下图（b）所示。

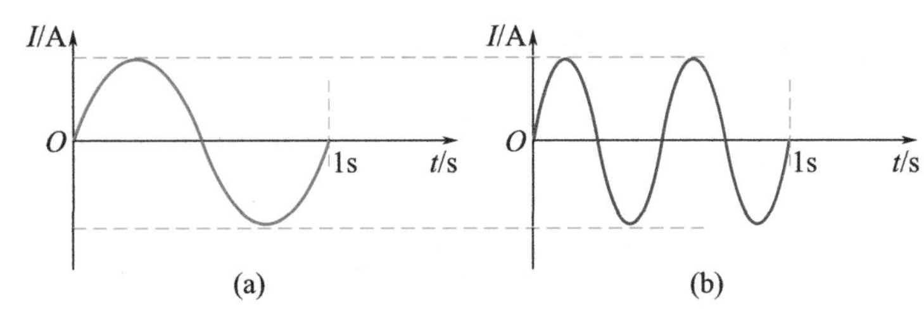

频率 f 与周期是互为倒数的关系，即

$$f=1/T$$

频率越高，周期越短；频率越低，周期越长。

我国电力系统提供的交流电的频率是 50Hz，即它在 1s 内会变化 50 次。由于流过灯泡的电流的变化速度快，因此我们感觉不到它闪烁。

1.6.1 有效值

交流电电压的有效值是根据电流的热效应来规定的。

让交流电与直流电通过同样阻值的电阻，如果它们在同一时间内产生的热量相等，就把这一直流电电压数值称为这一交流电电压的有效值。

交流电电压的有效值是其最大值的 $1/\sqrt{2}$（或 0.707 倍）。一般的交流电压表、电流表与万用表的读数都是有效值。通常说照明电路的电压是 220V，就是指有效值为 220V。

1.6.2 三相交流电

三相交流电是由三相交流发电机产生的。目前，我国生产、配送的都是三相交流电。三相交流电是由三个频率相同、最大值相等、相位差互差 120° 角的单相交流电按一定方式进行的组合，如下图所示。

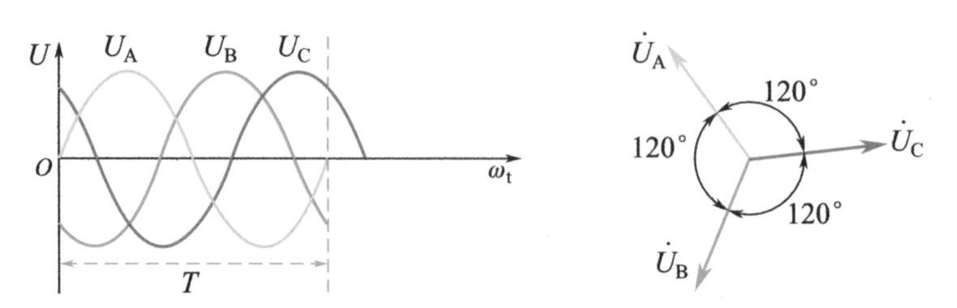

三相交流电有两种供电方式：三相三线制供电、三相四线制供电。

三相发电机的每一个绕组都是独立的电源，均可单独给负载供电。实际上，三相电源是按照一定的方式连接后再向负载供电的。

发电机三相绕组的末端连接在一起，绕组的始端分别与负载相连，这种连接方法就称为星形连接。三相电源通常采用星形连接方式。

以三条相线向负载供电的方式即为三相三线制供电。这种供电方 式的配电变压器低压侧有三条相线（相线即通常所说的火线）引出，但没有中性线（零线）。三相三线制适用于高压配电系统，如变电所、高压三相电动机等。

在野外看到的输电线路通常为三根线（即三相），没有中性线，故称三相三线制。电力系统高压架空线路一般采用三相三线制，三条线路分别代表 U、V、W 三相。任意两根相线之间的电压被称为线电压，为 380V，如下图所示。

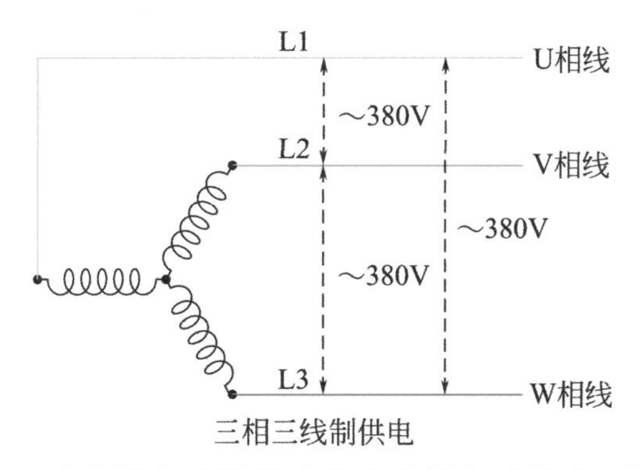

三相三线制供电

下图中三个末端相连接的点称为中性点或零点，用字母“N”表示。从中性点引出的一根线称为中性线或零线。从始端引出的三根线称为端线或相线。

相线俗称火线，与零线之间有 220V 的电压。

由三根相线、一根零线组成的输电方式称为三相四线制。三相四线制供电是常用的低压电路供电方式。

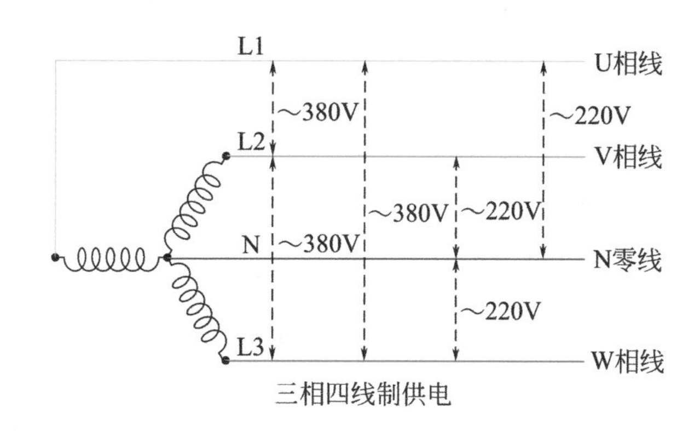

三相四线制供电

1.6.3 三相电源的电压

三相四线制可提供两种电压：一种是相线与零线之间的电压，称为相电压，为～ 220V；一种是相线与相线之间的电压，称为线电压，为～ 380V。

在日常生活中，我们接触的负载，如电灯泡、电视机、电冰箱、电风扇等家用电器及单相电动机，它们工作时都是用两根导线接到电路中，都属于单相负载。在三相四线制供电时，多个单相负载应尽量均衡地分别接到三相线路中，而不应把它们集中在其中的一相线路里。

在三相四线制供电的线路中，中性线起到保证负载相电压对称不变的作用，对于不对称的三相负载，中性线绝不能去掉，不能在中性线上安装熔丝或开关，而且要用力学性能较好的钢丝作中性线。

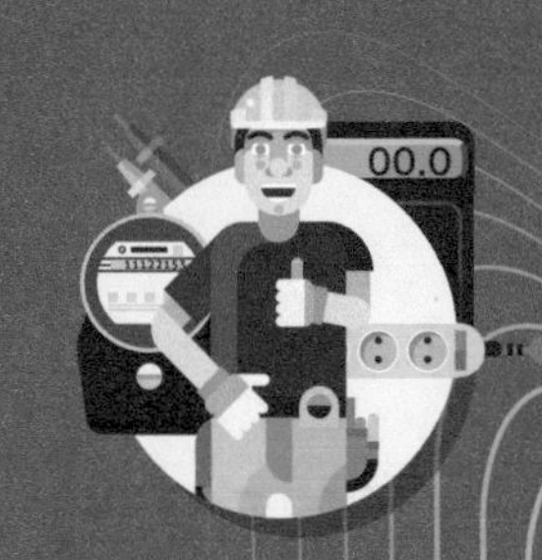

第 2 章 电气元器件

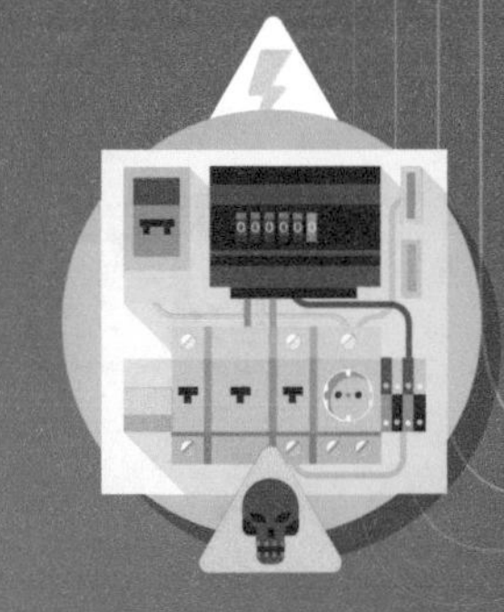

断路器

扫一扫 看视频

2.1.1 1P/2P/3P/4P 的区别与功能

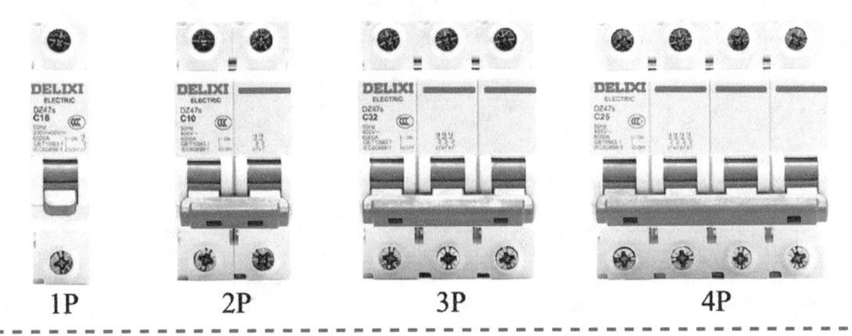

断路器文字符号：QF

断路器图形符号：

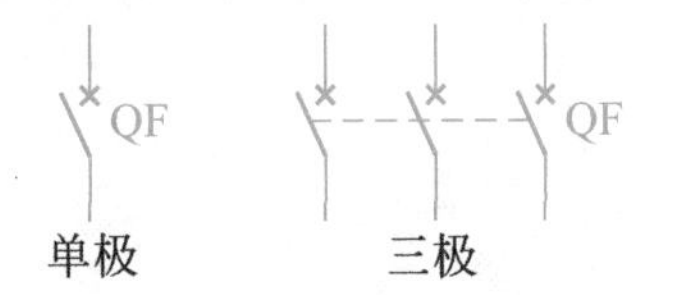

1P：单极空开，单进单出，只接火线不接零线，只断火线，不断零线，用在 220V 的分支回路上面，占 1 位，电工常见叫法为单片单进单出，单片单极。

2P：双极空开，接火线和零线，零线和火线都有保护，双断，用在 220V 的总开或者分支回路上的大功率电器，如中央空调，占 2 位，电工常见叫法为总开双极。

3P：接三根火线，不接零线，用在 380V 的分支回路、380V 电器上，占 3 位，电工常见叫法为三相三线。

4P：接三根火线，一根零线，用在 380V 的线路上面，占 4 位，电工常见叫法为三相四线。

2.1.2 常见的 C 型和 D 型断路器区别

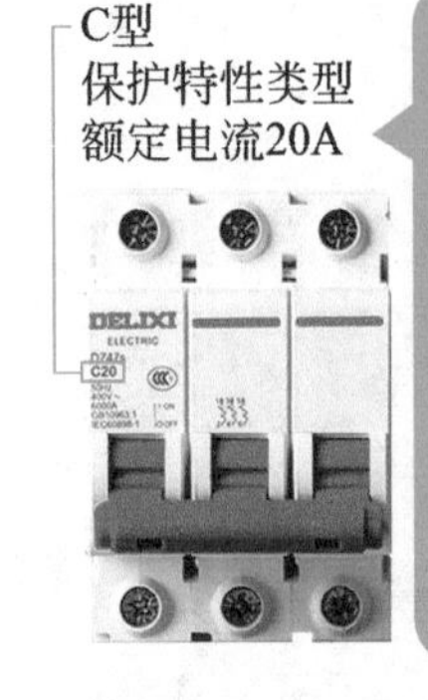

C 型：磁脱扣电流为 (5 ~ 10) I_N，就是说当电流为 10 倍额定电流时跳闸，动作时间 ≤ 0.1s。适用于保护常规负载和照明线路（家用大多用 C 型的）

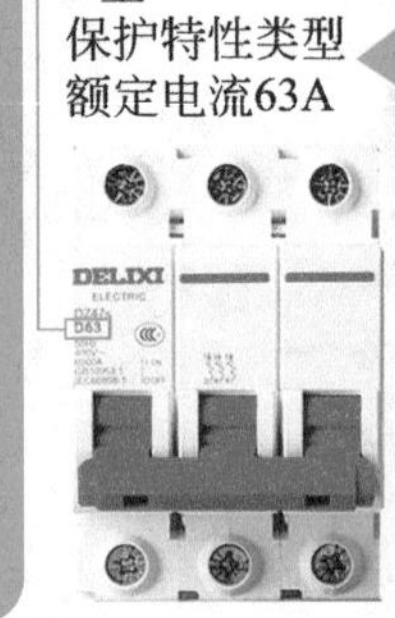

D 型：磁脱扣电流为 (10 ~ 20) I_N，就是说当电流为 20 倍额定电流时跳闸，动作时间 ≤ 0.1s。适用于保护具有很高冲击电流的设备、启动电流较大的负载，例如直接启动的小电动机

2.1.3 低压断路器外部结构

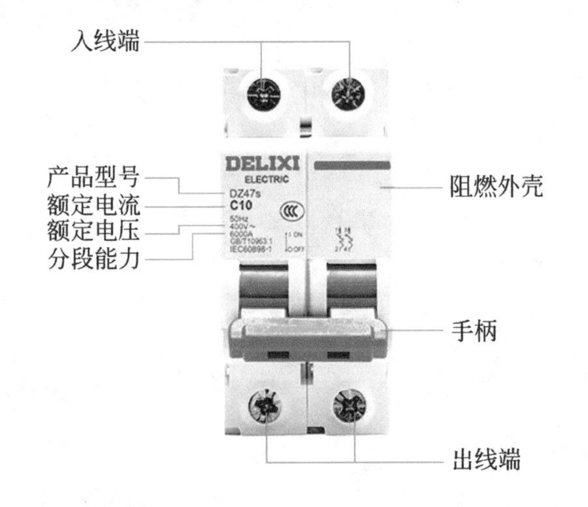

2.1.4 断路器内部展示

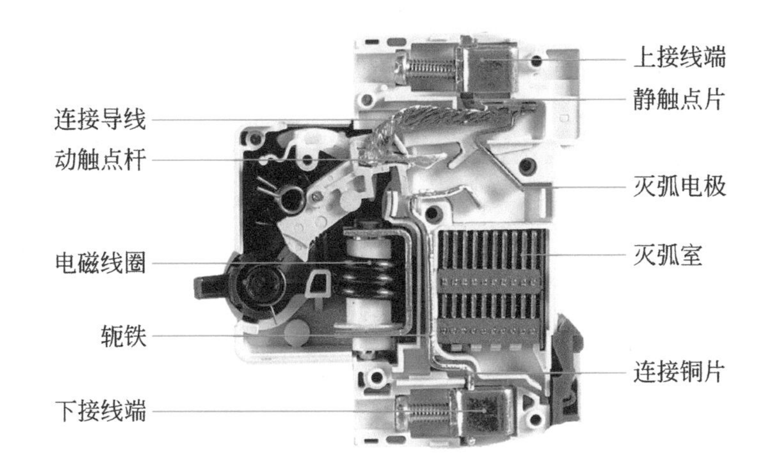

2.1.5 常见问题

① 小型断路器 C 型和 D 型有什么区别？

答：C 型主要用于配电控制与照明保护；D 型主要用于电动机保护。

② 如何计算电流大小？

答：电器功率除以电压等于电流，$P(\mathrm{W})/U(\mathrm{V})=I(\mathrm{A})$。

③ 单极、双极、三极有什么区别？

答：单极（1P）220V 切断火线，双极（2P）220V 火线和零线同时切断，三极（3P）380V 三相电全部切断。

④ 断路器上 C6、C10、C25、C32、C63 等是什么意思？

答：空气开关 C 是断路器的分类，数字代表断路器的额定电流。

⑤ 如何选择合适的断路器？

答：在选择断路器时，应选择比电线电流小的断路器。如 BV2.5mm^2 的电线承受电流 20A，断路器应选择 20A 以下。

2.1.6 家用型号选择

序号	额定电流	铜芯线	负载功率	适用场景
1	1 ～ 5A	<1mm^2	<1100W	小功率设备
2	6A	≥ 1mm^2	≤ 1320W	照明
3	10A	≥ 1.5mm^2	≤ 2200W	照明
4	16A	≥ 2.5mm^2	≤ 3520W	照明；插座；1 ～ 1.5P 空调
5	20A	≥ 2.5mm^2	≤ 4400W	卧室插座；2P 空调
6	25A	≥ 4mm^2	≤ 5500W	厨卫插座；2.5P 空调
7	32A	≥ 6mm^2	≤ 7040W	厨卫插座；3P 空调；6kW 快速热水器
8	40A	≥ 10mm^2	≤ 8800W	8kW 快速热水器；电源总闸
9	50A	≥ 10mm^2	≤ 11000W	电源总闸
10	63A	≥ 16mm^2	≤ 13200W	电源总闸
11	80A	≥ 16mm^2	≤ 17600W	电源总闸
12	100A	≥ 25mm^2	≤ 22000W	电源总闸
13	125A	≥ 35mm^2	≤ 27500W	电源总闸

注：断路器与电线和使用功率范围都需要配套，否则容易出现频繁跳闸、接线柱烧毁等故障。

2.1.7 常见故障及处理

故障现象	原因分析	排除方法
不能合闸	负载端是否有短路现象	排除故障
	操作机构出现故障	更新产品
	断路器的额定电流与负载电流不匹配	更换产品规格
温度偏高	接线螺钉未压紧导线或出现松动	拧紧接线螺钉
	选用的导线截面积偏小	更换导线规格
短路时未分闸	选用的断路器与负载的工作条件不匹配	更换产品规格
不通电	导线剥头太短	重新剥线
	接线螺钉未压紧导线或出现松动	拧紧接线螺钉

2.2 漏电保护器

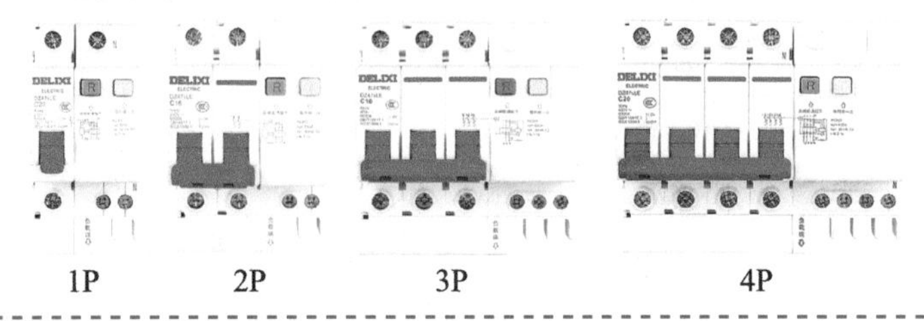

漏电保护器文字符号：QF

漏电保护器图形符号：

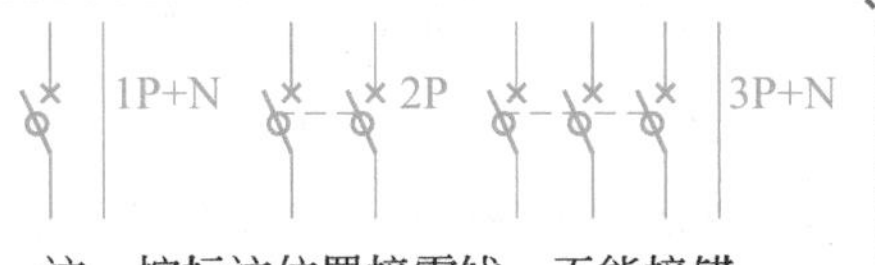

注：按标注位置接零线，不能接错

2.2.1 漏电保护器的外部结构

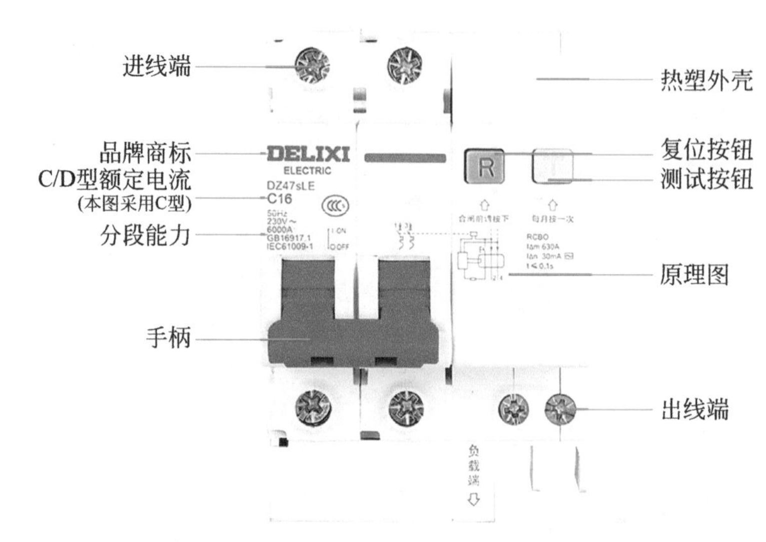

小型漏电保护器的功能：过载保护、短路保护、漏电保护。

漏电保护器一般分为C型和D型，C型一般用于家庭用途，D型一般用于工业用途。

2.2.2 漏电保护器的使用方法

① 把向上拉上，没凸出，为通电状态；此时，按一下便可对漏电保护装置进行测试。

② 如果自动向下跳动，并且自动弹起，此时处于断电状态，就说明漏电保护装置能正常使用。

③ 如果按一下开关没有向下跳动，并且没有自动弹起，

此时处于通电状态，就说明漏电保护装置出现问题，不能起到保护作用，需要更换新漏电装置了。

④ 检查完成后，如果漏电保护装置正常（ 自动向下跳动，并且 R 自动弹起），此时处于断电状态。可以先按下刚才弹起的 R，再拉起左下角的 ，电器又可以正常通电了。

2.2.3 漏电保护器的常见问题

① 如何计算电流？

答：电器功率除以电压等于电流，[P(W)/U(V)=I(A)]。

② 单极和双极、三极有什么区别？

答：单极（1P）220V 切断火线，双极（2P）220V 火线和零线同时切断，三极（3P）380V 三相线全部切断。

③ 空气开关和漏电保护器有什么区别？

答：漏电保护器用于总开关控制，在空气开关原有的过载短路保护功能上多了漏电保护功能。

2.3 熔断器

熔断器外观及符号：

熔断器是根据电流超过规定值一段时间后，以其自身产生的热量使熔体熔化，从而使电路断开，运用这种原理制成的电流保护器。熔断器广泛应用于高低压配电系统和控制系统以及用电设备中，作为短路和过电流的保护器，是应用普遍的保护器件之一。

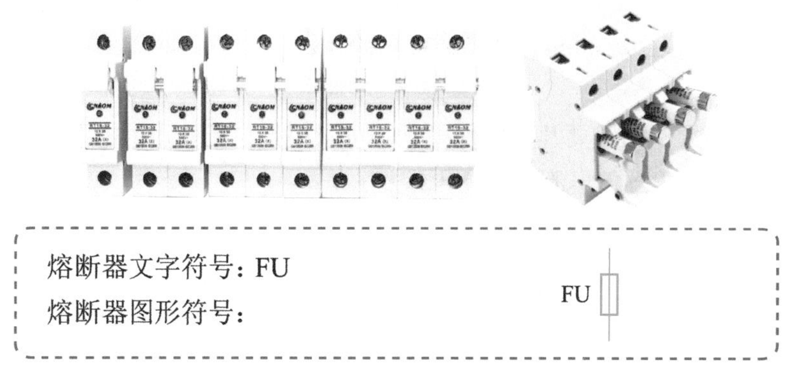

熔断器文字符号：FU

熔断器图形符号：

FU

熔断器结构：

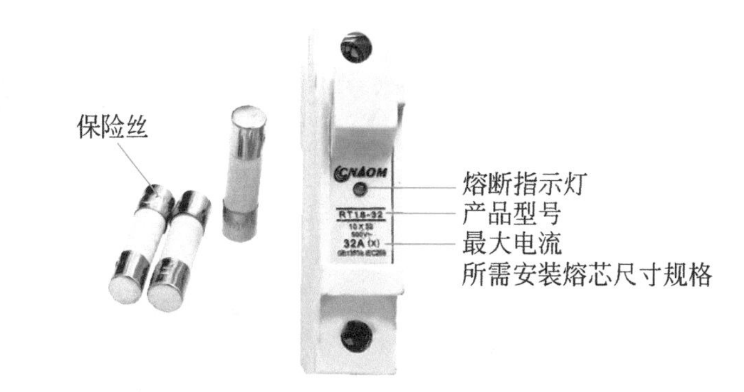

保险丝常识：

（1）看

保险丝两头顶铜帽，上面有一头是刻有字的，比如：F1A250V 就表示是 1A 保险丝，A 是电流单位，1A 表示保险丝能承受的数值。

（2）量

长度是 20mm、直径是 5mm 的就是 5×20 保险丝，长度是 30mm、直径是 6mm 的是 6×30 保险丝。

（3）计算

如果不知道要几安的保险丝，可以根据自己使用的电器功率计算出保险丝的电流大小，计算方法是：

电器的功率（W）/电压（V）=电流（A）

在实际中可以适当地加大电流，比如：500W 的电器，电压 220V，选择保险丝电流为 500W/220V=2.27A，可以选择 2.5A 的保险丝。

2.4 热继电器

扫一扫 看视频

热继电器文字符号：FR

热继电器图形符号：

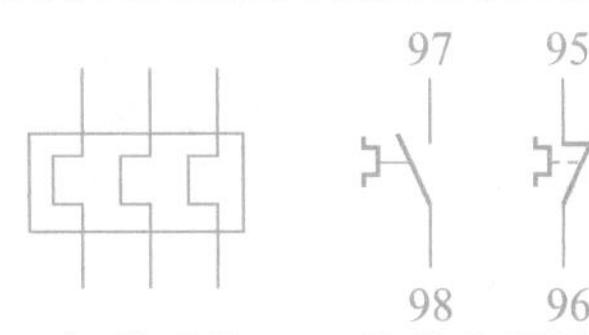

2.4.1 热继电器结构

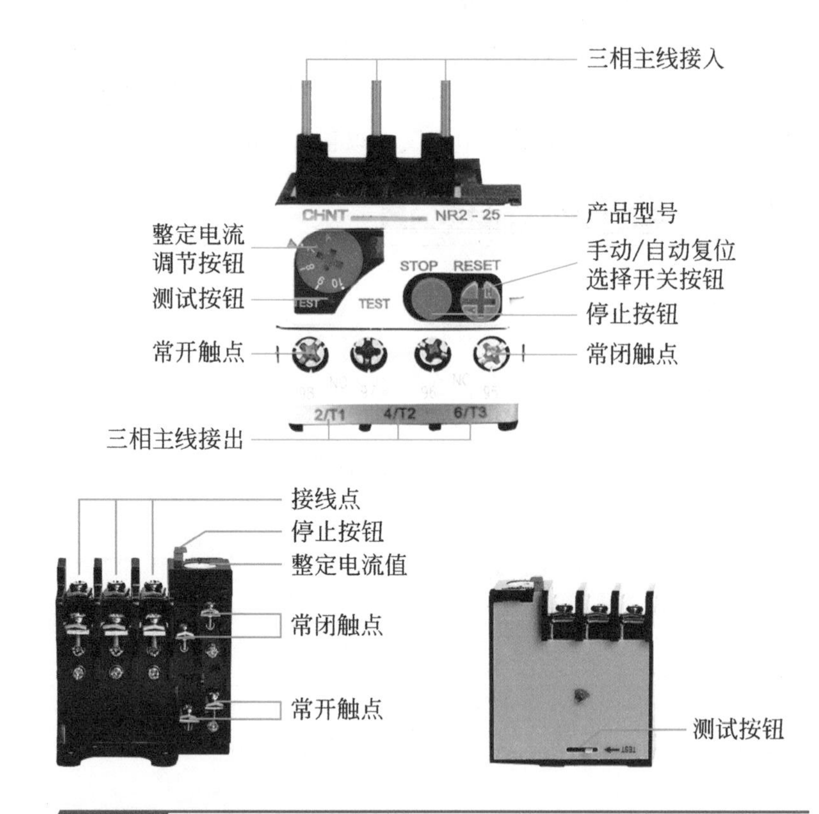

2.4.2 热继电器工作原理

动触点连杆 5 和静触点 4 是热继电器串接于接触器电气控制线路中的常闭触点，一旦两触点分开，就使接触器线圈断电。再通过接触器的常开主触点断开电动机的电源，使电动机获得保护。

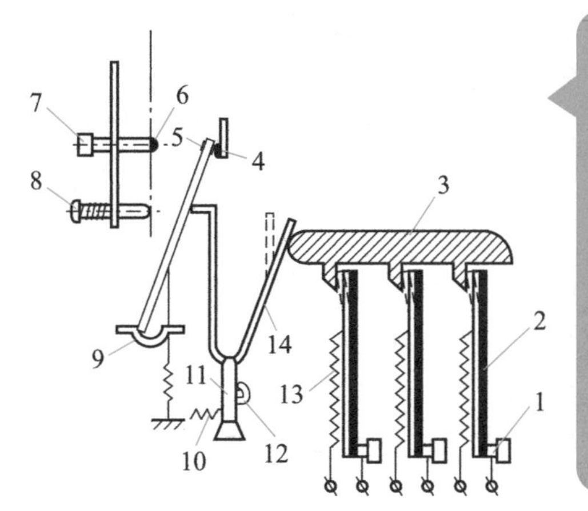

电动机正常运行时，热元件产生的热量虽能使双金属片2弯曲，但不足以使热继电器动作，只有当电动机过载时，加热元件产生大量热量使双金属片弯曲位移增大，从而推动导板3左移，通过补偿双金属片14与簧片9将动触点连杆5和静触点4分开。

2.4.3 热继电器的作用

具有断相保护能力的热继电器可以在三相中的任意一相或两相断电时动作，自动切断电气控制线路中接触器的线圈，从而使主电路中的主触点断开，使电动机获得断相保护。

电动机断相运行是电动机烧毁的主要原因。星形接法电动机绕组的过载保护采用三相结构热继电器即可；而对于三角形接法的电动机，断相时在电动机内部绕组中，电流较大的一相绕组的相电流将超过额定相电流，由于热继电器加热元件串接在电源进线位置，所以不会动作，导致电动机绕组因过热而烧毁，因此必须采用带断相保护的热继电器。

2.4.4 手动/自动复位原理

手动/自动复位旋钮是常闭触点复位方式调节旋钮。当手动/自动复位旋钮位置靠左时，电动机过载后，常闭触点断开，电动机停止后，热继电器双金属片冷却复位。常闭触点的动触点在弹簧的作用下会自动复位。此时热继电器为自动复位状态。将手动/自动复位旋钮顺时针旋转向右调到一定位置时，若电动机过载，热继电器的常闭触点断开，电动机断电停止后，动触点不能复位，必须按动复位按钮后动触点方能复位。此时热继电器为手动复位状态。若电动机过载是故障性的，为了避免再次轻易地启动电动机，热继电器宜采用手动复位方式。若要将热继电器由手动复位方式调至自动复位方式，只需将手动/自动复位旋钮顺时针旋至适当位置即可。

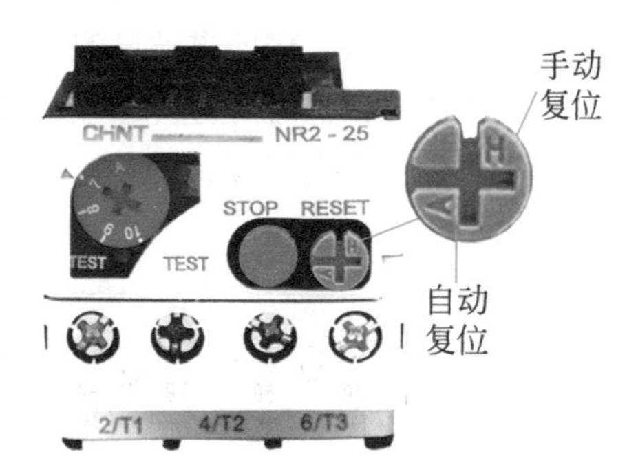

2.4.5 热继电器选择方法

热继电器主要用于电动机的过载保护、断相保护及三相电源不平衡保护，对电动机有着很重要的保护作用。因此选用时必须了解电动机的情况，如工作环境、启动电流、负载性质、工作制、允许过载能力等。

原则上应使热继电器的安秒特性尽可能接近甚至重合电动机

的过载特性或者在电动机过载特性之下，同时在电动机短时过载和启动的瞬间，热继电器应不受影响（不动作）。

当热继电器用于保护长期工作制或间断长期工作制的电动机时，一般按电动机的额定电流来选用。例如，热继电器的整定值可等于 1.15 ～ 1.2 倍的电动机的额定电流，或者取热继电器整定电流的中值等于电动机的额定电流，然后进行调整。

当热继电器用于保护反复短时工作制的电动机时，热继电器仅有一定范围的适应性。如果短时间内操作次数很多，就要选用带速饱和电流互感器的热继电器。

对于正反转和通断频繁的特殊工作制电动机，不宜采用热继电器作为过载保护装置，而应使用埋入电动机绕组的温度继电器或热敏电阻来保护。

热继电器常用选型表

三相电动机功率	热继电器应选规格	应设置保护电流值
0.4 ～ 0.5kW	0.68 ～ 1.1A	调整转盘数值至电动机的额定电流值——千瓦前面的数字乘以 2（可根据实际工作电流值略微偏大一些，严禁设置过大于额定电流值，否则热继电器将失去保护电动机的作用。如果设置小于电动机的额定电流值，则会引起不必要的断电保护，因此请合理设置）
0.8 ～ 0.7kW	1.1 ～ 6A	
0.8 ～ 1.1kW	1.5 ～ 2.4A	
1.2 ～ 1.6kW	2.2 ～ 3.5A	
1.7 ～ 2.3kW	3.2 ～ 5A	
2.4 ～ 3.4kW	4.5 ～ 7.2A	
3.5 ～ 5kW	6.8 ～ 11A	
5.5 ～ 7kW	10 ～ 16A	
7.5 ～ 10kW	14 ～ 22A	
10.5 ～ 14kW	20 ～ 32A	
15 ～ 20kW	28 ～ 45A	

① 热继电器主要应用于三相电动机的过载、断相保护。

② 热继电器通常要搭配交流接触器一起工作。

③ 若电动机为单相 220V，因热继电器有断相保护功能，因此接线时要三相都接，跳线即可，否则不能正常工作，推荐使用单相 220V 电动机保护器。

④ 若设备为加热型而非电动机类，则不建议用热继电器。热继电器是电流保护。加热设备是温度保护。

⑤ 热继电器断电保护是正常工作，请合理设置保护电流数值。

⑥ 更专业的保护电动机产品推荐使用电动机保护器。

中间继电器

扫一扫 看视频

中间继电器文字符号：KA

中间继电器图形符号：KA KA KA

中间继电器接线实物图（直流）如下：

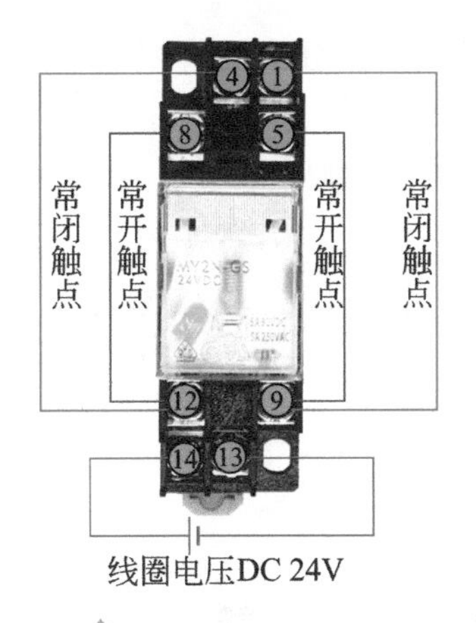

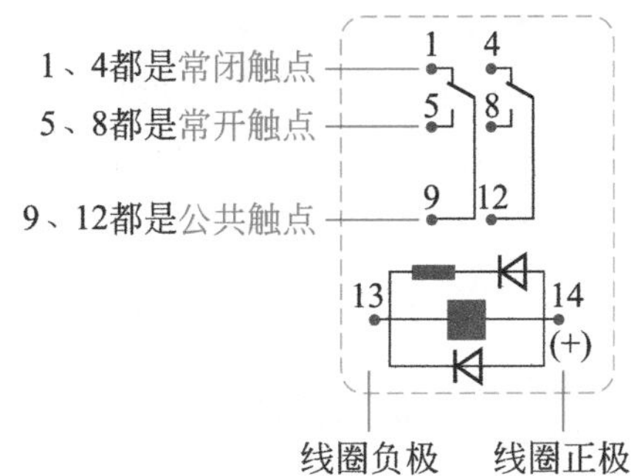

线圈电压为直流 12V、24V、48V。线圈端子为 13 和 14，14 接正极，13 接负极。
此图为两组常开常闭触点：一组是 9 为公共触点，5 为常开触点，1 为常闭触点；另一组是 12 为公共触点，8 为常开触点，4 为常闭触点。线圈 14 和 13 得电，常开触点导通，常闭触点断开。

中间继电器接线实物图（交流）如下：

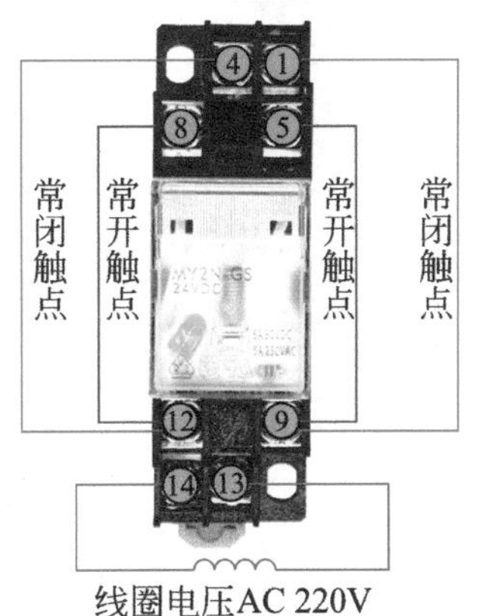

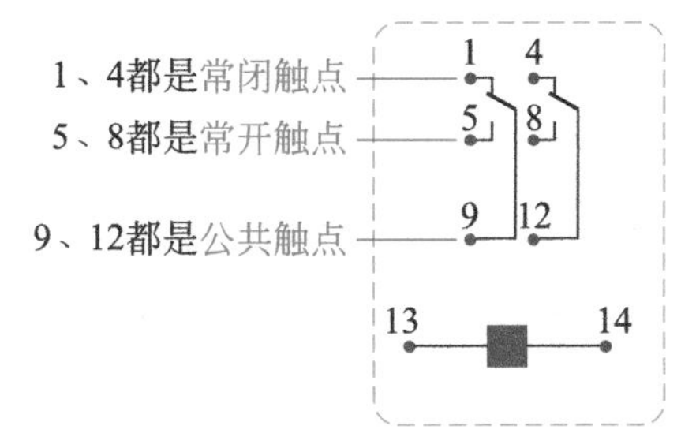

线圈电压为交流 110V、220V、380V。线圈端子为 13 和 14。
此图为两组常开常闭触电：一组是 9 为公共触点，5 为常开触点，1 为常闭触点；另一组是 12 为公共触点，8 为常开触点，4 为常闭触点。线圈 14 和 13 得电，常开触点导通，常闭触点断开。

中间继电器说明：用于继电保护与自动控制系统中，以增加触点的数量及容量。它用于在控制电路中传递中间信号。中间继电器的结构和原理与交流接触器基本相同，主要区别在于：接触器的主触点可以通过大电流，而中间继电器的触点只能通过小电流，所以它只能用于控制电路中。它一般是没有主触点的，因为过载能力比较小，所以用的全部都是辅助触点，数量比较多。新国标对中间继电器的定义是 K，老国标是 KA。一般是直流电源供电，少数使用交流供电。

2.6 交流接触器

扫一扫 看视频

接触器是一种接通或切断电动机或负载主电路的自动切换电器。它是利用电磁力来使开关闭合或断开的电器，适用于频繁操作、远距离控制的强电电路，并具有低压释放的保护性能。

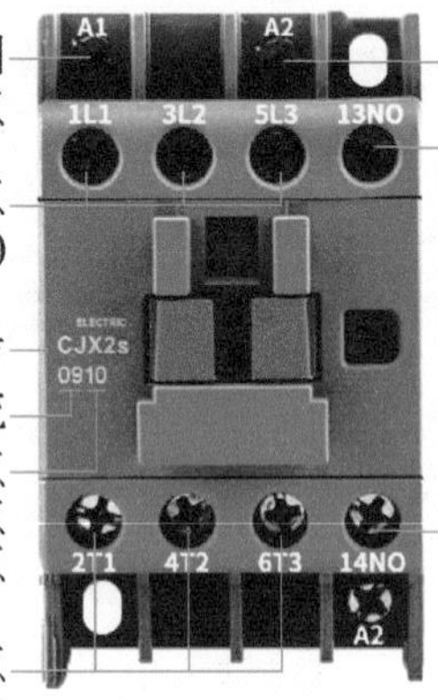

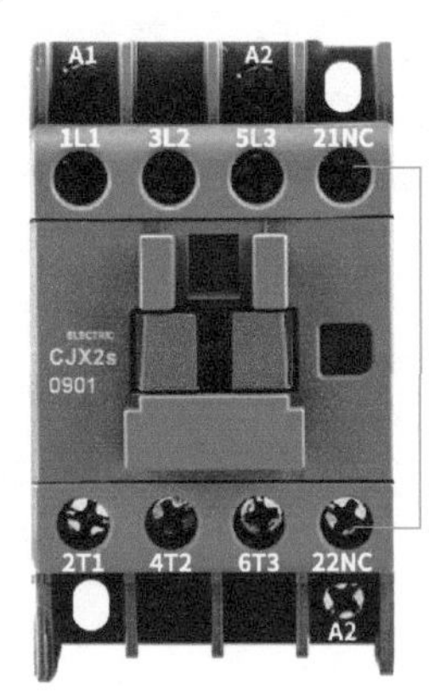

交流接触器文字符号：KM

交流接触器图形符号：

(a) 接触器线圈　(b) 主触点　(c) 常开辅助触点　(d) 常闭辅助触点

① 线圈电压 AC 220V。注：常见交流接触器的线圈电压有24V、36V、220V、380V。

② 11 表示一组常开辅助触点，一组常闭辅助触点；01 表示一组常闭触点；10 表示一组常开触点。

③ 09 是额定电流 9A（三组主触点，每组最大可以承载 9A）。

④ 常开触点（13、14）是 NO，常闭触点（21、22）是 NC。

2.6.1 交流接触器面板介绍

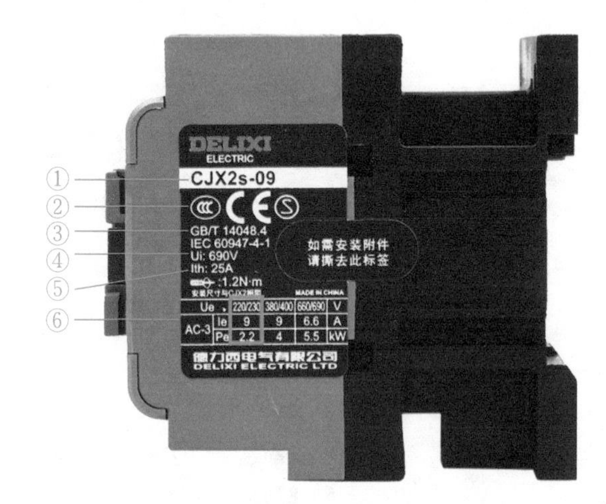

说明：

① 产品型号。CJX2s-09：09 为额定电流，即长期连续工作时允许电流。

② 认证标志。

③ 符合标准号（GB/T 14048.4，IEC 60947-4-1）。

④ 绝缘电压 U_i：690V。

⑤ 约定自由空气发热电流 I_{th}：25A。各部件的温度升高不超过规定极限值能承载的最大电流。
⑥ 额定工作电压、电流、功率（如上图蓝色方框所示：额定电压为 220V，对应的额定电流为 9A，那么交流接触器可用于功率小于 2.2kW 电动机的主回路）。

2.6.2 交流接触器工作原理

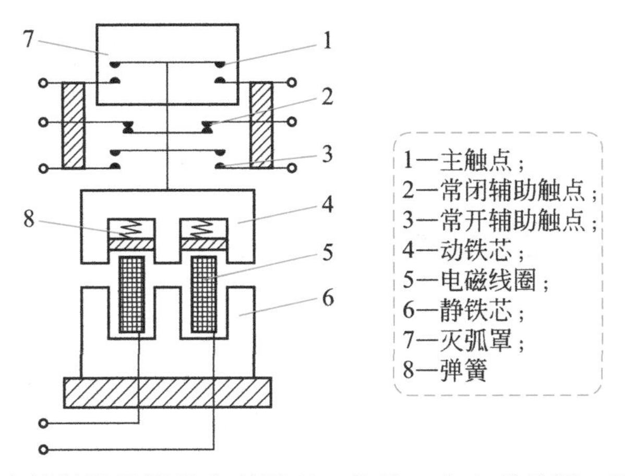

1—主触点；
2—常闭辅助触点；
3—常开辅助触点；
4—动铁芯；
5—电磁线圈；
6—静铁芯；
7—灭弧罩；
8—弹簧

交流接触器是根据电磁原理工作的，当电磁线圈 5 通电后产生磁场，使静铁芯 6 产生电磁吸力吸引动铁芯 4 向下运动，使常开主触点 1（一般三对）闭合，同时常闭辅助触点 2（一般两对）断开，常开辅助触点 3（一般两对）闭合。当线圈断电时，电磁力消失，动触点在弹簧 8 作用下向上复位，各触点复原（即三对主触点断开，两对常闭辅助触点闭合，两对常开辅助触点断开）。

2.6.3 交流接触器选择

功率	电流	接触器	接触器型号	断路器
3kW	6A	9A	0910	16A
4kW	8A	12A	1210	25A
5.5kW	11A	18A	1810	32A
7.5kW	15A	25A	2510	40A
11kW	22A	32A	3210	50A
15kW	30A	40A	4010	63A
18.5kW	37A	50A	5010	80A
22kW	44A	65A	6510	80A
30kW	60A	80A	8010	100A

断路器取 1.5 ~ 2.5 倍的电动机额定电流；
接触器取 1.5 ~ 2 倍的电动机额定电流。
例如：I=5.5A × 2=11A。
11A × 1.5=16.5A
由上表可知，没有 16.5A 的交流接触器，那么只能选择大于且最接近 16.5A 的交流接触器，因此选择 18A。
接触器和热继电器一般搭配使用，热继电器取 1.15 ~ 1.2 倍的电动机额定电流。

2.7 时间继电器

扫一扫 看视频

时间继电器是从得到输入信号（线圈通电或断电）起，经过

一段时间延时后触点才工作的继电器，其外观如下图所示，适用于定时控制，分为通电延时型和断电延时型。

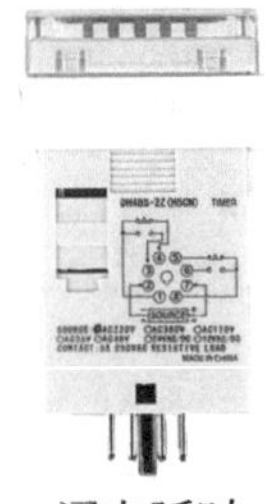
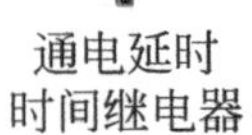

通电延时
时间继电器

带瞬时触点的通电
延时时间继电器

带循环的通电
延时时间继电器

时间继电器
底座

时间继电器文字符号：KT

时间继电器图形符号：

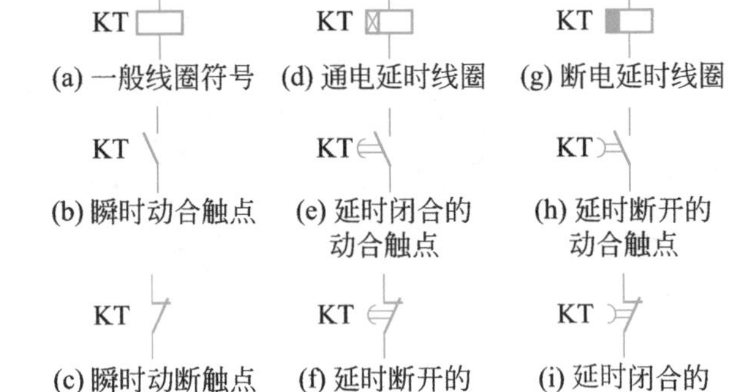

通电延时型时间继电器通电后，经过延时后，常闭触点断开，常开触点闭合，失电后复位。带瞬时触点的通电延时型时间继电器通电后，瞬时触点接通，经过延时后，常闭触点断开，常开触点闭合，失电后复位。

注：不带复位功能的需手动断电重启才能复位时间。

2.7.1 时间继电器面板介绍

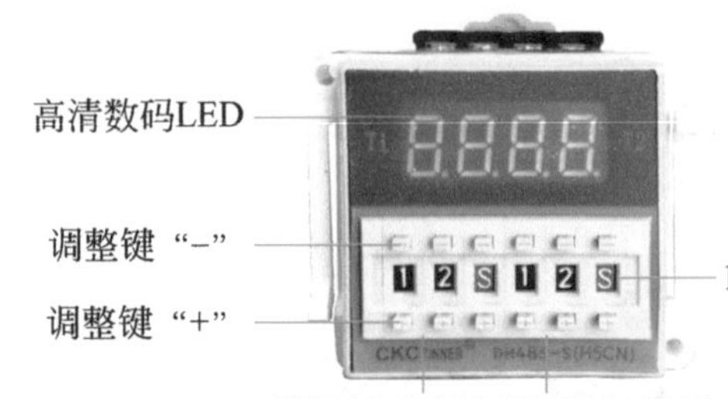

2.7.2 时间继电器时间设定

（1）循环时间设置方法

示例：指示灯设置06S08S
表示：指示灯亮8s，灭6s，再亮8s，如此循环

例如设定T1时间8s，T2时间6s，通电后T1开始延时，继电器处于不动作状态（释放），当T1时间到过8s时，时间继电器延时常开触点吸合，延时常闭触点断开，此时T2延时开始，当T2延时到达6s，时间继电器延时常开触点断开，延时常闭触点吸合，单次执行工作方式到此结束，若为周而复始工作方式，则T1继续延时，重复以上过程进行延时状态转换。

（2）通断时间设置方法

例如设定 T1 的时间为 8s，通电后开始进行延时，继电器处于不动作状态（释放），当 T1 到达 8s 时，时间继电器延时常开触点吸合，延时常闭触点断开。

示例：指示灯设置00S08S
表示：指示灯亮8s就灭掉，
之后再也不亮

（3）复位继电器

在运行过程中任意时间切断电源大于 1s 或输入复位信号，时间即回到 T1=0 状态开始计时，同时继电器处于释放状态，重新开始工作。

（4）暂停继电器

在运行过程中任意时间输入暂停信号，时间继电器将暂停工作，取消暂停信号后，时间继电器将延续暂停前的动作继续工作。

2.7.3 时间继电器的使用及接线

继电器外壳含接线图
②-⑦接入电源
⑧-⑥常开触点
⑧-⑤常闭触点
①-③复位
①-④暂停

① 控制 220V、功率小于 800W 的阻性负载时，可直接使用，具体接线如下图所示。

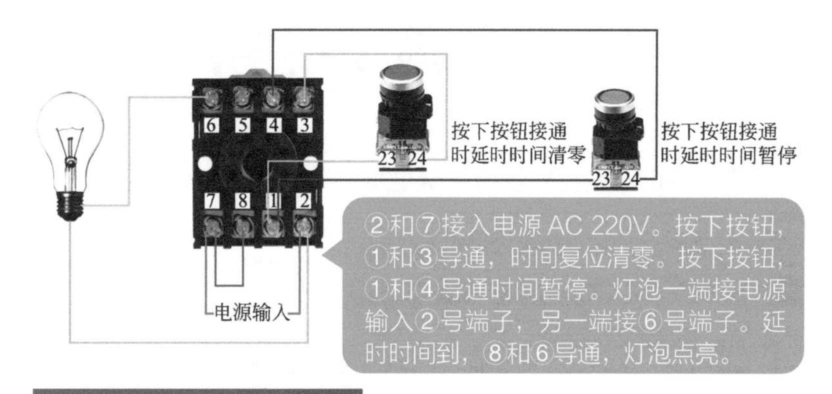

温馨提示

②、⑤端子也可以接另外一组负载，实现交替循环动作；①、③、④端子不能输入电压，否则产品会烧毁。

② 控制 220V、功率大于 800W 的阻性负载时，需要配套相应电流的接触器，具体接线如下图所示。

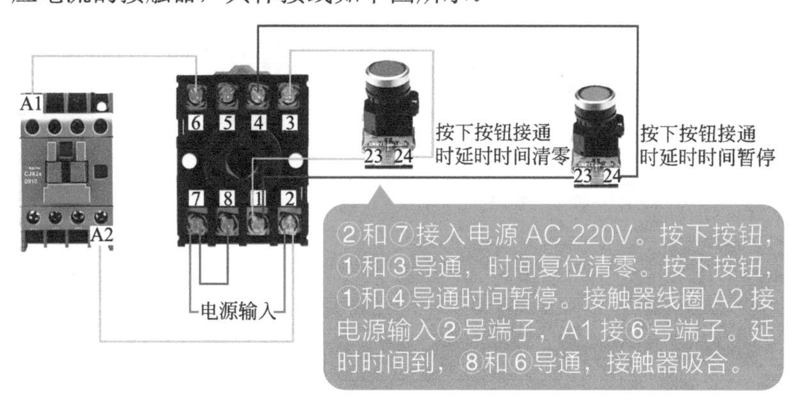

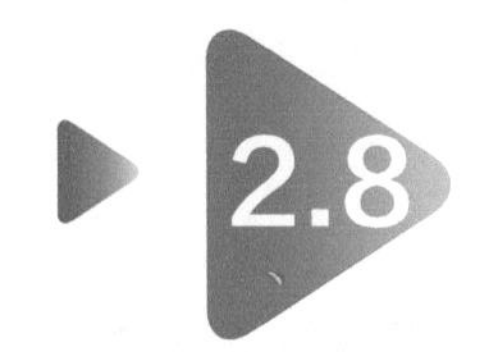

2.8 液位继电器

液位继电器是控制液面的继电器，其外观如下图所示。这是一个内部有电子线路的继电器。利用液体的导电性，当液面达到一定高度时继电器就会动作，切断电源；当液面低于一定位置时接通电源使水泵工作，达到自动控制的作用。自动控制部分由传感器和控制执行机构组成。液位控制器的传感器一般是导线，由于水的导电性较差，不能直接驱动继电器，因此要由电子线路将电流放大，以推动继电器工作。控制点分高、低、中三挡，高控制点为水位溢出点，自动控制水位高度，水位到此自动停止；中控制点为水位自动加水点，水位在这个点时自动启动加水装置。

2.8.1 液位继电器接线

图中①、⑧端子为继电器工作电源接线端子，电源有 AC 380V 和 AC 220V 两种，图中液位继电器电源为 AC 220V，①端子接 L1，⑧端子接 N。

②、③、④端子输出液位继电器的自动控制信号，输出端子工作电压为 AC 220V，③端子为输出信号公共端，②和③之间输出供水泵液位控制信号，③和④之间输出排水泵液位控制信号。⑤、⑥、⑦为水池中液位电极 A、B、C 对应的接线端子，液位电极端子间为 DC 24V 的安全电压，⑤端子接高水位电极 A，⑥端子接中水位电极 B，⑦端子接水池中位置最低的公共电极 C。

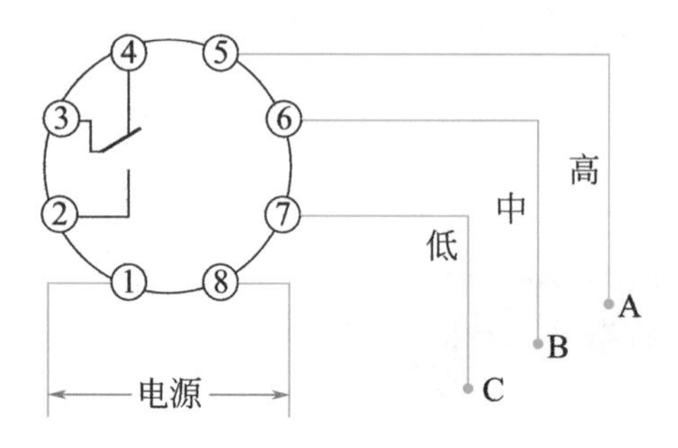

2.8.2 液位继电器使用说明

“高”为水池上限液位控制点，水位上升达到高水位，水与探头（电极）接触，控制器②、③触点断开，③、④触点接通。

“中”为水池下限液位控制点，水位下降至中水位以下，水与探头（电极）脱离接触，②、③触点接通，③、④触点断开。

“低”为水池底线，放在水池的最低点，与水池底部接触。

（1）HYIG（供水型）

接线及功能如下图所示。

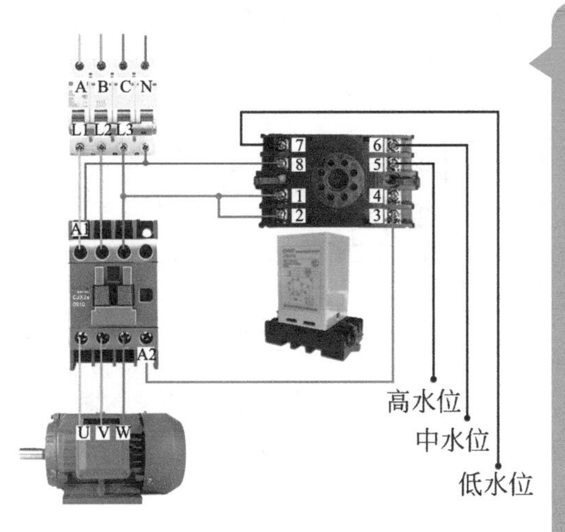

HHY1G（供水型）：
“中”为水池下限液位控制点，水位下降至中水位以下，水与探头（电极）脱离接触，②和③常开点导通，接触器吸合，控制器自动开泵，给水池加水。
“高”为水池上限液位控制点，水位上升达到高水位，水与探头（电极）接触，②和③断开，接触器断开，控制器自动关泵，停止供水。
“低”为水池底线，必须低于水池下限液位控制点。

（2）HIYIP（排水型）

接线及功能如下图所示。

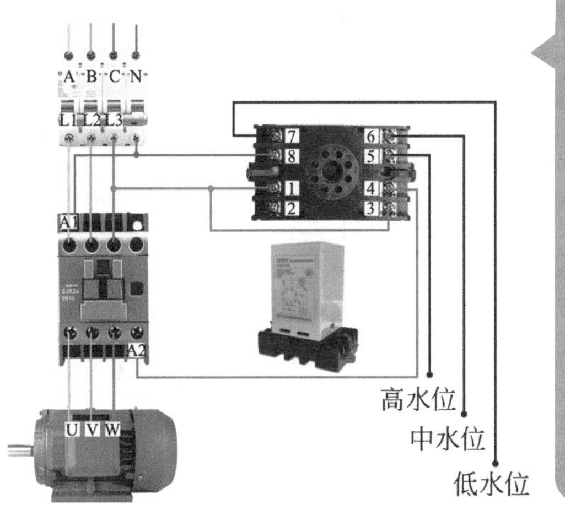

HHY1P(排水型)：
“高”为水池上限液位控制点，水位上升达到高水位，水与探头（电极）接触，③和④常开触点导通，接触器吸合，控制器自动开泵，开始排水。
“中”为水池下限液位控制点，水位下降至中水位以下，水与探头（电极）脱离接触，③和④断开，接触器断开，控制器自动关泵，停止排水。
“低”为水池底线，必须低于水池下限液位控制点。

注：1. 220V 继电器单独控制负载≤1000W，380V 继电器单独控制负载≤1800W，超功率请搭配交流接触器使用。

2. 为避免继电器频繁开关，中水位探头最好置于中间，不要太靠近低水位或高水位探头。

3. KM 为交流接触器，A1、A2 为交流接触器的线圈。

4. 在使用时应注意所选用产品的电压等级。

2.8.3 液位继电器常见使用问题

问：指示灯为什么不亮？

答：液位继电器只有在工作的时候，也就是线圈通电的时候指示灯才亮。

问：探头使用温度范围为多少？

答：-5 ～ 80℃范围内使用。

问：探头电压会引起触电吗？

答：探头电压是安全电压，不会引起触电的。

问：探头原理是什么？

答：液位探头这个电压是高限与低限、中限与低限构成回路。

问：探头是什么材质的？

答：探头线是铜芯的，头是 304 不锈钢材质，不耐腐蚀。

问：液位继电器接线都对但是不正常工作，是什么原因？

答：①检查探头是否放在水里了，高、中、低是否放置正确。

② 检查蓄水和排水的指示灯指示与接线是否正确。

问：如何判断是探头坏了还是继电器坏了？

答：把底座上的 5、6、7 号探头线拆除，另接三根电线，放入水中，如指示灯亮了，说明是探头坏了；如不亮，则是继电器坏了。

2.9 光电开关

扫一扫 看视频

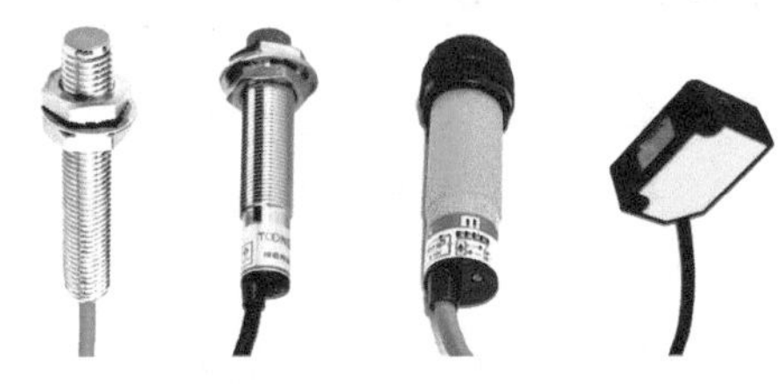

光电开关是光电接近开关的简称，是利用被检测物对光束的遮挡或反射，由同步回路接通电路，从而检测物体的有无。物体不限于金属，所有能反射光线（或者对光线有遮挡作用）的物体均可以被检测。光电开关将输入电流在发射器上转换为光信号射出，接收器再根据接收到的光线的强弱或有无对目标物体进行探测。

接近开关：一种无须与运动部件直接进行机械接触就可以操作的位置开关。当物体靠近开关的感应面到动作距离时，不需要机械接触及施加任何压力即可使开关动作，从而驱动直流电器，或给控制器（PLC）等装置提供控制指令。它广泛应用于机床、冶金、化工、轻纺和印刷等行业，在自动控制系统中可用于限位、计数、定位控制和自动保护环节等。

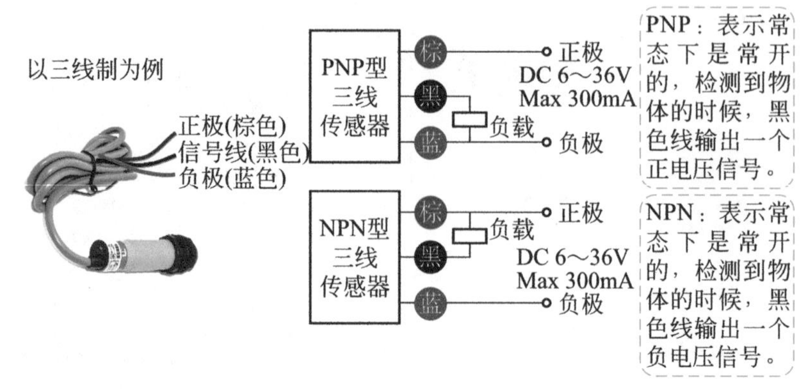

二线、三线、四线传感器图纸接线如下图所示。

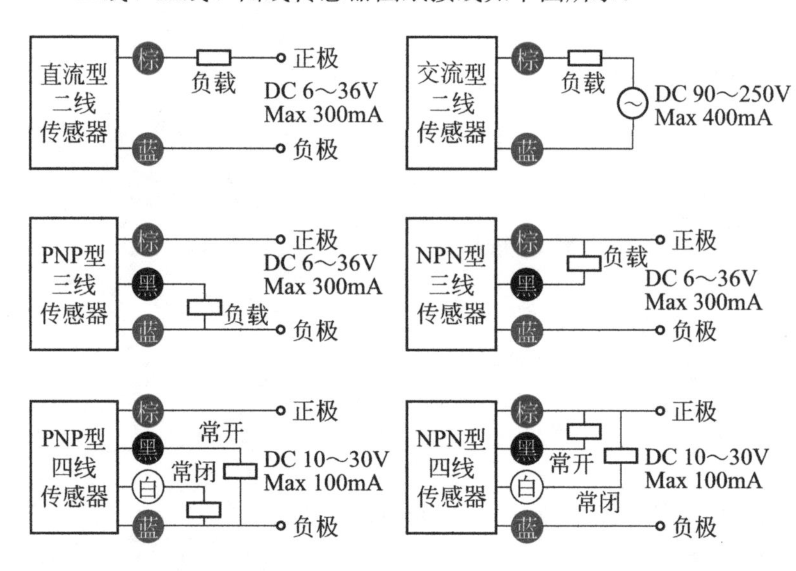

NPN：表示共正电压，输出负电压。
PNP: 表示共负电压，输出正电压。
NPN NO：表示常态下是常开的，检测到物体时黑色线输出一个负电压信号。
NPN NC：表示常态下黑色线输出负电压信号，检测到物体时，断开输出信号。
PNP NO：表示常态下是常开的，检测到物体时黑色线输出一个正电压信号。
PNP NC：表示常态下黑色线输出正电压信号，检测到物体时，断开输出信号。

2.10 按钮开关

扫一扫 看视频

控制按钮主要用于低压控制电路中，手动发出控制信号，控制接触器、继电器等，按钮触点允许通过较小的电流，一般不超过 5A。

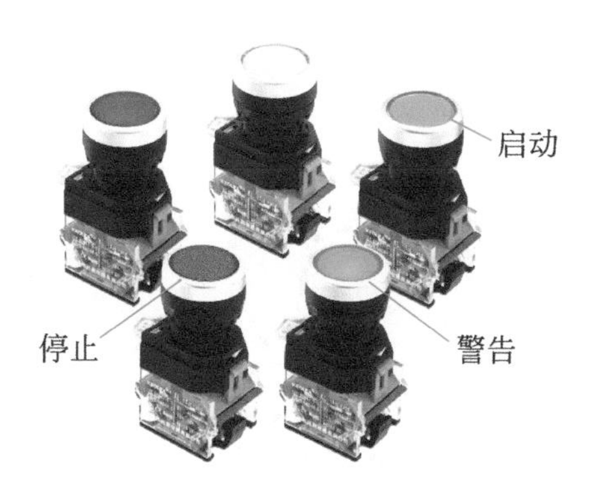

按钮文字符号：SB

按钮图形符号：

SB (a)　SB (b)

SB (c)　SB (d)　NC NO (e)　NO (f)

为便于识别各按钮作用，避免误操作，在按钮帽上制成不同标志并采用不同颜色以示区别，一般红色表示停止按钮，绿色或黑色表示启动按钮。

不同场合使用的按钮应制成不同的结构，例如紧急式按钮装有突出的蘑菇形按钮帽以便于紧急操作，旋钮式按钮通过旋转进行操作，指示灯式按钮在透明的按钮帽内装有指示灯进行信号显示，钥匙式按钮必须用钥匙插入方可旋转操作。

常见按钮开关的工作原理如下。

2.10.1 复归型按钮开关

自复位：按下后，手离开按钮后马上弹起。

2.10.2 自锁型按钮开关

自锁：按下后，按钮会陷下去，再按一下才会弹起来。

2.10.3 带灯按钮开关

带灯按钮：有一组（11/12）常开触点和一组（X1/X2）指示灯，没有自锁功能。

2.10.4 急停按钮开关

急停按钮：有红色大蘑菇头钮头突出于外，可以作为紧急时切断电源用的一种按钮，代号为J或M。

2.10.5 按钮触点

按钮触点：双绿为两常开触点，双红为两常闭触点，一红一绿为一常闭触点一常开触点。

一常开触点一常闭触头　两常开触点　两常闭触点

按钮颜色的选型

按钮颜色	含义	说明	应用示例
红	紧急	危险或紧急情况时操作	急停
黄	异常	异常情况时操作	干预制止异常情况
绿	正常	正常情况时启动 / 停止操作	启动 / 停止
蓝	强制性	要求强制动作情况下操作	复位功能
白	未赋予特定含义	除紧急外的一般功能的启动	启动 / 接通（优先）、停止 / 断开
灰			启动 / 接通、停止 / 断开
黑			启动 / 接通、停止 / 断开（优先）

2.11 指示灯

扫一扫 看视频

指示灯外观及符号：

指示灯文字符号：HL　　指示灯图形符号：⊗

2.11.1 指示灯结构

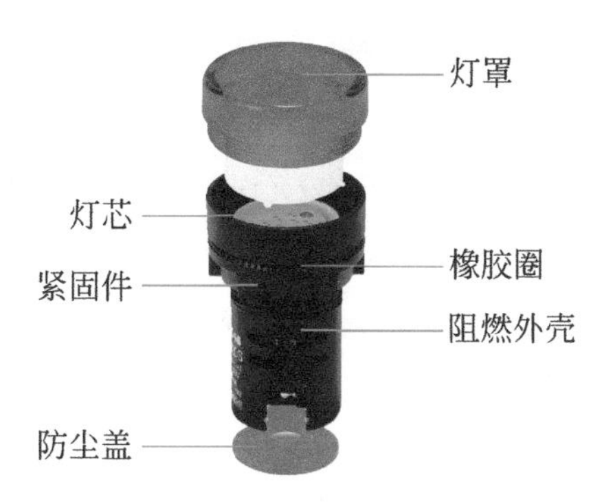

2.11.2 指示灯工作原理及主要参数

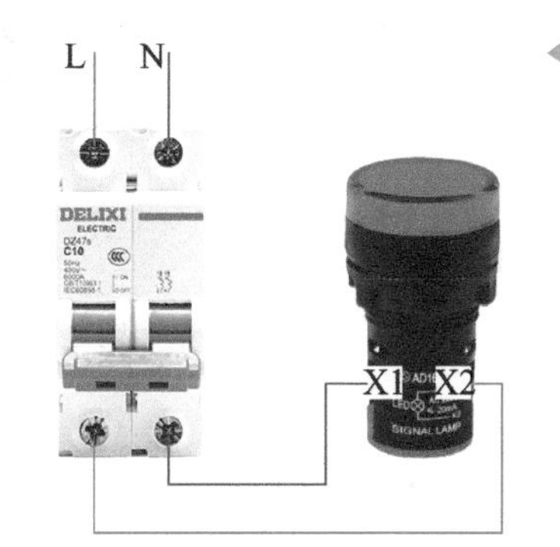

合上开关，指示灯亮。
断开开关，指示灯灭。
指示灯电压：12V/24V/224V/380V。
指示灯颜色：红、绿、黄、蓝。
红、绿指示灯的作用：
① 指示电气设备的运行与停止状态；
② 监视控制电路的电源是否正常；
③ 利用红灯监视跳闸回路是否正常，用绿灯监视合闸回路是否正常。

2.11.3 指示灯颜色代表的含义

红色——表示危险告急停止或断开，一般用HR、RL表示。

黄色——表示注意或警告，一般用HY、YL表示。

绿色——表示安全、正常或允许进行，一般用HG、GL表示。

白色——无特定含义指示，用HW、WL表示。

蓝色——表示按需要赋予的特定含义，一般用HB、BL表示。

2.12 行程开关

扫一扫 看视频

2.12.1 行程开关的外观及文字图形符号

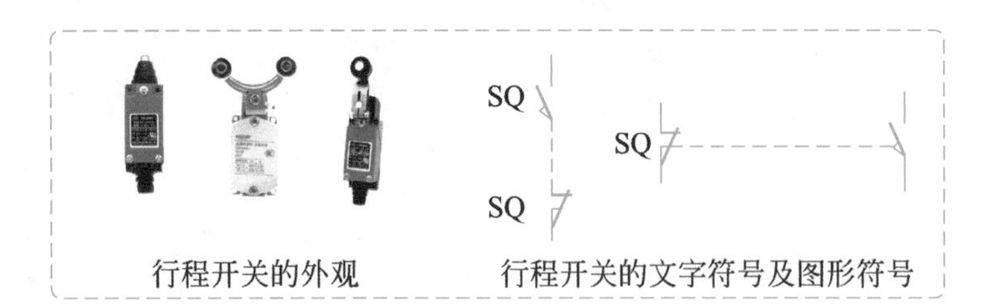

行程开关的外观　　行程开关的文字符号及图形符号

行程开关又称限位开关，工作原理与按钮类似，不同的是行程开关触点动作不靠手工操作，而是利用机械运动部件的碰撞使触点动作，从而将机械信号转换为电信号，再通过其他电器间接控制机床运动部件的行程、运动方向或进行限位保护等。

2.12.2 行程开关的结构和工作原理

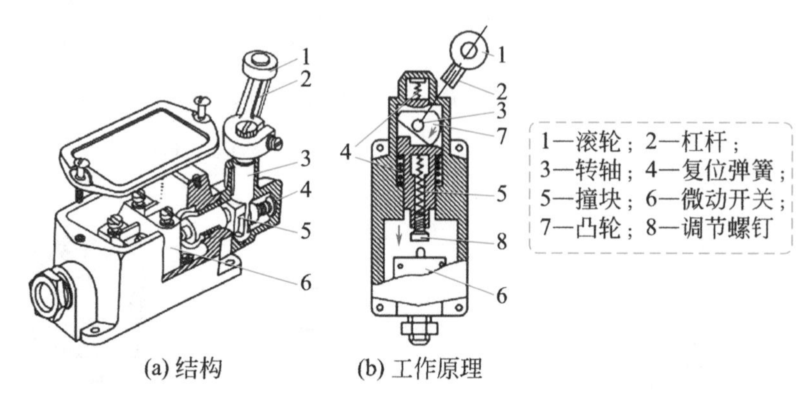

(a) 结构　　(b) 工作原理

当运动机械的挡铁撞到行程开关的滚轮上时，传动杠杆连同转轴一起转动，使凸轮推动撞块，当撞块被压到一定位置时，推动微动开关快速动作，使其常闭触点分断、常开触点闭合，当滚轮上的挡铁移开后，复位弹簧就使行程开关各部分恢复原始位置。这种单轮自动恢复的行程开关是依靠本身的复位弹簧来复原的。

2.12.3 行程开关的选用

行程开关选用时根据使用场合和控制对象确定行程开关种类。

例如当机械运动速度不太快时通常选用一般用途的行程开关，在机床行程通过路径上不宜装直动式行程开关，而应选用凸轮轴转动式行程开关。行程开关额定电压与额定电流则根据控制电路的电压与电流选用。

2.12.4 行程开关的应用

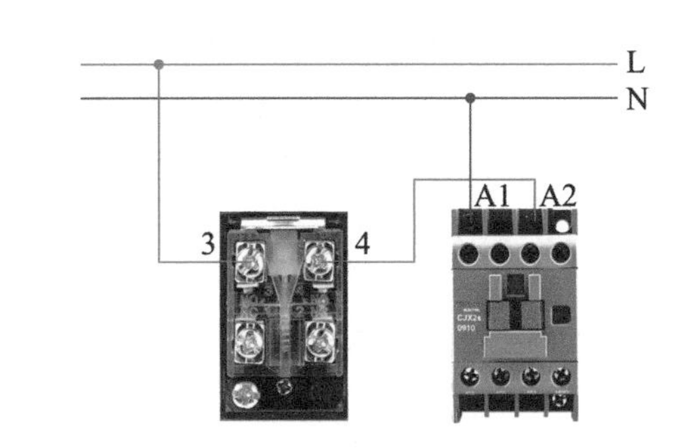

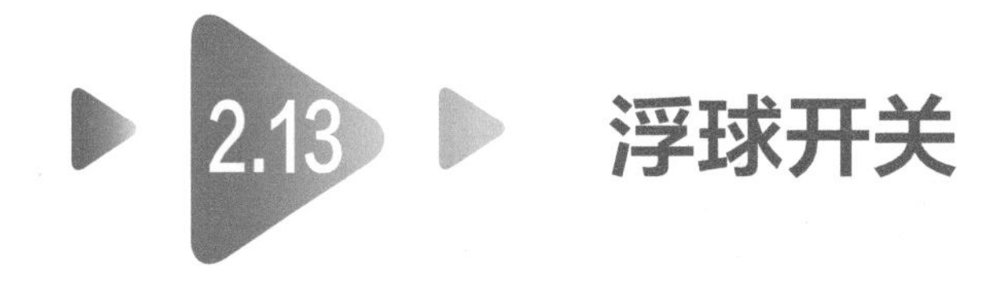

2.13 浮球开关

浮球开关（电缆浮球液位控制器）利用重力与浮力的原理设计而成，主要包括浮漂体，设置在浮漂体内的大容量微动开关和能将开关处于通、断状态的驱动机构，以及与开关相连的三芯电缆。当浮球在液体浮力的作用下随液位上升或下降到与水平呈一定角度时，浮球体内的驱动机构驱动大容量微动开关，从而输出开（ON）或关（OFF）的信号，供报警提示或远程控制使用。

2.13.1 浮球开关的使用及接线

排水、供水的接线方式如下：

① 排水：使用棕色和黑色的电线（常开触点）。浮球在下液位时，接点是不通的状态；浮球在上液位时，接点是接通的状态。

② 供水：使用黑色和蓝色的电线（常闭触点）。浮球在上液位时，接点是不通的状态；浮球在下液位时，接点是接通的状态。

如下图所示为 PP 材质电缆浮球液位开关工作时浮球内部的微动开关示意图。

液位在浮标体下侧时，浮标下垂，黑色线（公共线 COM）与棕色线（常开触点 NO）处于断开状态，黑色线与蓝色线（常闭触点 NC）处于接通状态。

当液位上升，浮标体跟随浮起，并上扬 28° 左右（SUS 材质开关为 10° 左右）时，棕色线与黑色线连接，蓝色线与黑色线断开，从而达到控制目的。

当液位下降时，浮标体跟随下降直到浮标体与水平线向下达 28° 左右（SUS 材质开关为 10° 左右）时，各控制点恢复起始状态。

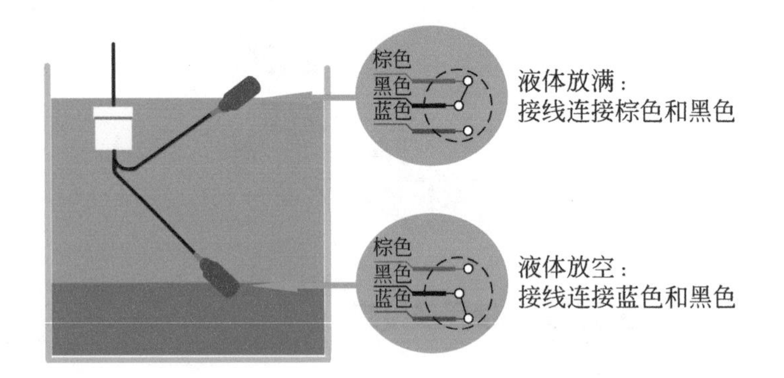

2.13.2 重锤的使用方法

重锤安装在需要控制的水位的大概 1/2 处。如某用户水箱 2m 高，需要水满的时候自动停水，那么重锤安装在 1m 处即可。

重锤的安装方法：

① 将浮球开关的电线从重锤的中心凹圆孔处穿入后，轻轻推动重锤，使嵌在圆孔上方的塑胶环因电线头的推力而脱落。再将这个脱落的塑胶环套在电缆上固定重锤以设定水平位置，依次设置液位差。

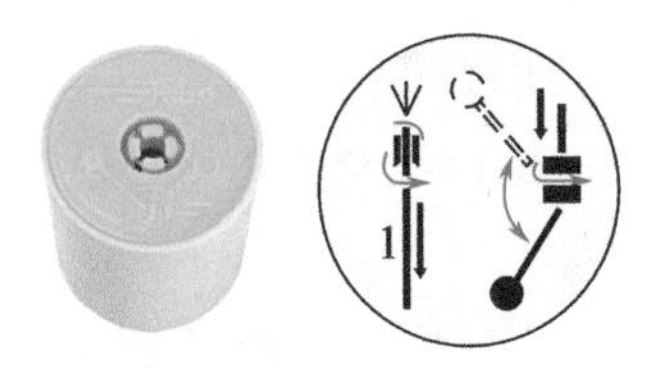

② 轻轻地推动重锤拉出电缆，直到重锤中心扣住塑胶，重锤只要轻扣在塑胶环中便不会滑落尽量避免使用中间接头，若不得已而有接头时，绝不可将电缆线接头没入水中。

2.14 开关电源

开关电源（Switch Mode Power Supply，SMPS）又称交换式电源、开关变换器，是一种高频化电能转换装置，是电源供应器的一种。其功能是将一个位准的电压，透过不同形式的架构转换为用户端所需求的电压或电流。开关电源的输入多半是交流电源（如市电），而输出多半是需要直流电源的设备（如个人电脑），而开关电源就进行两者之间电压及电流的转换。

AC：交流电　　DC：直流电
L：接入火线　　+V：输出正极
N：接入零线　　-V：输出负极
⏚：接地线　　ADJ：输出电压调节

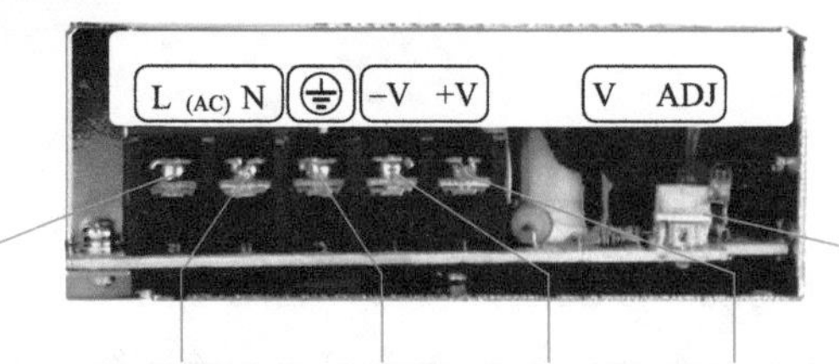

2.14.1 开关电源的组成

开关电源主要由主电路、控制电路、检测电路、辅助电源四大部分组成。

（1）主电路

冲击电流限幅：限制接通电源瞬间输入侧的冲击电流。

输入滤波器：其作用是过滤电网存在的杂波及阻碍本机产生的杂波反馈回电网。

整流与滤波：将电网交流电源直接整流为较平滑的直流电。

逆变：将整流后的直流电变为高频交流电，这是高频开关电源的核心部分。

输出整流与滤波：根据负载需要，提供稳定可靠的直流电源。

（2）控制电路

一方面从输出端取样，与设定值进行比较，然后去控制逆变器，改变其脉宽或脉频，使输出稳定；另一方面，根据测试电路提供的数据，经保护电路鉴别，经控制电路对电源进行各种保护。

（3）检测电路

提供保护电路中正在运行的各种参数和各种仪表数据。

（4）辅助电源

实现电源的软件（远程）启动，为保护和控制电路（PWM 等芯片）工作供电。

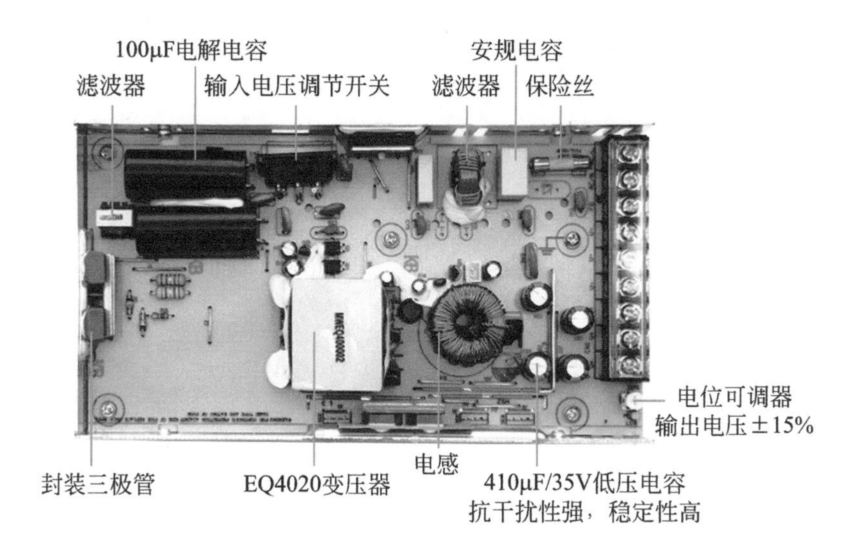

2.14.2 开关电源的基本参数

型号	S-50-24	输出功率 /W	50
品名	开关电源	环境温度 /℃	−10 ～ +60
输入电压 /V	86 ～ 132 AC/186 ～ 264 AC	电压可调 /(%)	±10
输出电压 /V	24	产品尺寸（mm × mm × mm）	159×97×38

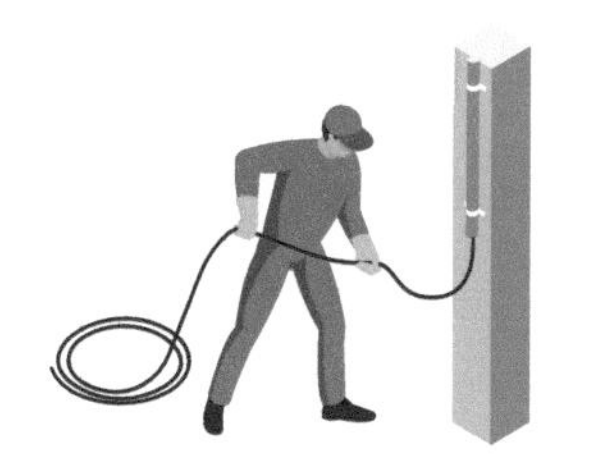

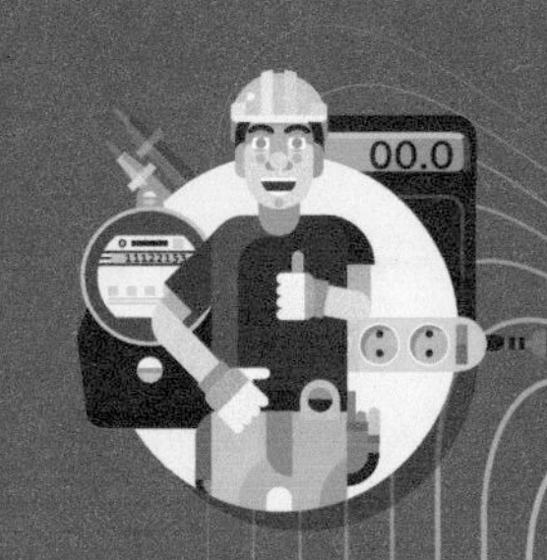

第 3 章
常用电气仪表的使用

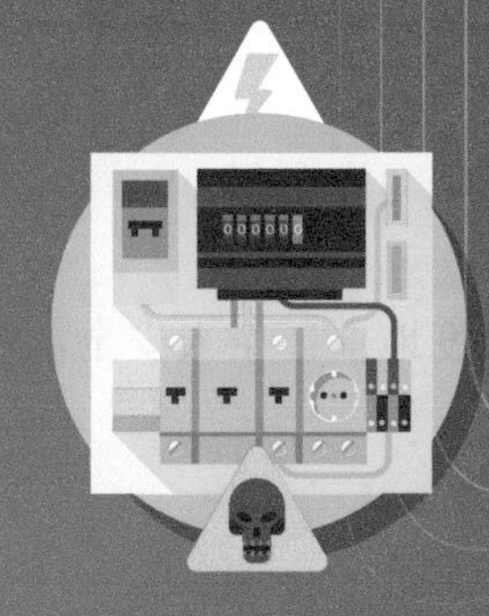

万用表简介

扫一扫 看视频

万用表是一种多用途测量仪器，一般包含安培计、电压表、欧姆计等功能，有时也称为万用计、多用计、多用电表或三用电表。万用表分为指针式万用表和数显式万用表两种。我们所使用的是数显式万用表，在测量时需要明白其测量的原理、方法，从而理解性地记忆。

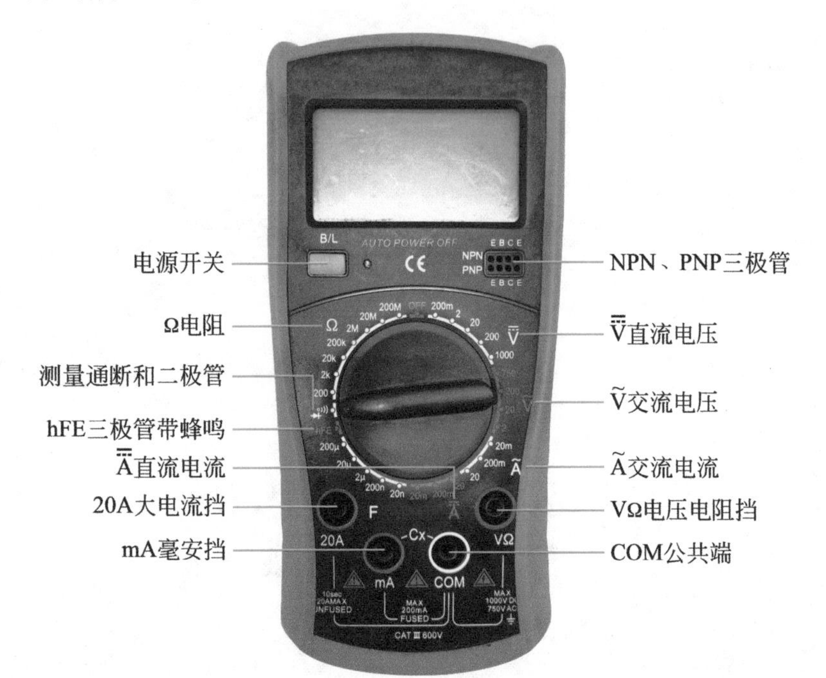

万用表最基本的几个功能：电阻的测量；直流、交流电压的测量；直流、交流电流的测量；二极管的测量；三极管的测量等。

万用表符号详细说明：

符号	含义	符号	含义
⊣▶⊢ •)))	二极管 / 蜂鸣器	$\bar{\bar{A}}$	直流电流
F	测量电容	$\tilde{A}$	交流电流
Hz	频率	mA	毫安挡
℃℉	温度测量	μA	微安挡
hFE	晶体三极管测量	$\bar{\bar{V}}$	直流电压
NCV	非接触测量	$\tilde{V}$	交流电压

(1) 电阻、电压、电容简介

① 电阻单位：欧姆，单位符号Ω（欧姆），常用单位有Ω、kΩ、MΩ等。

电阻单位换算：1MΩ=1000kΩ，1kΩ=1000Ω。

② 电压单位：伏特，单位符号V（伏特），常用单位有V、kV等。

电压单位换算：1kV=1000V。

电压又分直流电压（DC）和交流电压（AC）。

③ 电容单位：法拉，单位符号F（法拉），常用单位有F、mF、μF、nF等。

电容单位换算：1F=1000mF，1mF=1000μF，1μF=1000nF。

(2) 万用表安全操作规则

为了最大限度地保证个人安全，在使用万用表时，必须注意以下安全信息。

① 使用前应先检查仪表及表笔，谨防任何损坏和不正常现象。如果发现万用表或表笔损坏，或者怀疑万用表没有正确地工作，不要使用万用表。

② 表笔损坏必须更换，在使用时手必须放在表笔手指保护环的后面。

③ 不要在表笔终端及接地之间施加 1000V 以上的电压，以防电击和损坏仪表。

④ 当有高于 DC 60V 或者 AC 30V 的工作电压时要小心，这样的电压会有电击的危险。

⑤ 指示电量不足时，需及时更换电池。

3.2 万用表测量

扫一扫 看视频

3.2.1 直流电压的测量

第一步：正确插入表笔，红表笔插入 VΩ 孔，黑表笔插入 COM 孔。

第二步：把万用表的旋转开关旋转到直流电压的位置。

第三步：使表笔的两端和电池的正负极相对应。

第四步：读出显示屏上的数据。

注意：把旋钮旋到比估计值大的量程挡，接着把表笔接电源或电池两端；保持接触稳定，数值可以直接从显示屏上读取。

扫一扫 看视频

3.2.2 交流电压的测量

第一步：红表笔插入 VΩ 孔，黑表笔插入 COM 孔。

第二步：量程旋钮打到 $\tilde{V}$ 适当位置。

第三步：将红黑表笔按如下图方式插入到插孔内。

第四步：读出显示屏上显示的数据。

注意：测试市电时一定要把挡位打到 750V 位置。测量挡位一定要比要测试量的电压高，如不了解要测量的电压是多少伏，先用大的挡位量，如量的值太小，再慢慢往小挡位换。

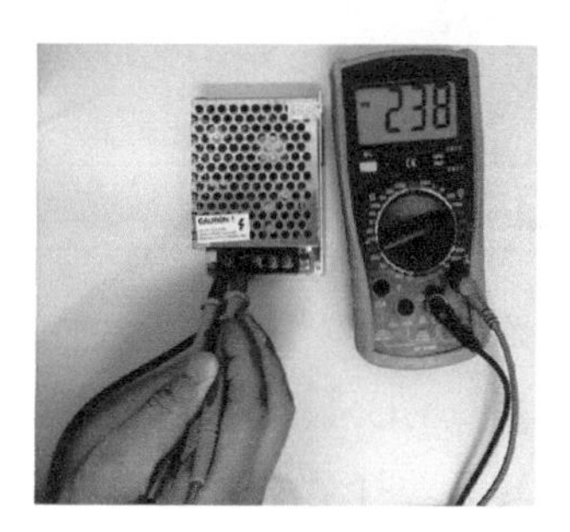

3.2.3 电阻的测量

扫一扫 看视频

第一步：首先红表笔插入 VΩ 孔，黑表笔插入 COM 孔。

第二步：把旋转开关旋转到电阻的位置。

第三步：万用表的读数就是该电阻的阻值。

注意：量程的选择和转换。量程选小了显示屏上会显示“1.”，此时应换用更大的量程；反之，量程选大了的话，显示屏上会显示一个接近“0”的数，此时应换用较小的量程。

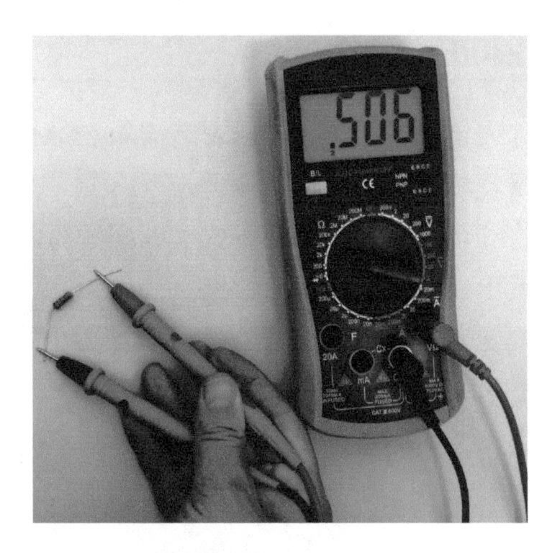

3.2.4 直流电流的测量

第一步：断开电路。

第二步：黑表笔插入 COM 端口，红表笔插入 mA/20A 端口。

第三步：功能旋转开关打至$\overline{\overline{A}}$（直流），并选择合适的量程。

第四步：断开被测线路，将数字万用表串联入被测线路中。

第五步：接通电路。

第六步：读出显示屏上的数据。

注意：估计电路中电流的大小。若测量大于 200mA 的电流，则要将红表笔插入“20A”插孔并将旋钮打到直流“20A”挡；若测量小于 200mA 的电流，则将红表笔插入“mA”插孔，将旋钮打到直流 200mA 以内的合适量程。

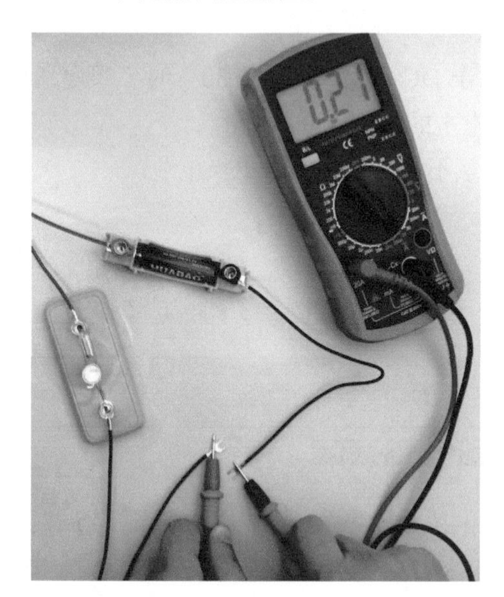

3.2.5 交流电流的测量

测量步骤与直流电流的测量步骤一样，只是将功能旋转开关打到 $\widetilde{A}$（交流）。注意事项与直流电流的测量也一样。

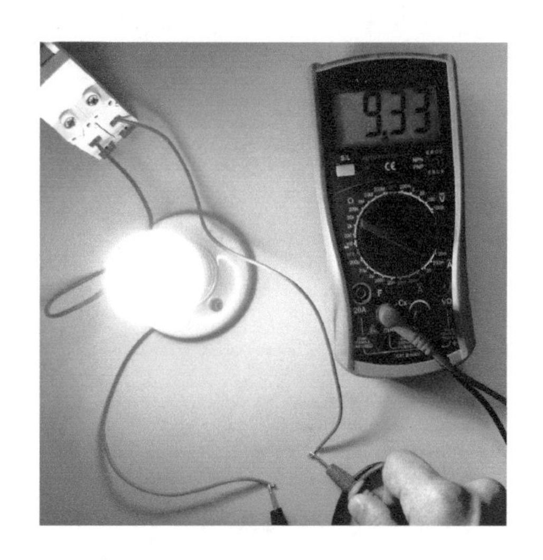

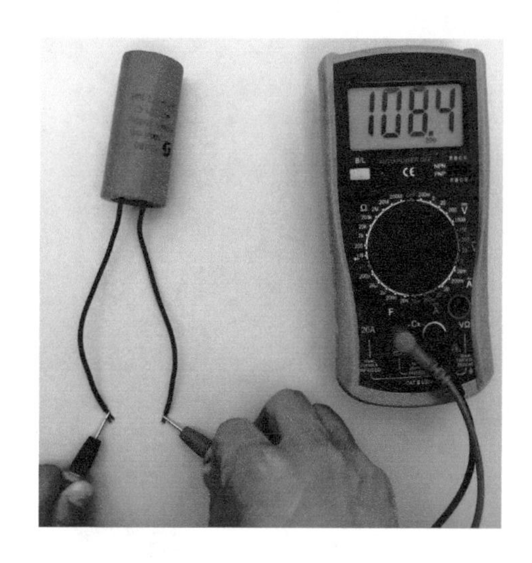

3.2.6 电容的测量

扫一扫 看视频

第一步：将电容两端短接，对电容进行放电，确保数字万用表的安全。

第二步：将功能旋转开关打至电容“F”测量挡，并选择合适的量程。

第三步：将电容插入万用表 Cx 插孔。

第四步：读出显示屏上的数据。

注意：测量前电容需要放电，否则容易损坏万用表。测量后也要放电，避免埋下安全隐患。

3.2.7 二极管的测量

扫一扫 看视频

第一步：红表笔插入 VΩ 孔，黑表笔插入 COM 孔。

第二步：转盘打在二极管挡

第三步：判断正负。

第四步：红表笔接二极管正，黑表笔接二极管负。

第五步：读出显示屏上的数据。

第六步：两表笔换位，若显示屏上为“1”，正常；否则此管被击穿。

注意：二极管正负好坏判断。红表笔插入 VΩ 孔，黑表笔插入 COM 孔，转盘打在二极管挡，然后颠倒表笔再测一次。

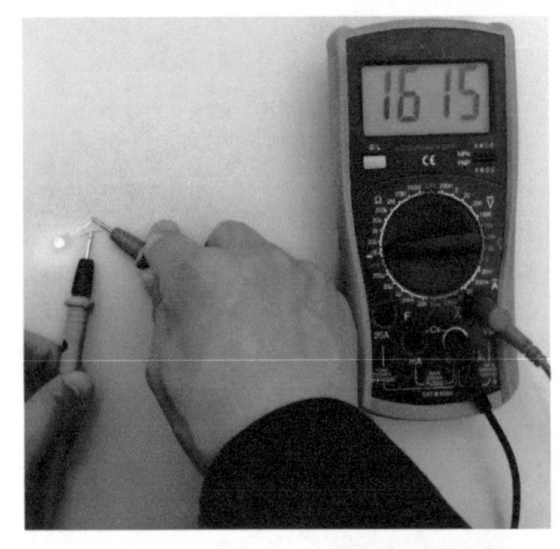

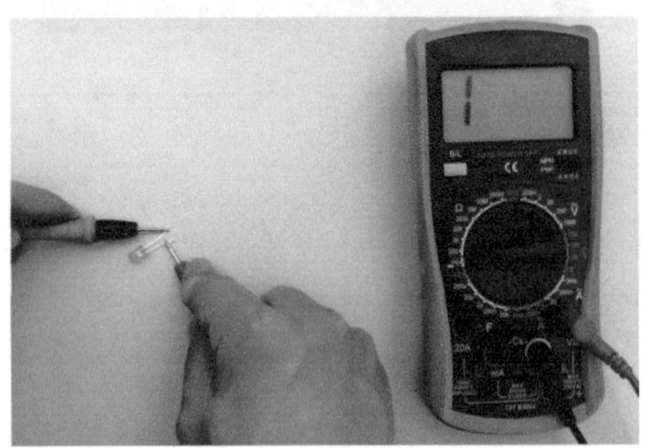

3.2.8 三极管的测量

步骤一：红表笔插入 VΩ 孔，黑表笔插入 COM 孔。

步骤二：转盘打在二极管挡。

步骤三：找出三极管的基极 b。

步骤四：判断三极管的类型（PNP 或 NPN）。

步骤五：转盘打在 hFE 挡。

步骤六：根据类型插入 PNP 或 NPN 插孔测 β。

步骤七：读出显示屏中 β 值。

注意：e、b、c 引脚的判定，表笔插位同上；其原理同二极管。先假定 A 脚为基极，用黑表笔与该脚相接，红表笔分别接触其他两脚；若两次读数均为 0.7V 左右，再用红表笔接 A 脚，黑表笔接触其他两脚，若均显示“1”，则 A 脚为基极，否则需要重新测量，且此管为 PNP 管。

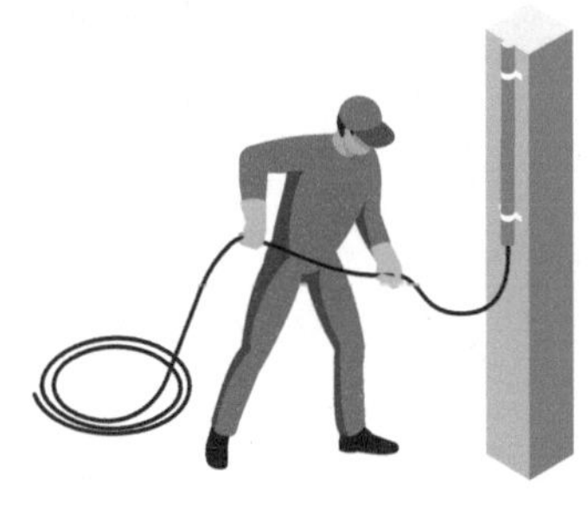

3.3 数字钳形表

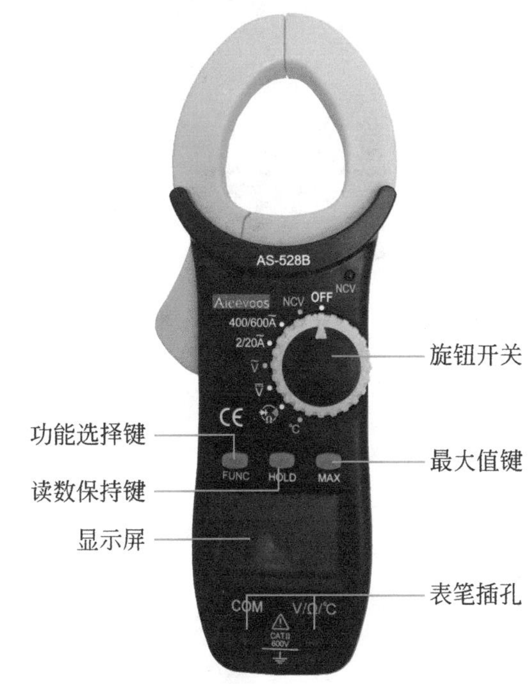

3.3.1 按键功能及自动关机

（1）HOLD

它为读数保持键，以触发方式工作，功能为保持显示读数。触发一次此键，显示值被锁定，一直保持不变；再触发一次此键，锁定状态被解除，进入通常测量状态。

注意：在自动关机后，若按着 HOLD 键开机，自动关机功能将被取消。

（2）MAX

它为最大值键，以触发方式工作。按此键后，A/D 转换器会继续工作，显示值总是更新和保留最大值。

（3）FUNC

它为功能选择键，以触发方式工作。用此键可作为Ω/▶|/•))的切换。

（4）自动关机

在测量过程中，功能按键和转盘开关在 15min 内均无动作时，钳形表会“自动关机”（休眠状态），以节约电能；要取消自动关机功能，只要按着 HOLD 键开机，则自动关机功能被取消。在自动关机状态下，按动功能键，钳形表会“自动开机”（工作状态）。

注意：在休眠状态下按 HOLD 键唤醒，自动关机功能被取消。

（5）蜂鸣器

在任一测量挡位按动任意功能按键，如果该键有效，蜂鸣器会发“哔”的一声，无效则不发声；自动关机前约 1min 蜂鸣器会连续发出 5 声警示；关机前蜂鸣器会以 1 长声警示。

3.3.2 数字钳形表的使用方法

（1）直流电压的测量

第一步：正确插入表笔，首先红表笔插入Ω/▶|/•))孔，黑表

笔插入 COM 孔。

第二步：把旋转开关旋转到直流电压挡的位置。

第三步：用表笔的另一端分别测量开关电源的 V+ 和 V−。

第四步：读出显示屏上的数据。

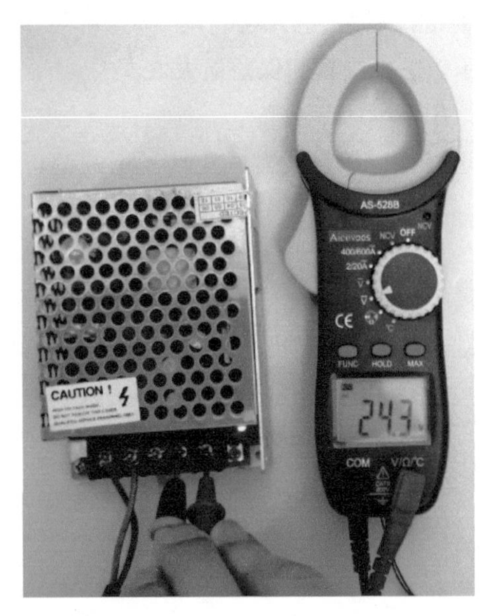

(2) 交流电压的测量

第一步：红表笔插入Ω/→+/•))孔，黑表笔插入 COM 孔。

第二步：量程旋钮打到 $\widetilde{V}$ 适当位置。

第三步：将红黑表笔按如下图方式插入到插座的孔内。

第四步：读出显示屏上的数据。

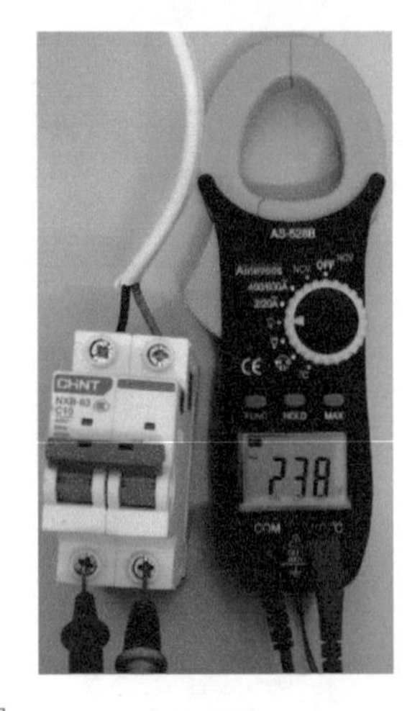

(3) 电阻的测量

第一步：首先红表笔插入 VΩ 孔，黑表笔插入 COM 孔。

第二步：把旋转开关旋转到电阻的位置。

第三步：读数就是该电阻的阻值。

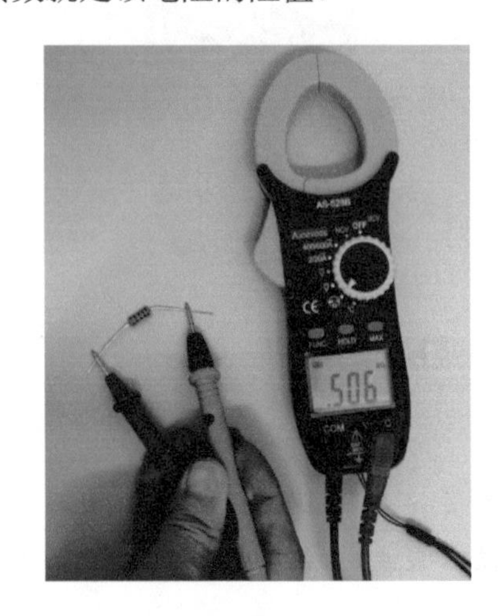

（4）二极管的测量

第一步：红表笔插入Ω/⊣▶⊢/•))孔，黑表笔插入 COM 孔。

第二步：转盘打在二极管挡。

第三步：判断正负。

第四步：红表笔接二极管正，黑表笔接二极管负。

第五步：读出显示屏上的数据。

第六步：两表笔换位，若显示屏上为“1”，正常；否则此管被击穿。

（5）导通检测

第一步：红表笔插入Ω/⊣▶⊢/•))孔，黑表笔插入 COM 孔。

第二步：转盘打在导通挡。

第三步：在导通测试中测量电阻小于 10Ω 时蜂鸣器会响，大于 10Ω 蜂鸣器可能响或不响。在完成所有的测量操作后，要断开表笔与被测电路的连接，并从输入端拿掉表笔。

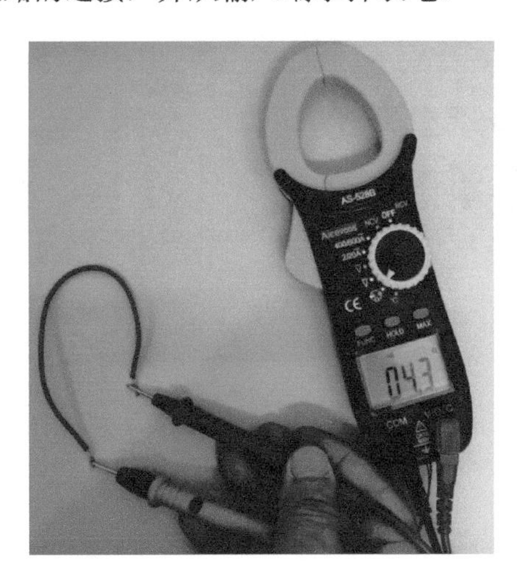

（6）电流检测

第一步：将转盘开关置于“20A ～”或“200A ～”或“600A ～”测量挡。

第二步：将钳形表夹取待测导体，然后缓慢地放开扳机，直到钳头完全闭合，请确定待测导体是否被夹取在钳头的中央，钳形表一次只能测量一个电流导体，若同时测量两个或以上的电流导体，测量读数会是错误的。

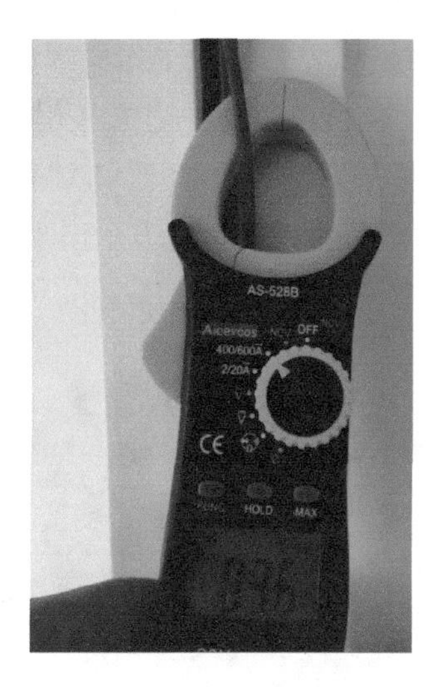

3.4 摇表

摇表又称为兆欧表或绝缘电阻表，是电工常用的一种测量仪表，主要用来检查电气设备、家用电器或电气线路对地及相间的绝缘电阻，以保证这些设备、电器和线路工作在正常状态，避免发生触电伤亡及设备损坏等事故。工作原理为由机内电池作为电源经 DC/DC 变换产生的直流高压，由 E 极出，经被测试品到达 L 极，从而产生一个从 E 到 L 极的电流，I/V 变换经除法器完成运算直接将被测的绝缘电阻值由指示盘显示出来。

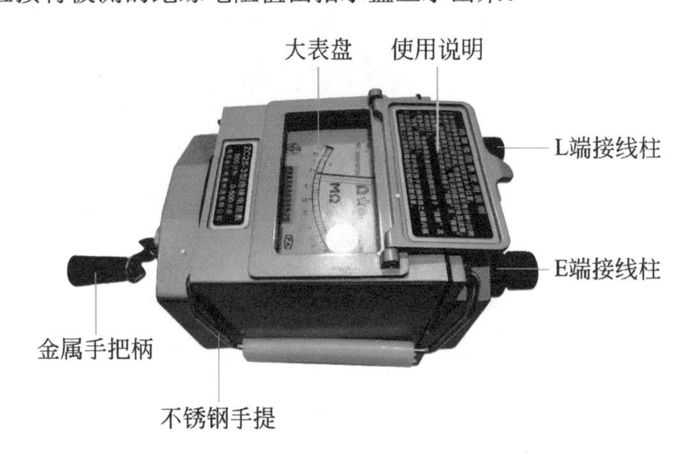

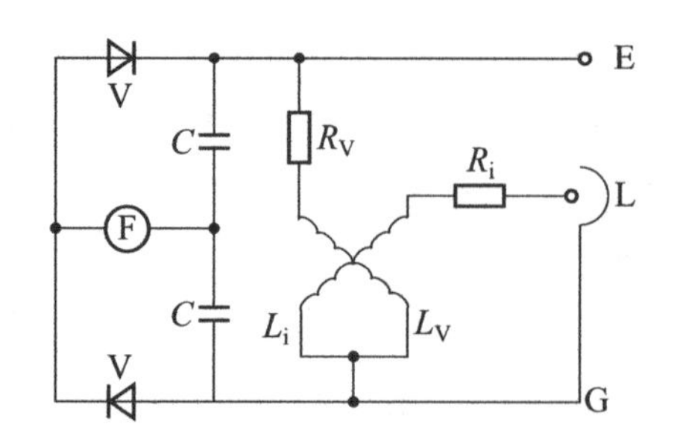

3.4.1 检测仪表的方法

使用前应该测试仪表是否正常工作。

以下方式在正常情况下表示仪表正常工作，反之表示仪表出现故障。

第一步：在无线的情况下，可顺时针摇动手柄。

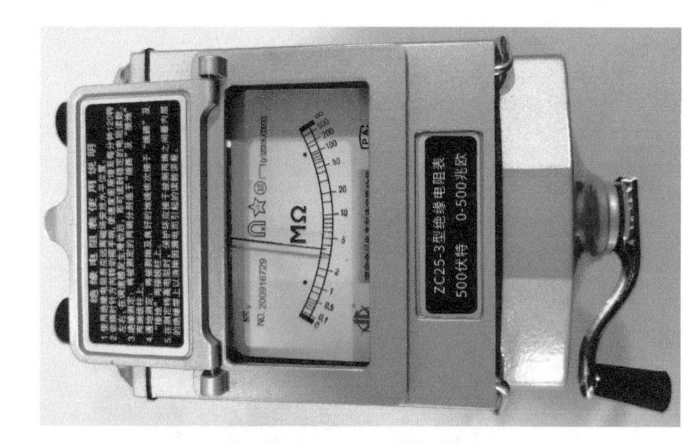

第二步：在正常情况下，指针向右滑动停留在∞的位置。

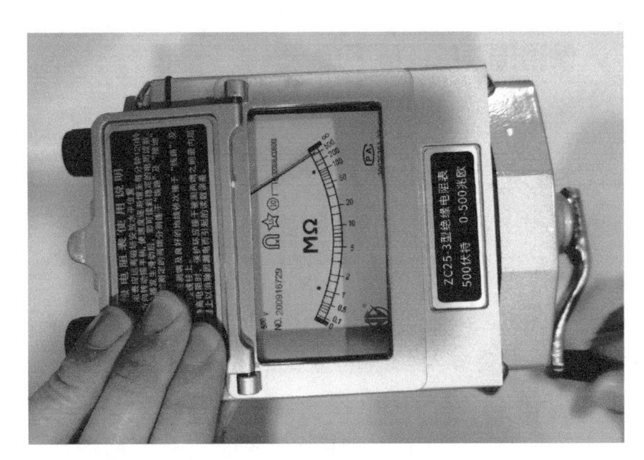

第三步：黑色测试笔接 E 端，红色笔接 L 端，E 端 L 端和测试夹对接测试。

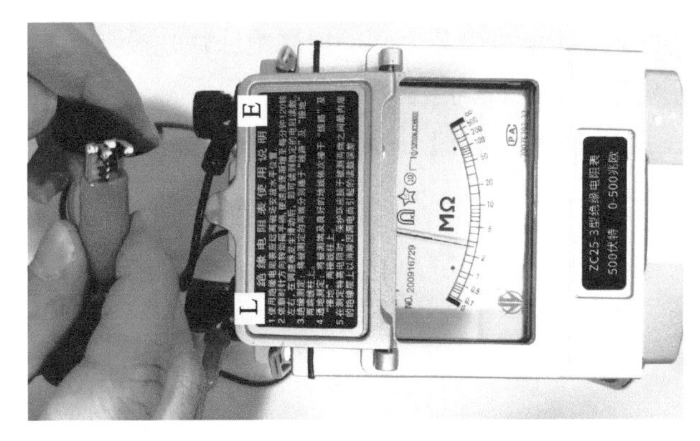

第四步：顺时针缓慢转动手柄，指针会归零。

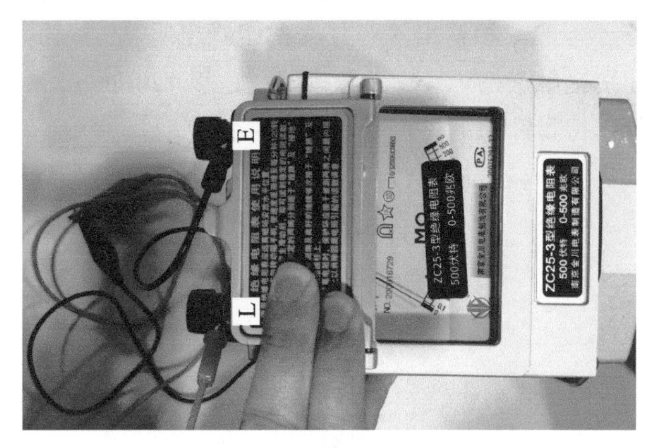

第五步：松开短接的两支表笔，顺时针摇动手柄，指针接近无穷大，证明摇表是好的。

3.4.2 用摇表测量电动机对地电阻值及相间绝缘值的方法

第一步：测量时最好把三相电动机的连接片去掉，外壳接地，三个绕组底部接线端从左到右编号 U、V、W。

第二步：测三相输出端与外壳的绝缘电阻，E 接触电动机外壳，L 分别接触 U、V、W 三个接线端，以 120r/min 左右的速度转动手柄，待指针稳定在无穷大时即为绝缘良好。

第三步：测三相电动机的相间绝缘，E 接三相中的一相（如下图中的 U1），L 接三相中的另一相（如下图中的 V1），以 120r/min 左右的速度转动手柄，待指针稳定在无穷大时即为相间绝缘良好。

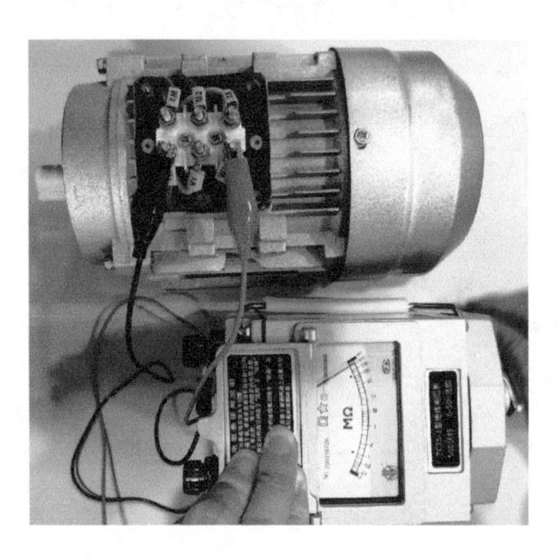

3.4.3 使用摇表的注意事项

① 禁止在雷电时或高压设备附近测绝缘电阻，只能在设备不带电也没有感应电的情况下测量。

② 摇测过程中，被测设备上不能有人工作。

③ 摇表线不能绞在一起，要分开。

④ 摇表未停止转动之前或被测设备未放电之前，严禁用手触及。拆线时，也不要触及引线的金属部分。

⑤ 测量结束时，对于大电容设备要放电。

⑥ 摇表接线柱引出的测量软线绝缘应良好，两根导线之间和导线与地之间应保持适当距离，以免影响测量精度。

⑦ 为了防止被测设备表面泄漏电阻，使用摇表时，应将被测设备的中间层（如电缆壳芯之间的内层绝缘物）接于保护环。

⑧ 要定期校验其准确度。

⑨ 在使用时电压等级一定要相匹配，如 380V 的一般选择 500V。

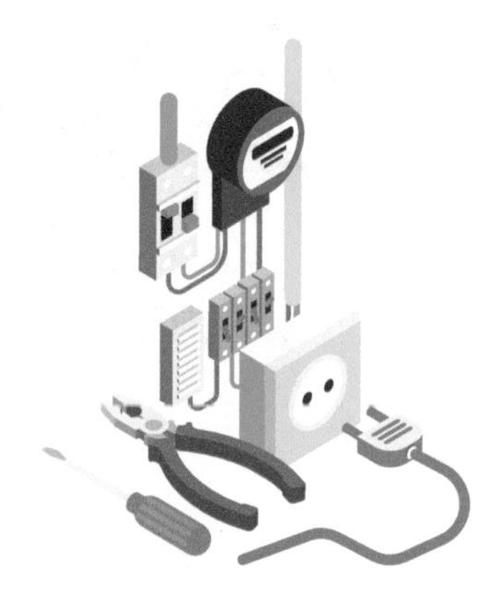

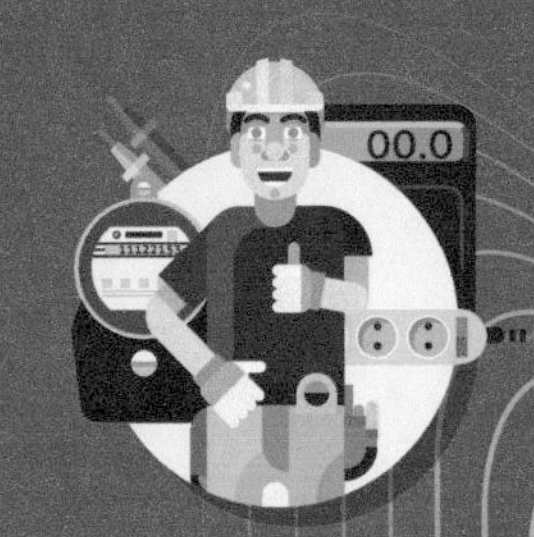

第 4 章
家庭用电电路

4.1 单控灯

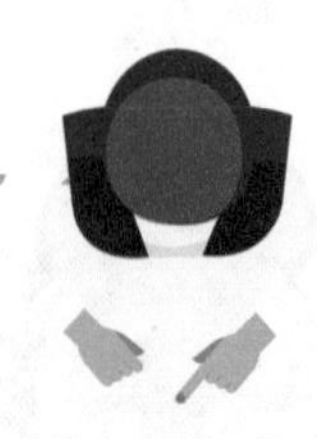

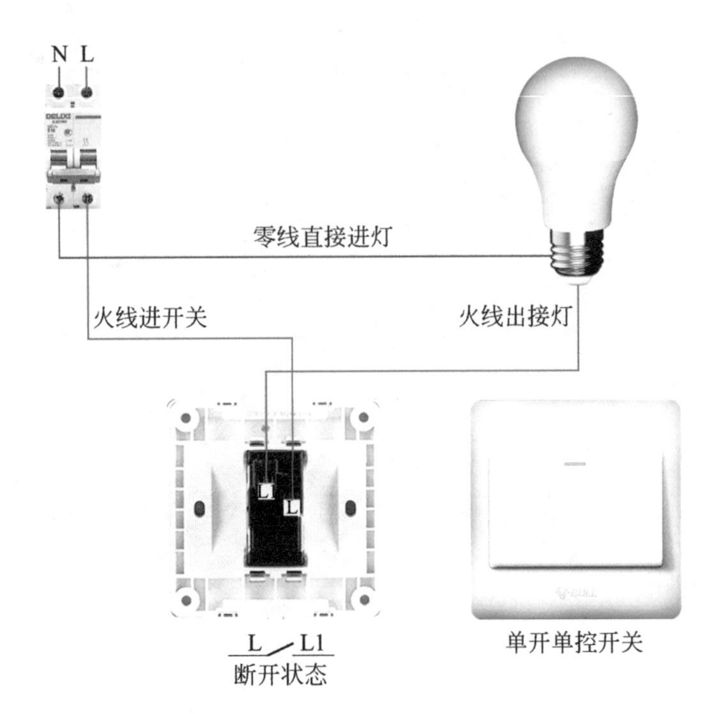

☑ **单开单控开关原理**：单控开关有两个接线柱，分别接进线和出线。在开关启 / 闭时，存在接通或断开两种状态，从而使电路变成通路或者断路。

☑ **单控灯线路**：合上空开接通单相电源，面板按钮开启，灯亮；面板按钮关闭，灯灭。

4.2 双控灯

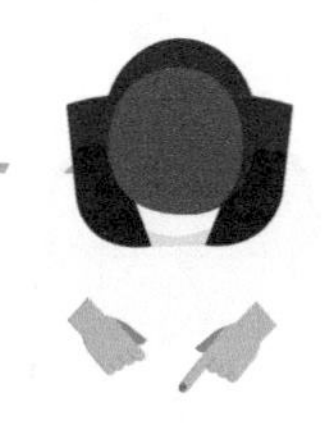

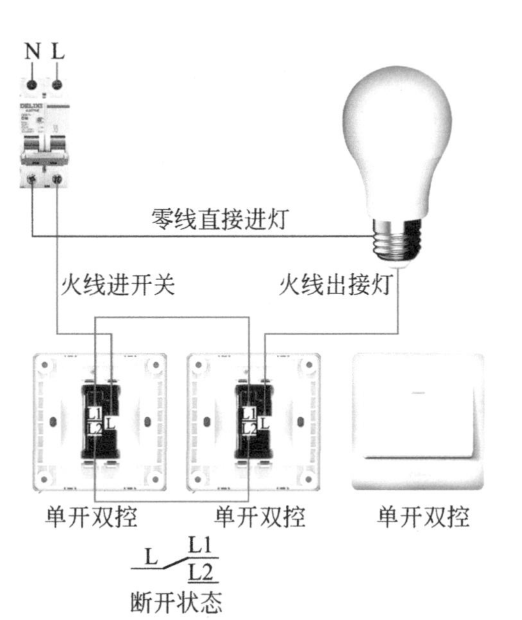

- **单开双控开关原理：**双控开关有三个接线柱，分别接一个进线和 2 个出线。在开关启 / 闭时，存在接通或断开两种状态，从而使 2 个电路变成通路或者断路。
- **双控灯线路：**合上空开接通单相电源，两个面板按钮随意一个开启则灯亮，两个面板按钮随意一个关闭则灯灭。

4.3 三控灯

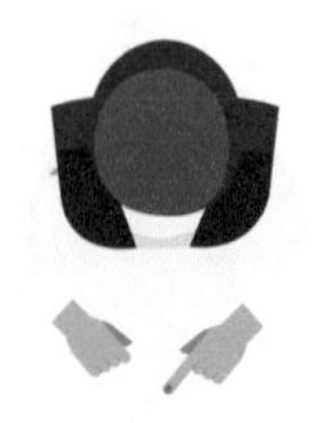

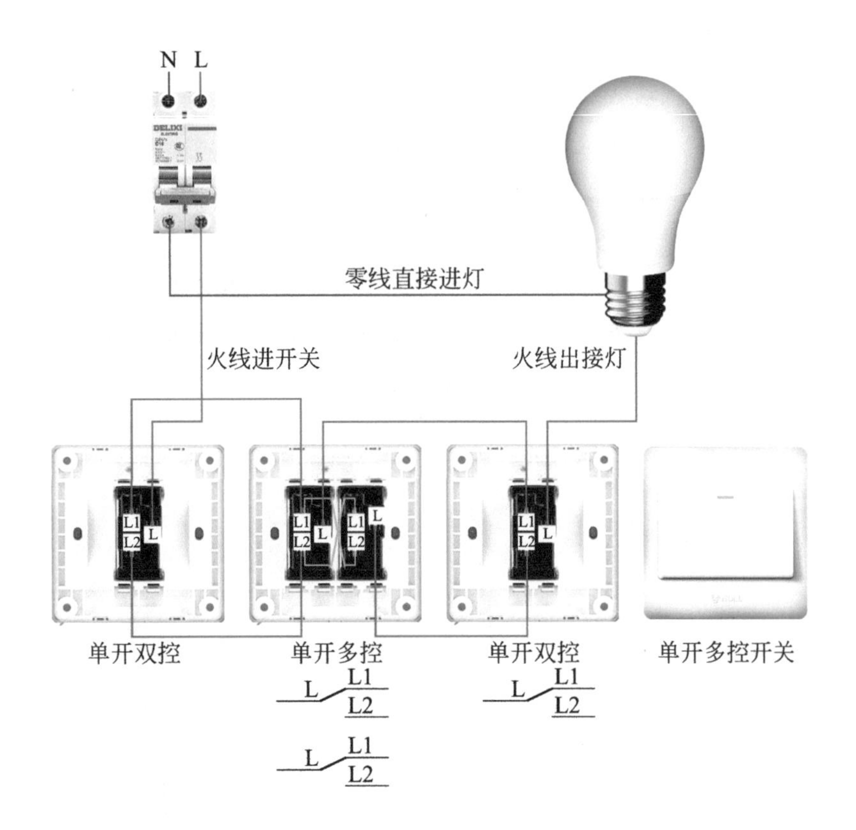

☑ **单开多控开关原理：** 多控开关有 6 个接线柱，分为 2 组，每一组分别接 1 个进线和 2 个出线。在开关启 / 闭时，存在接通或断开两种状态，从而使 4 个电路变成通路或者断路。

☑ **三控灯线路：** 合上空开接通单相电源，三个面板按钮随意一个开启则灯亮，三个面板按钮随意一个关闭则灯灭。

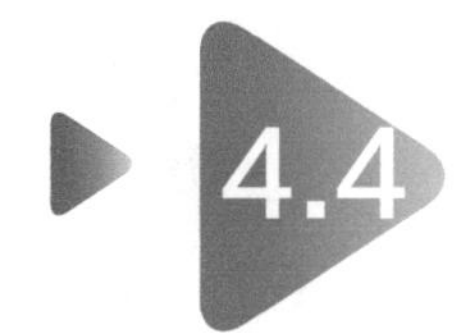

4.4 四控灯

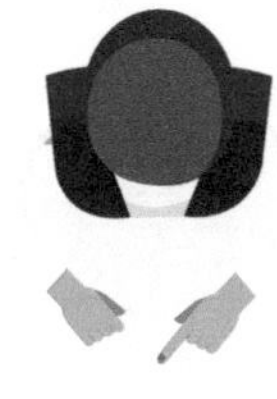

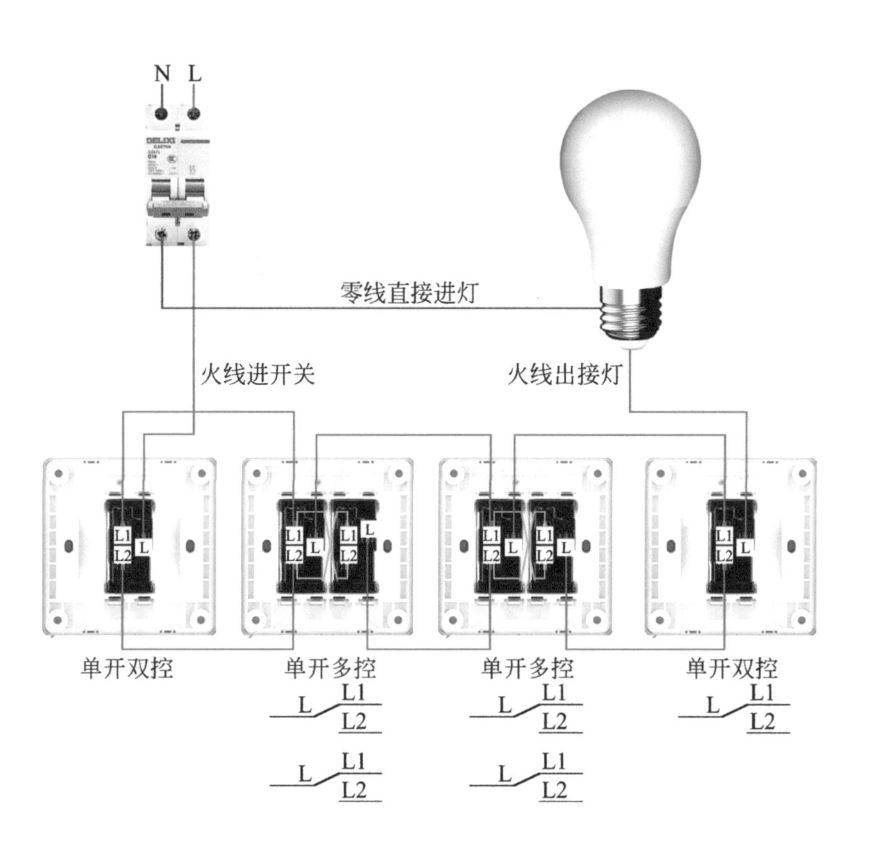

☑ **四控灯线路：** 合上空开接通单相电源，两个单开双控及两个单开多控开关控制一盏灯，四个面板按钮随意一个开启则灯亮，四个面板按钮随意一个关闭则灯灭。

4.5 声控开关

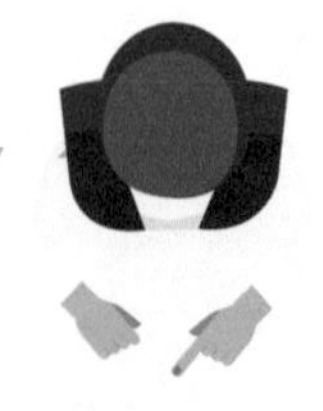

声控开关：在楼道里面经常看到声光开关控制一盏灯，面板感应区无光或者晚上有声音的时候灯亮，晚上无声音延时一段时间后灯灭。

触控开关

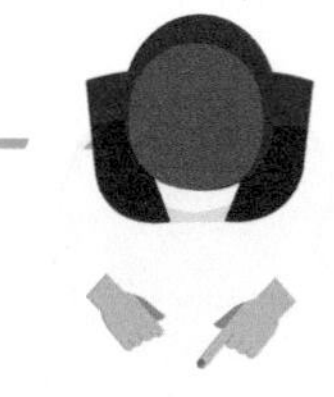

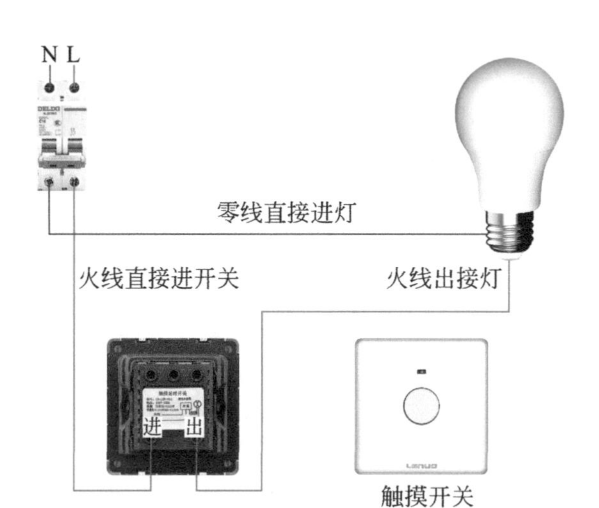

☑ **触控开关：**在楼道里面经常看到触控开关控制一盏灯，面板感应区被接触灯亮，无接触延时一段时间后灯灭。

4.7 五孔开关控制灯

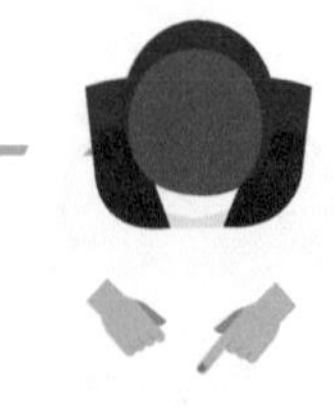

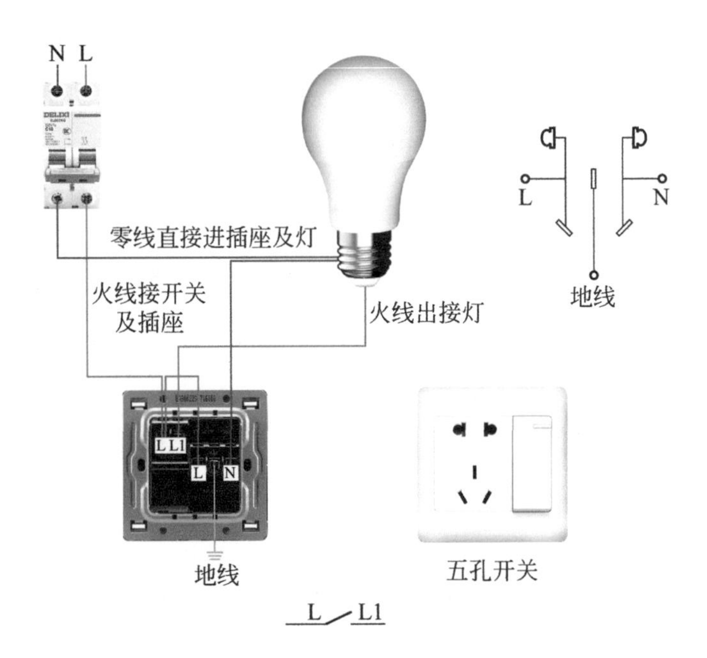

☑ **五孔开关控制灯：**单开五孔开关控制一盏灯，面板按钮开启则灯亮，面板按钮关闭则灯灭。同时五孔插座一直带电。

4.8 五孔插座一键断电

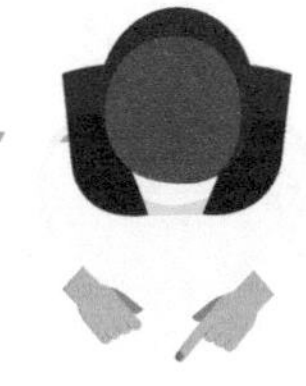

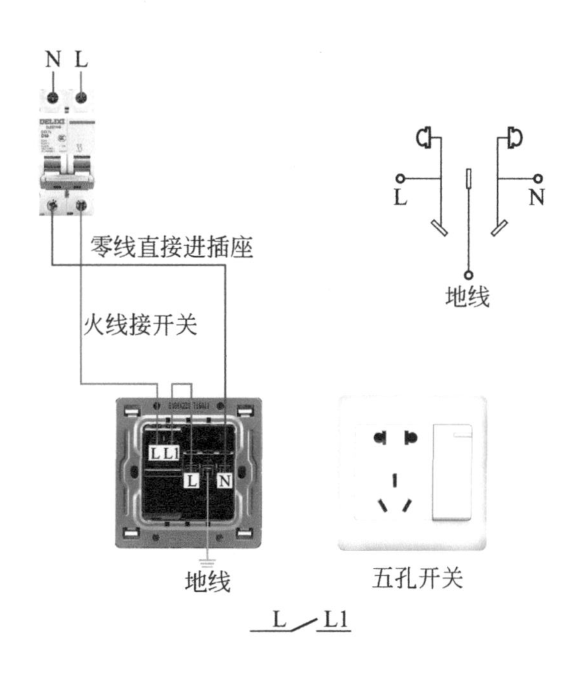

☑ **五孔插座一键断电：** 单开五孔开关控制五孔插座，面板按钮开启则五孔插座带电，面板按钮断开则五孔插座无电。

4.9 感应卡取电

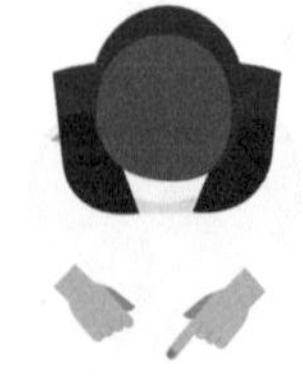

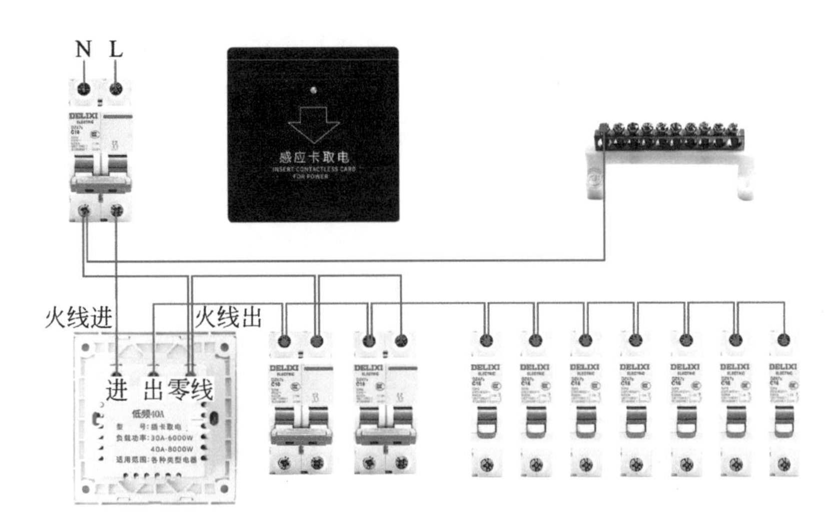

☑ **感应卡取电：** 将感应卡插入内部感应得电，将感应卡拔出延时 15s 断电。

4.10 双开双控开关控制 1 盏灯

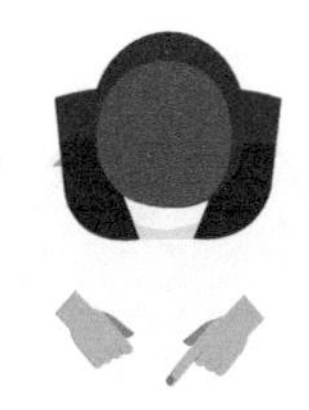

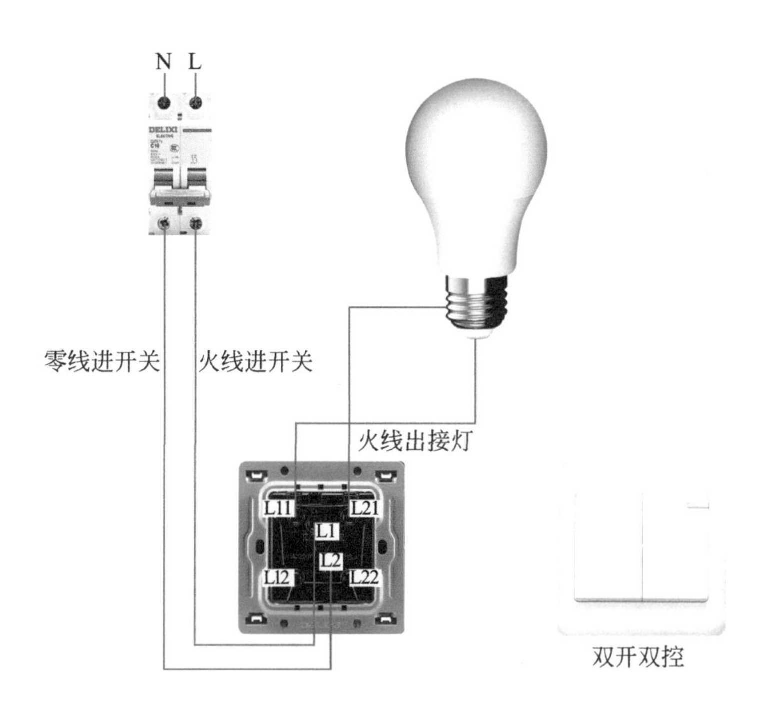

双开双控开关控制 1 盏灯：其中面板上一个按钮控制电灯火线，另外一个按钮控制电灯零线。此方法也可以用来解决 LED 灯“鬼火”的问题。

4.11 五孔插座带 USB

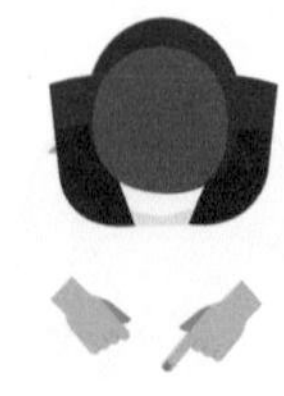

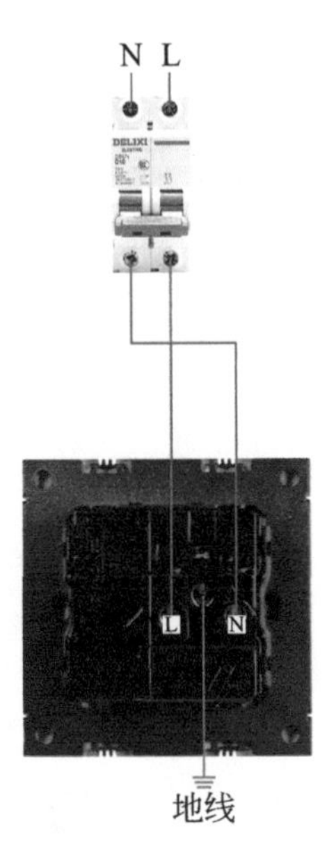

地线

五孔开关

- **五孔插座带 USB：** 接线方法和传统的五孔插座一样，但是带 USB 插口，能用数据线直接给手机充电。

4.12 卧室灯加床头灯带五孔插座

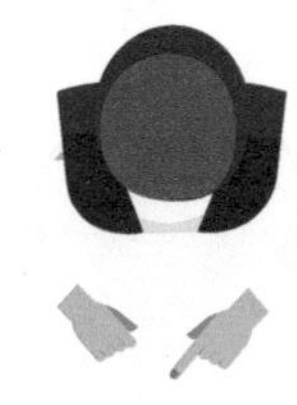

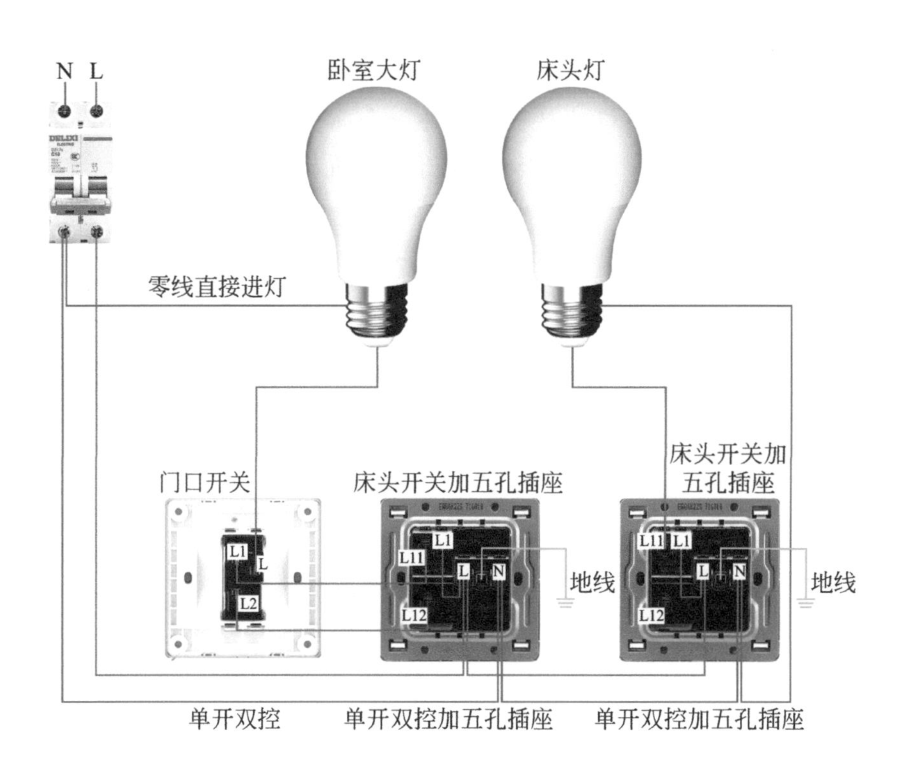

☑ **卧室灯加床头灯带五孔插座：**其中门口开关和床头开关两个面板按钮随意一个开启则卧室大灯亮，两个面板按钮随意一个关闭则卧室大灯灭，另外一个床头开关可以控制床头灯的亮灭，同时两个五孔插座一直带电。

4.13 双开单控带五孔插座

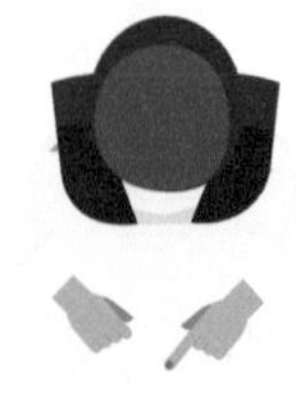

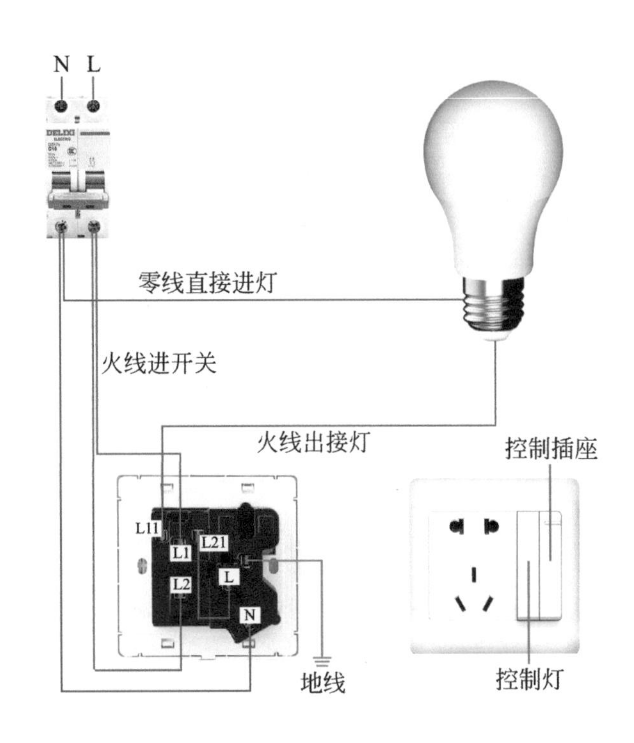

☑ **双开单控带五孔插座：** 其中一个面板按钮控制电灯的亮灭，另外一个面板按钮控制五孔插座，面板开启插座有电，面板关闭插座无电。

双开单控开关控制 2 盏灯

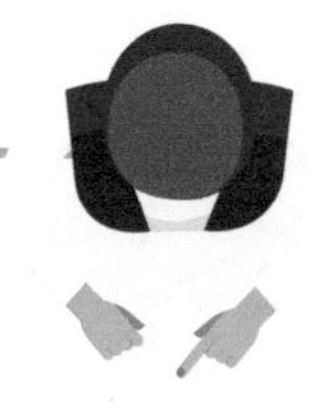

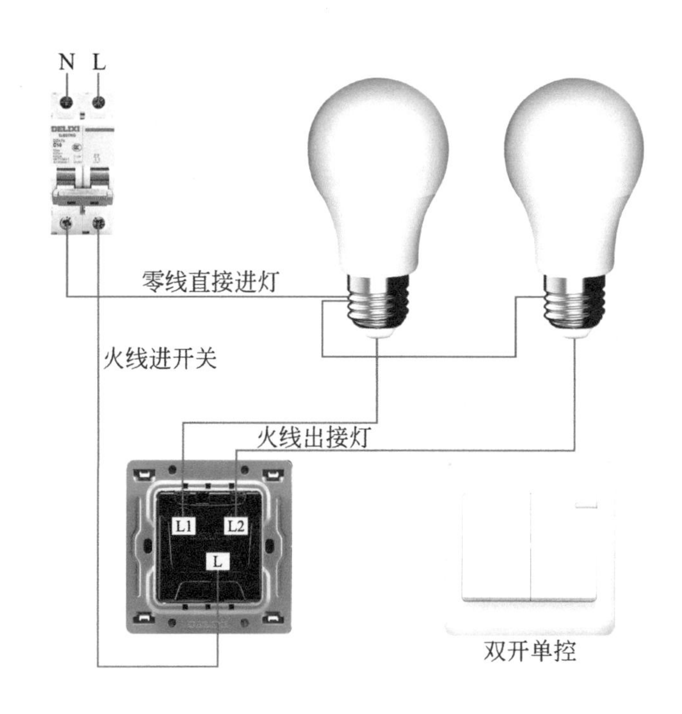

☑ **双开单控开关控制 2 盏灯：**其中一个面板按钮控制一盏电灯的亮灭，另外一个面板按钮控制另一盏电灯的亮灭。

4.15 三开双控开关控制 3 盏灯

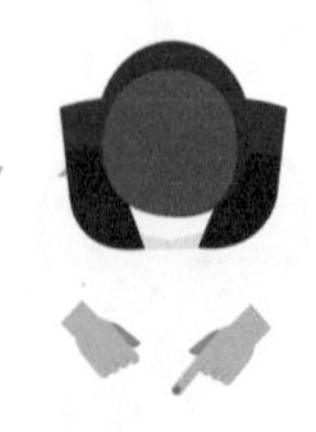

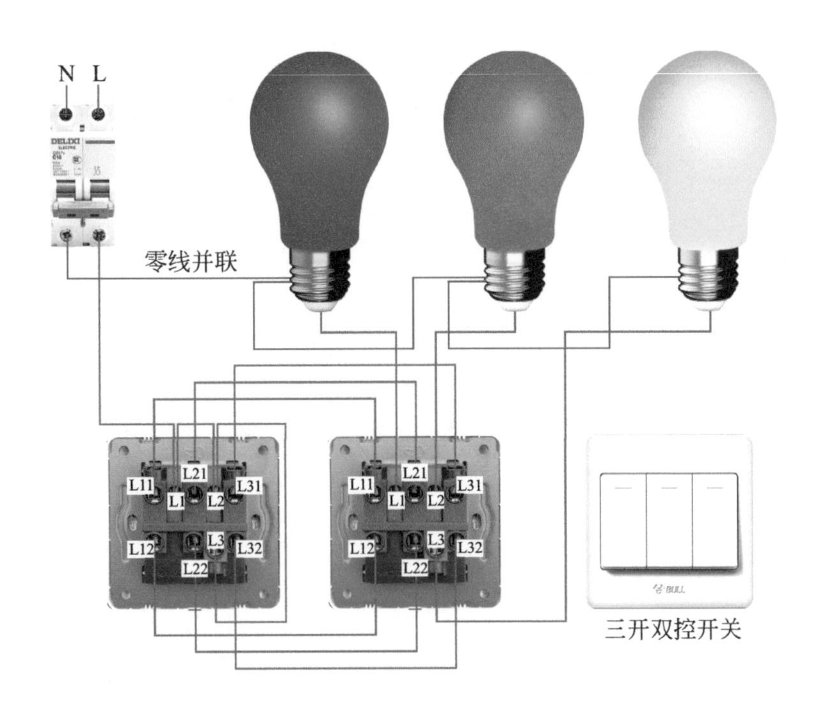

三开双控开关控制 3 盏灯：两个面板六个按钮分成三组：一组为两个面板的左侧按钮，一组为两个面板的中间按钮，一组为两个面板的右侧按钮。两个面板左侧按钮随意一个开启蓝灯亮，两个面板左侧按钮随意一个关闭蓝灯灭。两个面板中间按钮随意一个开启红灯亮，两个面板中间按钮随意一个关闭红灯灭。两个面板右侧按钮随意一个开启黄灯亮，两个面板右侧按钮随意一个关闭黄灯灭。

4.16 自复式过欠压保护电路

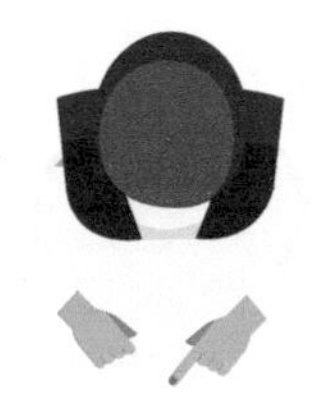

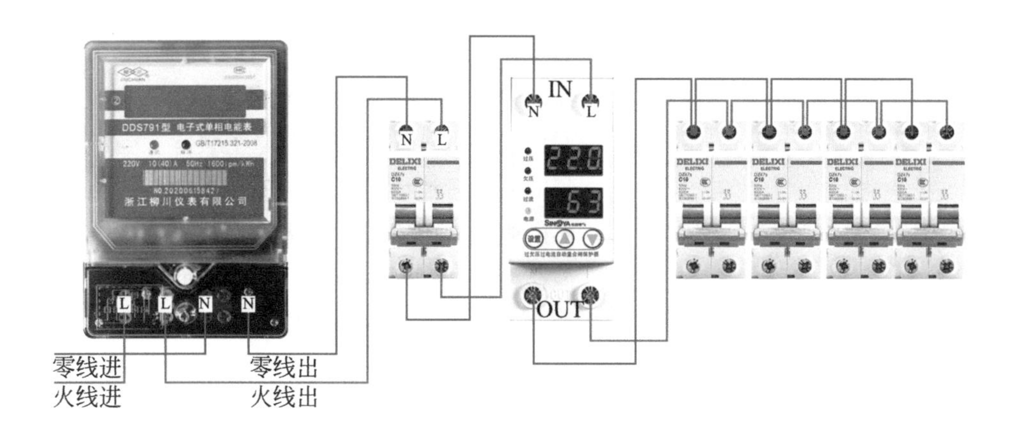

☑ **自复式过欠压保护器作用：** 自复式过欠压保护器控制线采用高速微低功耗处理器为核心，磁保持继电器为主电路，模数化标准设计。当供电线路出现过电压、欠电压时，保护器能在持续高压冲击下迅速、安全地切断电路，避免异常电压送入终端电器造成事故的发生。当电压恢复正常值，保护器将在规定时间内自动接通电路，确保终端电器在无人值守情况下正常运行。

4.17 浪涌保护器保护电路

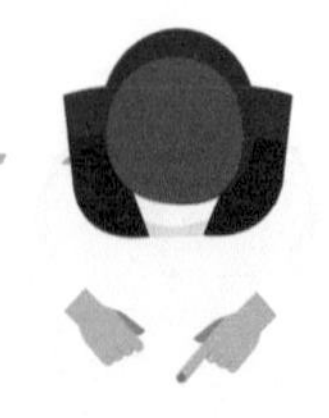

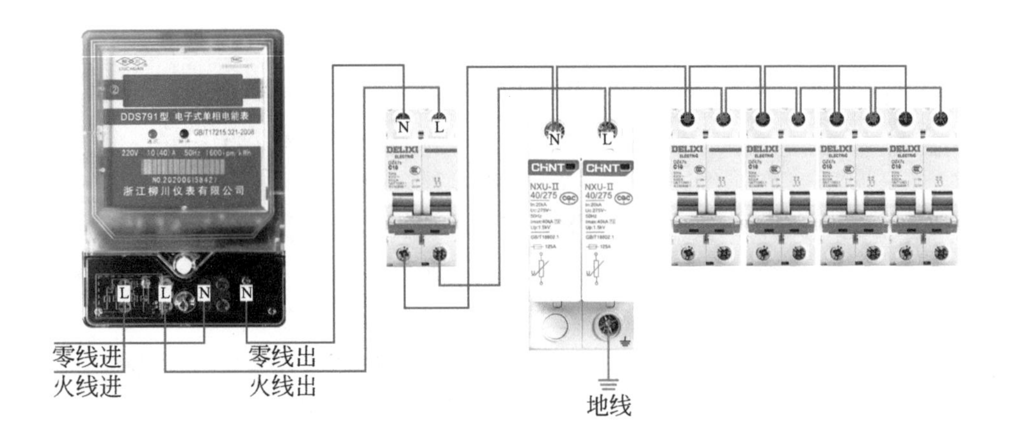

☑ **浪涌保护器作用：** 浪涌保护器也叫防雷器，是一种为各种电子设备、仪器仪表、通信线路提供安全防护的电子装置。当电气回路或者通信线路中因为外界的干扰忽然产生尖峰电流或者电压时，浪涌保护器能在极短的时间内导通分流，从而避免浪涌对回路中其他设备的损害。

4.18 家庭浴霸电路

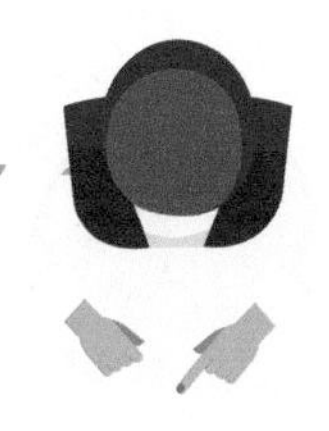

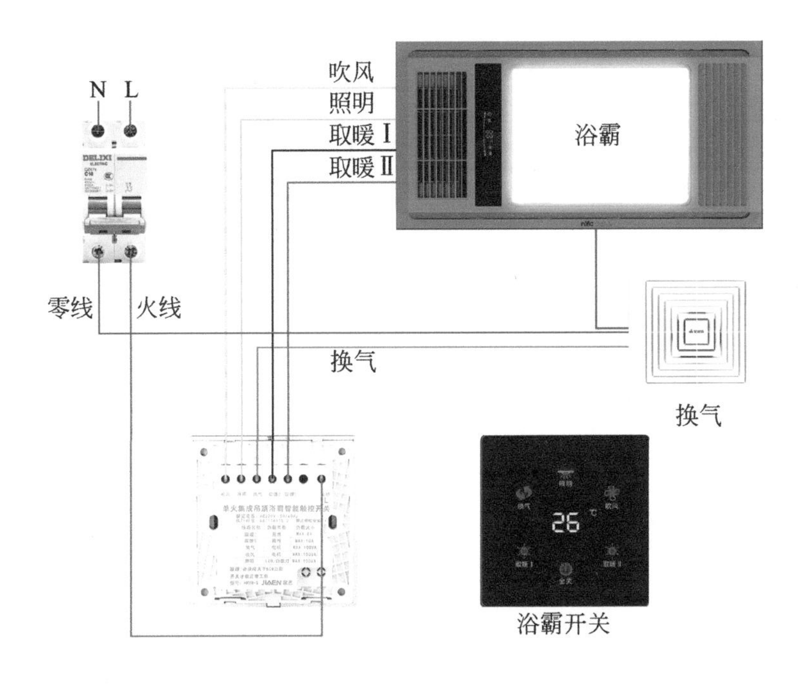

☑ **家庭浴霸电路：** 浴霸通过浴霸开关对吹风、照明、取暖Ⅰ、取暖Ⅱ进行电源控制，合上空开接通电源，引入火线到浴霸开关进线，出线黄线接吹风，出线浅蓝色线接照明，黑线接取暖Ⅰ，红线接取暖Ⅱ。

4.19 带互感器电表接线电路

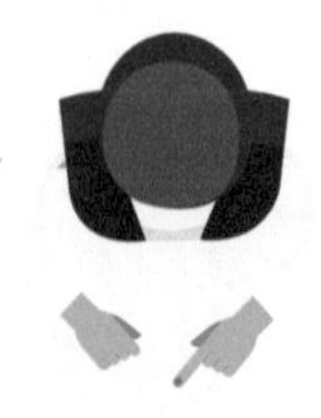

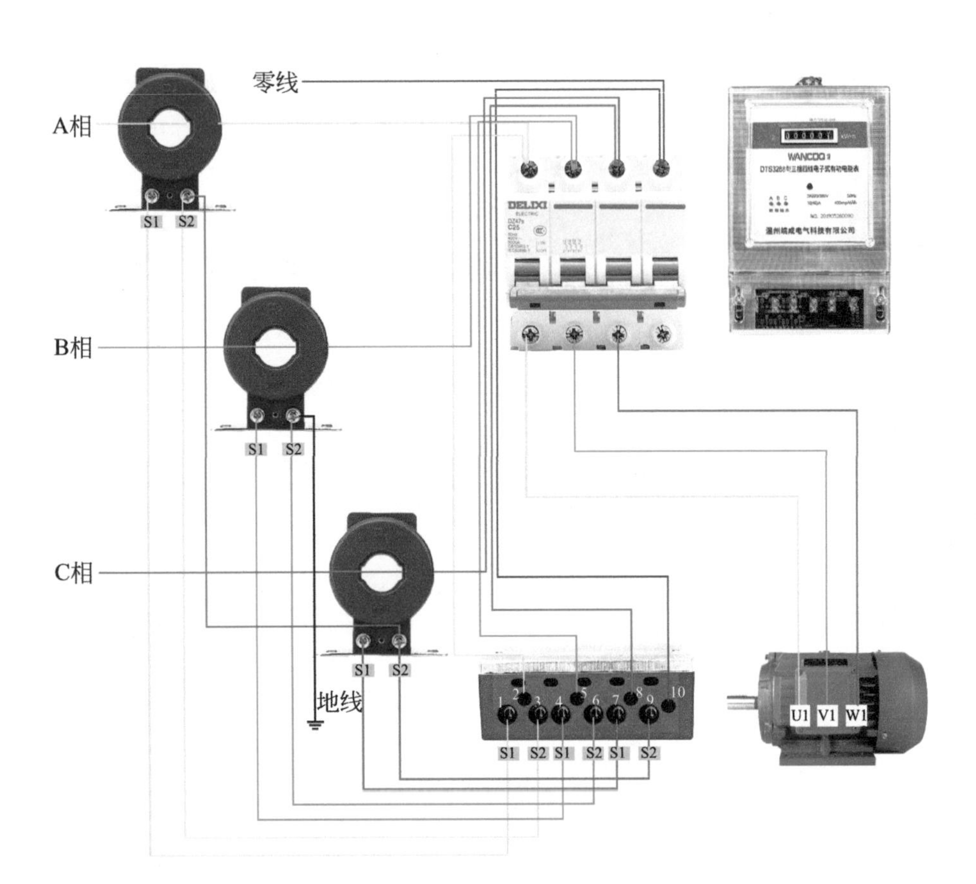

☑ **带互感器电表接线电路：**若负载电流超过了电表量程，须用电流互感器将电流变小，左侧为其接线图。

家庭电路配电总览

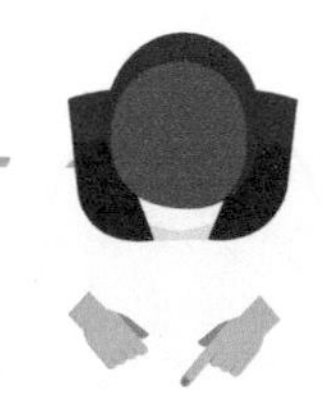

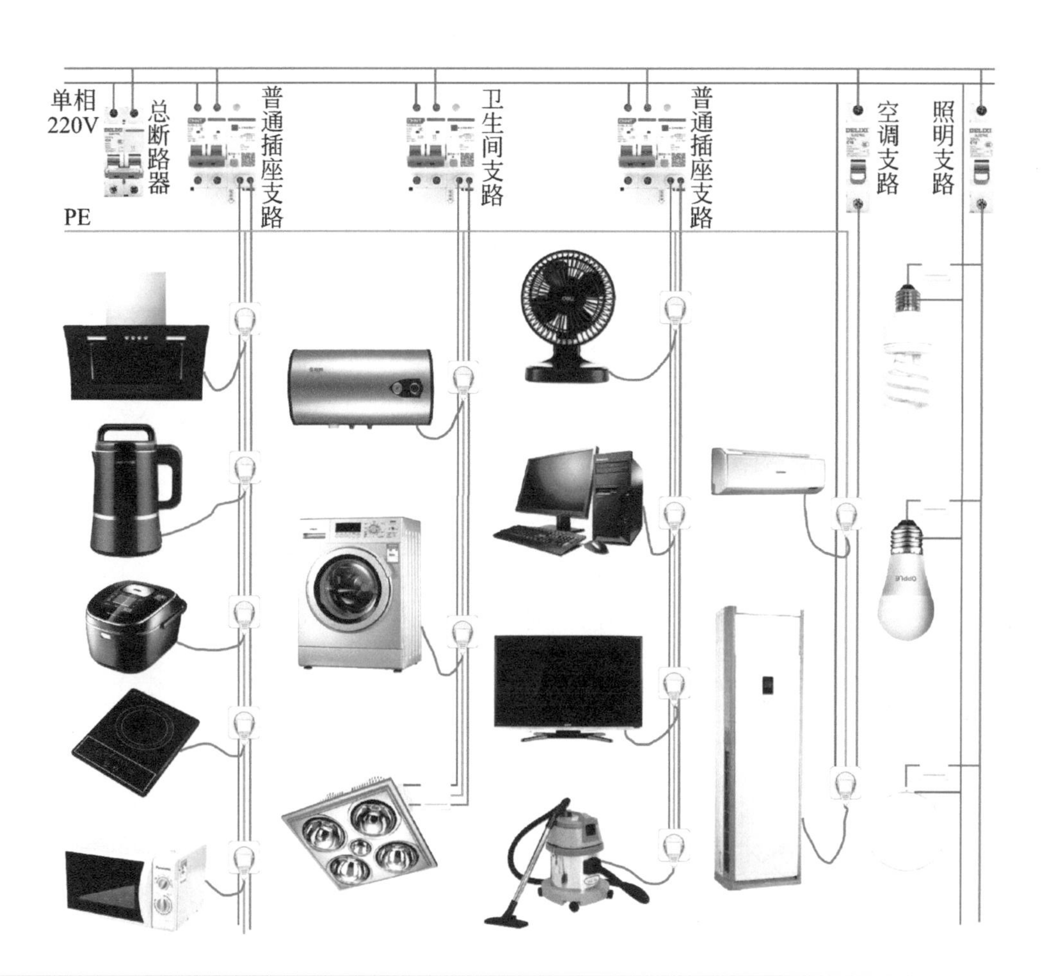

家庭电路配电总览： 选配断路器时，可根据计算公式计算出需要选用断路器的电流大小。根据供电分配原则，要求每一个用电支路选配一个断路器。

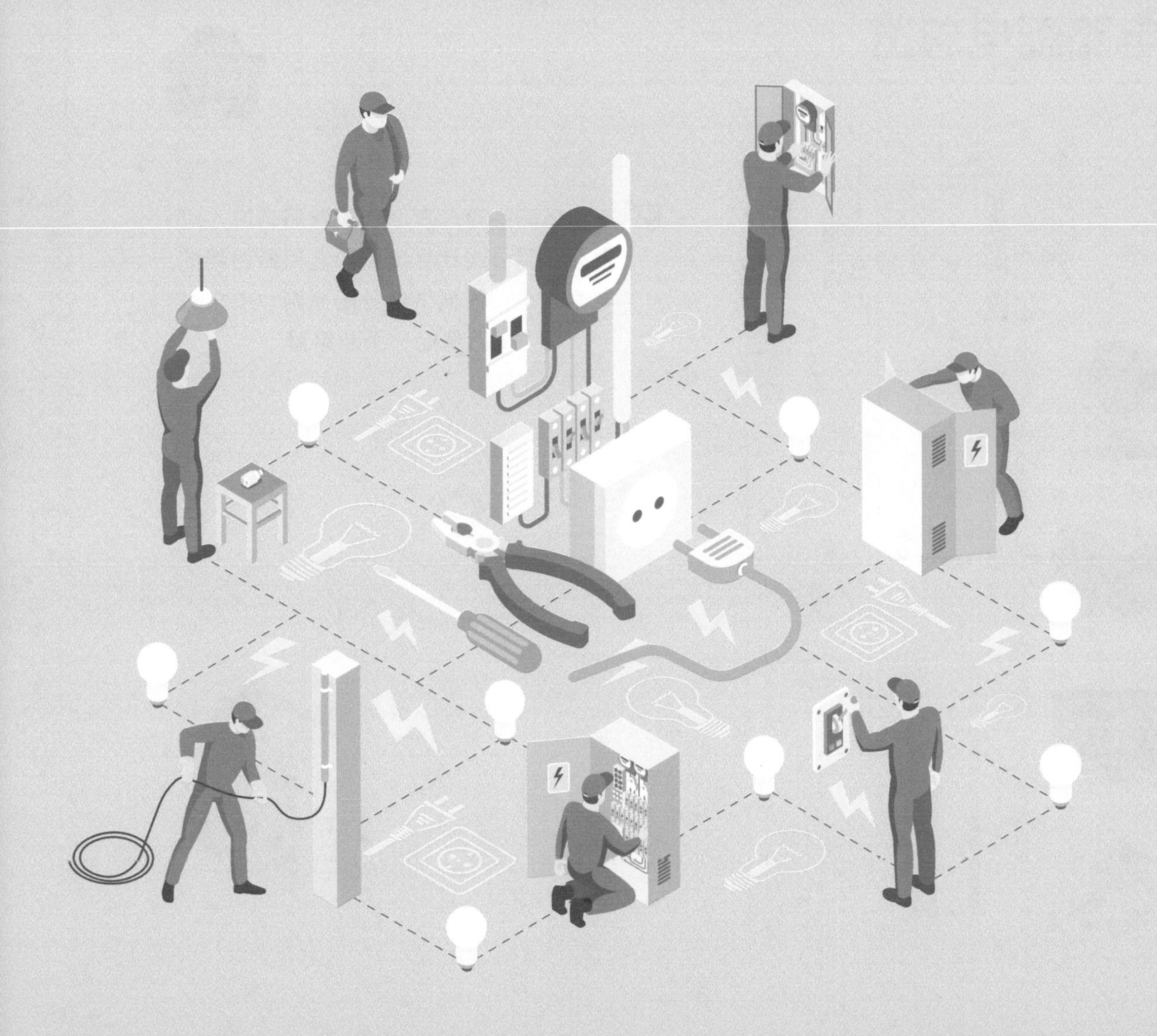

第 5 章 电动机控制电路

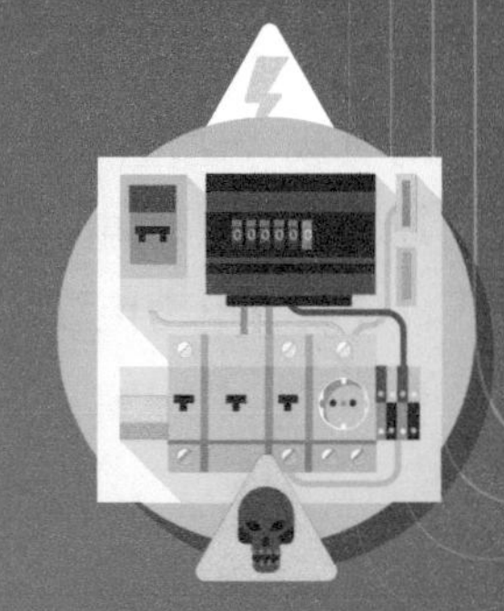

5.1 电气识图

5.1.1 电气控制图识读的要点与基本步骤

（1）识图要点

① 阅读标题栏，了解电气项目名称、图名等有关内容，对该图的类型、作用、表达的大致内容有一个比较明确的认识和印象。

② 阅读技术说明或技术要求，了解该图的设计要点、安装要求及图中未表达而需要说明的事项。

③ 阅读电气图是识图最主要的内容，包括识读懂该图的组成、各组成部分的功能、元件、工作原理、能量或信息的流动方向及各元件的连接关系等，由此对该图所表达电路的功能、工作原理有比较深入的理解。

（2）识图步骤

识读电气图的关键在于必须具有一定的专业知识，并且要熟悉电气图绘制的基本知识，熟知常用电气图形符号、文字符号和项目代号。

首先，根据绘制电气图的一般规则、概要了解该图的布局、主要元器件图形符号的布置、各项目代号的相互关系及相互连接等。

其次，按不同情况可分别用下列方法进行分析。

① 按能量信息的流向逐级分析。如从电源开始分析到负载，或由信号输入分析到信号输出。此法适用于供配电及电子电路图。

② 按布局从主至次、从上至下、从左至右逐步分析。

③ 按主电路、控制电路（也称为二次回路）各单元进行分析。先分析主电路，然后分析各二次回路与主电路之间、二次回路相互之间的功能及连接关系。这种办法适用于识读工厂供配电、电力拖动及自动控制方面的电气图。

④ 由各元器件在电路中的作用，分析各回路乃至整个电路的功能、工作原理。

⑤ 由元件、设备明细表了解元件或设备名称、种类、型号、主要技术参数、数量等。

5.1.2 电气控制电路的基本组成及功能布局

电气控制电路是由电源、负载、控制元件和连接导线组成并能够实现预定动作功能的闭合回路。在电气控制电路中目前应用最广泛的是由各种有触点的元器件组成的控制电路，如由接触器、继电器、按钮等有各种触点元器件组成的控制电路，这种电路也称为继电控制电路。如下图所示是一个电动机带报警保护的启动控制电路的基本控制组成。

电气控制电路通常分为两大部分：主电路（又称为一次回路）和控制电路（又称为二次回路）。

主电路是电源向负载输送电能的电路，即发电→输变电→配电→用电电路，它通常包括了发电机、变压器、各种开关、互感器、接触器、母线、导线、电力电缆、熔断器、负载（如电动机、照明和电热设备）等。

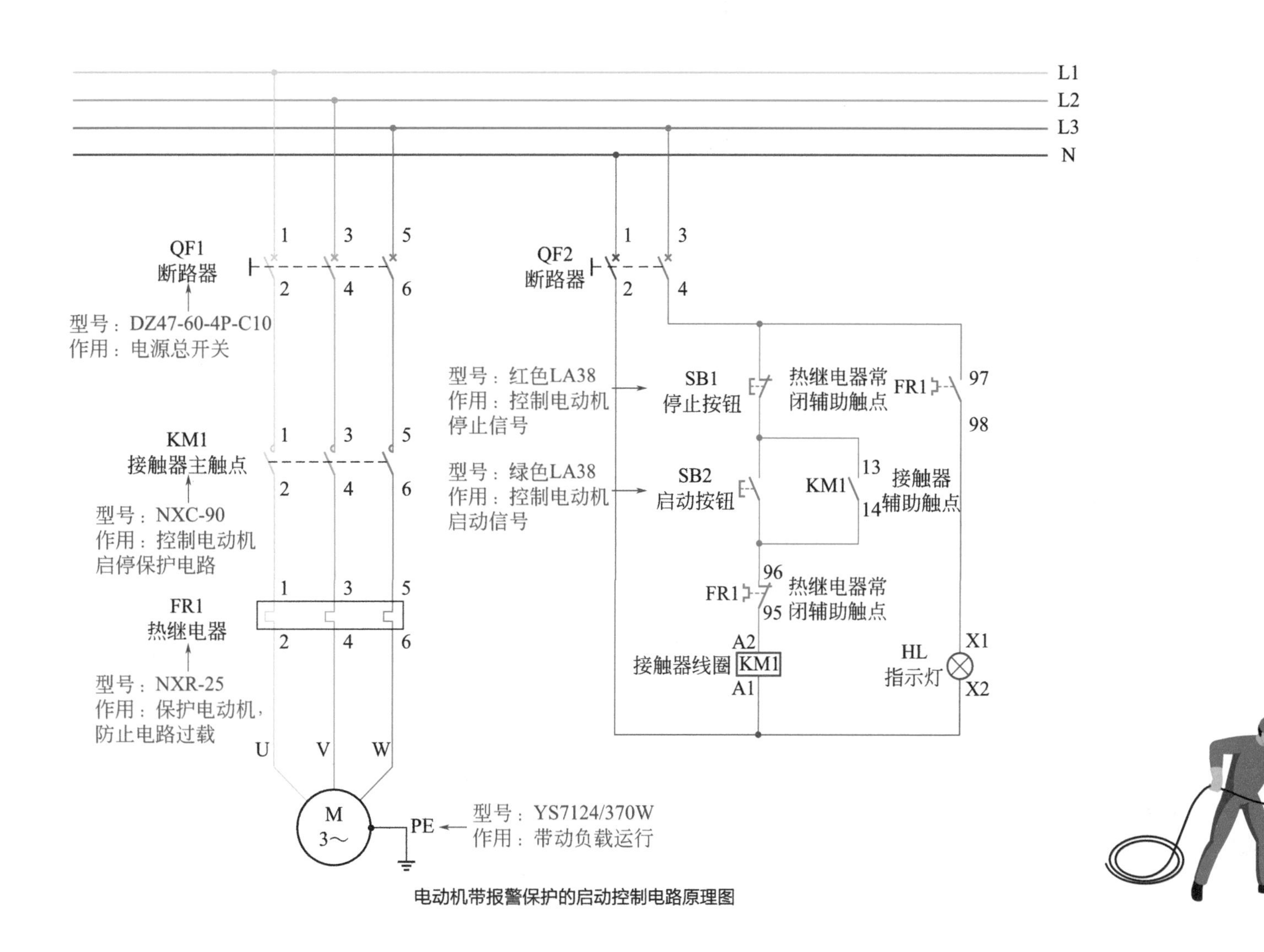

电动机带报警保护的启动控制电路原理图

控制电路是为了保证主电路安全、可靠、正常、经济合理运行的而装设的控制、保护、测量、监视、指示电路，它主要由控制开关、继电器、脱扣器、测量仪表、指示灯、音响灯光信号等组成。

电气控制图的布局依据控制需要表达的内容而定，对于电路图、系统图是按控制功能布局，是考虑便于看出元件之间功能关系而不考虑元件的实际位置，突出设备的工作原理和操作的过程，按照电气元件动作顺序和功能作用，从上至下、从左至右绘制。如右图所示是一个机床的电气控制电路原理图，从上至下、从左至右的布局关系始终贯穿整个电路。

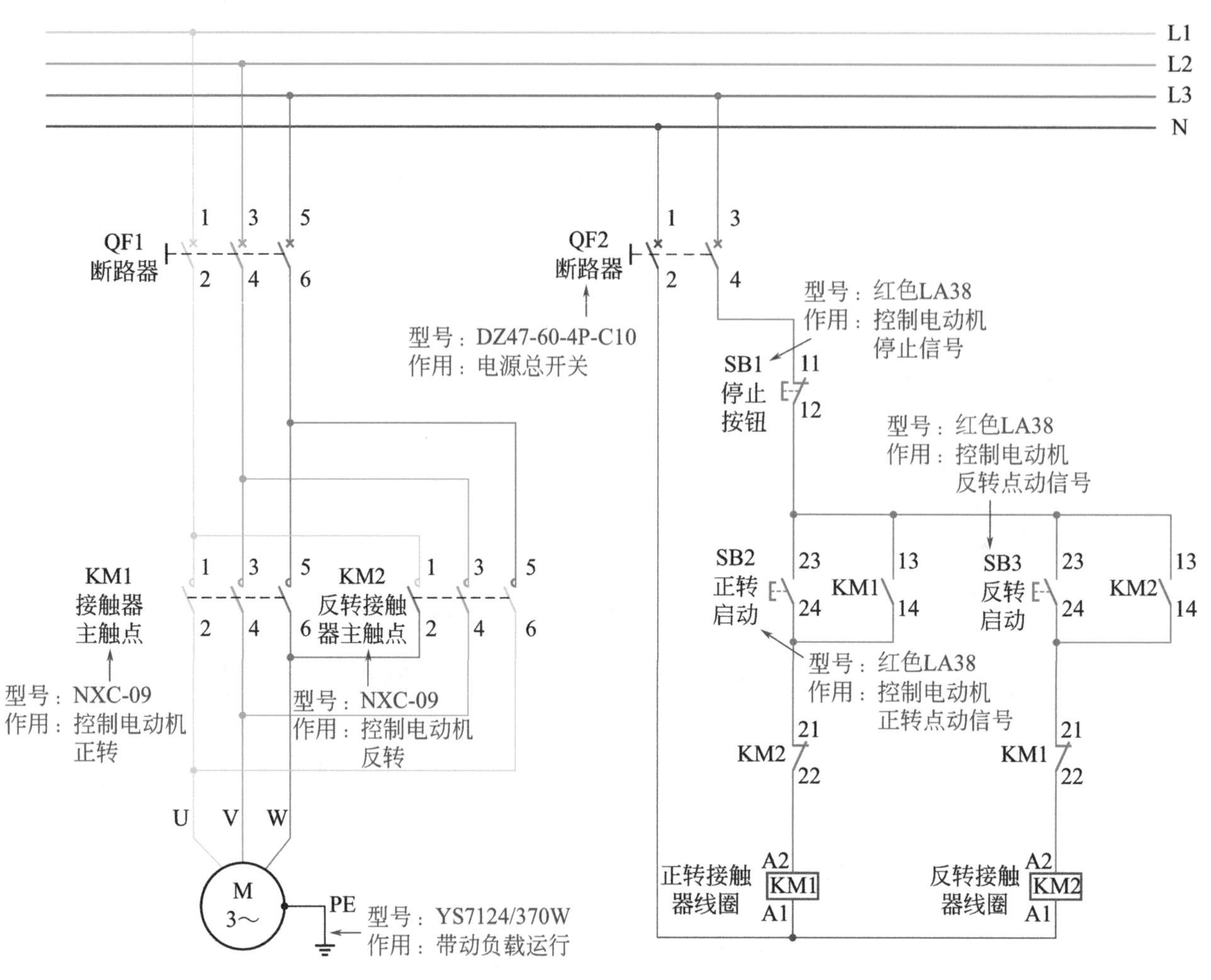

机床的电气控制电路原理图

点动控制电气回路

扫一扫 看视频

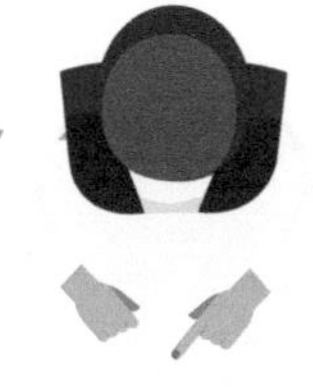

（1）点动控制电气回路的电气图和控制原理

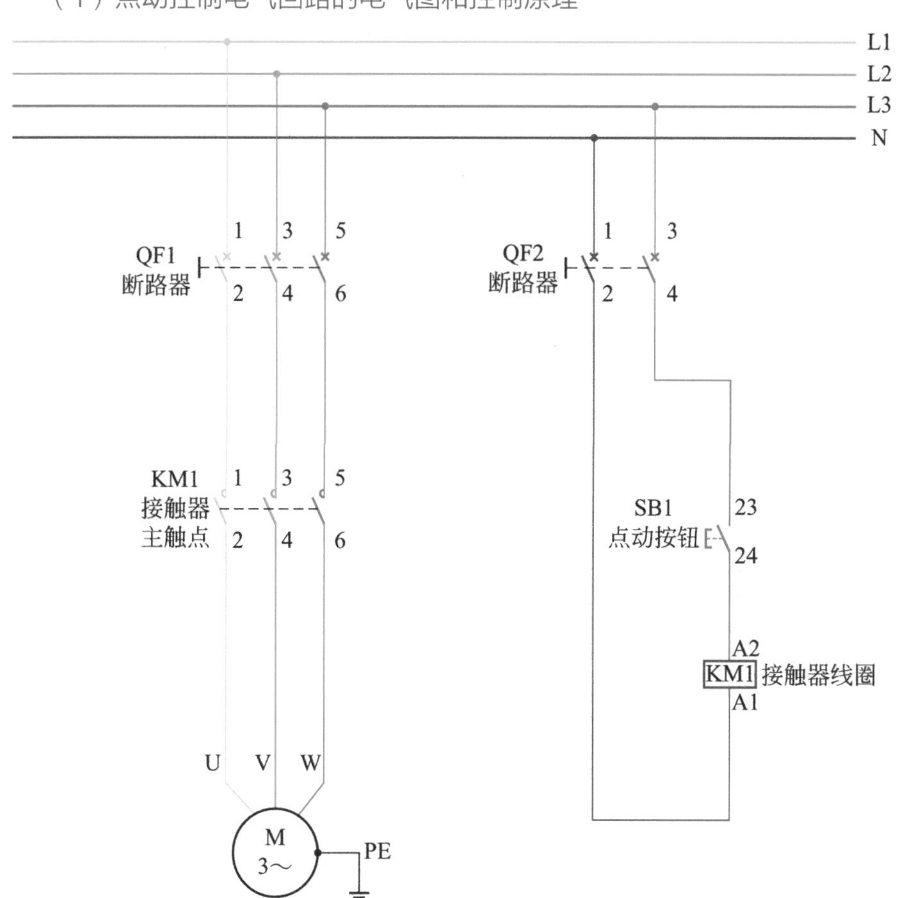

☑ **主回路接线：** 三相电 380V 通过 L1、L2、L3 引入断路器 QF1 上端端子，下端端子出线引入交流接触器主触点 1、3、5，主触点下端端子 2、4、6 出线接电动机三相 U、V、W。

☑ **主回路控制过程：** 合上空开 QF1 接通三相电源，当交流接触器主触点 KM1 吸合，电动机动作。

☑ **控制回路启动：** 合上空开 QF2 接通单相电源，按下点动按钮 SB1, 交流接触器线圈（A1,A2）得电，主触点 KM1 吸合，电动机运行，松开点动按钮 SB1，交流接触器线圈（A1,A2）失电，主触点 KM1 断开，电动机停止运行。

（2）点动控制实物接线

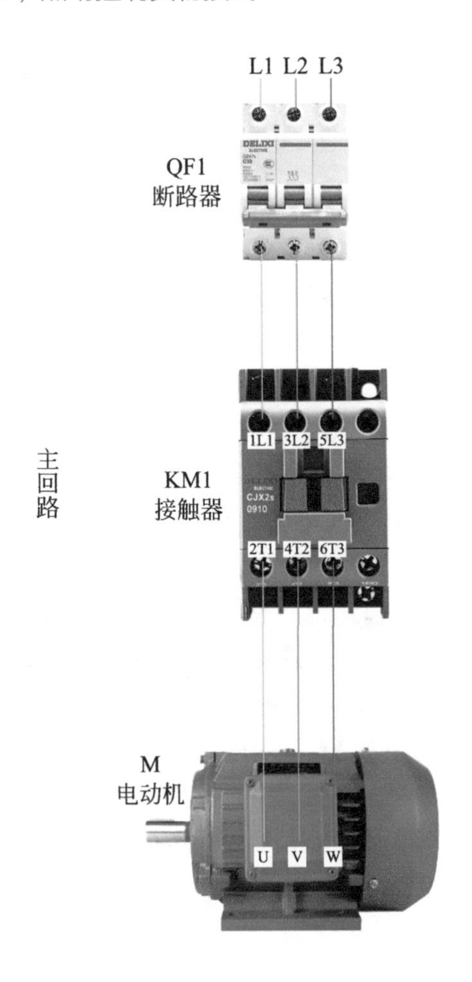
L1 L2 L3
QF1
断路器
主
回
路
KM1
接触器
1L1 3L2 5L3
2T1 4T2 6T3
M
电动机
U V W

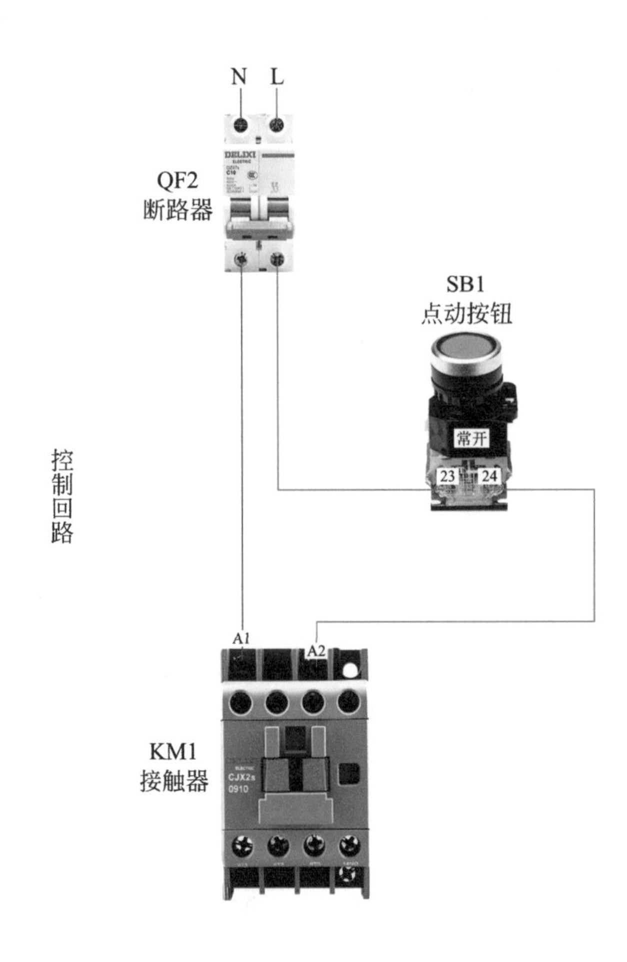
N L
QF2
断路器
SB1
点动按钮
常开
23 24
控
制
回
路
A1 A2
KM1
接触器

5.3 点动控制带热继电器

（1）点动控制带热继电器的电气图和控制原理

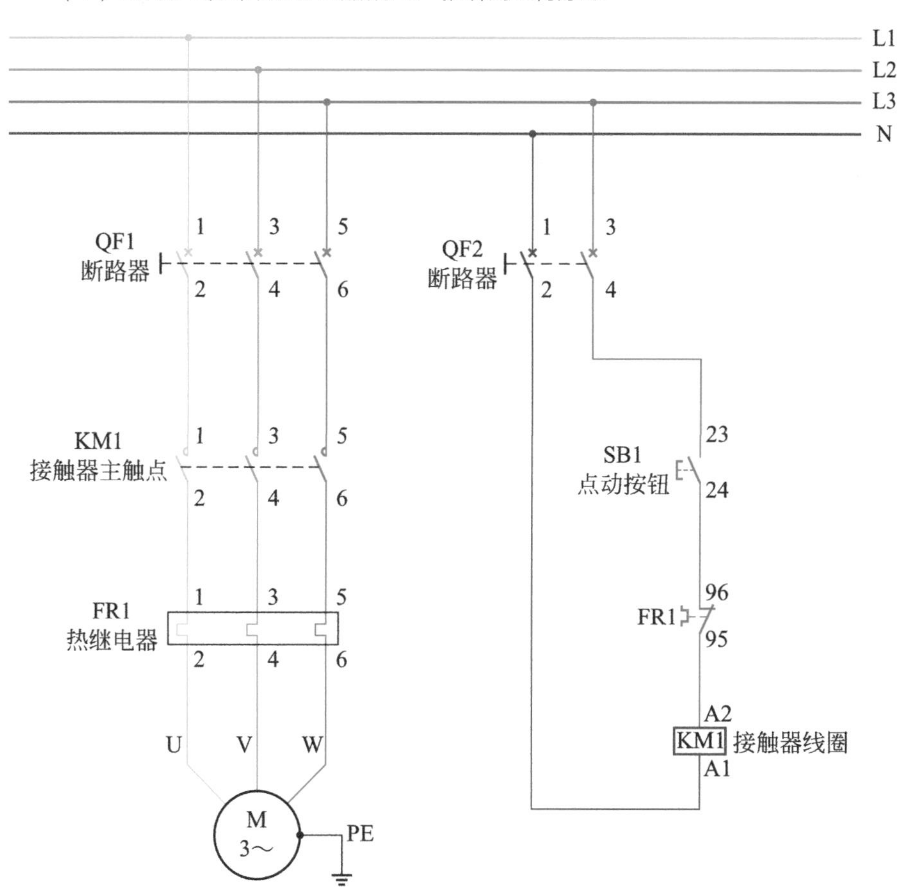

- **主回路接线：**三相电 380V 通过 L1、L2、L3 引入断路器 QF1 上端端子，下端端子出线引入交流接触器主触点 1、3、5，主触点下端端子 2、4、6 出线接热继电器上端端子 1、3、5，热继电器下端端子 2、4、6 出线接电动机三相 U、V、W。
- **主回路控制过程：**合上空开 QF1 接通三相电源，当交流接触器主触点 KM1 吸合，电动机运行。
- **控制回路启动：**合上空开 QF2 接通单相电源，按下点动按钮 SB1，交流接触器线圈（A1,A2）得电，主触点 KM1 吸合，电动机运行，松开点动按钮 SB1，交流接触器线圈（A1,A2）失电，主触点 KM1 断开，电动机停止运行。
- **控制回路保护：**电动机出现过载或者缺相，起保护作用的 FR1 热继电器常闭辅助触点（95,96）断开，交流接触器线圈（A1,A2）失电，交流接触器主触点 KM1 断开，电动机停止运行。

（2）点动控制带热继电器的实物接线图

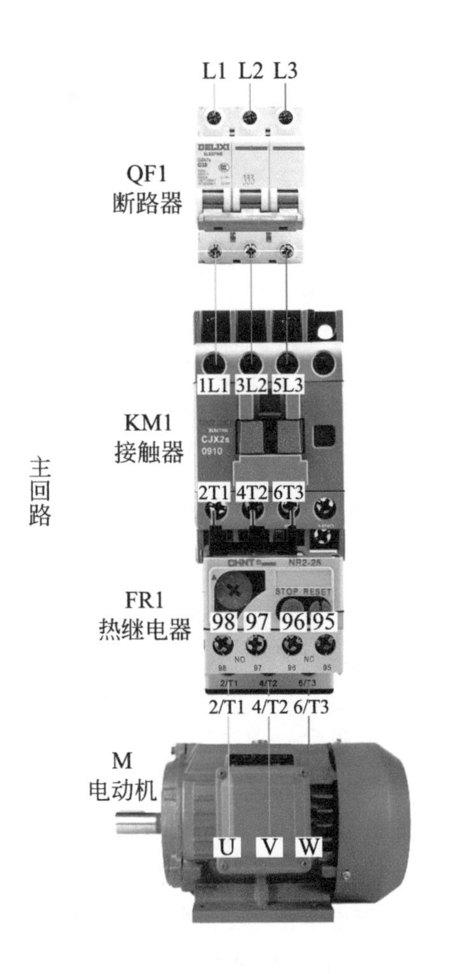

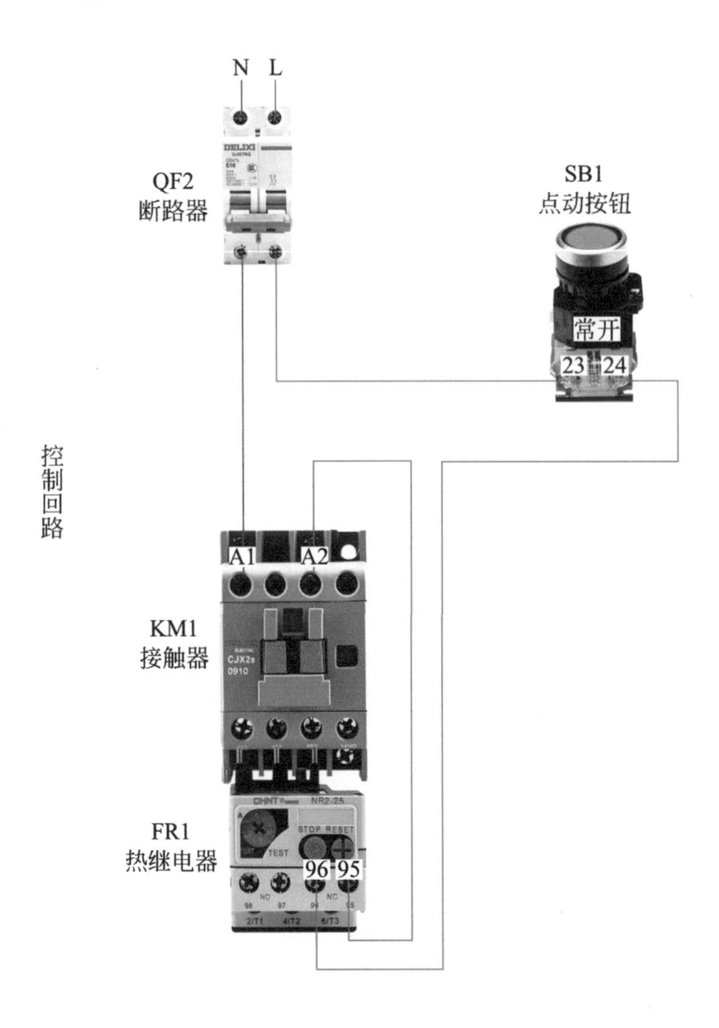

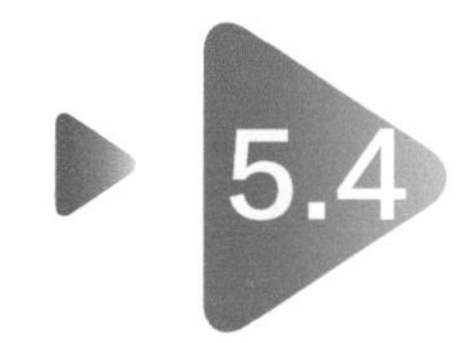

电动机自锁控制电气回路

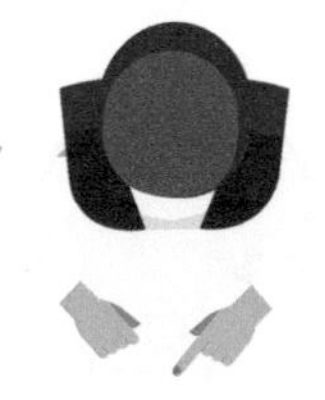

（1）电动机自锁控制电气回路的电气图和控制原理

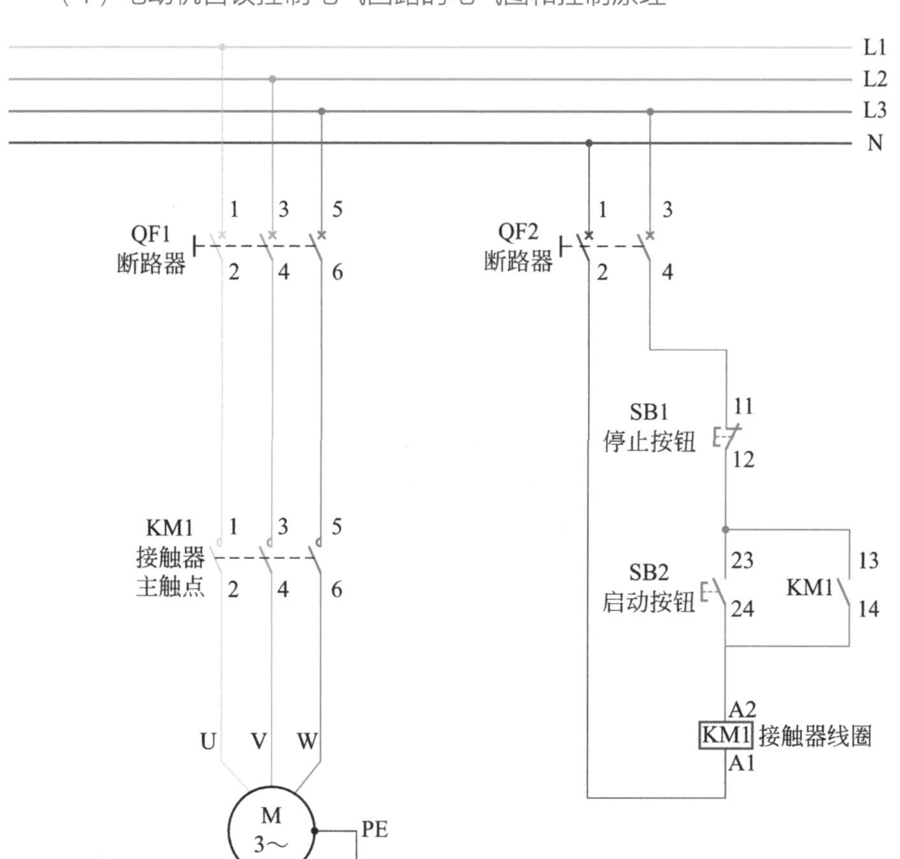

- **主回路接线：**三相电 380V 通过 L1、L2、L3 引入断路器 QF1 上端端子，下端端子出线引入交流接触器主触点 1、3、5，主触点下端端子 2、4、6 出线接电动机三相 U,V,W。
- **主回路控制过程：**合上空开 QF1 接通三相电源，当交流接触器主触点 KM1 吸合，电动机运行。
- **控制回路启动：**合上空开 QF2 接通单相电源，按下启动按钮 SB2, 交流接触器线圈（A1,A2）得电，主触点 KM1 吸合同时常开辅助触点（13,14）吸合，电动机运行。
- **控制回路自锁：**松开启动按钮 SB2，KM1 线圈依靠启动时已闭合的常开触点（13,14）供电，KM1 主触点仍然保持闭合，电动机保持运行。
- **控制回路停止：**按下停止按钮，交流接触器线圈（A1,A2）失电，主触点 KM1 断开，电动机停止运行。

（2）电动机自锁控制电气回路实物接线

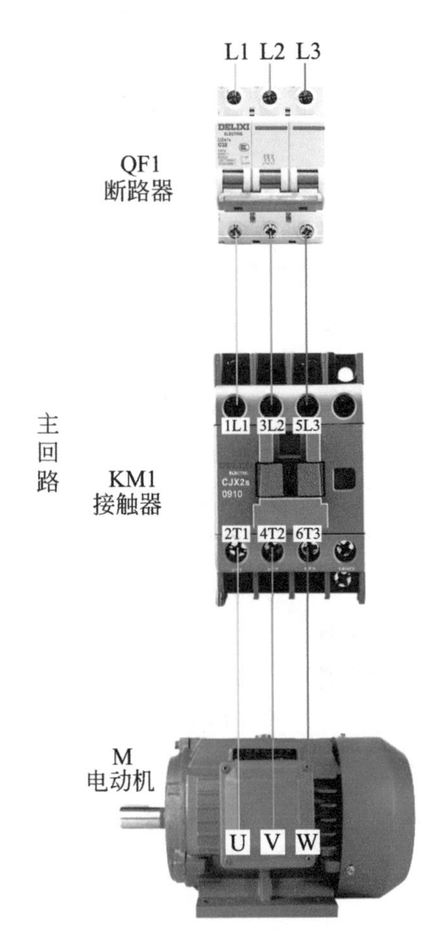

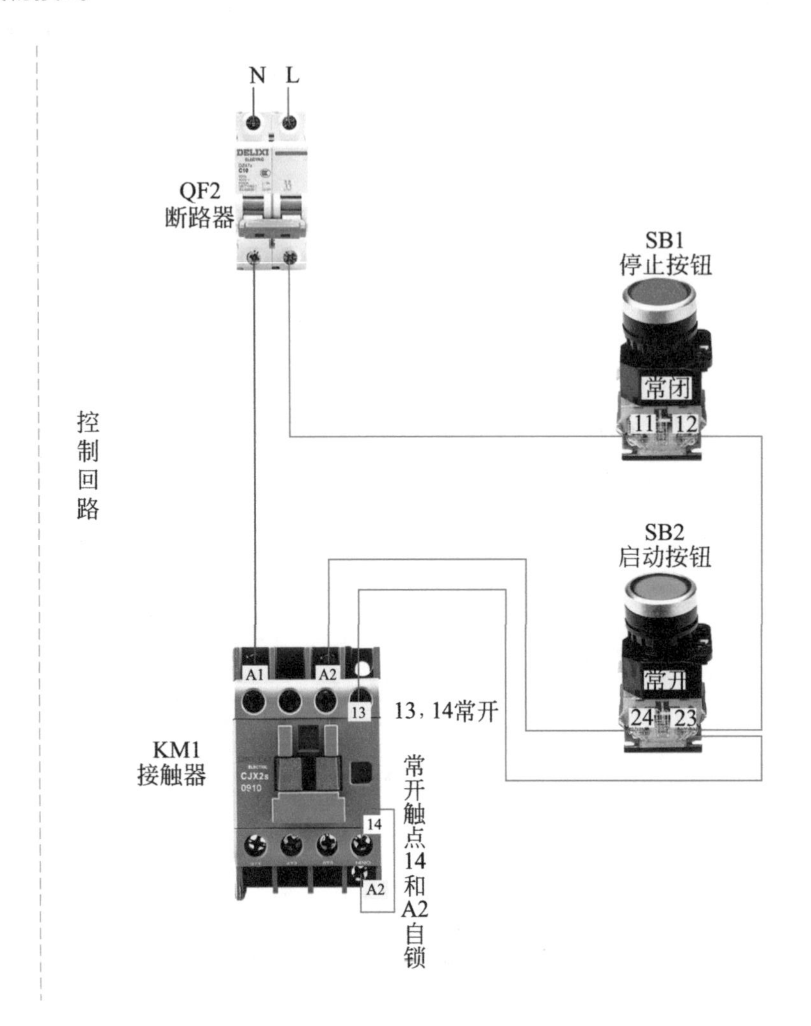

5.5 电动机自锁控制电气回路带热继电器

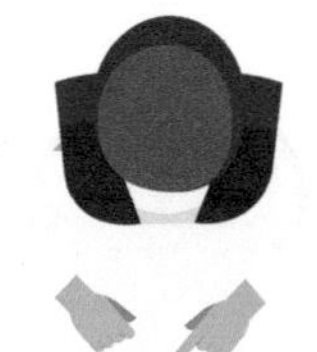

（1）电动机自锁控制电气回路带热继电器的电气图和控制原理

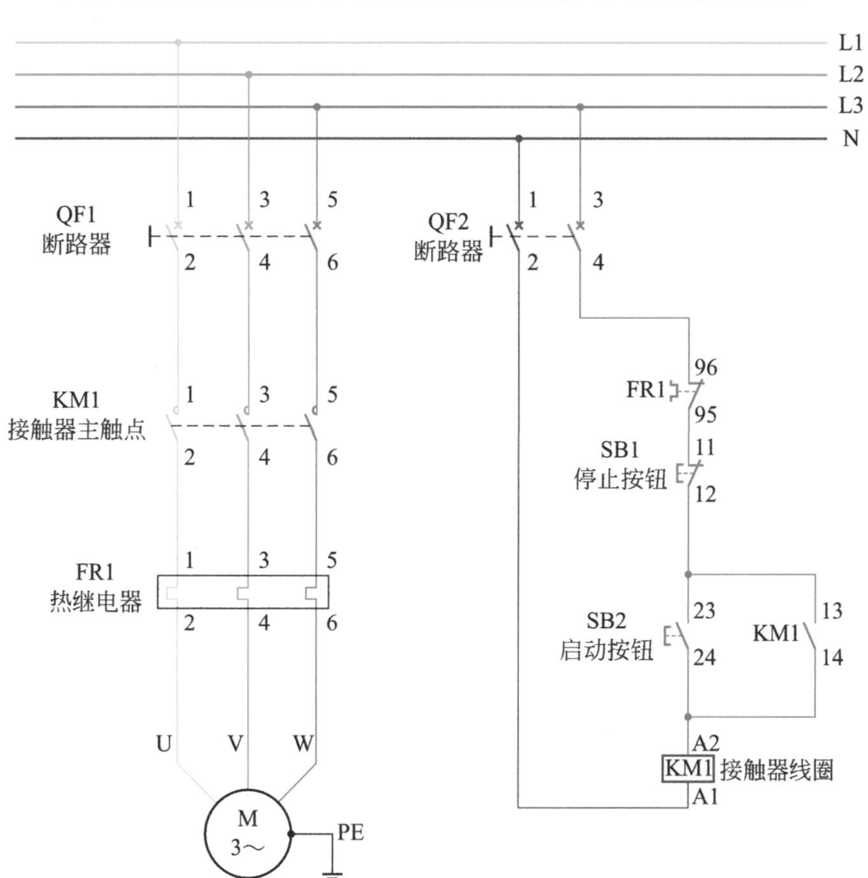

☑ **主回路接线：** 三相电 380V 通过 L1、L2、L3 引入断路器 QF1 上端端子，下端端子出线引入交流接触器主触点 1、3、5，主触点下端端子 2、4、6 出线接热继电器上端端子 1、3、5，热继电器下端端子 2、4、6 出线接电动机三相 U、V、W。

☑ **主回路控制过程：** 合上空开 QF1 接通三相电源，当交流接触器主触点 KM1 吸合，电动机运行。

☑ **控制回路启动：** 合上空开 QF2 接通单相电源，按下启动按钮 SB2，交流接触器线圈（A1,A2）得电，主触点 KM1 吸合同时常开辅助触点（13,14）吸合，电动机运行。

☑ **控制回路自锁：** 松开启动按钮 SB2，KM1 线圈依靠启动时已闭合的常开触点（13,14）供电，KM1 主触点仍然保持闭合，电动机保持运行。

☑ **控制回路停止：** 按下停止按钮 SB1，交流接触器线圈（A1,A2）失电，主触点 KM1 断开，电动机停止运行。

☑ **控制回路保护：** 电动机出现过载或者缺相，起保护作用的 FR1 热继电器常闭辅助触点（95,96）断开，交流接触器线圈（A1,A2）失电，交流接触器主触点 KM1 断开，电动机停止运行。

（2）电动机自锁控制电气回路带热继电器实物接线

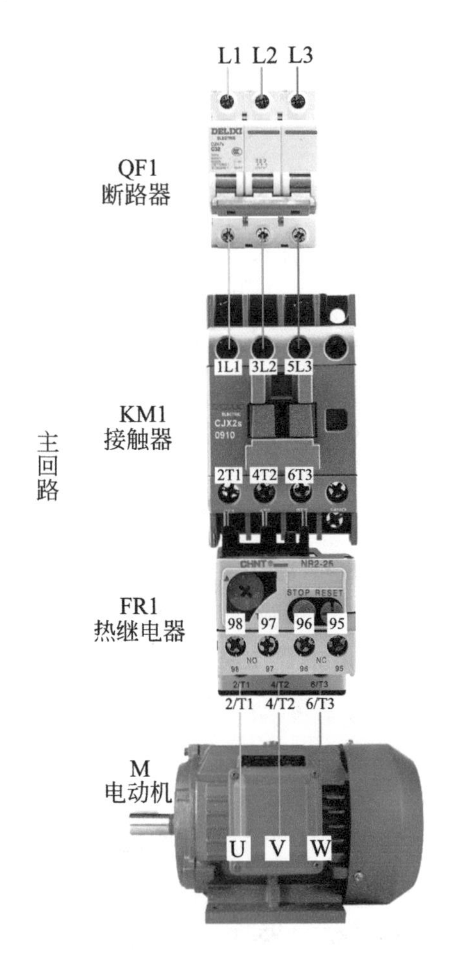

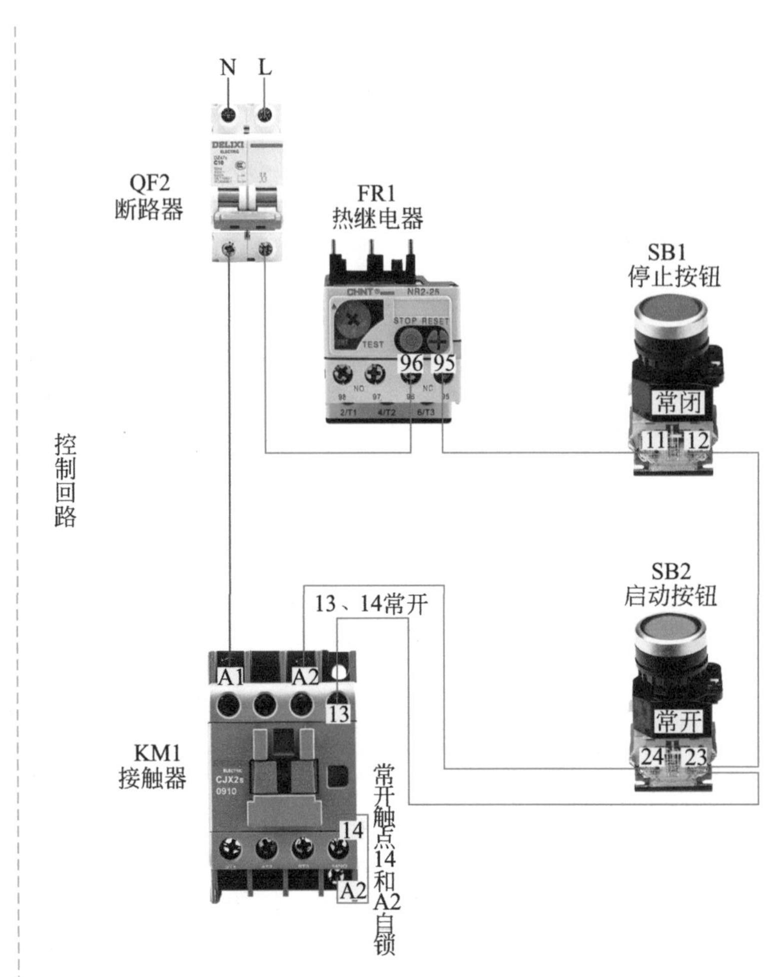

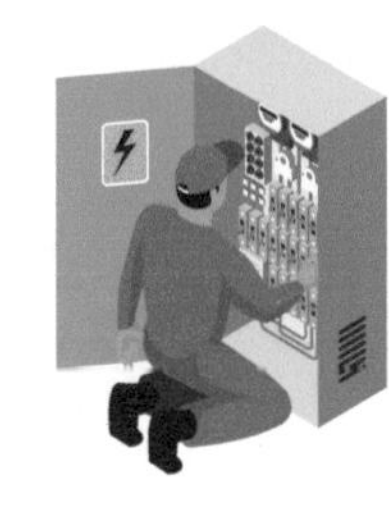

旋钮开关控制自锁电路和点动控制

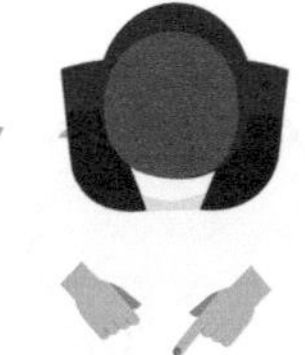

（1）旋钮开关控制自锁电路和点动控制的电气图和控制原理

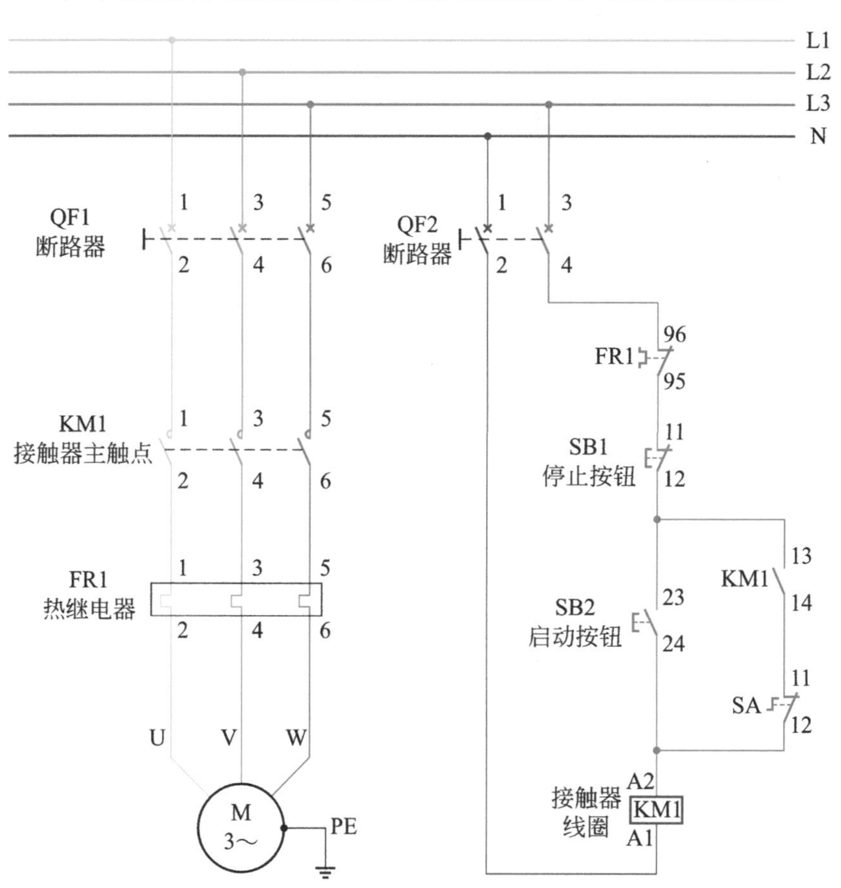

☑ **主回路接线：**三相电 380V 通过 L1、L2、L3 引入断路器 QF1 上端端子，下端端子出线引入交流接触器主触点 1、3、5，主触点下端端子 2、4、6 出线接热继电器上端端子 1、3、5，热继电器下端端子 2、4、6 出线接电动机三相 U、V、W。

☑ **主回路控制过程：**合上空开 QF1 接通三相电源，当交流接触器主触点 KM1 吸合，电动机运行。

☑ **控制回路启动：**合上空开 QF2 接通单相电源，按下启动按钮 SB2，交流接触器线圈（A1,A2）得电，主触点 KM1 吸合同时常开辅助触点（13，14）吸合，电动机运行。

☑ **控制回路自锁：**当旋钮旋到常闭触点 (11,12) 接通，松开启动按钮 SB2，KM1 线圈依靠启动时已闭合的常开触点（13,14）供电，KM1 主触点仍然保持闭合，电动机保持运行。

☑ **控制回路点动：**当旋钮旋到常闭触点 (11,12) 不接通，松开启动按钮 SB2，KM1 线圈（13,14）失电，KM1 主触点断开，电动机停止运行。

☑ **控制回路停止：**按下停止按钮 SB1, 交流接触器线圈（A1, A2）失电，主触点 KM1 断开，电动机停止运行。

☑ **控制回路保护：**电动机出现过载或者缺相，起保护作用的 FR1 热继电器常闭辅助触点（95,96）断开，交流接触器线圈（A1,A2）失电，交流接触器主触点 KM1 断开，电动机停止运行。

（2）旋钮开关控制自锁电路的实物接线图

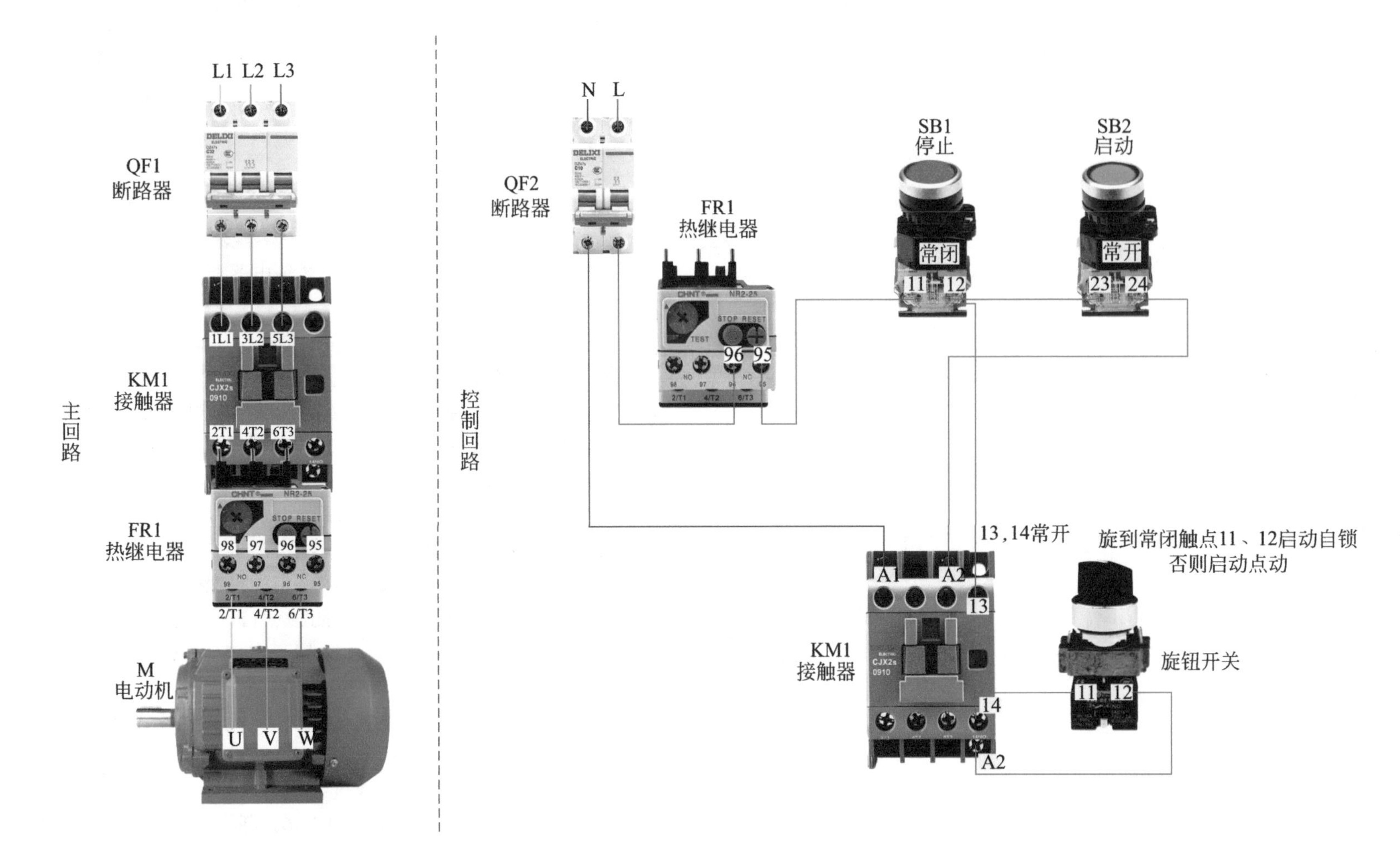

5.7 电动机自锁控制电气回路（带运行和停止指示灯）

（1）电动机自锁控制电气回路的电气图和控制原理

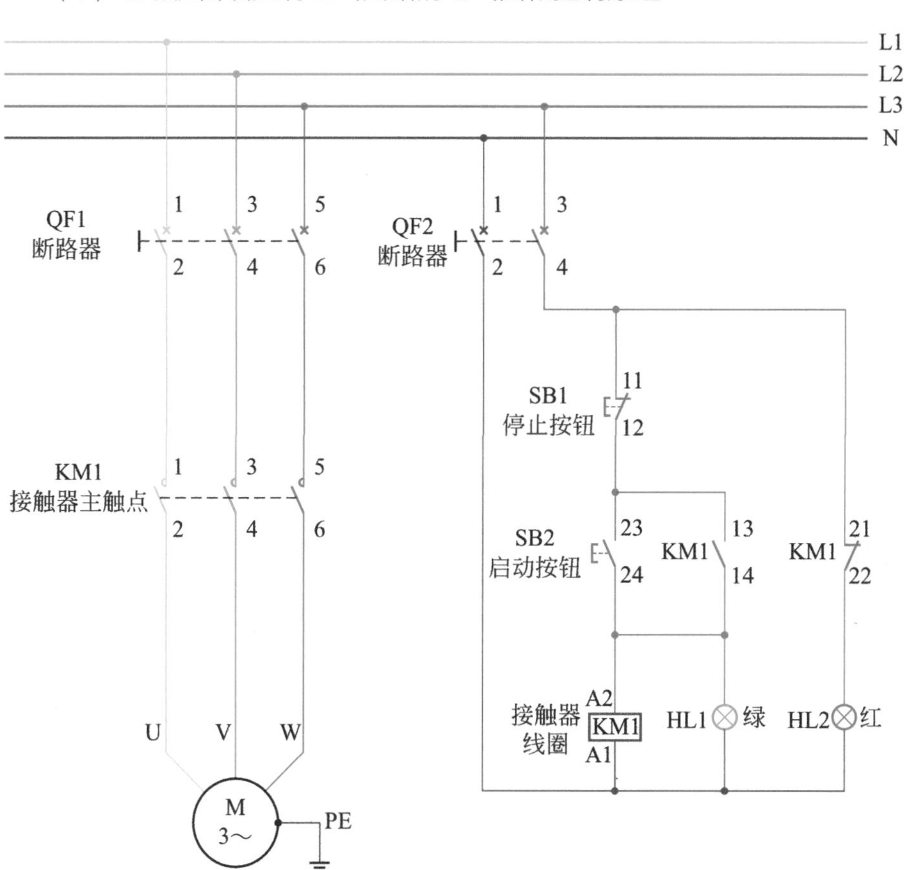

- **主回路接线：** 三相电 380V 通过 L1、L2、L3 引入断路器 QF1 上端端子，下端端子出线引入交流接触器主触点 1、3、5，主触点下端端子 2、4、6 出线接电动机三相 U、V、W。
- **主回路控制过程：** 合上空开 QF1 接通三相电源，当交流接触器主触点 KM1 吸合，电动机动作。
- **控制回路启动：** 合上空开 QF2 接通单相电源，按下启动按钮 SB2，交流接触器线圈（A1,A2）得电，主触点 KM1 吸合同时常开辅助触点（13,14）吸合，常闭辅助触点（21,22）断开，电动机运行，运行绿灯得电常亮，停止红灯失电灭。
- **控制回路自锁：** 松开启动按钮 SB2，KM1 线圈依靠启动时已闭合的常开触点（13,14）供电，KM1 主触点仍然保持闭合，电动机保持运行。
- **控制回路停止：** 按下停止按钮，交流接触器线圈（A1,A2）失电，主触点 KM1 断开，常开辅助触点（13,14）断开，常闭辅助触点（21,22）闭合，电动机停止运行，运行绿灯失电灭，停止红灯得电常亮。

(2) 电动机自锁控制电气回路实物接线图

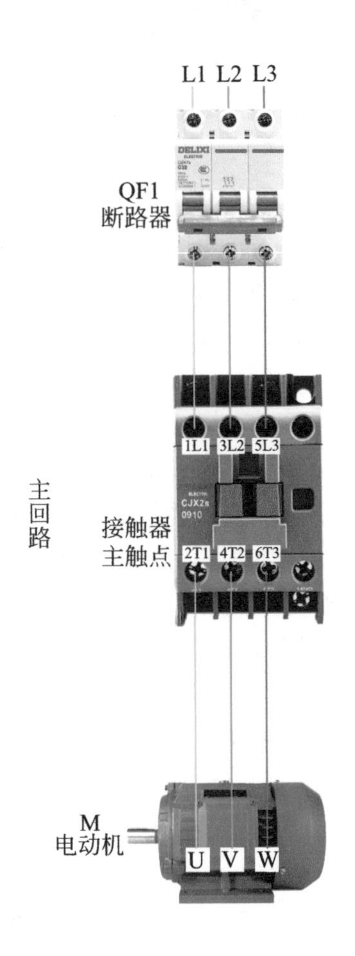

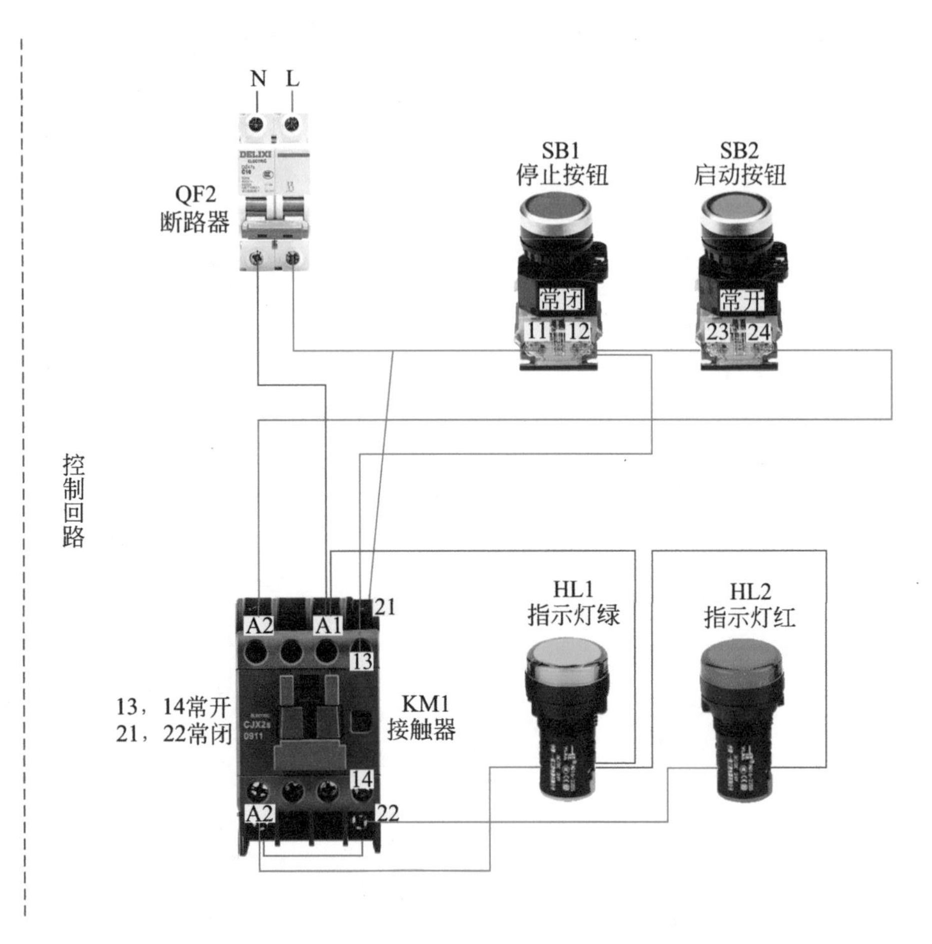

5.8 电动机自锁控制电气回路带热继电器（带运行和故障指示灯）

扫一扫 看视频

（1）电动机自锁控制电气回路带热继电器的电气图和控制原理

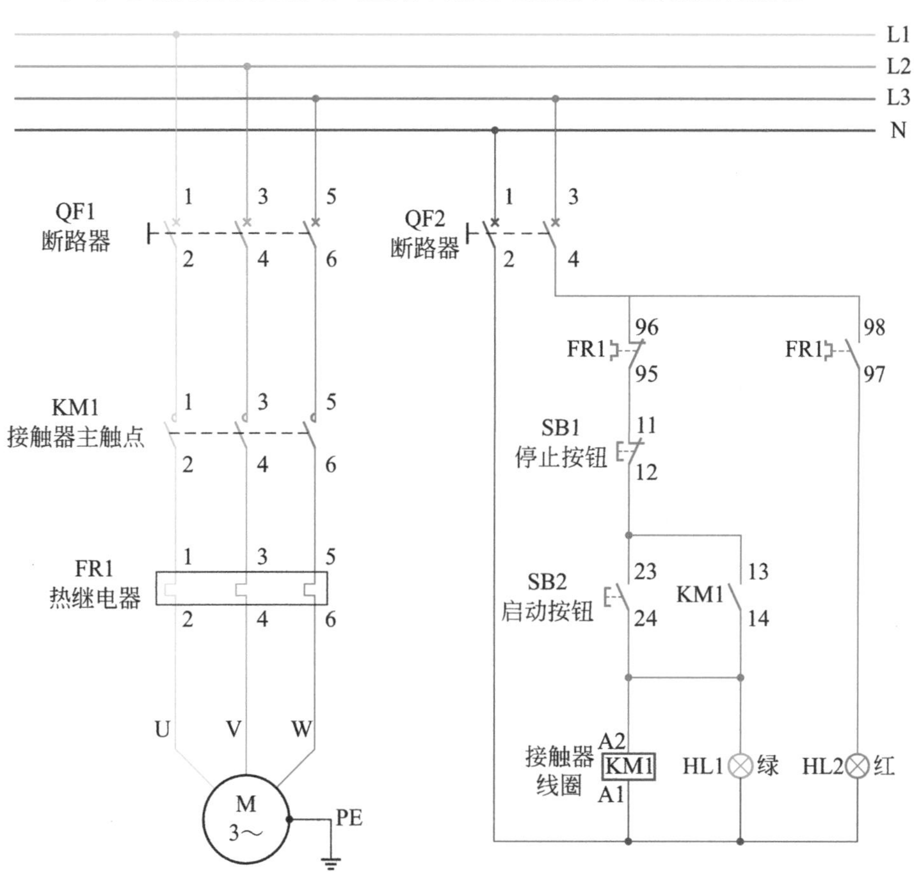

- **主回路接线**：三相电 380V 通过 L1、L2、L3 引入断路器 QF1 上端端子，下端端子出线引入交流接触器主触点 1、3、5，主触点下端端子 2、4、6 出线接热继电器上端端子 1、3、5，热继电器下端端子 2、4、6 出线接电动机三相 U、V、W。
- **主回路控制过程**：合上空开 QF1 接通三相电源，当交流接触器主触点 KM1 吸合，电动机运行。
- **控制回路启动**：合上空开 QF2 接通单相电源，按下启动按钮 SB2，交流接触器线圈（A1,A2）得电，主触点 KM1 吸合同时常开辅助触点（13,14）吸合，运行绿灯得电常亮，电动机运行。
- **控制回路自锁**：松开启动按钮 SB2，KM1 线圈依靠启动时已闭合的常开触点（13,14）供电，KM1 主触点仍然保持闭合，电动机保持运行。
- **控制回路停止**：按下停止按钮 SB1，交流接触器线圈（A1,A2）失电，主触点 KM1 断开，电动机停止运行。
- **控制回路保护**：电动机出现过载或者缺相，起保护作用的 FR1 热继电器常闭辅助触点（95,96）断开，常开辅助触点（97,98）闭合，交流接触器线圈（A1,A2）失电，运行绿灯失电，故障红灯得电，交流接触器主触点 KM1 断开，运行绿灯灭故障红灯亮，电动机停止运行。

（2）电动机自锁控制电气回路带热继电器实物接线

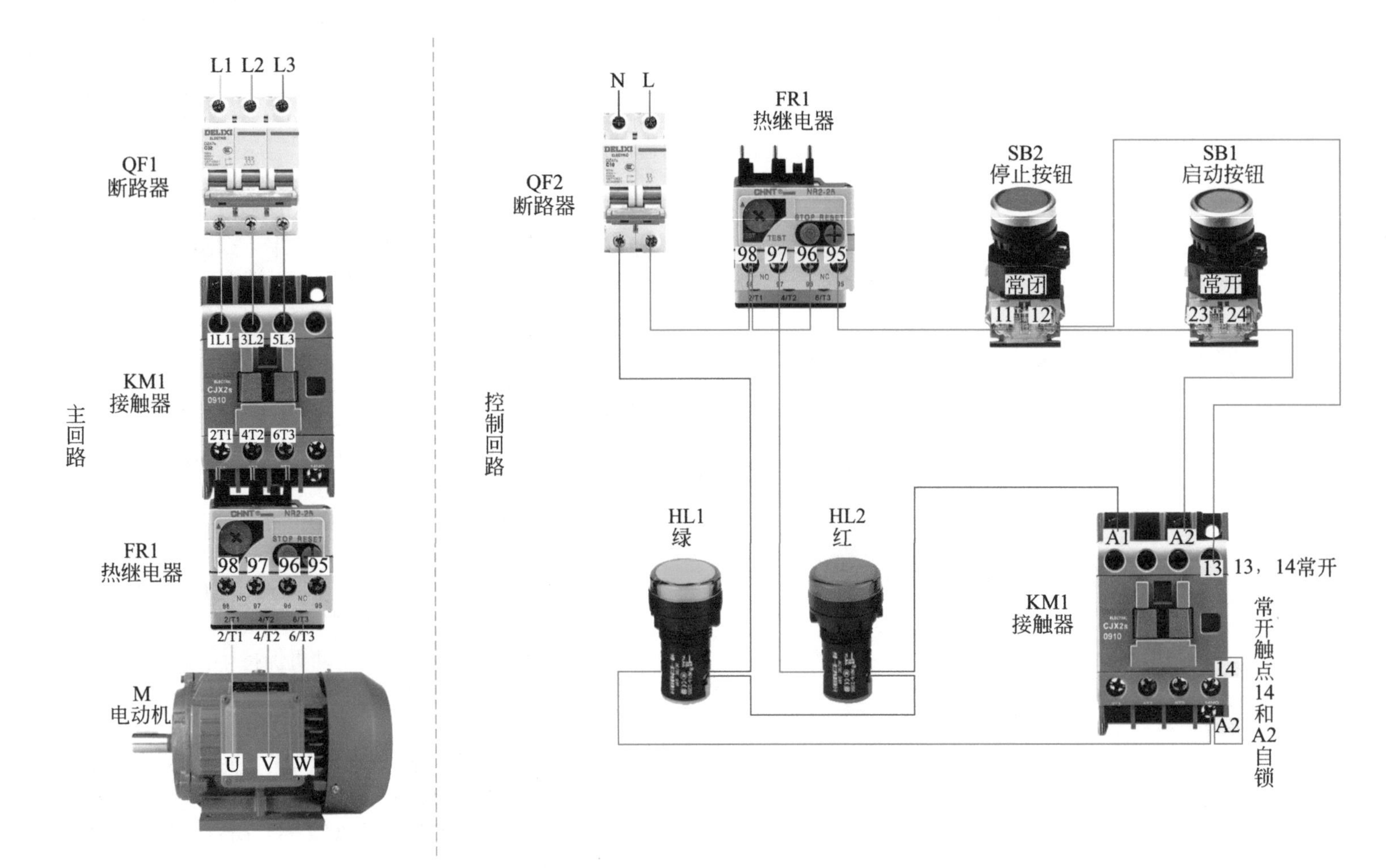

5.9 多地启动控制电气回路

扫一扫 看视频

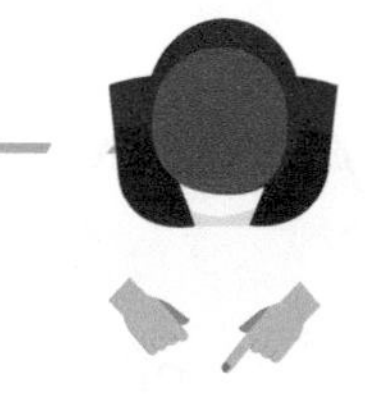

（1）多地启动控制电气回路的电气图和控制原理

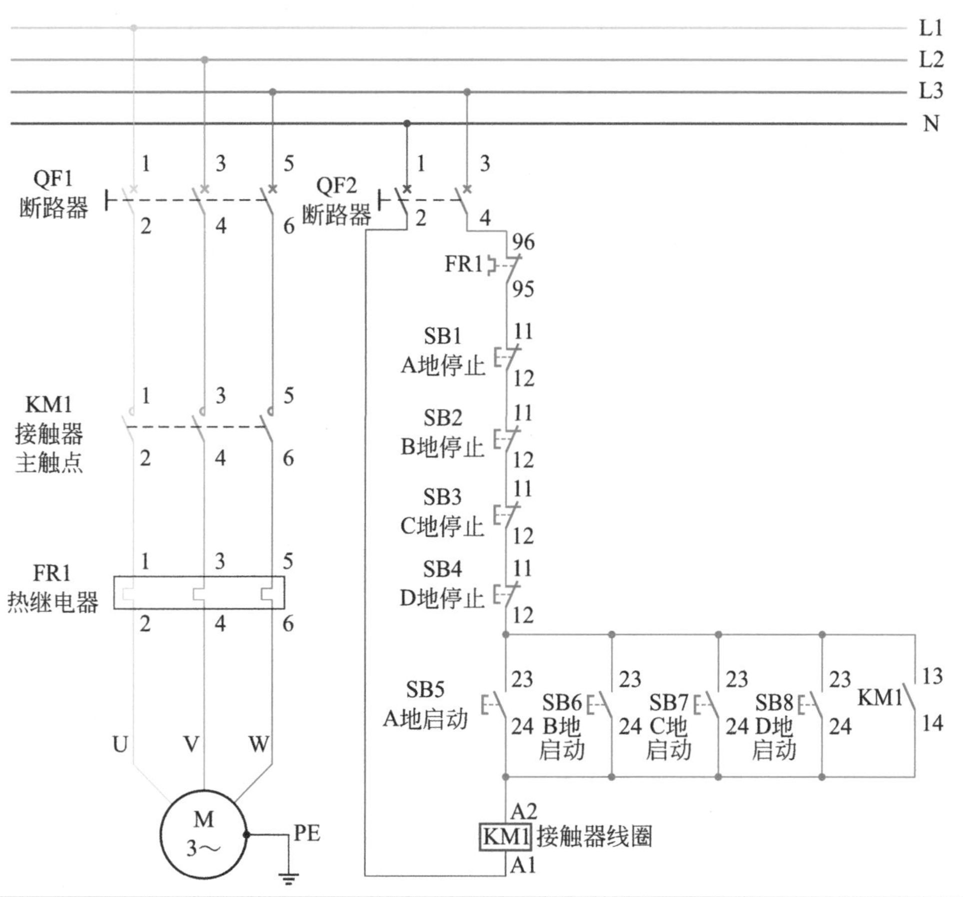

- **主回路接线：**三相电 380V 通过 L1、L2、L3 引入断路器 QF1 上端端子，下端端子出线引入交流接触器主触点 1、3、5，主触点下端端子 2、4、6 出线接热继电器上端端子 1、3、5，热继电器下端端子 2、4、6 出线接电动机三相 U、V、W。
- **主回路控制过程：**合上空开 QF1 接通三相电源，当交流接触器主触点 KM1 吸合，电动机运行。
- **控制回路启动：**合上空开 QF2 接通单相电源，按下 A 地启动按钮 SB5，交流接触器线圈（A1,A2）得电，主触点 KM1 吸合同时常开辅助触点 KM1（13,14）吸合，电动机运行。
- **控制回路自锁：**松开 A 地启动按钮 SB5，KM1 线圈（A1,A2）依靠启动时已闭合的常开触点（13,14）供电，KM1 主触点仍然保持闭合，电动机保持运行。
- **控制回路停止：**按下 A 地停止按钮 SB1，交流接触器线圈（A1,A2）失电，主触点 KM1 断开，电动机停止运行。
- **控制回路保护：**电动机出现过载或者缺相，起保护作用的 FR1 热继电器常闭辅助触点（95,96）断开，交流接触器线圈（A1,A2）失电，交流接触器主触点 KM1 断开，电动机停止运行。
- **控制回路 B、C、D 地控制：**同理 B 地、C 地、D 地的控制过程和 A 地控制一样。

（2）多地启动控制电气回路实物接线

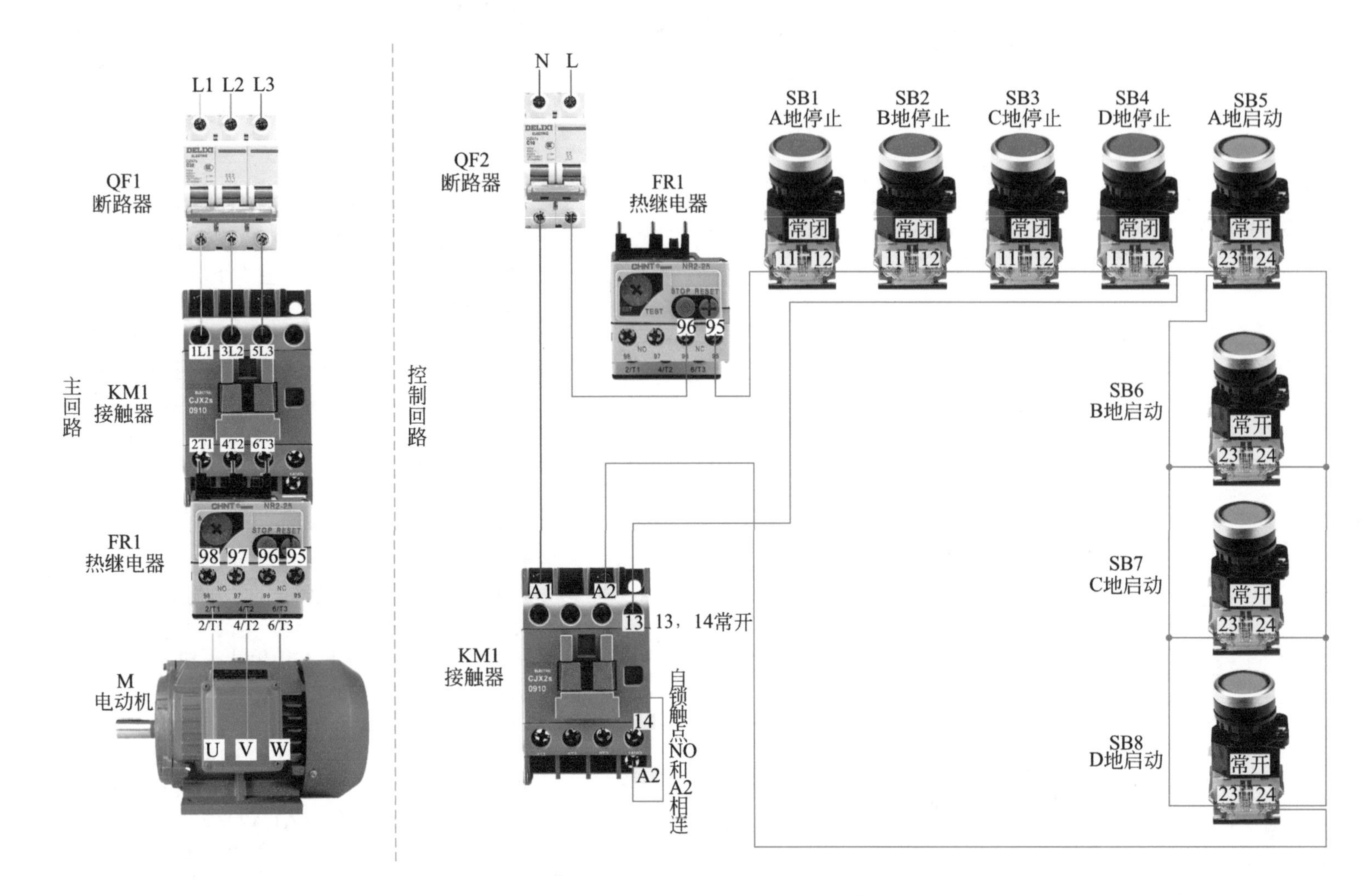

点动控制电动机正反转按钮开关互锁

（1）点动控制电动机正反转按钮开关互锁的电气图和控制原理

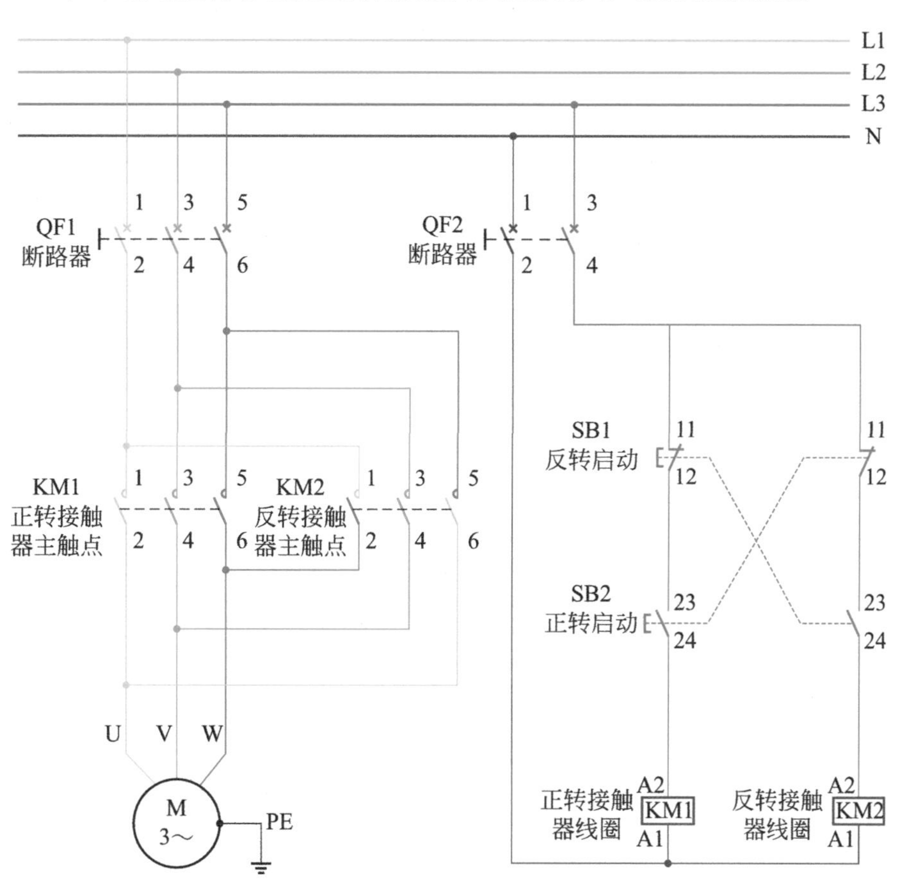

- **主回路接线：** 三相电 380V 通过 L1、L2、L3 引入断路器 QF1 上端端子，下端端子出线引入交流接触器 KM1 主触点 1、3、5 和交流接触器 KM2 主触点 1、3、5,KM1 主触点下端端子 2、4、6 出线接电动机三相 U、V、W，KM2 主触点下端端子 2、4、6 出线接电动机三相 W、V、U。
- **主回路控制过程：** 合上空开 QF1 接通三相电源，当交流接触器主触点 KM1 吸合，电动机正转，当交流接触器主触点 KM2 吸合，电动机反转。
- **控制回路启动：** 合上空开 QF2 接通单相电源，按下正转启动按钮 SB2，这时交流接触器 KM1 线圈（A1,A2）得电，主触点 KM1 闭合，电动机正转，松开正转启动按钮 SB2，交流接触器 KM1 线圈（A1,A2）失电，主触点 KM1 断开，电动机停止正转，按下反转启动按钮 SB1，这时交流接触器 KM2 线圈得电，主触点 KM2 闭合，电动机反转，松开反转启动按钮 SB1，交流接触器 KM2 线圈（A1,A2）失电，主触点 KM2 断开，电动机停止反转。
- **控制回路互锁：** SB1 或 SB2 按钮自带一个常开触点（23,24）和一个常闭触点（11,12），按下正转启动按钮 SB2 时，SB2 常开触点（23,24）闭合，SB2 常闭触点（11,12）断开，这时交流接触器 KM1 线圈（A1,A2）得电，交流接触器 KM2 线圈（A1,A2）控制回路断开，按下反转启动按钮 SB1 时，SB1 常开触点（23,24）闭合，SB1 常闭触点（11,12）断开，这时交流接触器 KM2 线圈（A1,A2）得电，交流接触器 KM1 线圈（A1,A2）控制回路断开，KM1 线圈得电和 KM2 线圈得电之间形成互锁。

（2）点动控制电动机正反转按钮开关互锁实物接线

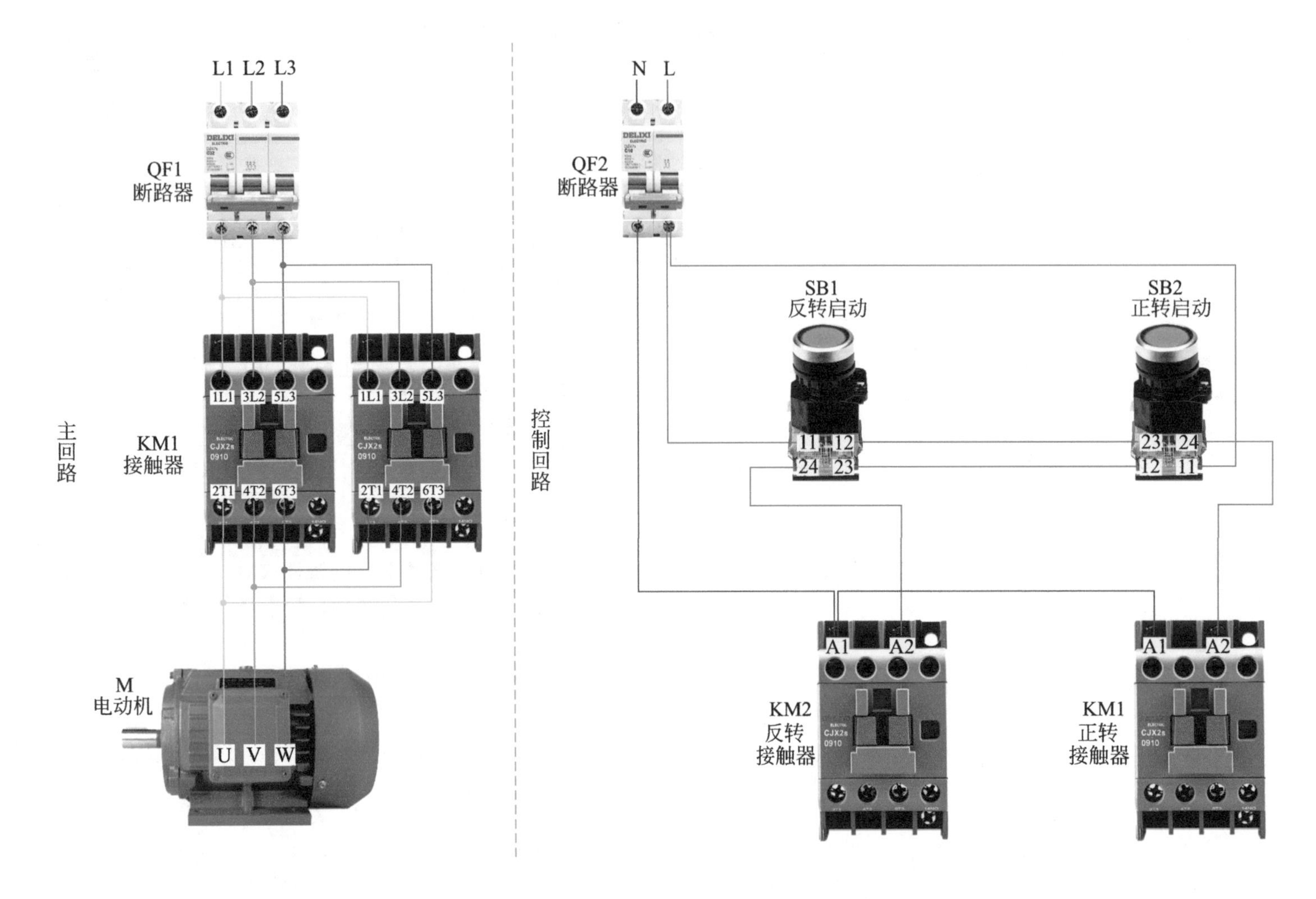

5.11 点动控制电动机正反转交流接触器互锁

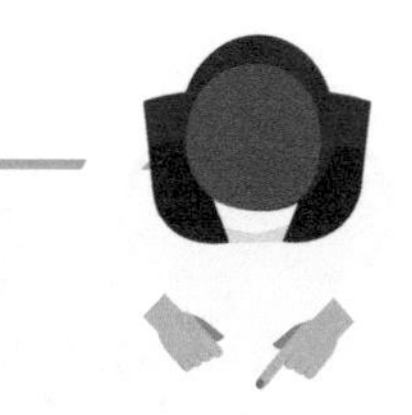

（1）点动控制电动机正反转交流接触器互锁的电气图和控制原理

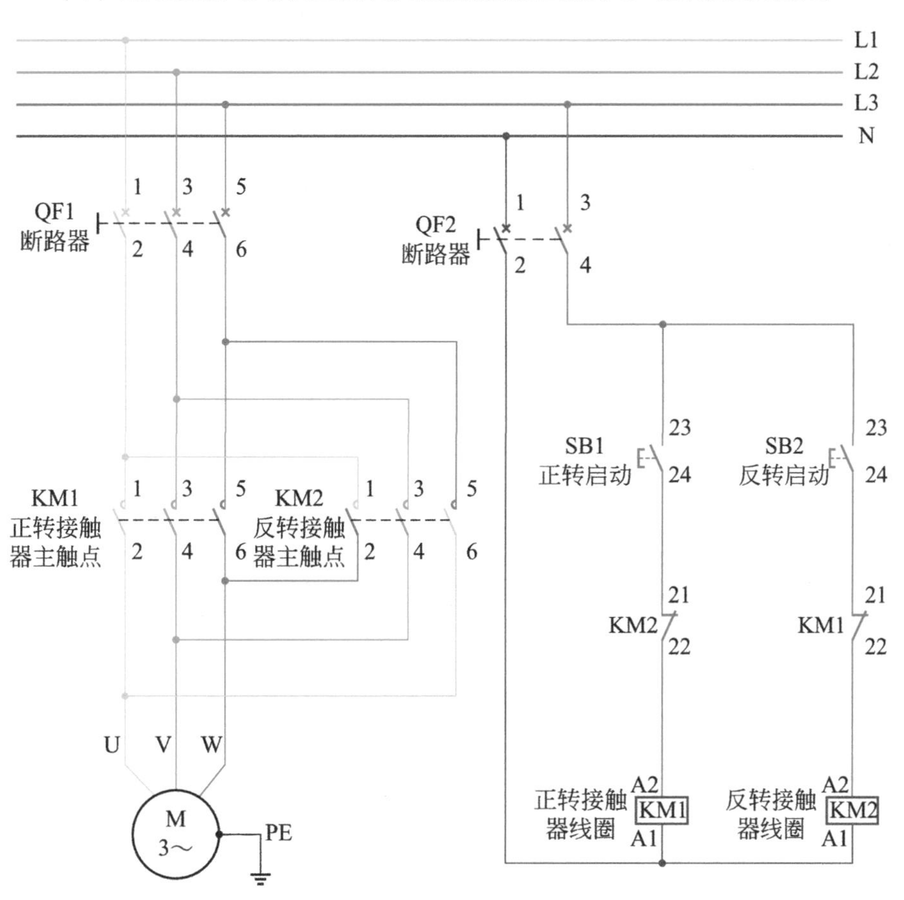

- **主回路接线：** 三相电 380V 通过 L1、L2、L3 引入断路器 QF1 上端端子，下端端子出线引入交流接触器 KM1 主触点 1、3、5 和交流接触器 KM2 主触点 1、3、5,KM1 主触点下端端子 2、4、6 出线接电动机三相 U、V、W，KM2 主触点下端端子 2、4、6 出线接电动机三相 W、V、U。
- **主回路控制过程：** 合上空开 QF1 接通三相电源，当交流接触器主触点 KM1 吸合，电动机正转，当交流接触器主触点 KM2 吸合，电动机反转。
- **控制回路启动：** 合上空开 QF2 接通单相电源，按下正转启动按钮 SB1，交流接触器 KM1 线圈（A1,A2）得电，主触点 KM1 闭合，电动机正转，松开正转按钮 SB1，交流接触器 KM1 线圈（A1,A2）失电，主触点 KM1 断开，电动机停止正转，按下反转启动按钮 SB2，交流接触器 KM2 线圈（A1,A2）得电，主触点 KM2 闭合，电动机反转，松开反转按钮 SB2，交流接触器 KM2 线圈（A1,A2）失电，主触点 KM2 断开，电动机停止反转。
- **控制回路互锁：** 当正转交流接触器 KM1 线圈（A1,A2）得电时，常闭辅助触点 KM1（21,22）断开，反转交流接触 KM2 线圈（A1,A2）控制回路断开，当反转交流接触器 KM2 线圈（A1,A2）得电时，KM2 常闭辅助触点（21,22）断开，正转交流接触 KM1 线圈（A1,A2）控制回路断开，KM1 线圈得电和 KM2 线圈得电之间形成互锁。

(2)点动控制电动机正反转交流接触器互锁实物接线

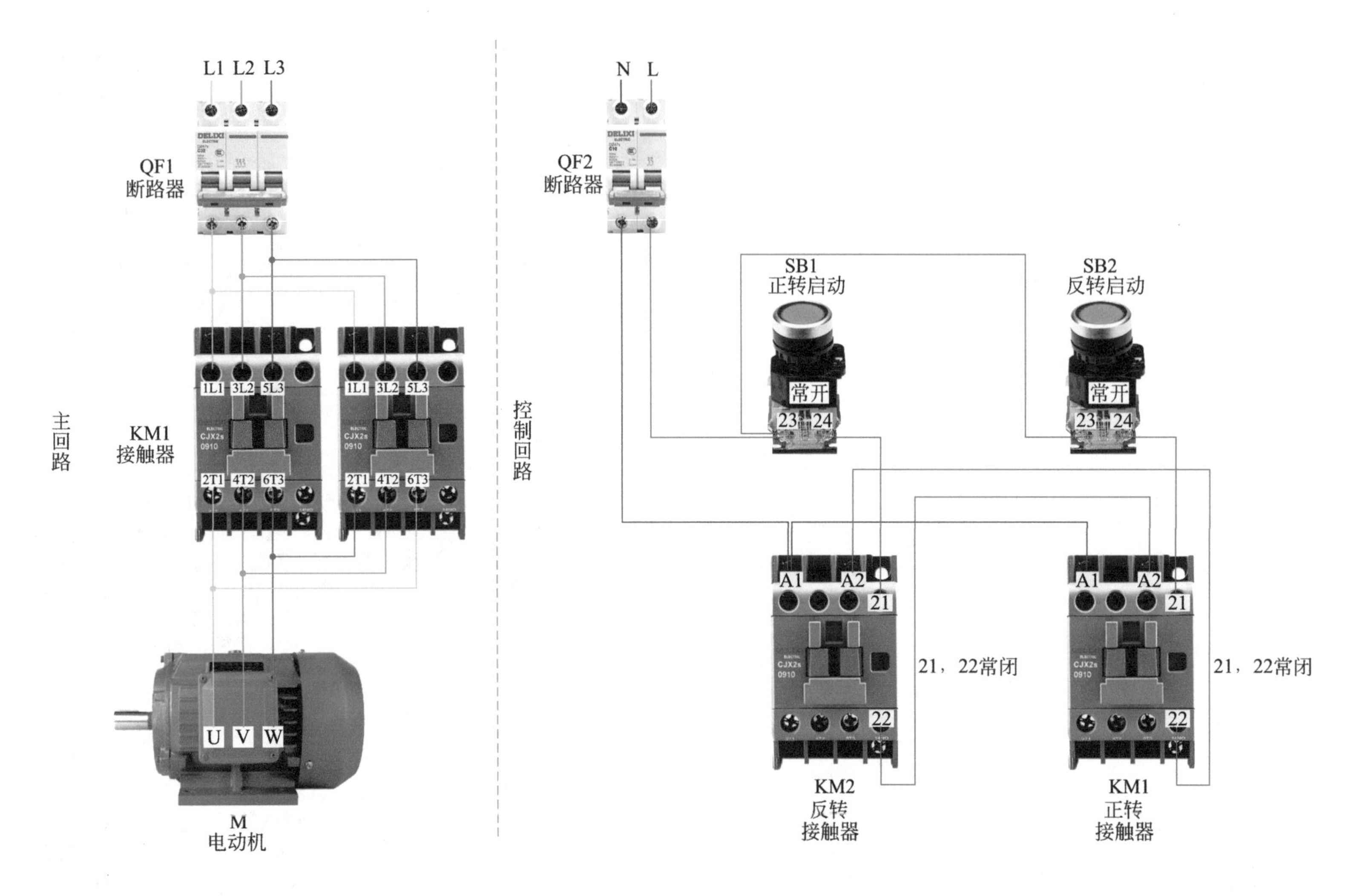

电动机正反转接触器自锁电气回路

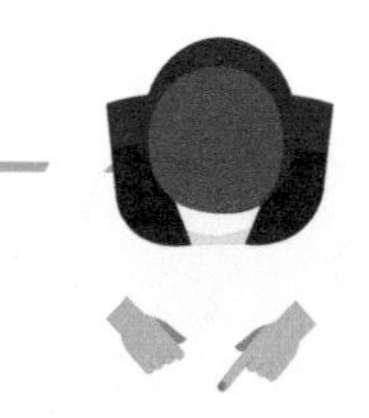

（1）电动机正反转接触器自锁电气回路的电气图和控制原理

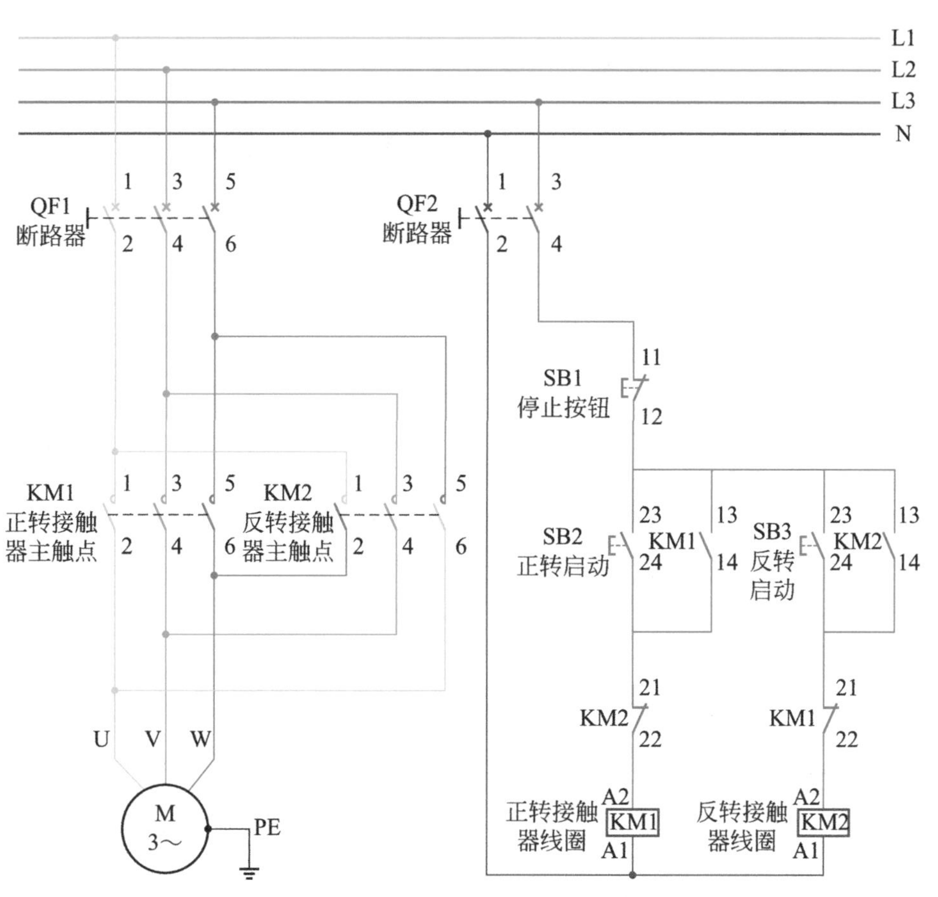

- **主回路接线：** 三相电 380V 通过 L1、L2、L3 引入断路器 QF1 上端端子，下端端子出线引入交流接触器 KM1 主触点 1、3、5 和交流接触器 KM2 主触点 1、3、5,KM1 主触点下端端子 2、4、6 出线接电动机三相 U、V、W，KM2 主触点下端端子 2、4、6 出线接电动机三相 W、V、U。
- **主回路控制过程：** 合上空开 QF1 接通三相电源，当交流接触器主触点 KM1 吸合，电动机正转，当交流接触器主触点 KM2 吸合，电动机反转。
- **控制回路启动：** 合上空开 QF2 接通单相电源，当反转停止时，按下正转启动按钮 SB2，交流接触器 KM1 线圈（A1,A2）得电，主触点和常开辅助触点 KM1（13,14）闭合，电动机正转。当正转停止时，按下反转启动按钮 SB3，交流接触器 KM2 线圈（A1,A2）得电，主触点和常开辅助触点 KM2（13,14）闭合，电动机反转。
- **控制回路自锁：** 当反转停止时，松开正转启动按钮 SB2，KM1 线圈依靠启动时已闭合的常开触点 KM1（13,14）供电，KM1 主触点仍然保持闭合，电动机保持正转。当正转停止时，松开反转启动按钮 SB3，KM2 线圈依靠启动时已闭合的常开触点 KM2（13,14）供电，KM2 主触点仍然保持闭合，电动机保持反转。
- **控制回路互锁：** 当正转交流接触器 KM1 线圈（A1,A2）得电时，常闭辅助触点 KM1（21,22）断开，反转交流接触 KM2 线圈（A1,A2）控制回路断开，当反转交流接触器 KM2 线圈（A1,A2）得电时，KM2 常闭辅助触点（21,22）断开，正转交流接触器 KM1 线圈（A1,A2）控制回路断开，KM1 线圈得电和 KM2 线圈得电之间形成互锁。
- **控制回路停止：** 按下停止按钮 SB1, 交流接触器线圈 KM1 或者 KM2（A1,A2）失电，主触点 KM1 或者 KM2 断开，电动机停止运行。

(2)电动机正反转接触器自锁电气回路实物接线

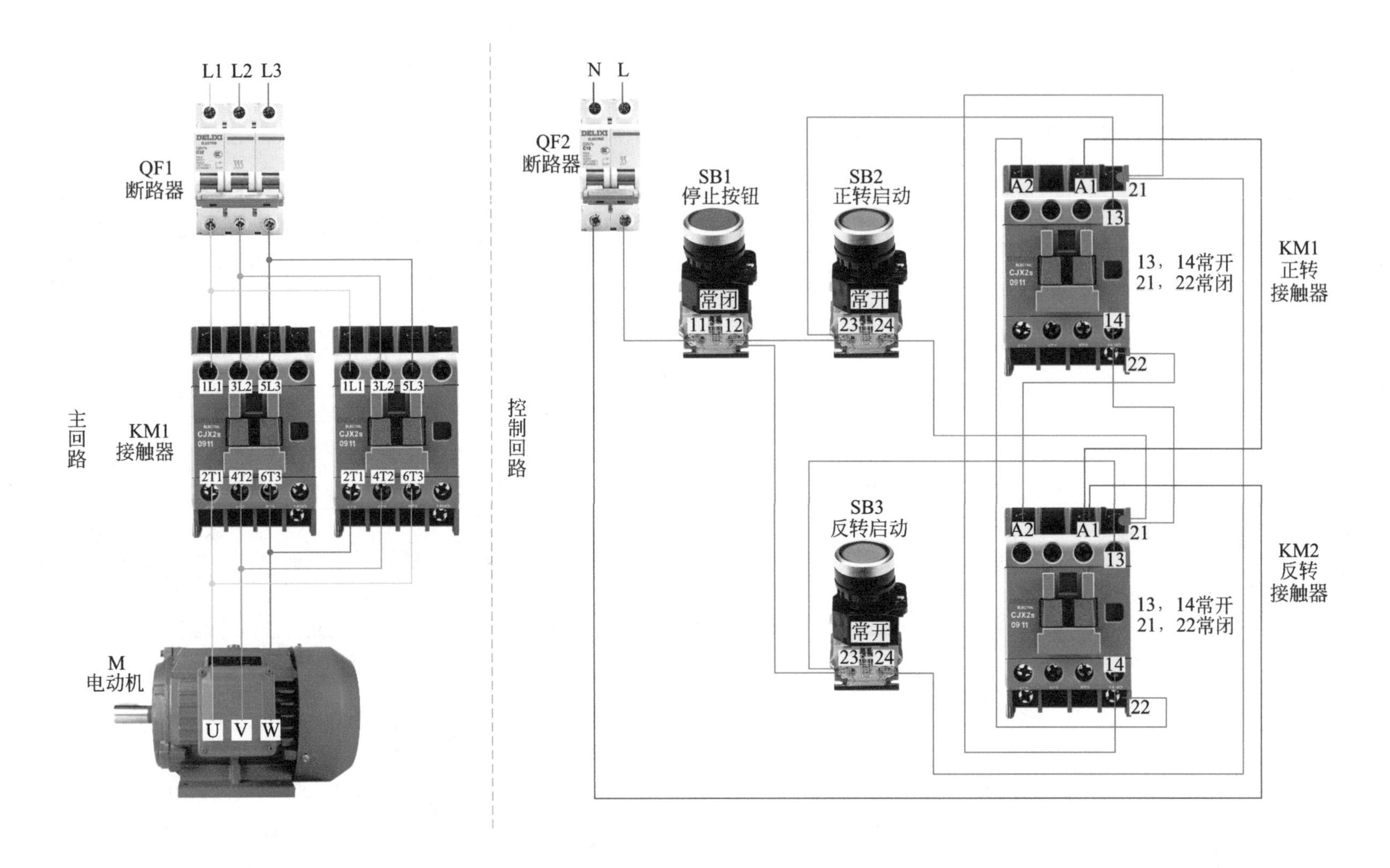

5.13 旋钮开关控制电动机正反转

（1）旋钮开关控制电动机正反转的电气图和控制原理

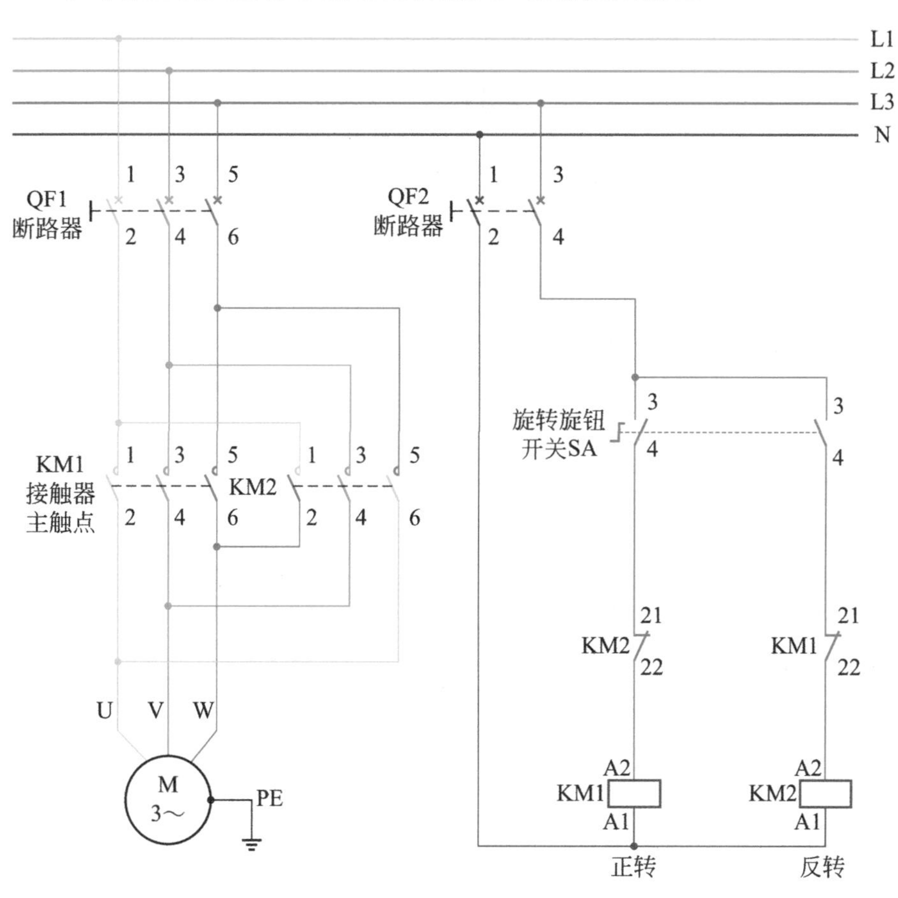

- **主回路接线：** 三相电 380V 通过 L1、L2、L3 引入断路器 QF1 上端端子，下端端子出线引入交流接触器 KM1 主触点 1、3、5 和交流接触器 KM2 主触点 1、3、5,KM1 主触点下端端子 2、4、6 出线接电动机三相 U、V、W，KM2 主触点下端端子 2、4、6 出线接电动机三相 W、V、U。
- **主回路控制过程：** 合上空开 QF1 接通三相电源，当交流接触器主触点 KM1 吸合，电动机正转，当交流接触器主触点 KM2 吸合，电动机反转。
- **控制回路启动：** 合上空开 QF2 接通单相电源，当三挡旋转开关旋到左侧，SA 左边触点（3,4）接通，交流接触器 KM1 线圈（A1,A2）得电，主触点 KM1 闭合，电动机正转；当三挡旋转开关旋到右侧，SA 右边触点（3,4）接通，交流接触器 KM2 线圈（A1,A2）得电，主触点 KM2 闭合，电动机反转。
- **控制回路互锁：** 当正转交流接触器 KM1 线圈（A1,A2）得电时，常闭辅助触点 KM1（21,22）断开，反转交流接触 KM2 线圈（A1,A2）控制回路断开，当反转交流接触器 KM2 线圈（A1,A2）得电时，KM2 常闭辅助触点（21,22）断开，正转交流接触 KM1 线圈（A1,A2）控制回路断开，KM1 线圈得电和 KM2 线圈得电之间形成互锁。
- **控制回路停止：** 当三挡旋转开关旋到中间 ,SA 左边触点（3,4）和右边触点（3,4）断开，交流接触器线圈 KM1 或者 KM2（A1,A2）失电，主触点 KM1 或者 KM2 断开，电动机停止运行。

（2）旋钮开关控制电动机正反转实物接线

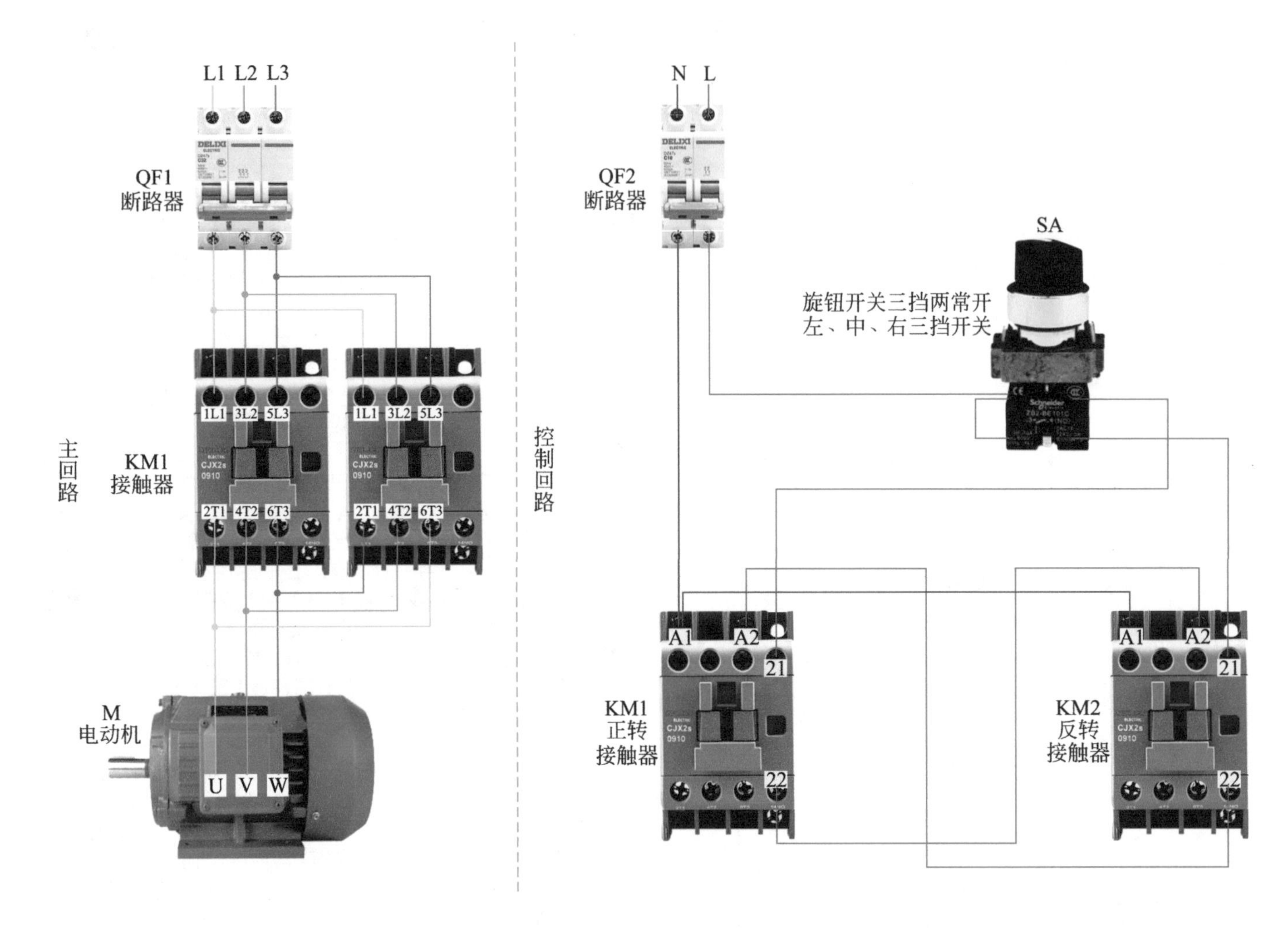

电动机延时启动

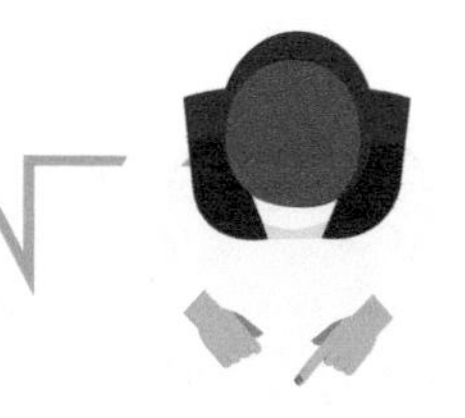

（1）电动机延时启动的电气图和控制原理

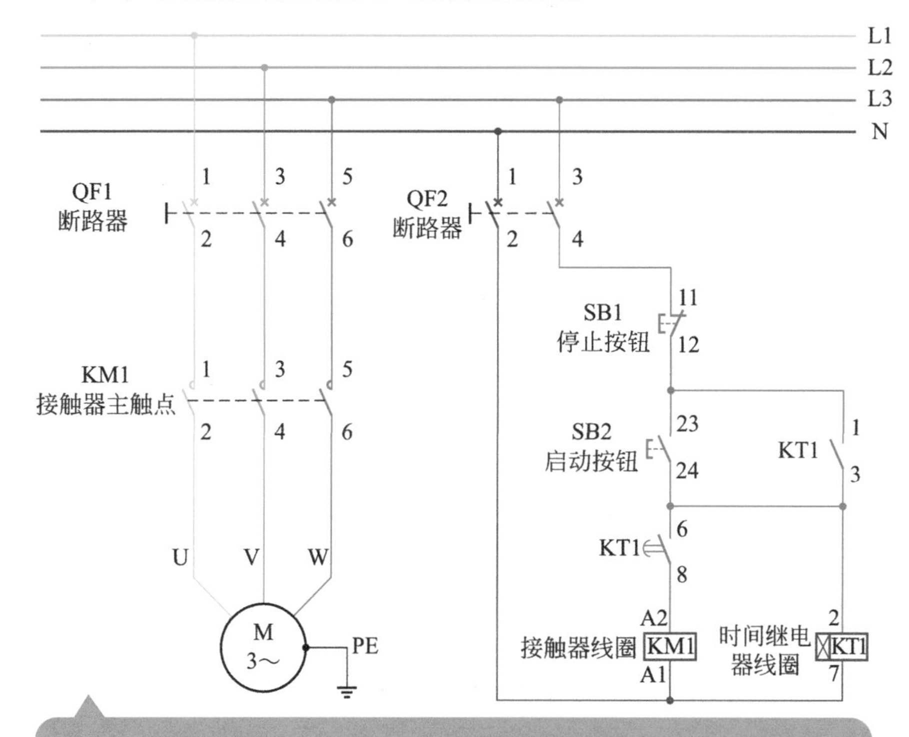

时间继电器型号：DH48S-2ZH
时间继电器功能：此型号带常开触点（1,3），常闭触点（1,4），延时常开触点（6,8），延时常闭触点（5,8），时间继电器线圈（2,7）可设置通电延时的时间。

- **主回路接线：**三相电 380V 通过 L1、L2、L3 引入断路器 QF1 上端端子，下端端子出线引入交流接触器主触点 1、3、5，主触点下端端子 2、4、6 出线接电动机三相 U、V、W。
- **主回路控制过程：**合上空开 QF1 接通三相电源，当交流接触器主触点 KM1 吸合，电动机运行。
- **控制回路启动：**合上空开 QF2 接通单相电源，按下启动按钮 SB2，时间继电器线圈（2,7）得电，时间继电器常开触点 KT1（1,3）吸合，同时时间继电器开始计时，等到时间继电器到达设置时间，延时常开触点 KT1（6,8）吸合，交流接触器 KM1 线圈（A1,A2）KM1 得电，KM1 主触点吸合，电动机运行。
- **控制回路自锁：**松开启动按钮 SB2，KT1 线圈（2,7）依靠启动时已闭合的常开触点 KT1（1,3）供电。
- **控制回路停止：**按下停止按钮，时间继电器线圈（2,7）失电，延时常开触点（6,8）和常开触点（1,3）KT1 断开，交流接触器 KM1 线圈（A1,A2）KM1 失电，交流接触器主触点 KM1 断开，电动机停止运行。

（2）电动机延时启动的电气图实物接线

主回路

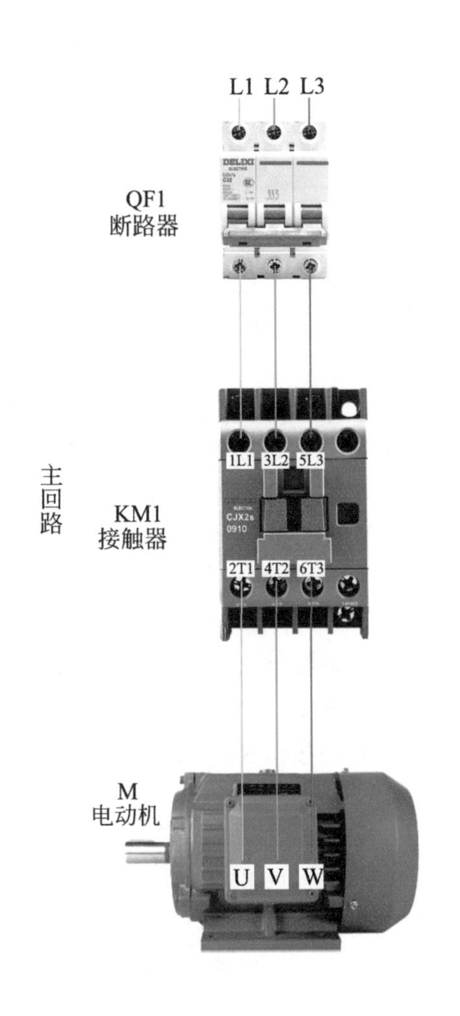

控制回路

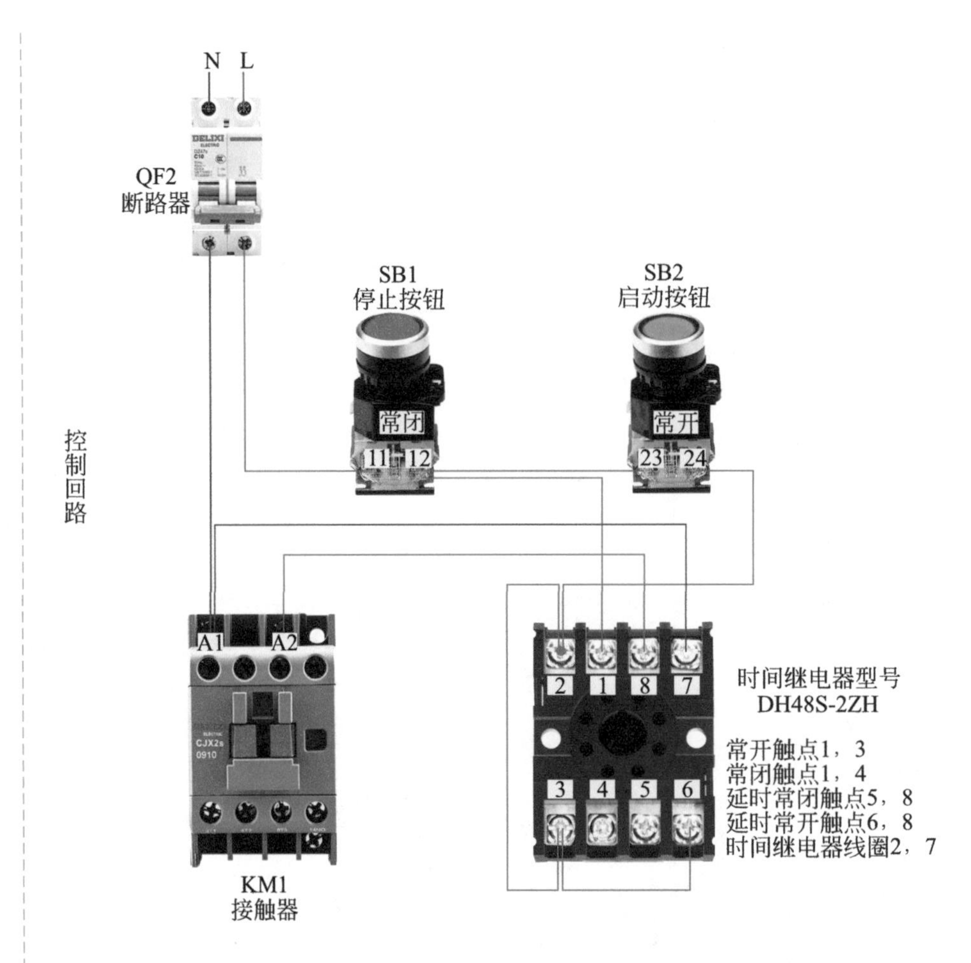

5.15 电动机延时停止

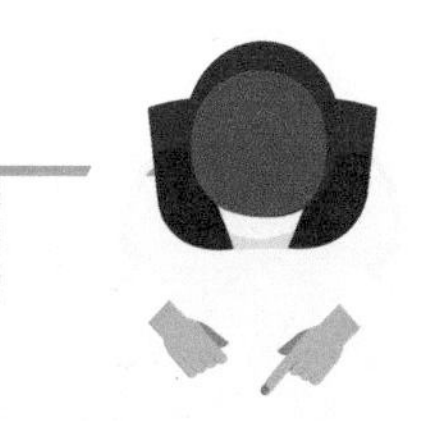

（1）电动机延时停止的电气图和控制原理

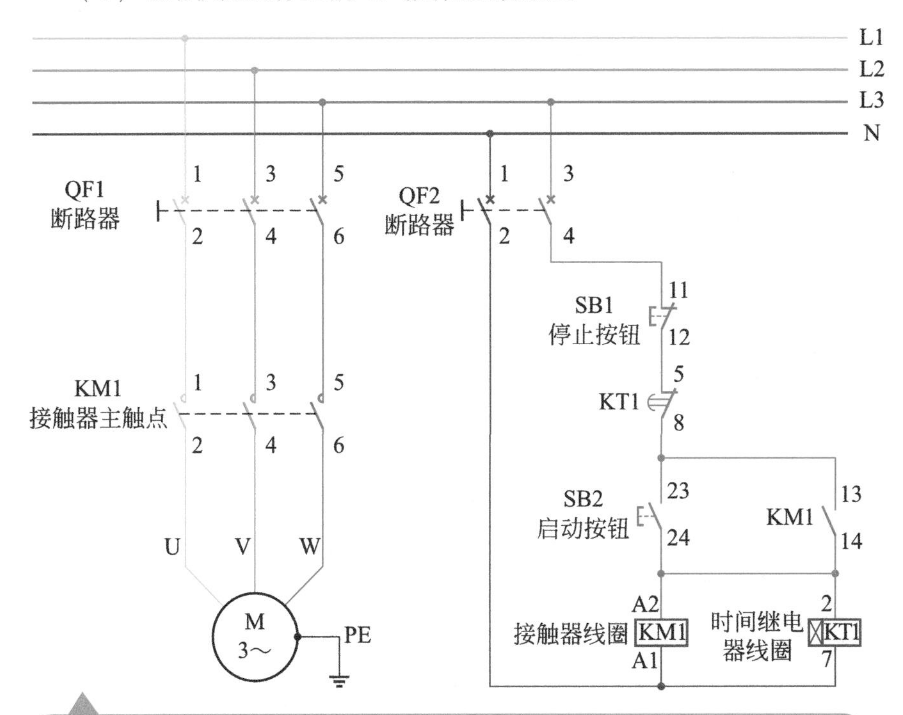

时间继电器型号：DH48S-2ZH
时间继电器功能：此型号带常开触点（1,3），常闭触点（1,4），延时常开触点（6,8），延时常闭触点（5,8），时间继电器线圈（2,7）可设置通电延时的时间。

- **主回路接线：**三相电 380V 通过 L1、L2、L3 引入断路器 QF1 上端端子，下端端子出线引入交流接触器主触点 1、3、5，主触点下端端子 2、4、6 出线接电动机三相 U、V、W。
- **主回路控制过程：**合上空开 QF1 接通三相电源，当交流接触器主触点 KM1 吸合，电动机运行。
- **控制回路启动：**合上空开 QF2 接通单相电源，按下启动按钮 SB2，时间继电器线圈和交流接触器线圈（A1,A2）同时得电，交流接触器 KM1 主触点和常开辅助触点（13,14）同时吸合，时间继电器开始计时。
- **控制回路自锁：**松开启动按钮 SB2，KM1 线圈（A1,A2）和时间继电器线圈（2,7）依靠启动时已闭合的常开触点 KM1（13,14）供电，KM1 主触点仍然保持闭合，电动机保持运行。
- **控制回路停止：**等到时间继电器到达设置时间，延时常闭触点（5,8)KT1 断开，时间继电器 KT1 线圈（2,7）和交流接触器线圈（A1,A2）KM1 失电，交流接触器主触点 KM1 和常开辅助触点（13,14）断开，电动机停止运行。当时间继电器在计时过程中按下停止按钮 SB1, 时间继电器 KT1 线圈（2,7）和交流接触器线圈（A1,A2）KM1 失电，交流接触器主触点 KM1 和常开辅助触点（13,14）断开，电动机停止运行。

(2) 电动机延时停止实物接线

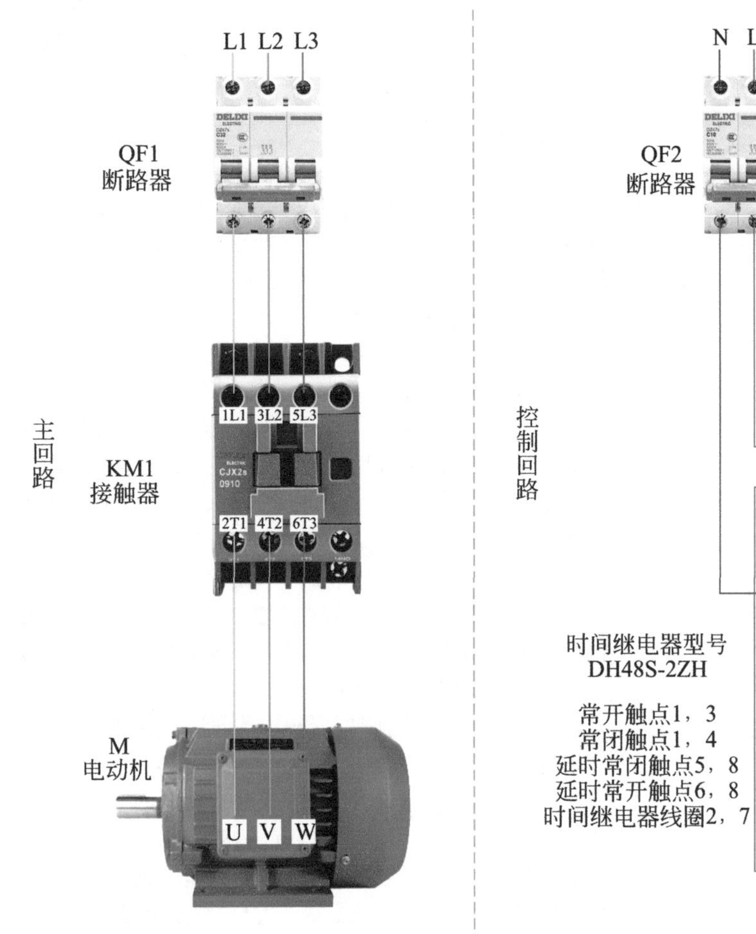

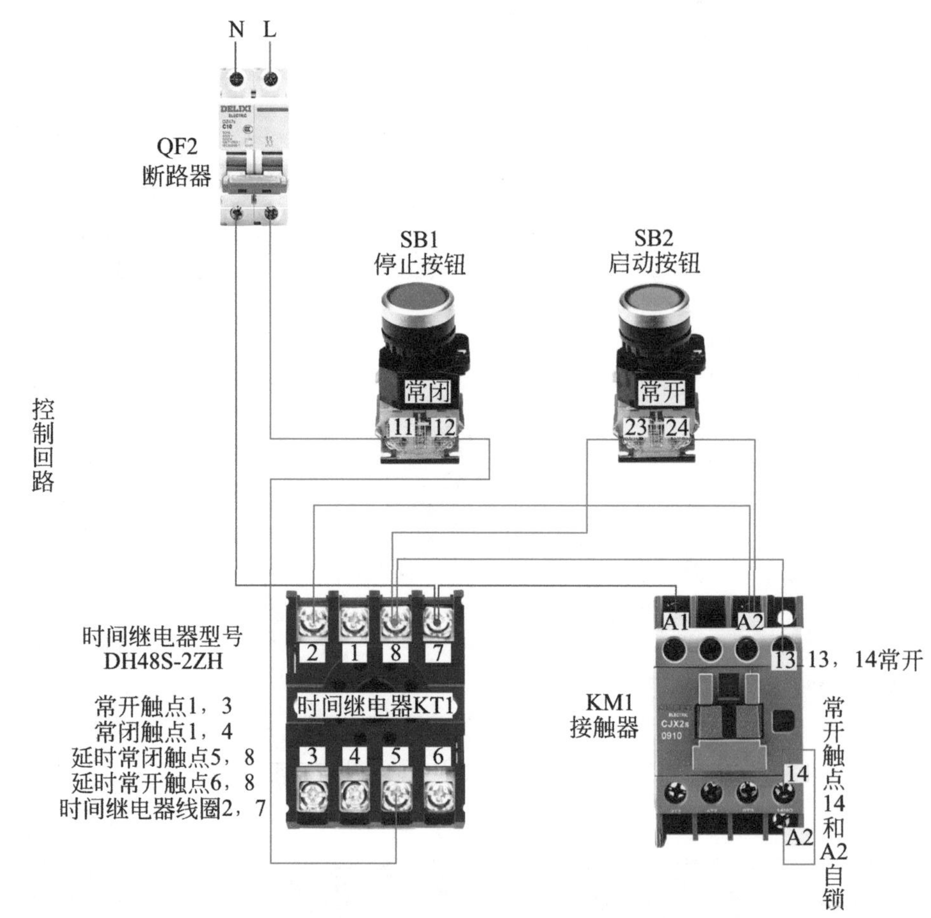

5.16 电动机间歇启动

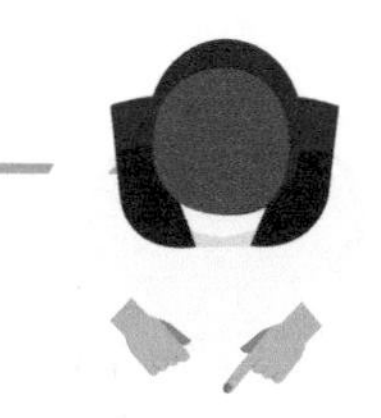

（1）电动机间歇启动的电气图和控制原理

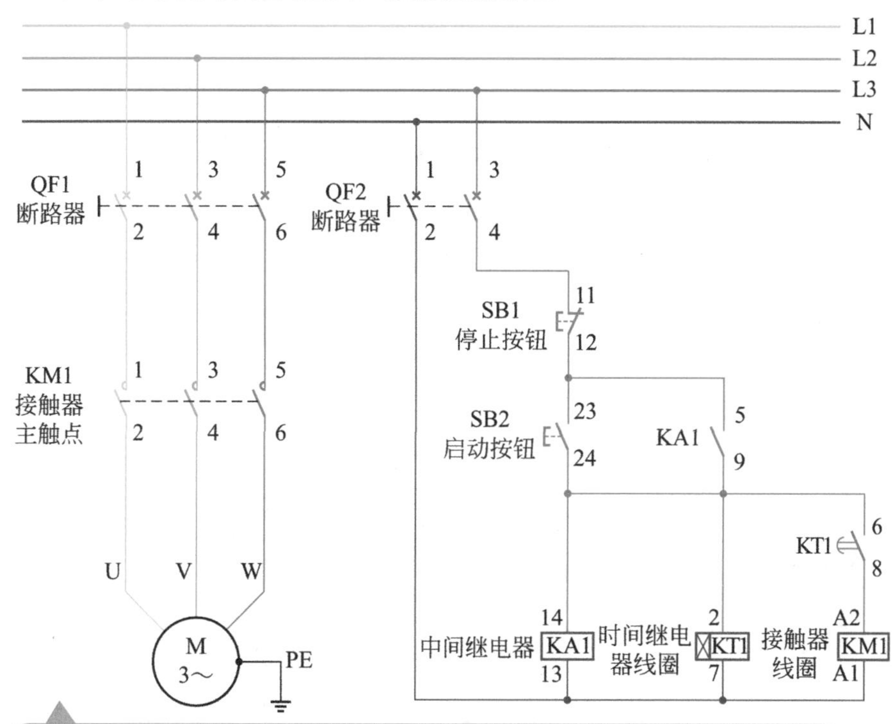

时间继电器型号：DH48S-S
时间继电器功能： 此型号带延时常开触点（6,8）延时常闭触点（5,8），复位（1,3），暂停（1,4），线圈（2,7），能进行 T1、T2 间的自动循环切换，可设置通电延时 T1 和断电延时 T2 的时间。

☑ **主回路接线：** 三相电 380V 通过 L1、L2、L3 引入断路器 QF1 上端端子，下端端子出线引入交流接触器主触点 1、3、5，主触点下端端子 2、4、6 出线接电动机三相 U、V、W。

☑ **主回路控制过程：** 合上空开 QF1 接通三相电源，当交流接触器主触点 KM1 吸合，电动机运行。

☑ **控制回路启动：** 合上空开 QF2 接通单相电源，按下启动按钮 SB2，时间继电器线圈（2,7）和中间继电器线圈（13,14）同时得电，中间继电器 KA1 常开辅助触点（5,9）吸合，时间继电器 T1 通电延时开始计时，等到时间继电器到达 T1 通电延时设置时间，延时常开触点（6,8）KT1 吸合，交流接触器 KM1 线圈（A1,A2）得电，交流接触器主触点 KM1 吸合，电动机运行，T1 通电延时时间到达同时 T2 断电延时开始计时，等到时间继电器到达 T2 断电延时设置时间，延时常开触点（6,8）KT1 断开，交流接触器线圈（A1,A2）KM1 失电，交流接触器主触点 KM1 断开，电动机停止运行，时间继电器 T2 断电延时时间到达同时通电延时 T1 开始计时，循环往复。

☑ **控制回路自锁：** 松开启动按钮 SB2，时间继电器线圈（2,7）和中间继电器线圈（13,14）依靠启动时已闭合的常开触点 KA1（5,9）供电。

☑ **控制回路停止：** 时间继电器在计时过程中按下停止按钮 SB1，时间继电器 KT1 线圈（2,7）、中间继电器 KA1 线圈（13,14）和交流接触器线圈（A1,A2）KM1 同时失电，交流接触器主触点 KM1 断开，电动机停止运行。

（2）电动机间歇启动实物接线

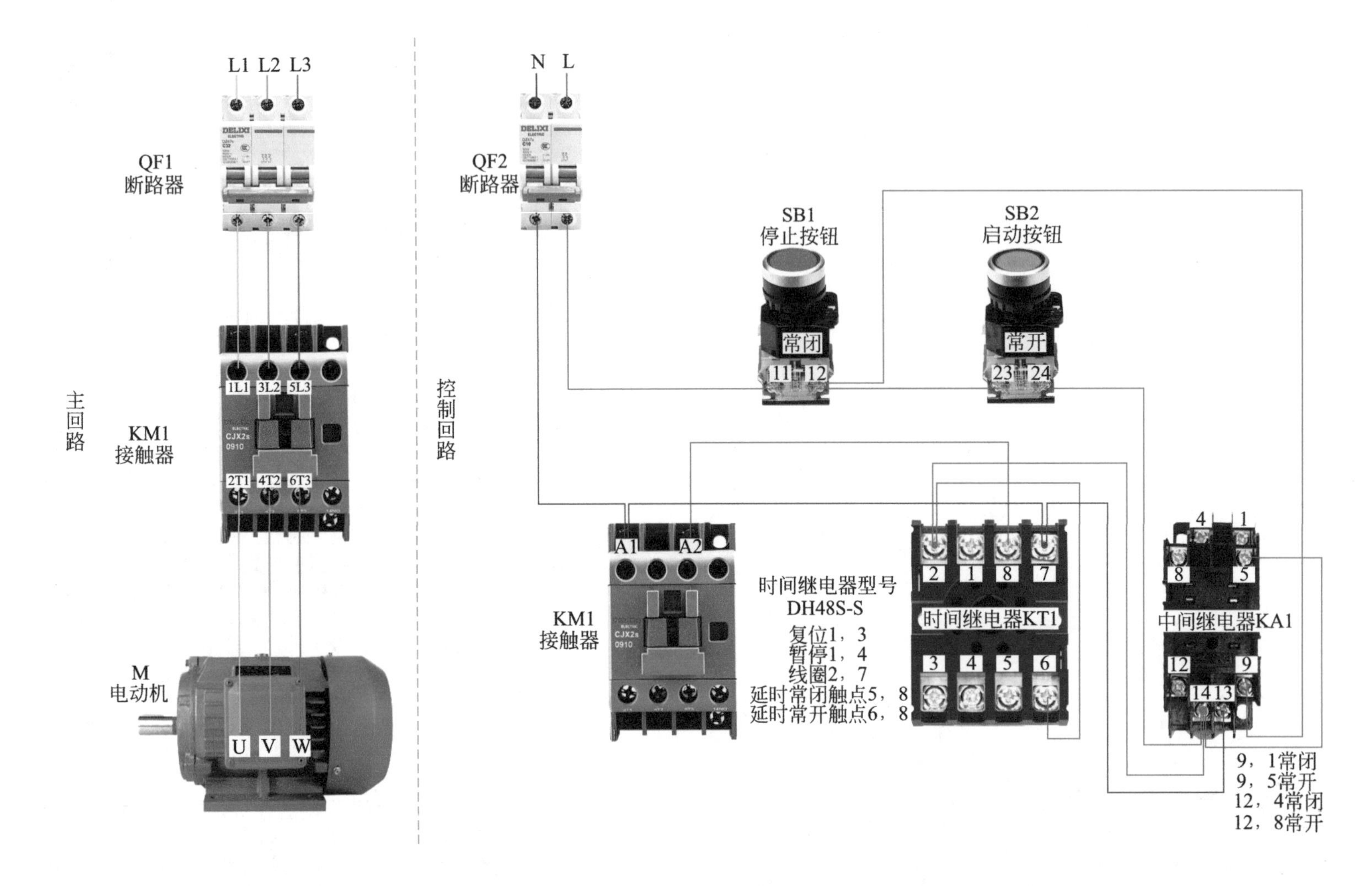

两台电动机顺序启动控制电气回路

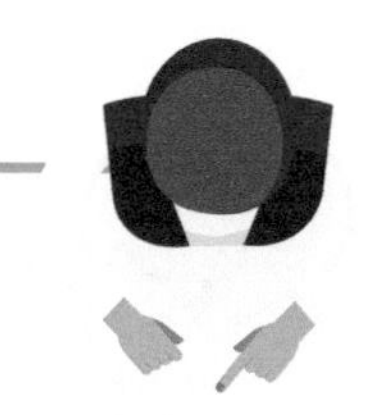

（1）两台电动机顺序启动控制电气回路的电气图和控制原理

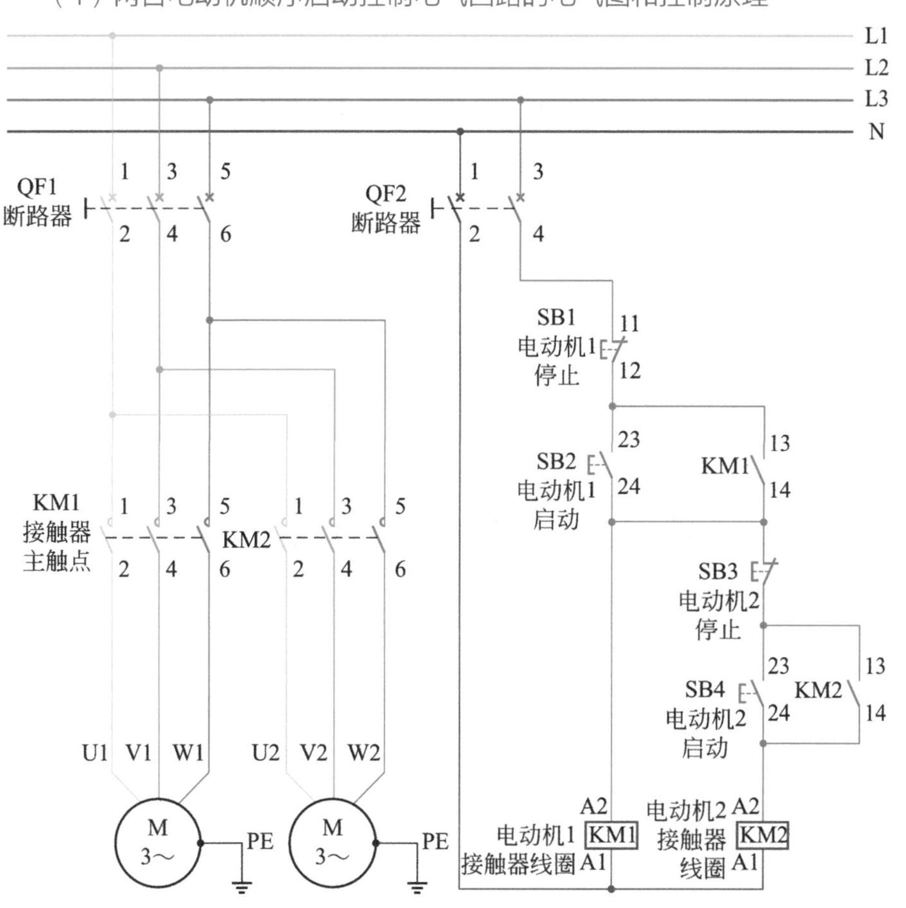

- **主回路接线：** 三相电 380V 通过 L1、L2、L3 引入断路器 QF1 上端端子，下端端子出线引入交流接触器 KM1 主触点 1、3、5 和交流接触器 KM2 主触点 1、3、5,KM1 主触点下端端子 2、4、6 出线接电动机 1 三相 U、V、W，KM2 主触点下端端子 2、4、6 出线接电动机 2 三相 U、V、W。
- **主回路控制过程：** 合上空开 QF1 接通三相电源，当交流接触器主触点 KM1 吸合，电动机 1 运行，当交流接触器主触点 KM2 吸合，电动机 2 运行。
- **控制回路启动：** 合上空开 QF2 接通单相电源，按下电动机 1 启动按钮 SB2，交流接触器 KM1 线圈（A1,A2）得电，主触点 KM1 吸合同时常开辅助触点（13,14）吸合，电动机 1 运行，当 KM1 辅助触点吸合，电动机 2 启动才能有效，按下电动机 2 启动按钮 SB4，交流接触器 KM2 线圈（A1,A2）得电，主触点 KM2 吸合同时常开辅助触点（13,14）吸合，电动机 2 运行。
- **控制回路自锁：** 松开启动按钮 SB2，KM1 线圈依靠启动时已闭合的常开触点（13,14）供电，KM1 主触点仍然保持闭合，电动机 1 保持运行，松开启动按钮 SB4，KM2 线圈依靠启动时已闭合的常开触点（13,14）供电，KM2 主触点仍然保持闭合，电动机 2 保持运行。
- **控制回路停止：** 当按下电机 2 停止按钮 SB3，交流接触器 KM2 线圈（A1,A2）失电，主触点 KM2 断开，电动机 2 停止运行，当按下电动机 1 停止按钮 SB1，交流接触器 KM1 线圈（A1,A2）失电，主触点 KM1 断开，电动机 1 停止运行。

（2）两台电动机顺序启动控制电气回路实物接线

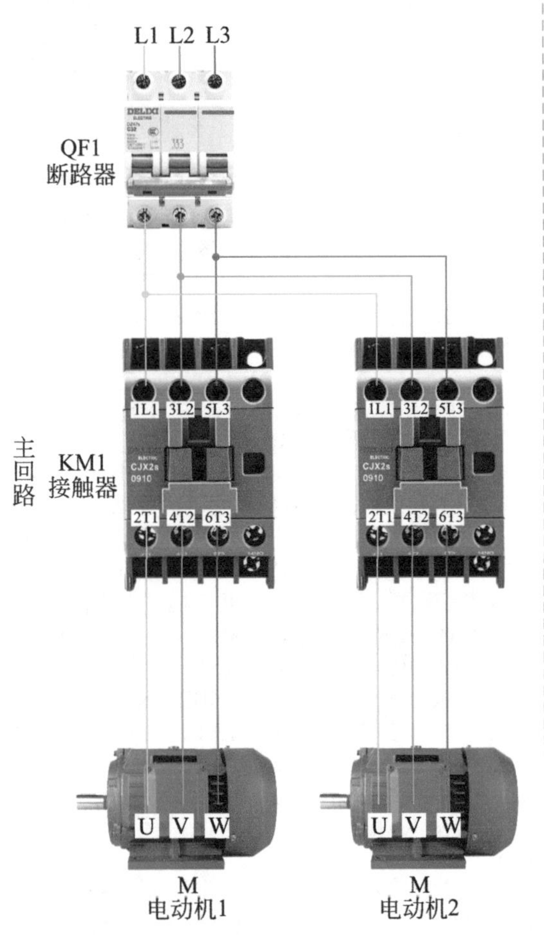

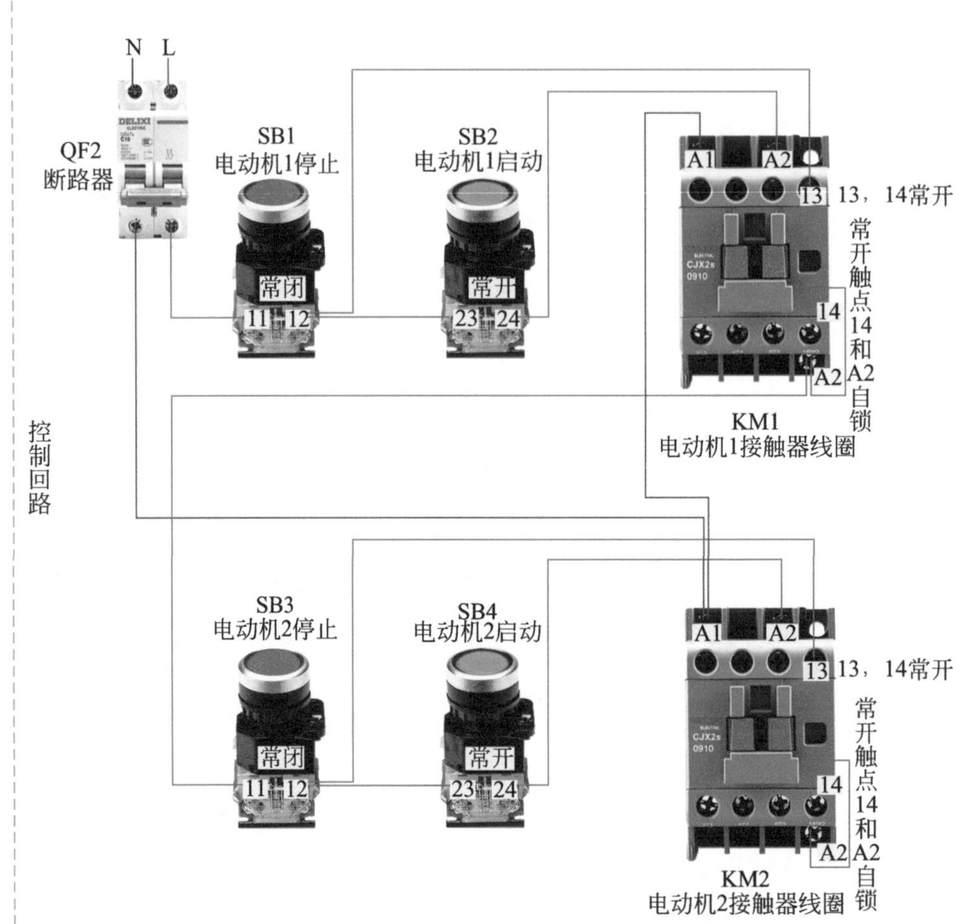

5.18 两台电动机顺序启动、逆序停止

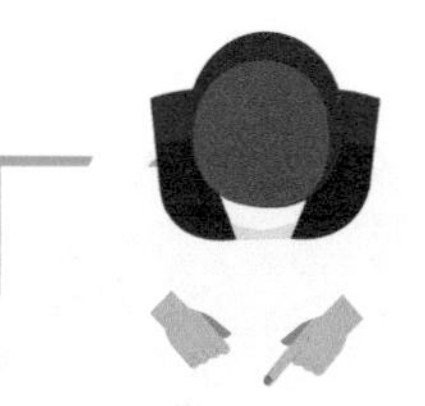

（1）两台电动机顺序启动、逆序停止的电气图和控制原理

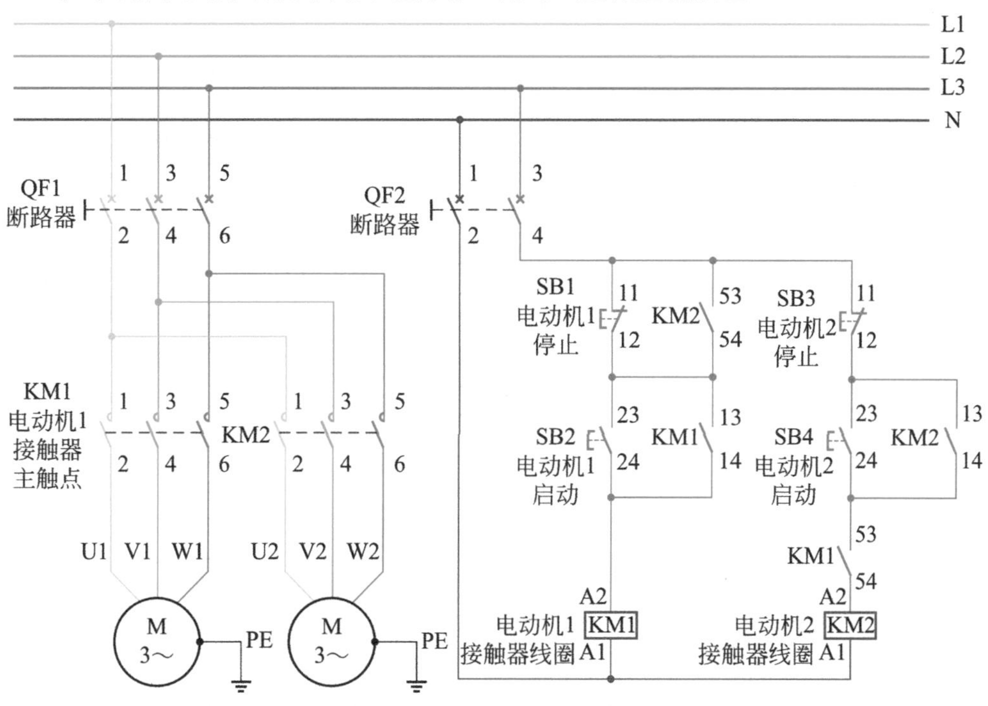

主回路接线： 三相电 380V 通过 L1、L2、L3 引入断路器 QF1 上端端子，下端端子出线引入交流接触器 KM1 主触点 1、3、5 和交流接触器 KM2 主触点 1、3、5,KM1 主触点下端端子 2、4、6 出线分别接电动机 1 三相 U、V、W，KM2 主触点下端端子 2、4、6 出线分别接电动机 2 三相 U、V、W。

主回路控制过程： 合上空开 QF1 接通三相电源，当交流接触器主触点KM1吸合，电动机1运行，当交流接触器主触点KM2吸合，电动机2运行。

控制回路启动： 合上空开 QF2 接通单相电源，按下电动机 1 启动按钮 SB2，交流接触器 KM1 线圈（A1,A2）得电，交流接触器主触点 KM1 和辅助常开触点（13,14），（53,54）KM1 吸合，电动机 1 运行，按下电动机 2 启动按钮 SB4, 当常开辅助触点（53,54）KM1 吸合时，交流接触器 KM2 线圈（A1,A2）才能得电，当交流接触器线圈 KM2 得电，交流接触器主触点 KM2 和常开辅助触点 KM2（13,14）,（53,54）吸合，电动机 2 开始运行。

控制回路自锁： 松开启动按钮 SB2，交流接触器线圈 KM1（A1,A2）依靠启动时已闭合的常开触点 KM1（13,14）供电，KM1 主触点仍然保持闭合，电动机 1 保持运行，松开启动按钮 SB4，交流接触器线圈 KM2（A1,A2）依靠启动时已闭合的常开触点 KM2（13,14）和 KM1(53,54) 供电，KM2 主触点仍然保持闭合，电动机 2 保持运行。

控制回路停止： 当按下停止按钮 SB3，交流接触器 KM2 线圈（A1,A2) 失电，KM2 主触点和常开辅助触点（13,14），（53,54）断开，电动机 2 停止运行，当交流接触器线圈 KM2 失电时，按下电动机 1 停止按钮 SB1 才能使交流接触器线圈 KM1 失电，否则无效，按下电动机 1 停止按钮 SB1，交流接触器 KM1 线圈（A1,A2）失电，KM1 主触点和常开辅助触点 KM1（13,14）断开，电动机 1 停止运行。

(2)两台电动机顺序启动、逆序停止实物接线

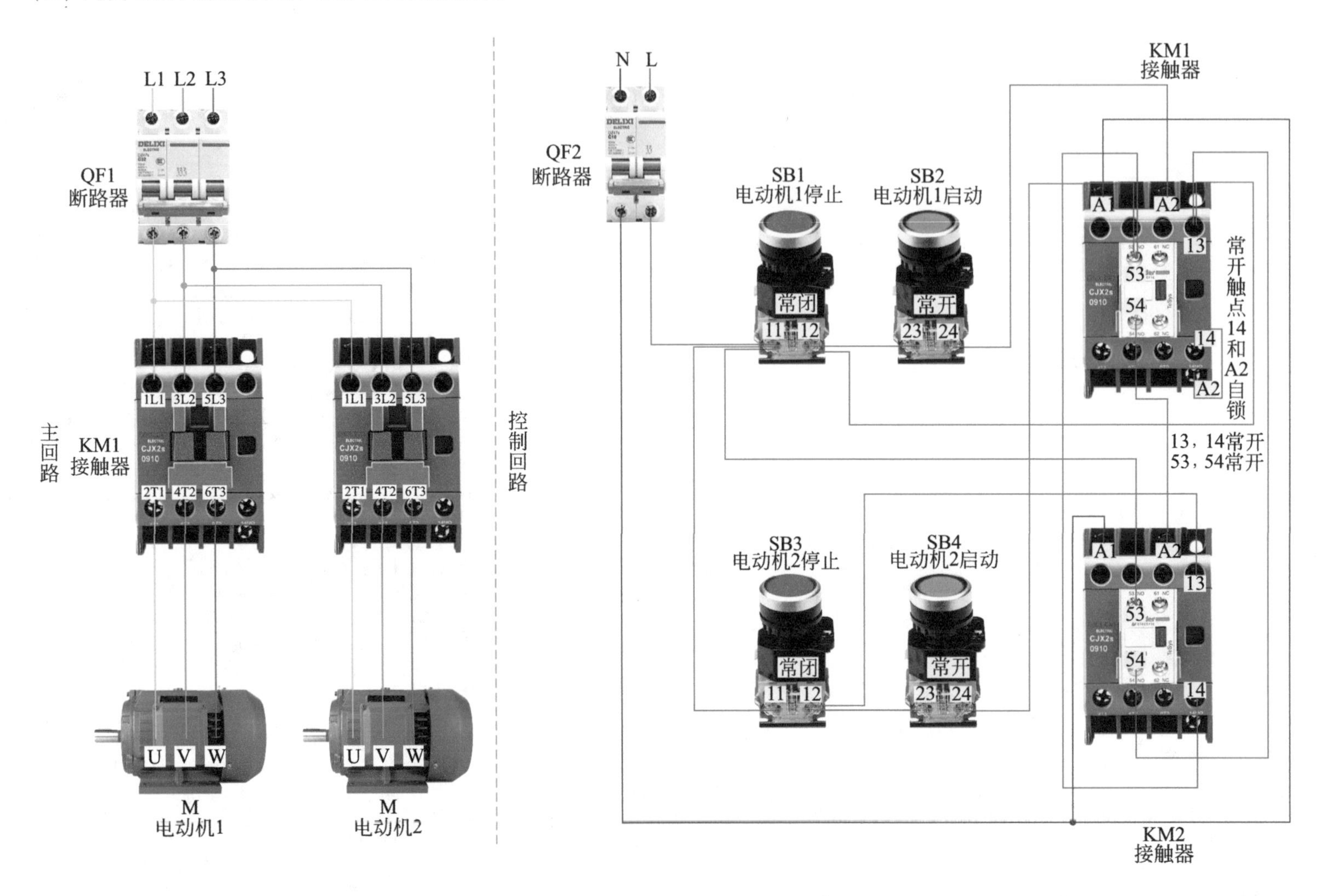

5.19 两台电动机延时顺序启动（1 个时间继电器）

（1）两台电动机延时顺序启动的电气图和控制原理

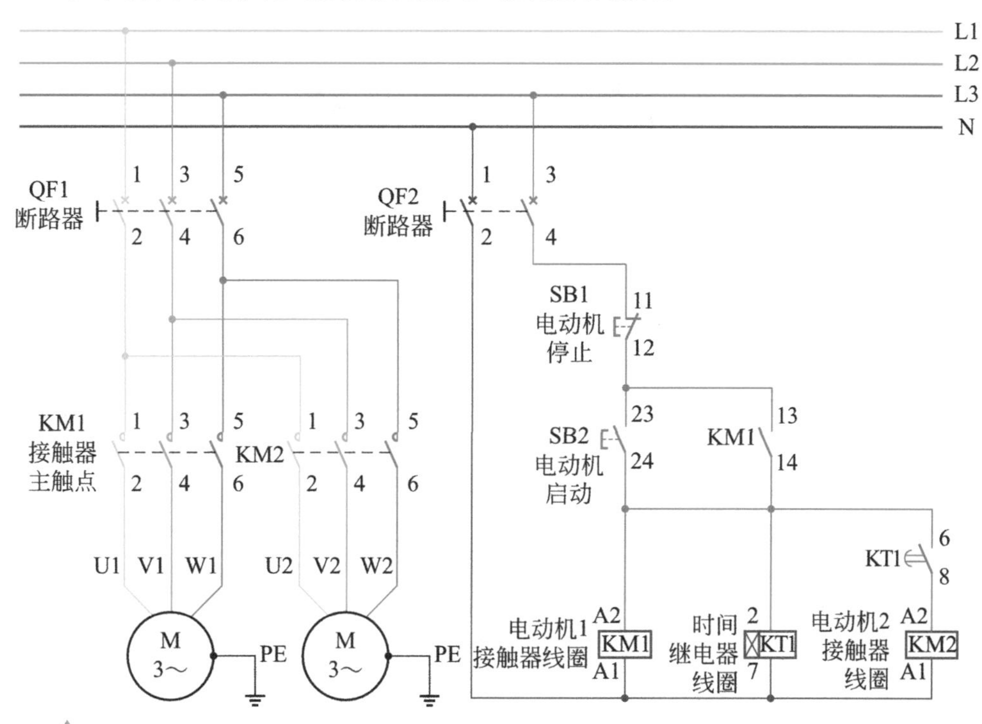

时间继电器型号：DH48S-2ZH
时间继电器功能： 此型号带常开触点（1,3），常闭触点（1,4），延时常开触点（6,8），延时常闭触点（5,8），时间继电器线圈（2,7）可设置通电延时的时间。

☑ **主回路接线：** 三相电 380V 通过 L1、L2、L3 引入断路器 QF1 上端端子，下端端子出线引入交流接触器 KM1 主触点 1、3、5 和交流接触器 KM2 主触点 1、3、5，KM1 主触点下端端子 2、4、6 出线接电动机 1 三相 U、V、W，KM2 主触点下端端子 2、4、6 出线接电动机 2 三相 U、V、W。

☑ **主回路控制过程：** 合上空开 QF1 接通三相电源，当交流接触器主触点 KM1 吸合，电动机 1 运行，当交流接触器主触点 KM2 吸合，电动机 2 运行。

☑ **控制回路启动：** 合上空开 QF2 接通单相电源，按下电动机 1 启动按钮 SB2，时间继电器 KT1 线圈（2,7）和交流接触器线圈（A1,A2）同时得电，交流接触器 KM1 主触点和常开辅助触点 KM1(13,14) 同时吸合，电动机 1 运行，时间继电器开始计时，等到时间继电器到达设置时间，延时常开触点 KT1(6,8) 吸合，交流接触器 KM2 线圈（A1,A2）得电，交流接触器 KM2 主触点吸合，电动机 2 运行。

☑ **控制回路自锁：** 松开启动按钮 SB2，交流接触器线圈 KM1（A1,A2）和时间继电器 KT1(2,7) 线圈依靠启动时已闭合的常开触点 KM1（13,14）供电，KM1 主触点仍然保持闭合，电动机 1 保持运行。

☑ **控制回路停止：** 当按下停止按钮 SB1，时间继电器 KT1 线圈（2,7) 和交流接触器 KM1、KM2 线圈（A1,A2）失电，交流接触器 KM1,KM2 主触点和常开辅助触点断开，电动机 1 和电动机 2 停止运行。

（2）两台电动机延时顺序启动实物接线

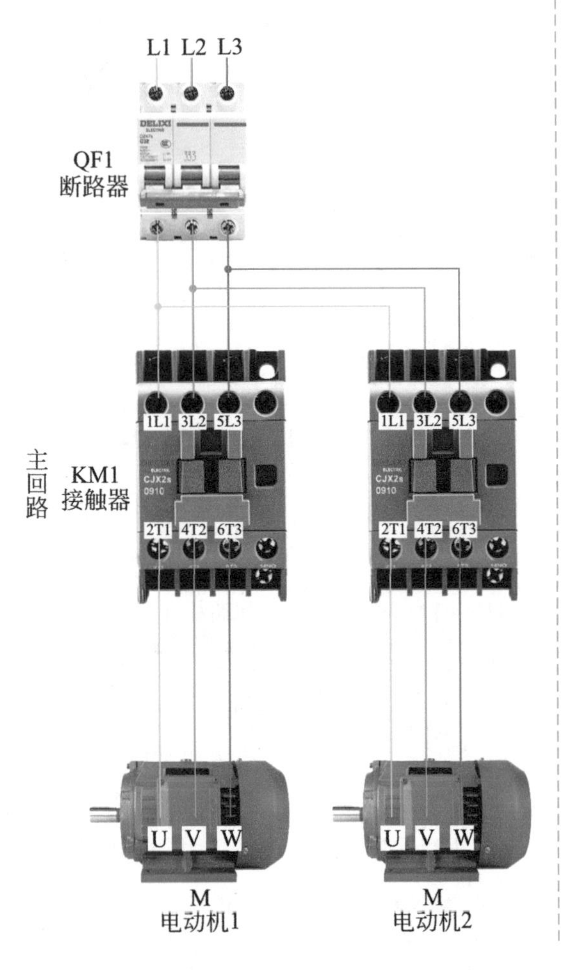

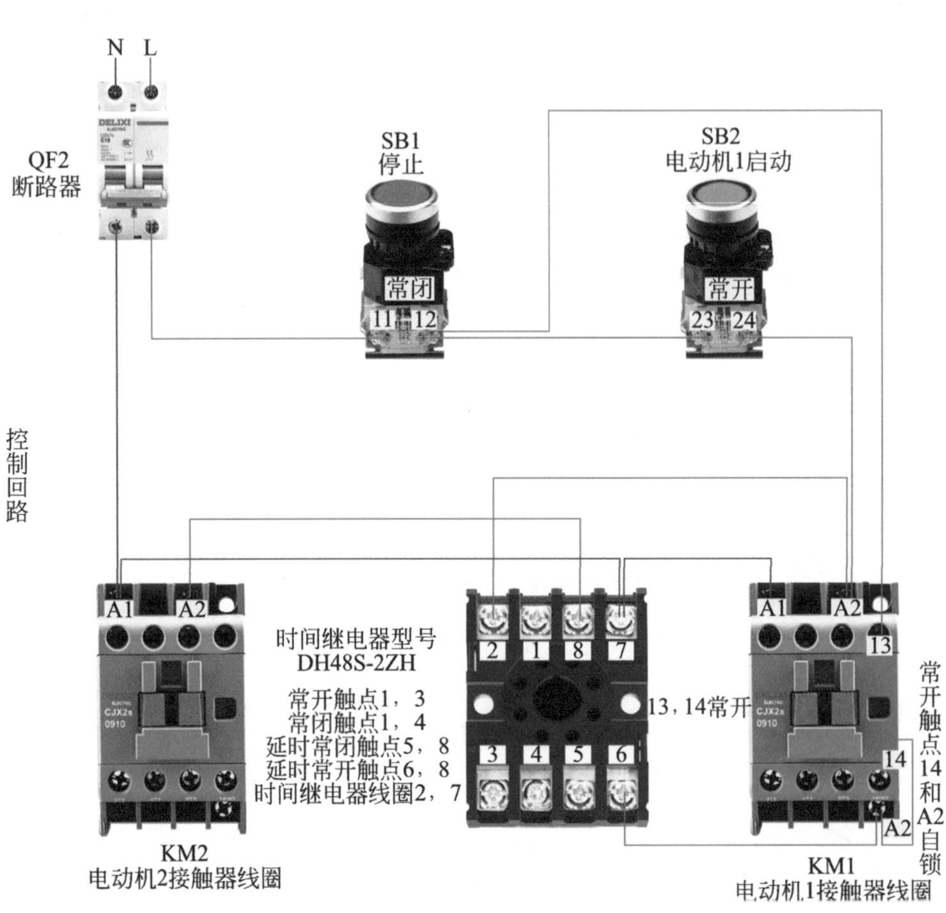

5.20 两台电动机延时顺序启动（2 个时间继电器）

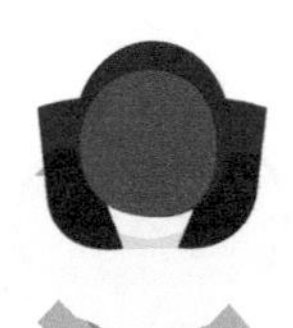

（1）两台电动机延时顺序启动的电气图和控制原理

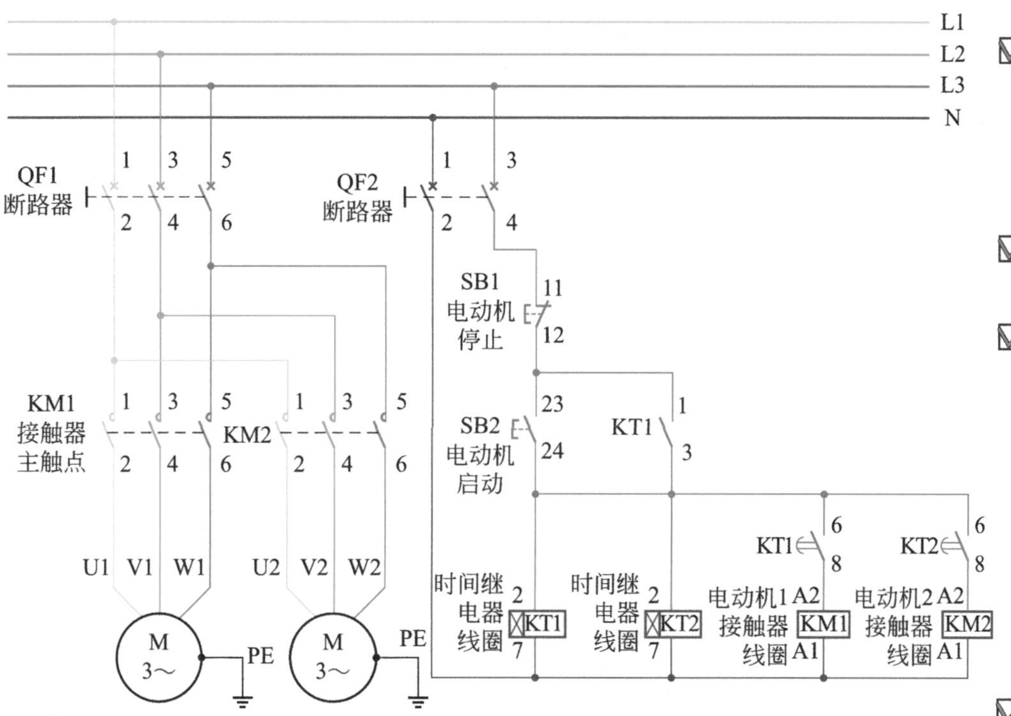

时间继电器型号：DH48S-2ZH

时间继电器功能：此型号带常开触点（1,3），常闭触点（1,4），延时常开触点（6,8），延时常闭触点（5,8），时间继电器线圈（2,7），可设置通电延时的时间。

- **主回路接线：**三相电 380V 通过 L1、L2、L3 引入断路器 QF1 上端端子，下端端子出线引入交流接触器 KM1 主触点 1、3、5 和交流接触器 KM2 主触点 1、3、5,KM1 主触点下端端子 2、4、6 出线分别接电动机 1 三相 U、V、W，KM2 主触点下端端子 2、4、6 出线分别接电动机 2 三相 U、V、W。
- **主回路控制过程：**合上空开 QF1 接通三相电源，当交流接触器主触点 KM1 吸合，电动机 1 运行，当交流接触器主触点 KM2 吸合，电动机 2 运行。
- **控制回路启动：**合上空开 QF2 接通单相电源，按下启动按钮 SB2，时间继电器线圈（2,7）KT1、KT2 同时得电，时间继电器常开触点（1,3）KT1 吸合，时间继电器 KT1、KT2 开始计时，假设时间继电器 KT1 通电延时时间 T1 设置为 5s，当时间继电器 KT1 通电延时时间 T1 达到 5s，延时常开触点（6,8）KT1 吸合，交流接触器 KM1 线圈（A1,A2）得电，主触点 KM1 吸合，电动机 1 运行，假设时间继电器 KT2 通电延时时间 T1 设置为 10s，当时间继电器 KT2 通电延时时间 T1 达到 10s，延时常开触点（6,8）KT2 吸合，交流接触器 KM2 线圈（A1,A2）得电，主触点 KM2 吸合，电动机 2 运行。
- **控制回路自锁：**松开启动按钮 SB2，时间继电器 KT1、KT2 线圈（2,7）依靠启动计时时已闭合的常开触点 KT1（1,3）供电。
- **控制回路停止：**当按下停止按钮 SB1, 交流接触器 KM1、KM2 线圈（A1,A2）同时失电，交流接触器主触点 KM1、KM2 断开，电动机 1、电动机 2 停止运行。

（2）两台电动机延时顺序启动实物接线

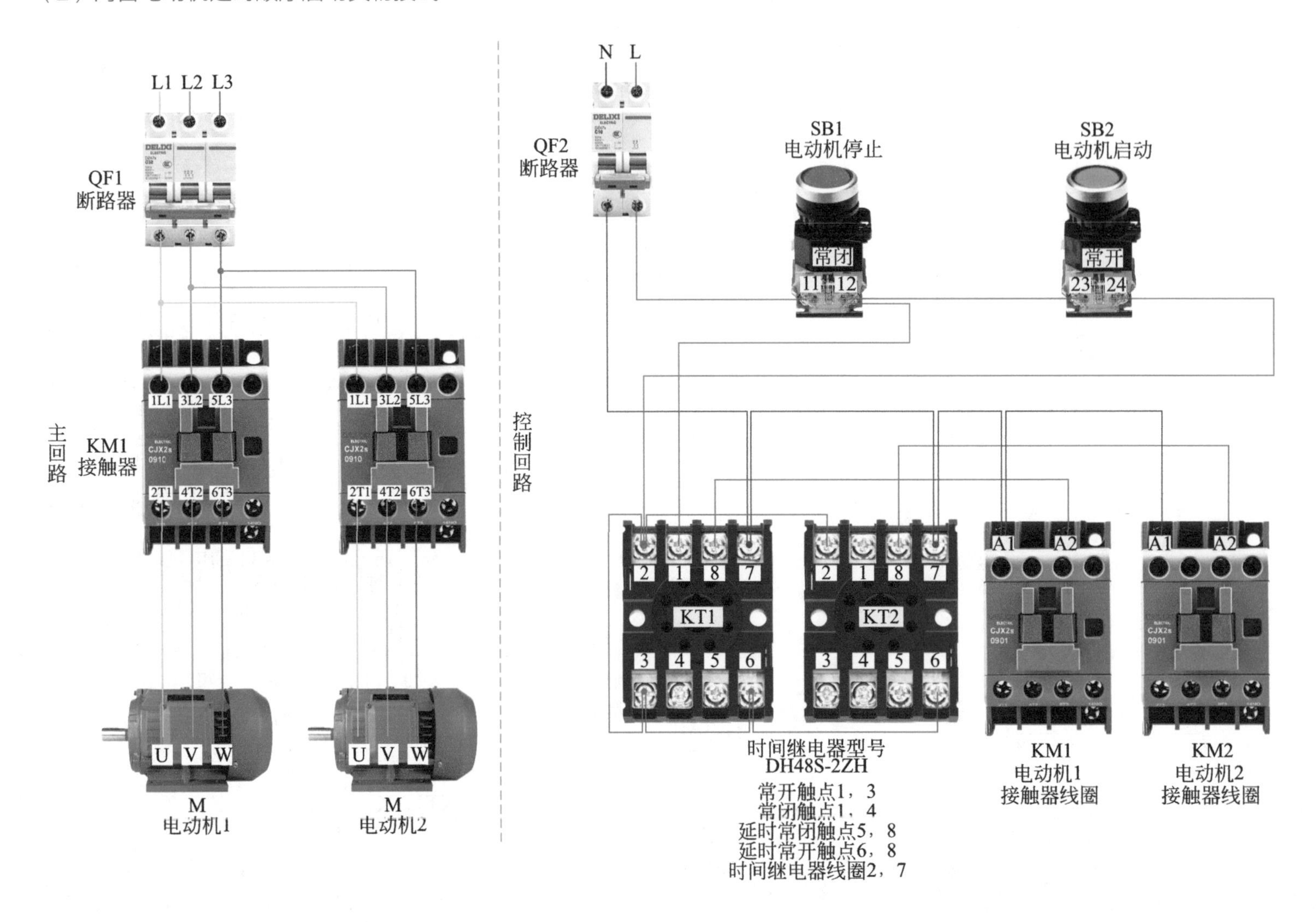

5.21 单相电动机启动

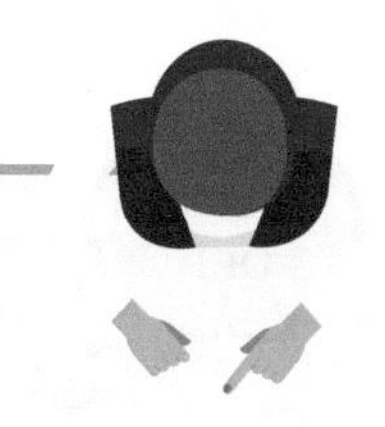

（1）单相电动机启动的电气图和控制原理

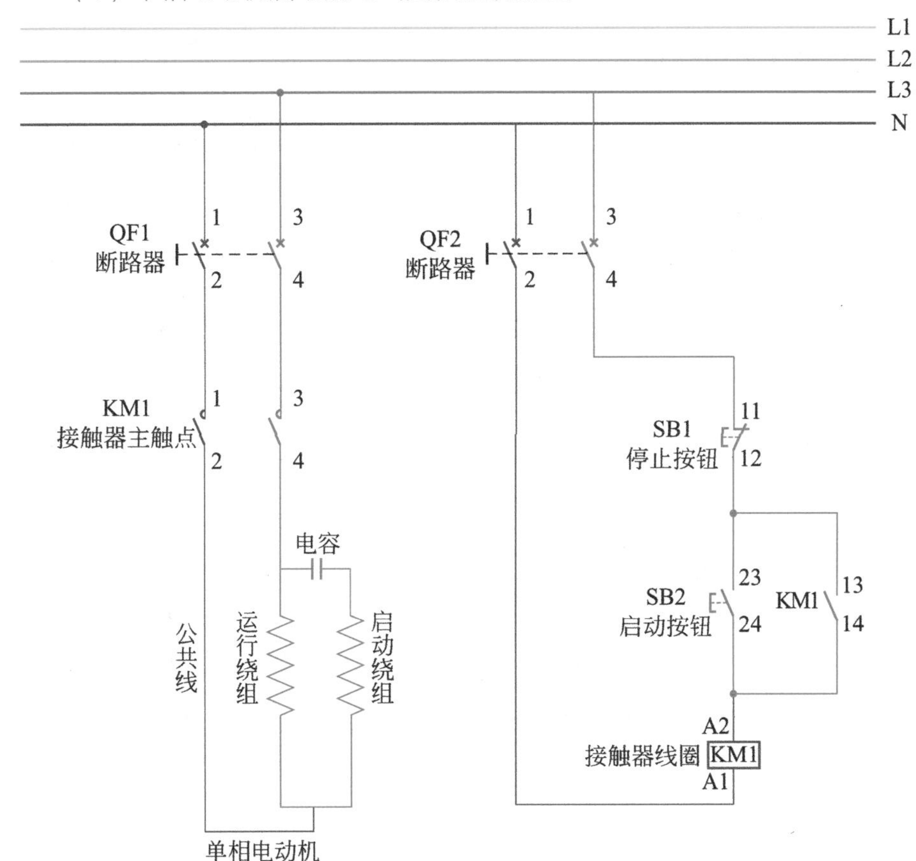

- **主回路接线：** 单相电 220V 通过 L、N 引入断路器 QF1 上端端子，下端端子出线引入交流接触器主触点 1、3，主触点下端端子 2、4 出线接电动机公共线和运行绕组，运行绕组和启动绕组之间加一个电容。
- **主回路控制过程：** 合上空开 QF1 接通单相电源，当交流接触器主触点 KM1 吸合，电动机运行。
- **控制回路启动：** 合上空开 QF2 接通单相电源，按下启动按钮 SB2，交流接触器线圈（A1,A2）得电，主触点 KM1 吸合同时常开辅助触点（13,14）吸合，电动机运行。
- **控制回路自锁：** 松开启动按钮 SB2，KM1 线圈依靠启动时已闭合的常开触点（13,14）供电，KM1 主触点仍然保持闭合，电动机保持运行。
- **控制回路停止：** 按下停止按钮，交流接触器线圈（A1,A2）失电，主触点 KM1 断开，电动机停止运行。

（上接 113 页）

（2）单相电动机启动实物接线

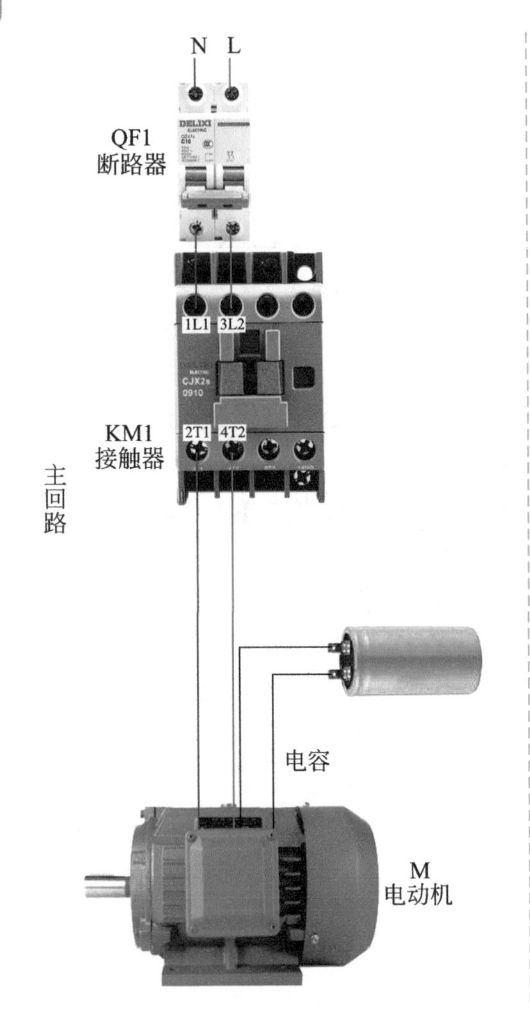

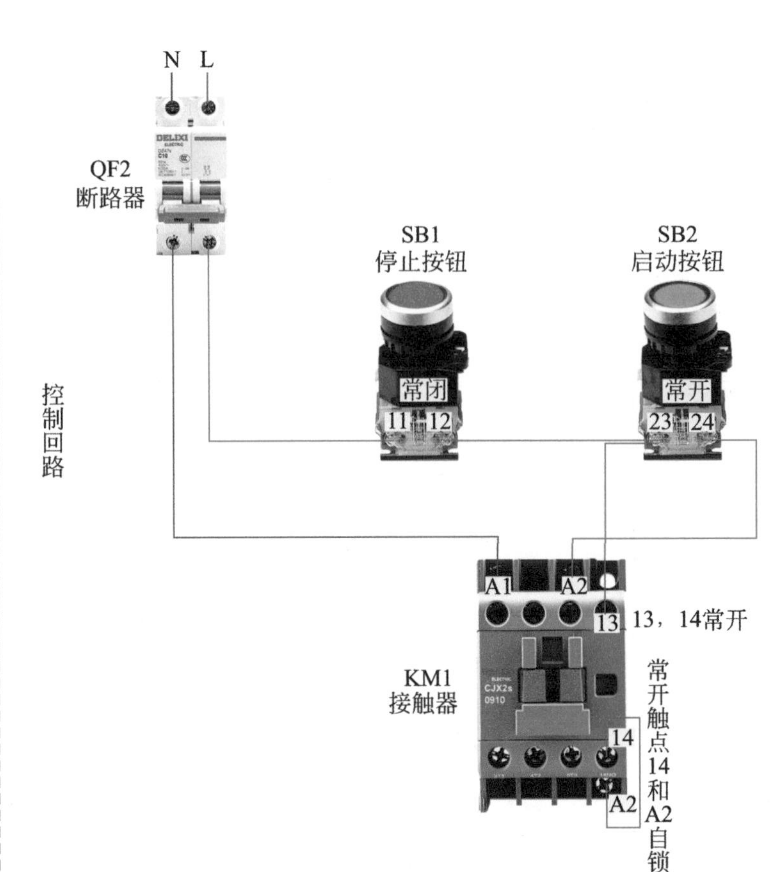

启动停止运行，三角形启动运行。

☑ **控制回路自锁：** 松开启动按钮 SB2，KM1、KM3 线圈和时间继电器线圈 KT1 依靠启动时已闭合的常开触点 KM1（13,14）供电，KM1 主触点仍然保持闭合，电动机保持运行。

☑ **控制回路互锁：** 当星接交流接触器 KM3 线圈（A1,A2）得电时，常闭辅助触点 KM3（21,22）断开，角接交流接触器 KM2 线圈（A1,A2）控制回路断开，当角接交流接触器 KM2 线圈（A1,A2）得电时，KM2 常闭辅助触点（21,22）断开，星接交流接触器 KM3 线圈（A1,A2）控制回路断开，KM2 线圈得电和 KM3 线圈得电之间互锁。

☑ **控制回路停止：** 按下停止按钮 SB1，交流接触器 KM1、KM2、KM3 线圈（A1,A2）和时间继电器 KT1 线圈 (2,7) 失电，主触点 KM1、KM2、KM3 断开，电动机停止运行。

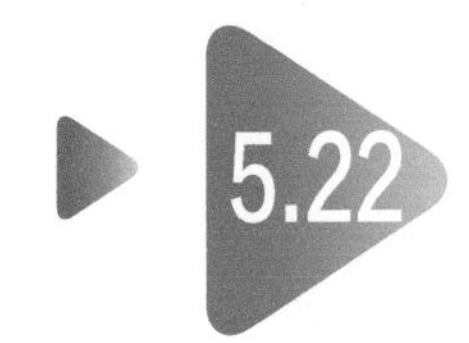

5.22 星形 – 三角形启动

（1）星形、三角形启动的电气图和控制原理

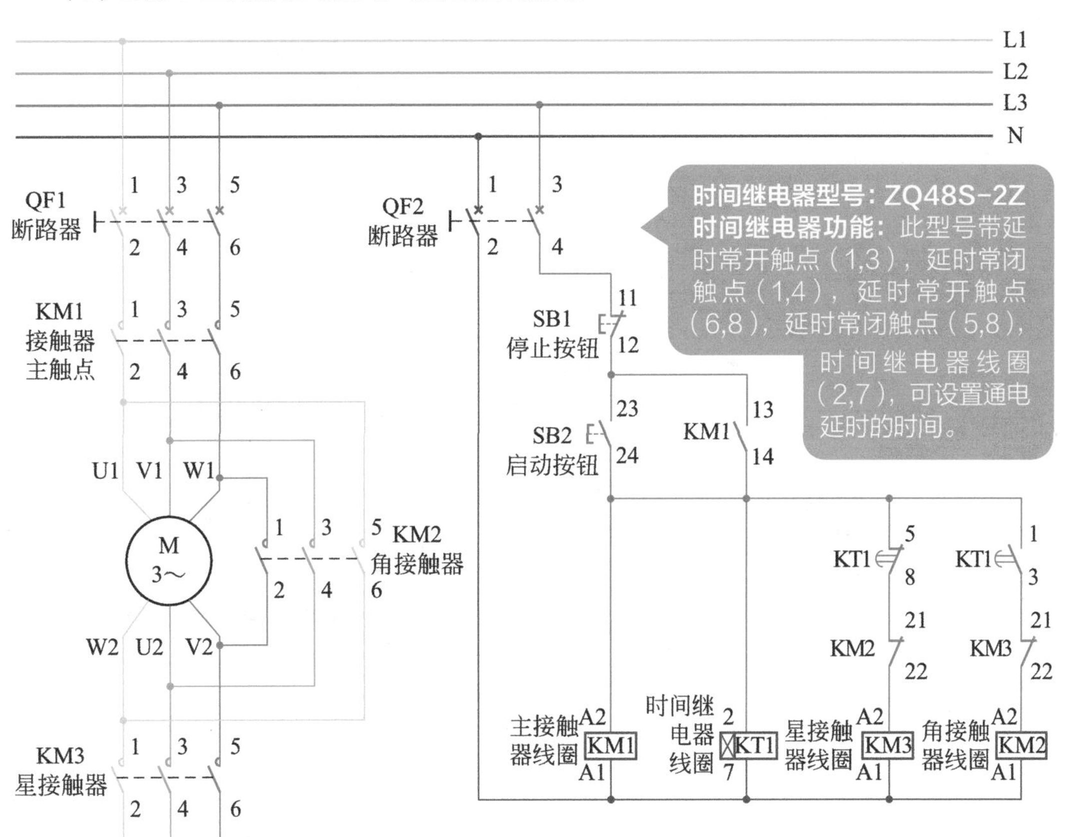

- **主回路接线：** 三相电 380V 通过 L1、L2、L3 引入断路器 QF1 上端端子，下端端子出线引入交流接触器 KM1 主触点 1、3、5，KM1 主触点下端端子 2、4、6 出线接电动机三相 U1、V1、W1 和 KM2 主触点 5、3、1，KM2 主触点下端端子 2、4、6 出线接电动机三相 W2、U2、V2，电动机 U2、V2、W2 出线接 KM3 主触点 1、3、5，KM3 主触点下端端子 2、4、6 相互短接。
- **主回路控制过程：** 合上空开 QF1 接通三相电源，当交流接触器主触点 KM1 吸合，电源接通，当交流接触器主触点 KM3 吸合，KM2 断开，电动机星形启动；当交流接触器主触点 KM3 断开，KM2 吸合，切换为三角形启动。
- **控制回路启动：** 合上空开 QF2 接通单相电源，按下启动按钮 SB2，交流接触器 KM1、KM3 线圈（A1,A2）和时间继电器 KT1 线圈（2,7）同时得电，交流接触器 KM1 主触点和常开辅助触点（13,14）吸合，交流接触器 KM3 主触点吸合，电动机开始星形启动，时间继电器开始计时，当时间继电器 KT1 到达设置时间，时间继电器延时常开触点（1,3）吸合，延时常闭触点（5,8）断开，交流接触器 KM3 线圈（A1,A2）失电，交流接触器 KM2 线圈（A1,A2）得电，星形

（下转 112 页）

（2）星形－三角形启动实物图

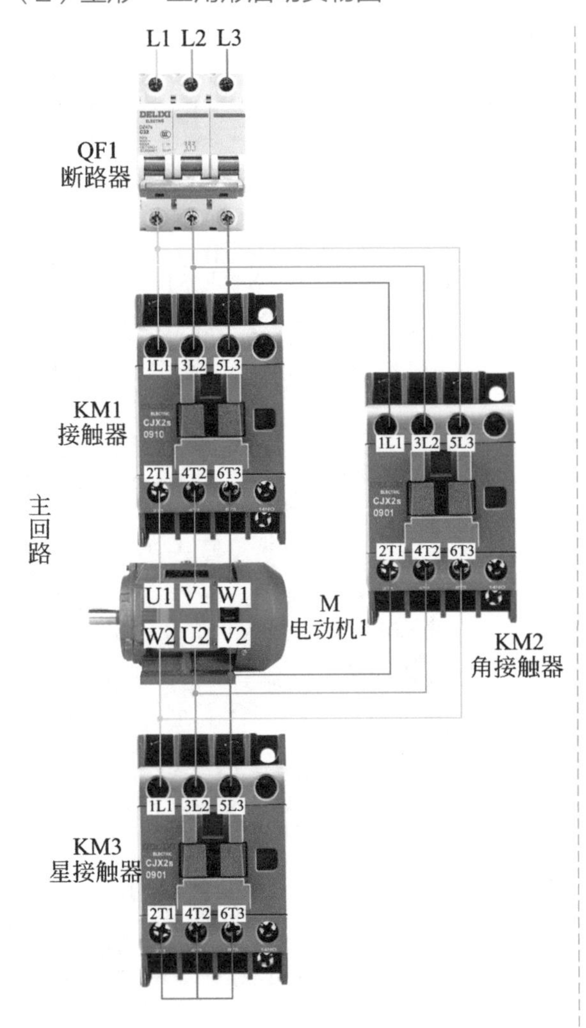

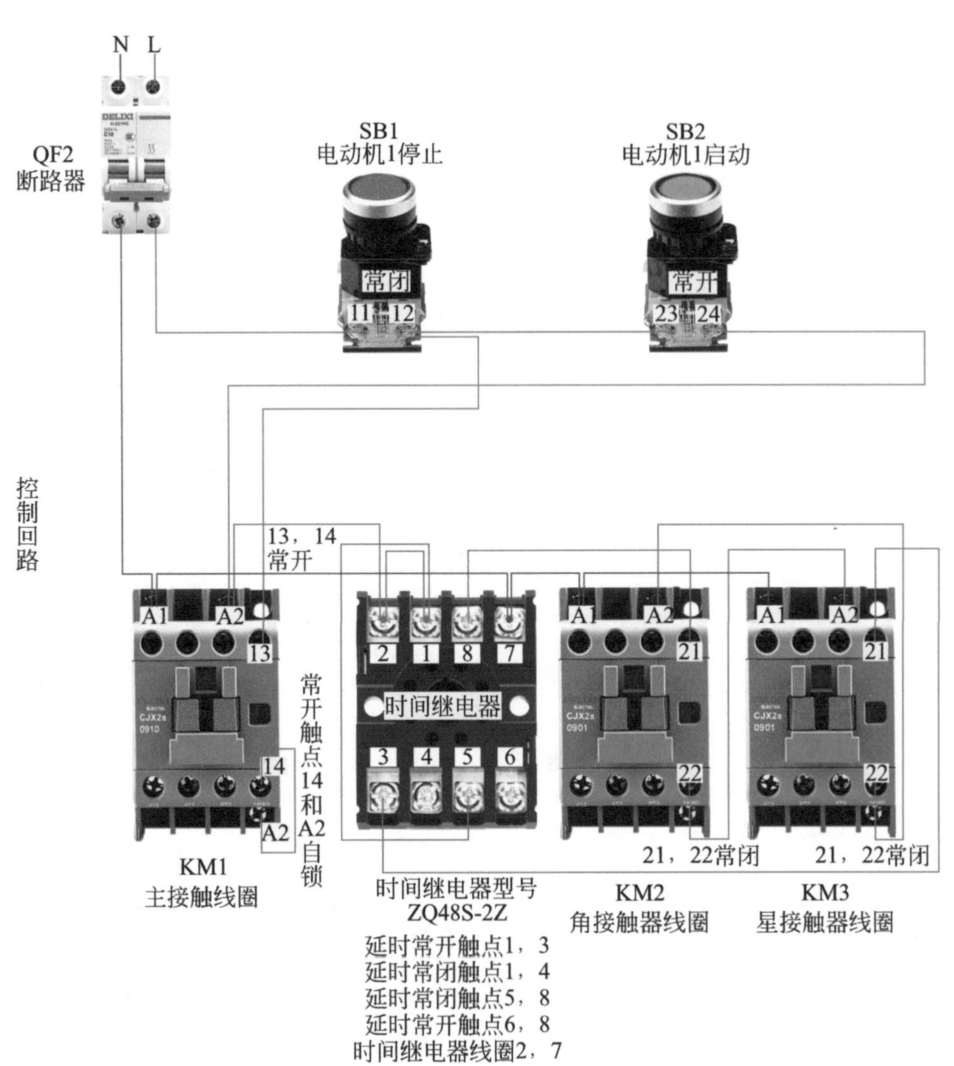

液位供水控制

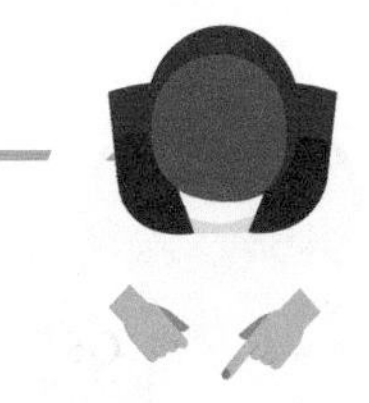

（1）液位供水控制的电气图和控制原理

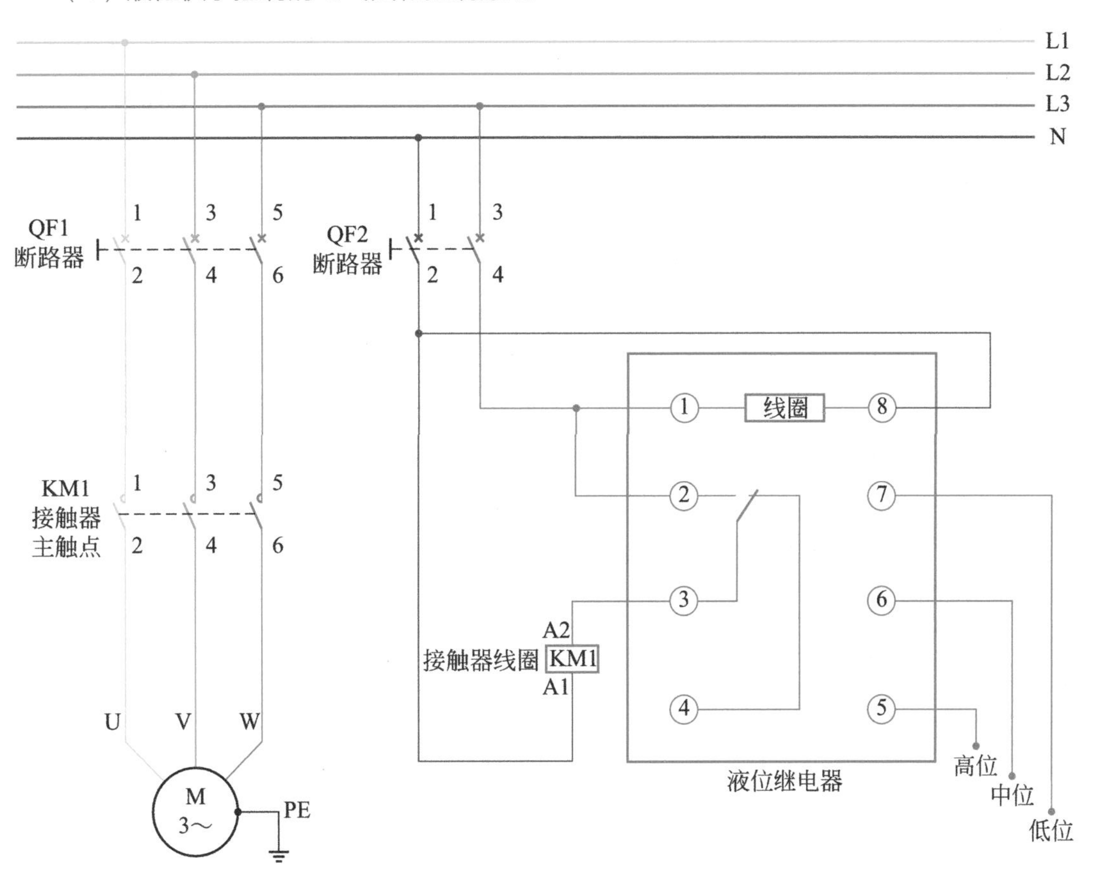

- **主回路接线：** 三相电 380V 通过 L1、L2、L3 引入断路器 QF1 上端端子，下端端子出线引入交流接触器主触点 1、3、5，主触点下端端子 2、4、6 出线接电动机三相 U、V、W。
- **主回路控制过程：** 合上空开 QF1 接通三相电源，当交流接触器主触点 KM1 吸合，电动机运行。
- **控制回路启动：** 合上空开 QF2 接通单相电源，当水位下降到中位水位以下，水与探头（电极）脱离接触，常开触点 2、3 导通，接触器线圈（A1,A2）得电，接触器主触点 KM1 吸合，水泵运行，水池开始供水。
- **控制回路停止：** 当水位上升达到高点水位，水位和探头（电极）接触，常开触点 2、3 断开，接触器线圈（A1,A2）失电，接触器主触点 KM1 断开，水泵停止运行，水池停止供水。

（2）液位供水控制实物接线

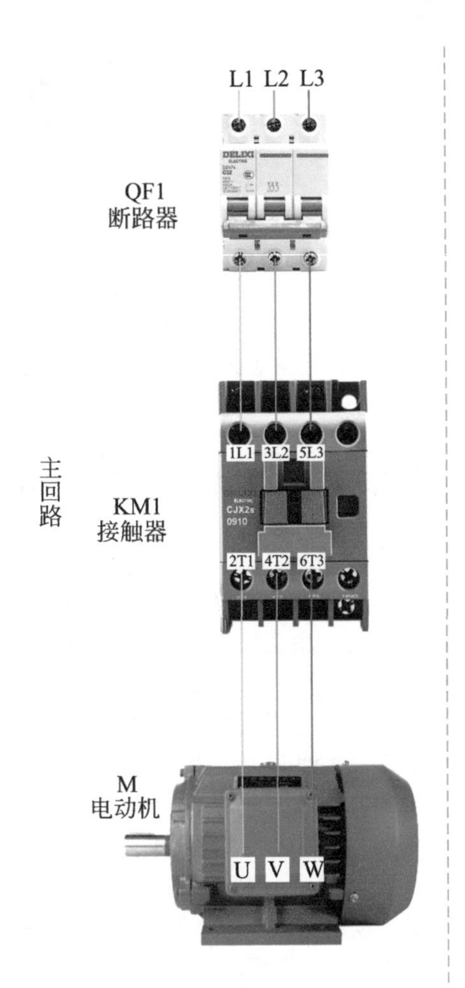

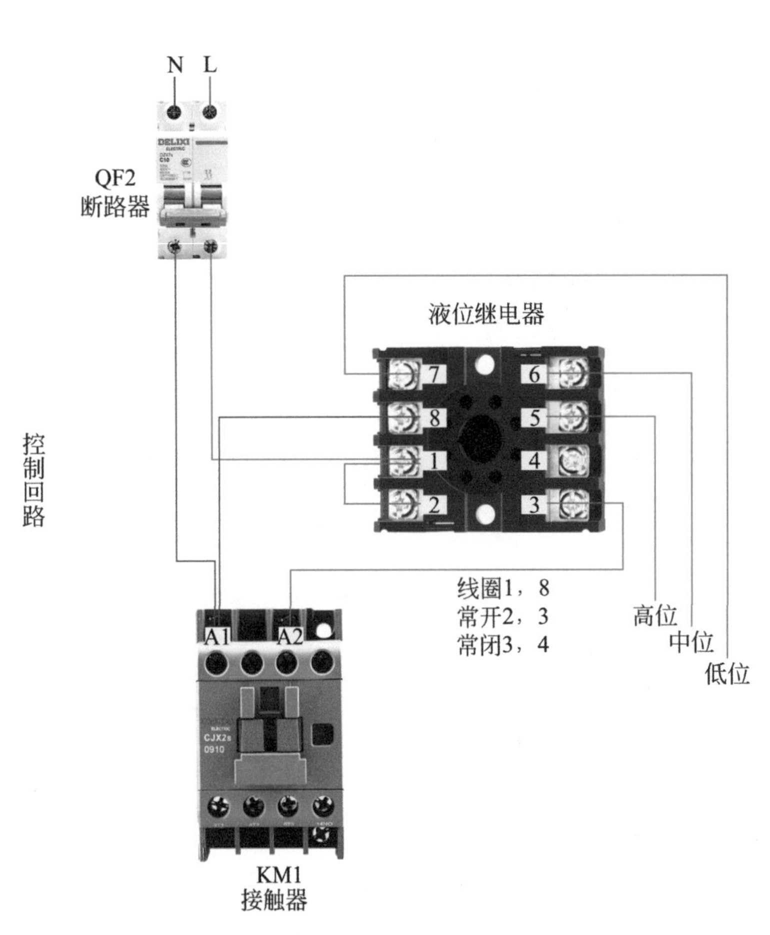

5.24 液位排水控制

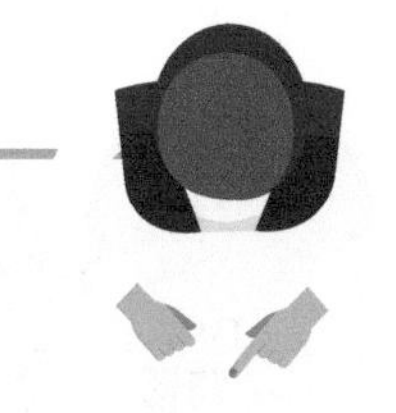

（1）液位排水控制的电气图和控制原理

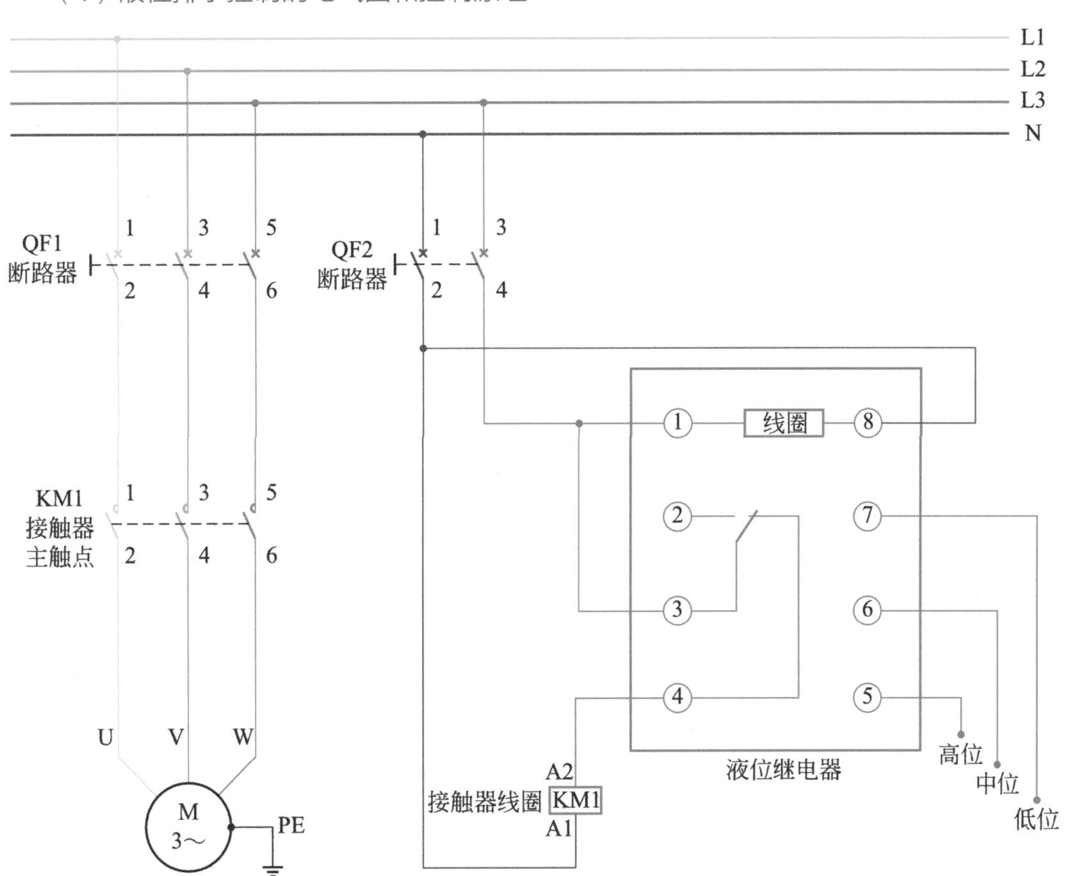

- **主回路接线：** 三相电 380V 通过 L1、L2、L3 引入断路器 QF1 上端端子，下端端子出线引入交流接触器主触点 1、3、5，主触点下端端子 2、4、6 出线接电动机三相 U、V、W。
- **主回路控制过程：** 合上空开 QF1 接通三相电源，当交流接触器主触点 KM1 吸合，电动机运行。
- **控制回路启动：** 合上空开 QF2 接通单相电源，当水位上升达到高点水位，水位和探头（电极）接触，常闭触点 3、4 导通，接触器线圈（A1,A2）得电，接触器主触点 KM1 吸合，水泵运行，水池开始排水。
- **控制回路停止：** 当水位下降到中位水位以下，水与探头（电极）脱离接触，常闭触点 3、4 断开，接触器线圈（A1,A2）失电，接触器主触点 KM1 断开，水泵停止运行，水池停止排水。

（上接 119 页）

（2）液位排水控制实物接线

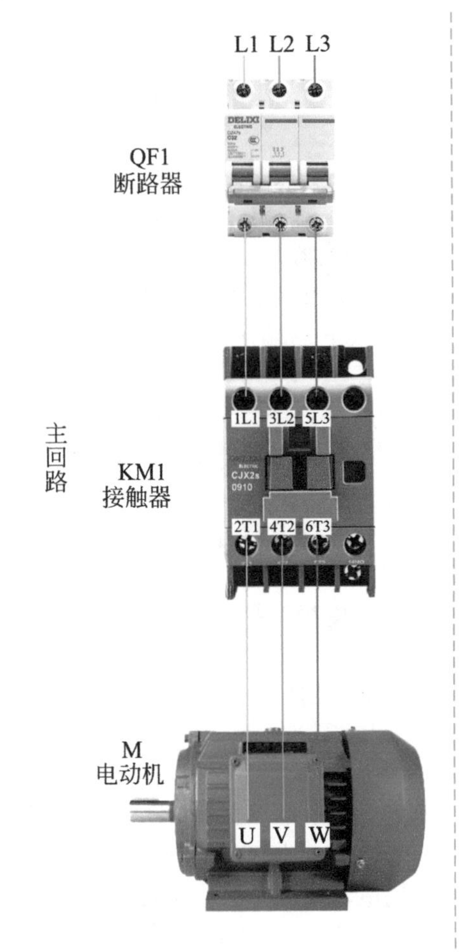

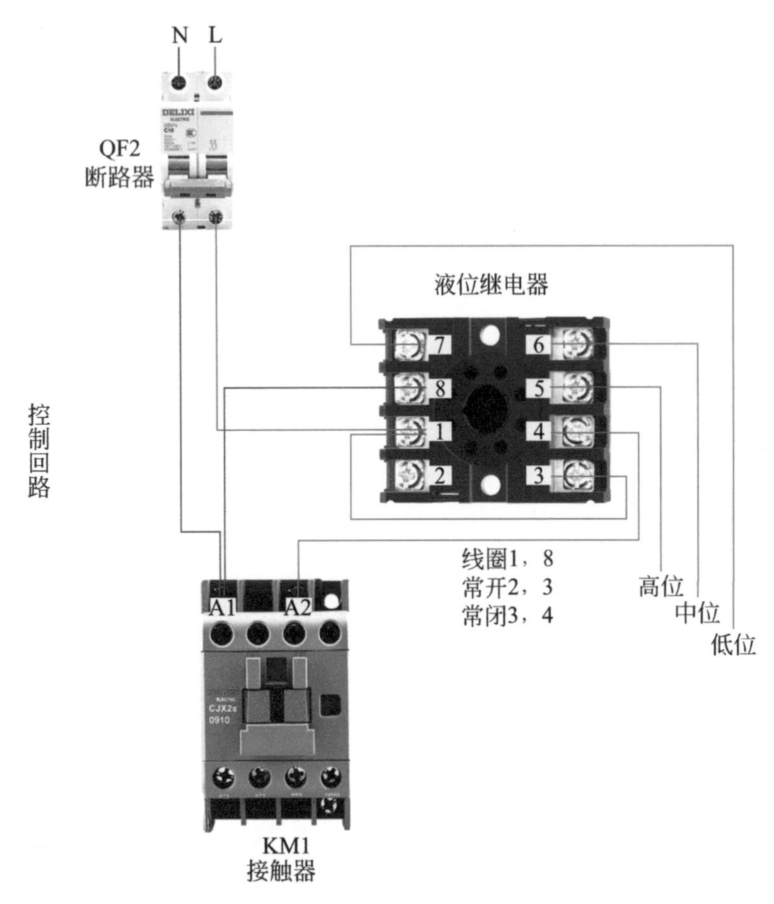

转，循环往复。

☑ **控制回路自锁：** 松开正转启动按钮 SB2 或者小车碰到右限位 SQ2，KM1 线圈依靠启动时已闭合的常开触点 KM1（13,14）供电，KM1 主触点仍然保持闭合，电动机保持正转，松开反转启动按钮 SB3 或者小车碰到左限位 SQ1，KM1 线圈依靠启动时已闭合的常开触点 KM2（13,14）供电，KM2 主触点仍然保持闭合，电动机保持反转。

☑ **控制回路互锁：** 当交流接触器 KM1 线圈（A1,A2）得电时，常闭辅助触点 KM1（21,22）断开，交流接触 KM2 线圈（A1,A2）控制回路断开，当交流接触器 KM2 线圈（A1,A2）得电时，常闭辅助触点 KM2（21,22）断开，交流接触 KM1 线圈（A1,A2）控制回路断开，KM1 线圈得电和 KM2 线圈得电之间互锁。

☑ **控制回路停止：** 按下停止按钮 SB1，交流接触器线圈 KM1、KM2（A1,A2）失电，主触点 KM1、KM2 断开，电动机停止运行。

5.25 小车自动往返

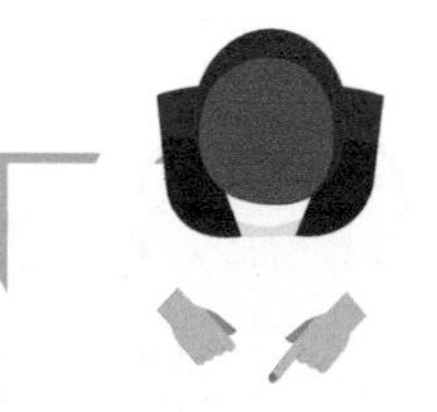

（1）小车自动往返的电气图和控制原理

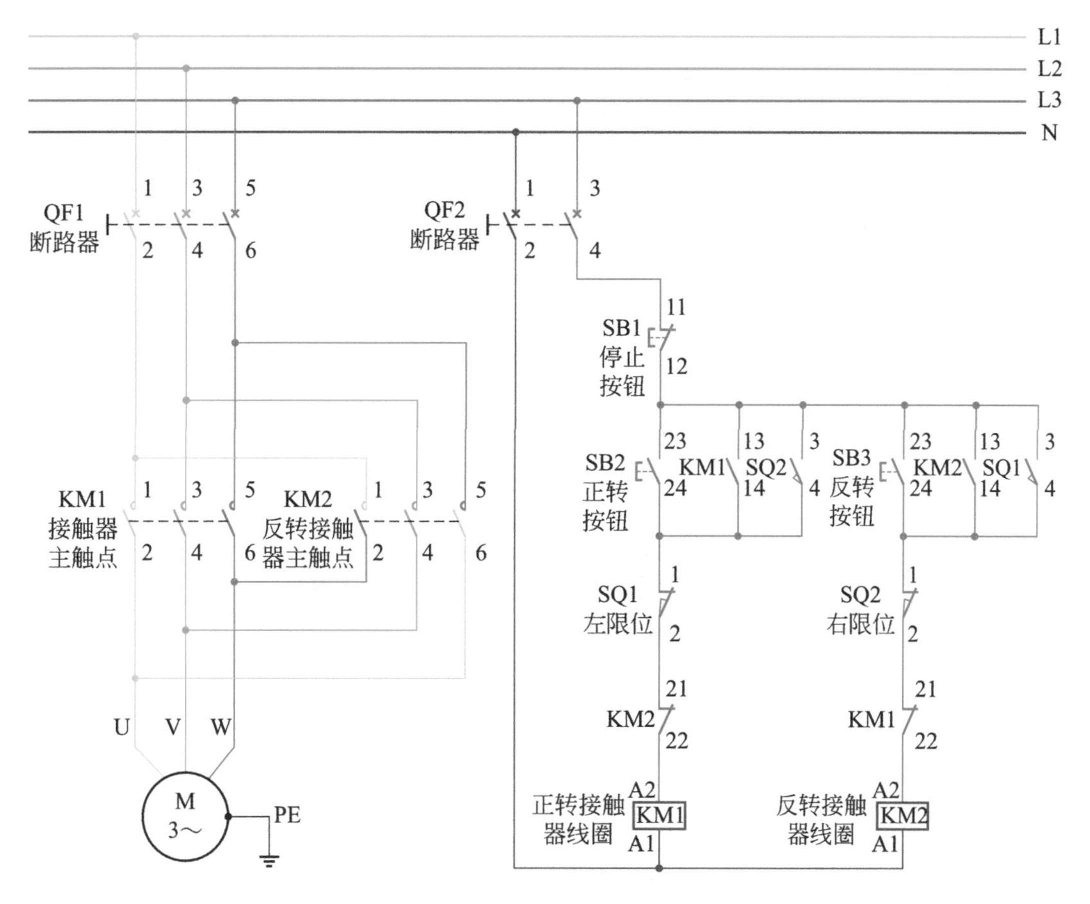

☑ **主回路接线：** 三相电 380V 通过 L1、L2、L3 引入断路器 QF1 上端端子，下端端子出线引入交流接触器 KM1 主触点 1、3、5 和交流接触器 KM2 主触点 1、3、5,KM1 主触点下端端子 2、4、6 出线接电动机三相 U、V、W，KM2 主触点下端端子 2、4、6 出线接电动机三相 W、V、U。

☑ **主回路控制过程：** 合上空开 QF1 接通三相电源，当交流接触器主触点 KM1 吸合，电动机正转，当交流接触器主触点 KM2 吸合，电动机反转。

☑ **控制回路启动：** 合上空开 QF2 接通单相电源，按下正转按钮 SB2，交流接触器 KM1 线圈（A1,A2）得电，KM1 主触点和常开辅助触点（13,14）吸合，电动机正转，当电机正转小车碰到正转限位开关 SQ1, 限位开关 SQ1 常闭触点（1,2）断开，常开触点（3,4）闭合，交流接触器 KM1 线圈（A1,A2）失电，KM1 主触点、常开辅助触点（13,14）断开，常闭辅助触点 KM1（21,22）闭合，交流接触器 KM2 线圈得电，KM2 主触点和常开辅助触点（13,14）闭合，电动机反转，当电动机反转小车碰到限位开关 SQ2，电动机开始正

（下转 118 页）

（2）小车自动往返实物接线

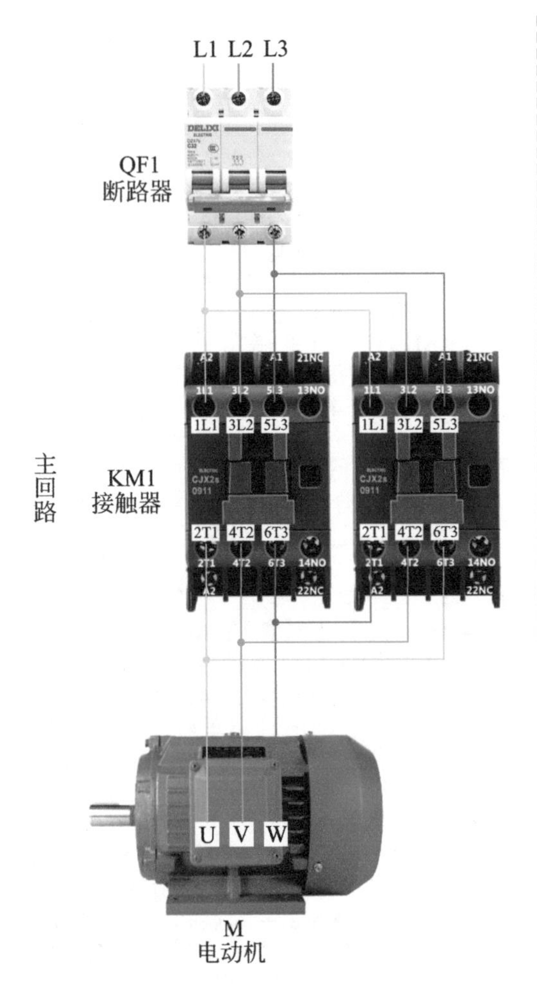

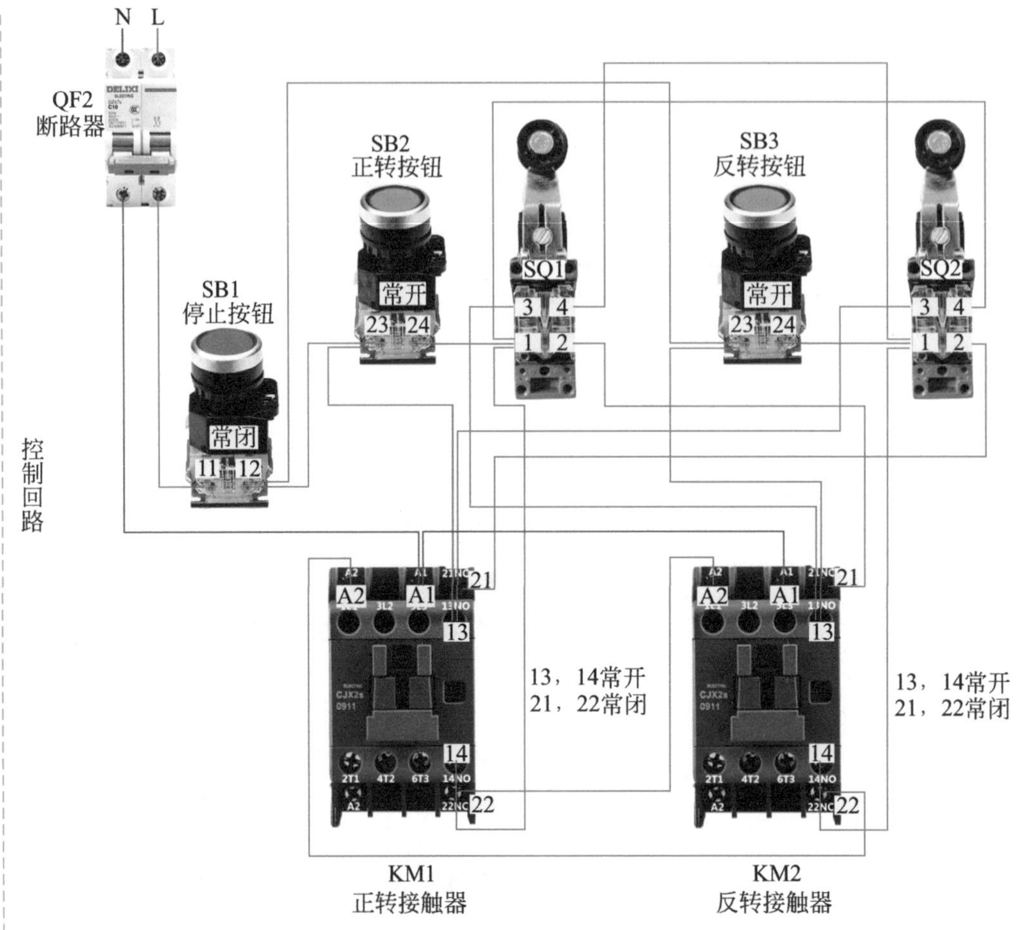

浮球开关供水

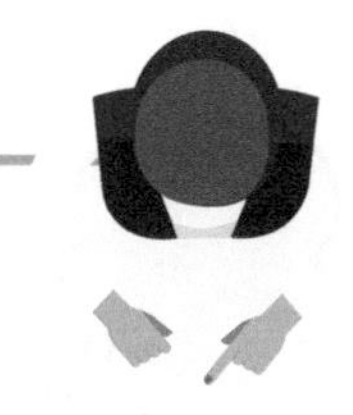

（1）浮球开关供水的电气图和控制原理

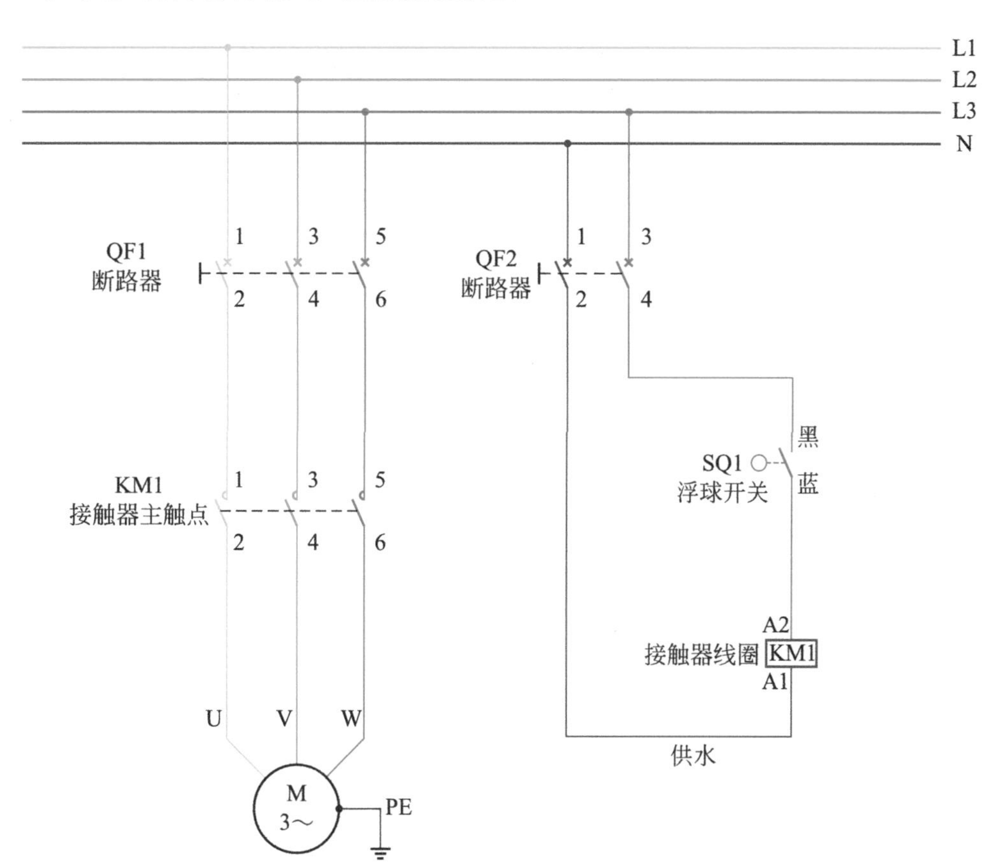

- **主回路接线：** 三相电 380V 通过 L1、L2、L3 引入断路器 QF1 上端端子，下端端子出线引入交流接触器主触点 1、3、5，主触点下端端子 2、4、6 出线接电动机三相 U、V、W。
- **主回路控制过程：** 合上空开 QF1 接通三相电源，当交流接触器主触点 KM1 吸合，电动机运行。
- **控制回路启动：** 合上空开 QF2 接通单相电源，当水位低时，浮球下浮低于重力锤时浮球开关 SQ1 接通，交流接触器 KM1 线圈 (A1,A2) 得电，主触点 KM1 吸合，水泵运行进行供水。
- **控制回路停止：** 当水位高时，浮球下浮高于重力锤时浮球开关 SQ1 断开，交流接触器 KM1 线圈 (A1,A2) 失电，主触点 KM1 断开，水泵停止运行。

（2）浮球开关供水实物接线

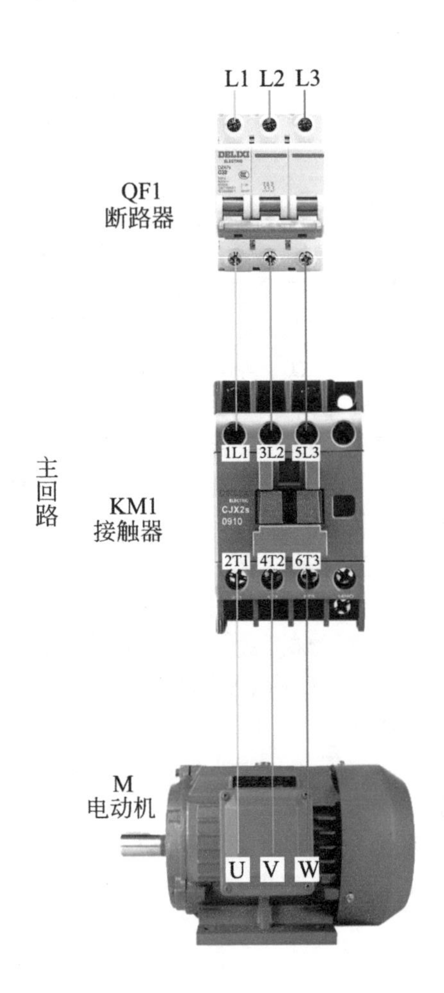

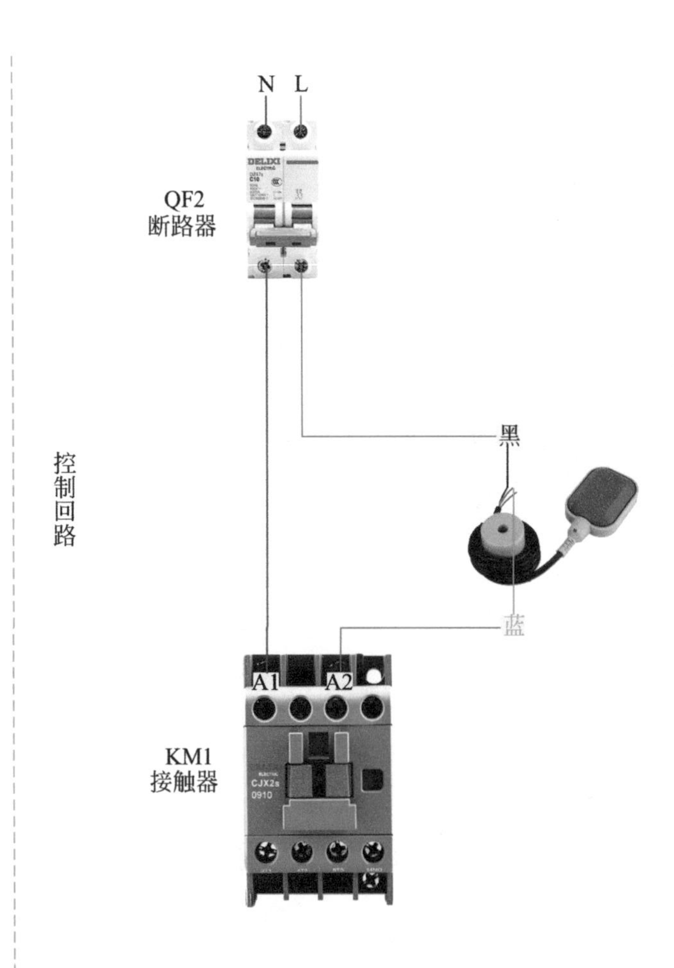

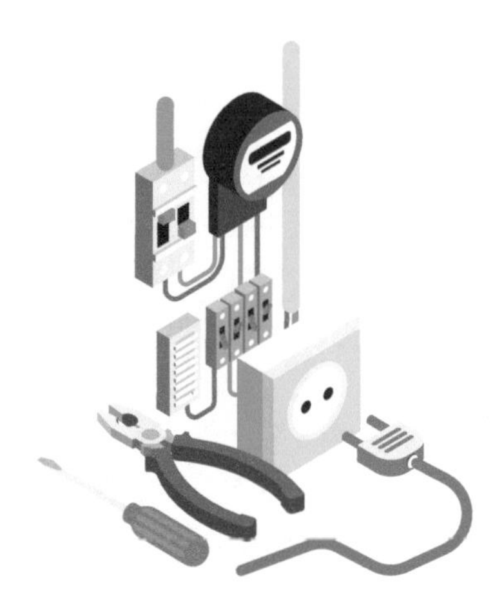

5.27 浮球开关排水

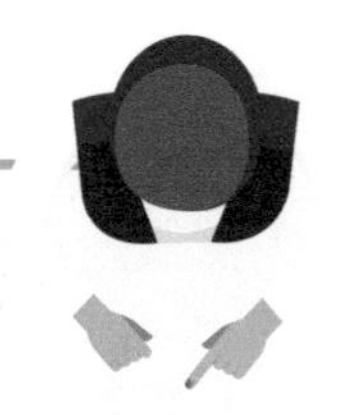

（1）浮球开关排水的电气图和控制原理

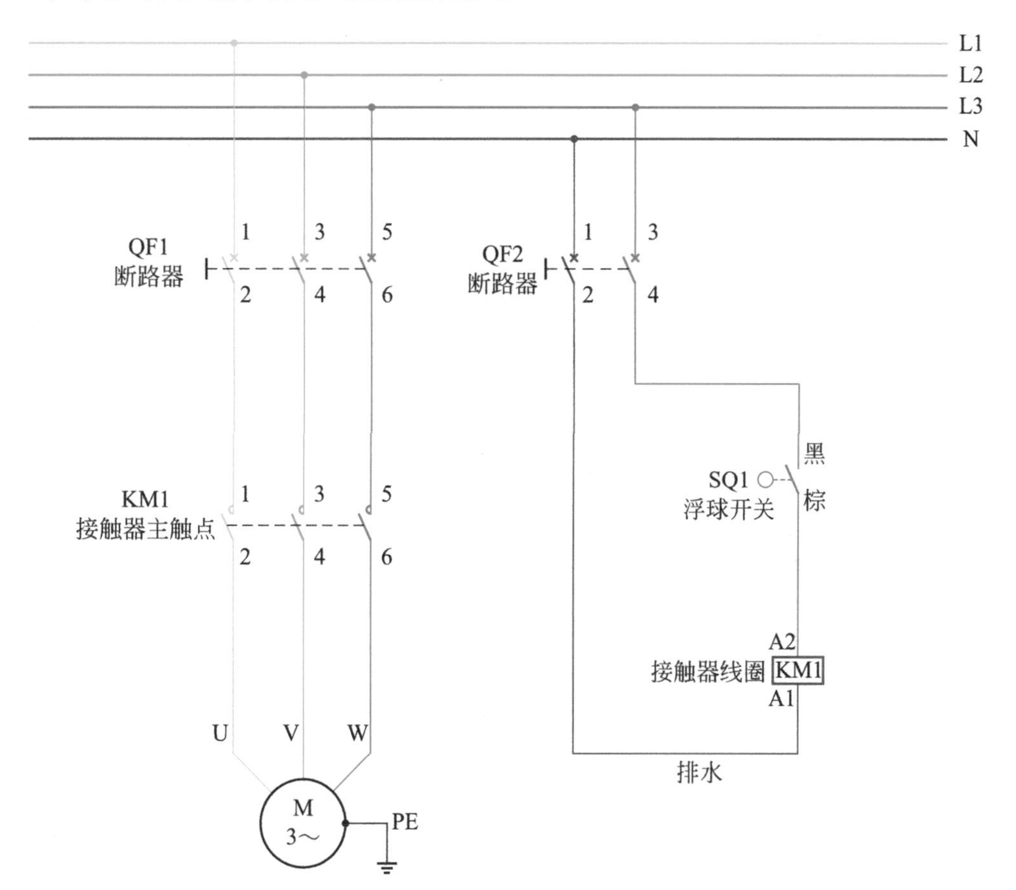

- **主回路接线：** 三相电 380V 通过 L1、L2、L3 引入断路器 QF1 上端端子，下端端子出线引入交流接触器主触点 1、3、5，主触点下端端子 2、4、6 出线接电动机三相 U、V、W。
- **主回路控制过程：** 合上空开 QF1 接通三相电源，当交流接触器主触点 KM1 吸合，电动机运行。
- **控制回路启动：** 合上空开 QF2 接通单相电源，当水位高时，浮球下浮高于重力锤时浮球开关 SQ1 接通，交流接触器 KM1 线圈 (A1,A2) 得电，主触点 KM1 吸合，水泵运行进行排水。
- **控制回路停止：** 当水位低时，浮球下浮低于重力锤时浮球开关 SQ1 断开，交流接触器 KM1 线圈 (A1,A2) 失电，主触点 KM1 断开，水泵停止运行。

（2）浮球开关排水实物接线

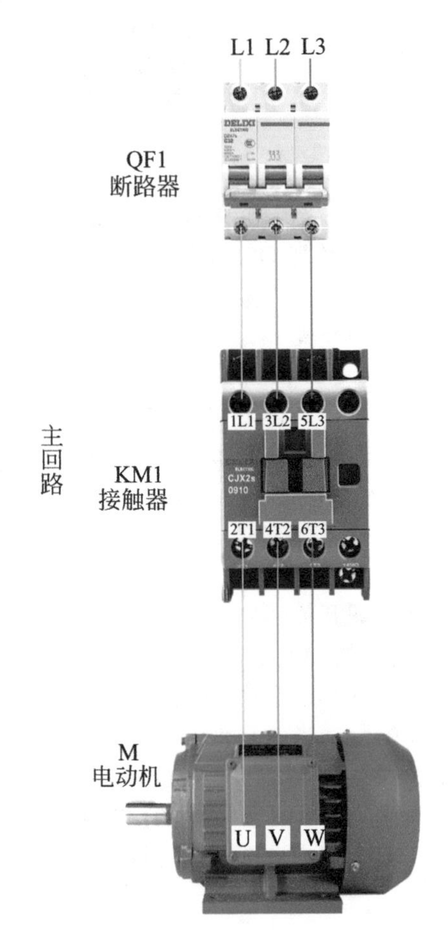

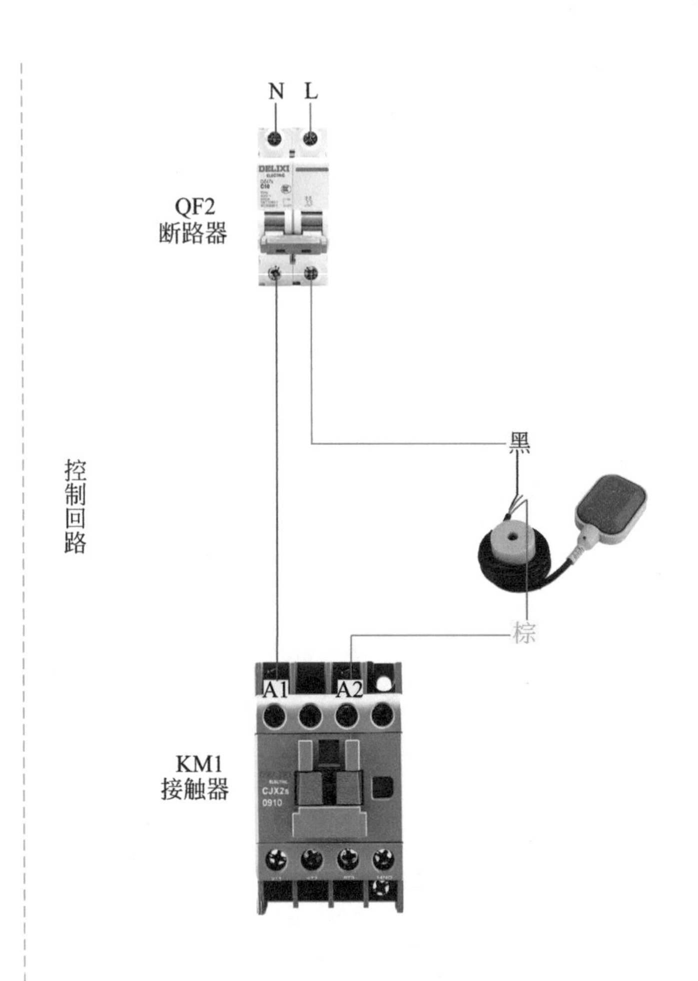

（上接 125 页）

关电源下端 V+、V- 接 PNP 型接近开关的棕线和蓝线，NPN 型接近开关的黑线接 24V 中间继电器的 13 端子，14 端子接开关电源的 V+。

☑ **NPN 型主回路控制过程：** 合上空开 QF1 接通单相电源，当 NPN 接近开关靠近金属，黑色信号线输出 0V，使中间继电器线圈（13,14）得电。

☑ **NPN 型控制回路：** 合上空开 QF1 接通单相电源，当中间继电器 KA 线圈（13,14）得电，中间继电器 KA 常开触点（5,9）吸合，交流接触器 KM1 线圈（A1,A2）得电，交流接触器主触点吸合。

PNP 型、NPN 型接近开关控制中间继电器，中间继电器控制交流接触器

（1）PNP 型、NPN 型接近开关控制中间继电器，中间继电器控制交流接触器的电气图和控制原理

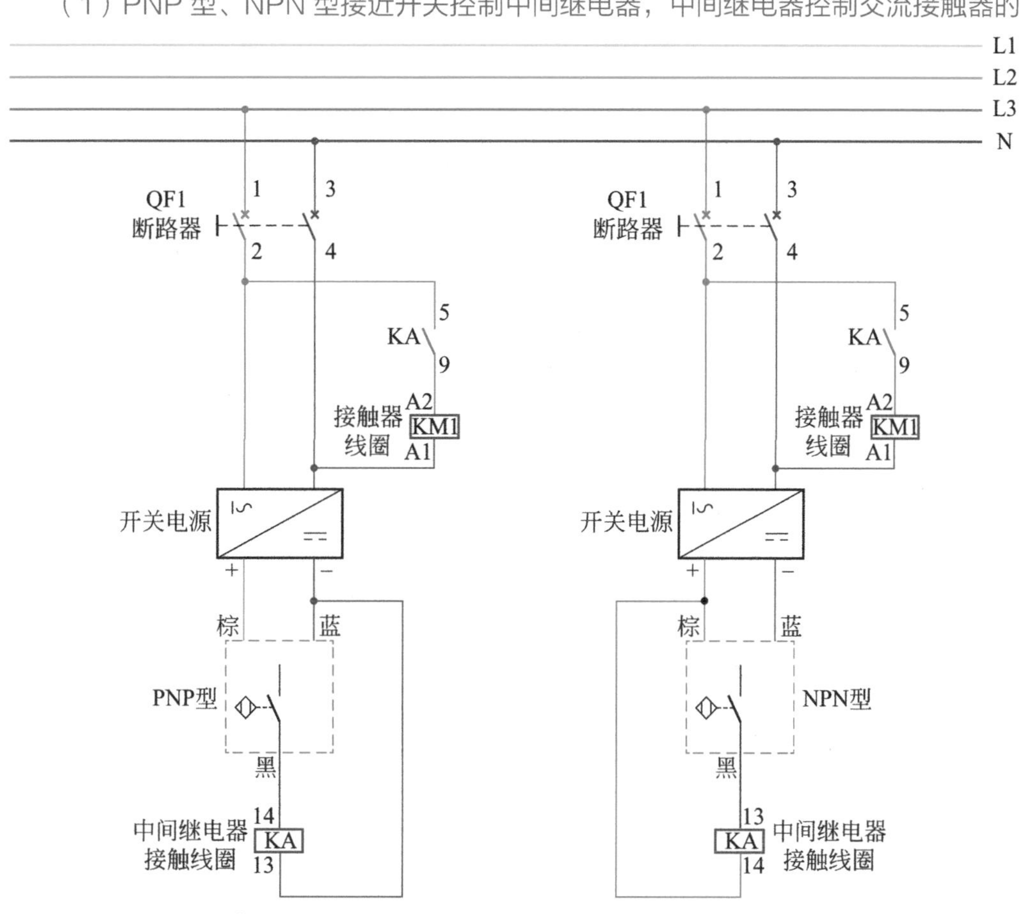

☑ **PNP 型主回路接线：**单相电 220V 通过 L、N 引入断路器 QF1 上端端子，下端端子出线引入开关电源 L、N，开关电源下端 V+、V− 接 PNP 型接近开关的棕线和蓝线，PNP 型接近开关的黑线接 24V 中间继电器的 14 端子，13 端子接开关电源的 V−。

☑ **PNP 型主回路控制过程：**合上空开 QF1 接通单相电源，当 PNP 接近开关靠近金属，黑色信号线输出 24V，使中间继电器线圈（13,14）得电。

☑ **PNP 型控制回路：**合上空开 QF1 接通单相电源，当中间继电器 KA 线圈（13,14）得电，中间继电器 KA 常开触点（5,9）吸合，交流接触器 KM1 线圈（A1,A2）得电，交流接触器主触点吸合。

☑ **NPN 型主回路接线：**单相电 220V 通过 L、N 引入断路器 QF1 上端端子，下端端子出线引入开关电源 L、N，开

（下转 124 页）

（2）PNP 型、NPN 型接近开关控制中间继电器，中间继电器控制交流接触器实物接线

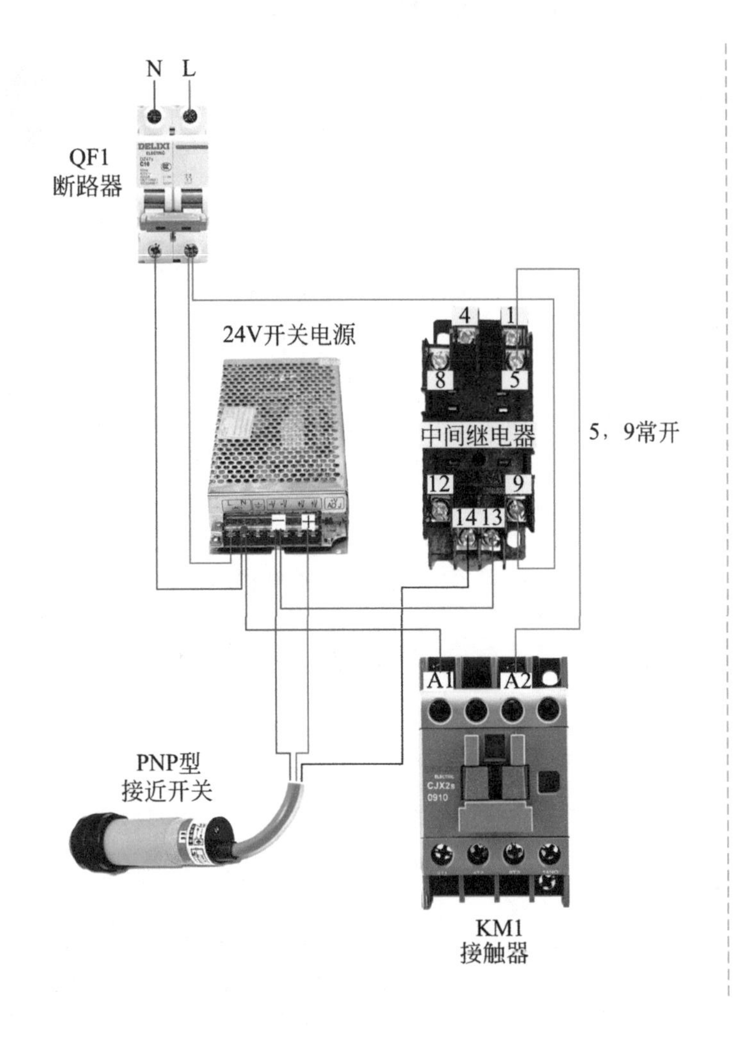

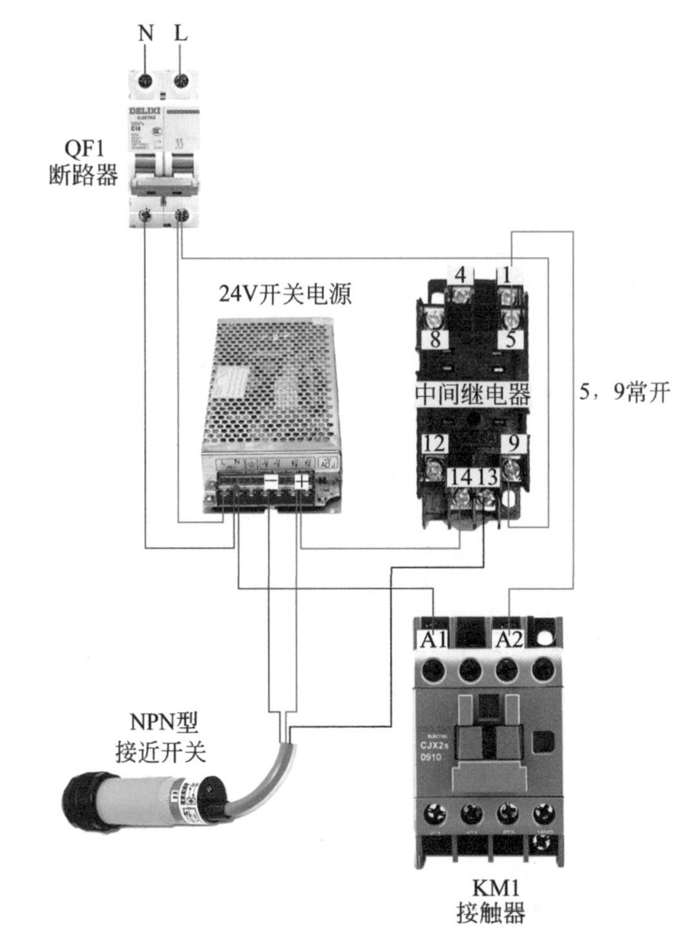

220V 光电开关通过中间继电器报警

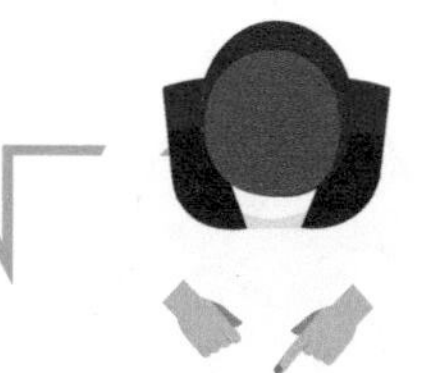

（1）220V 光电开关通过中间继电器报警的电气图和控制原理

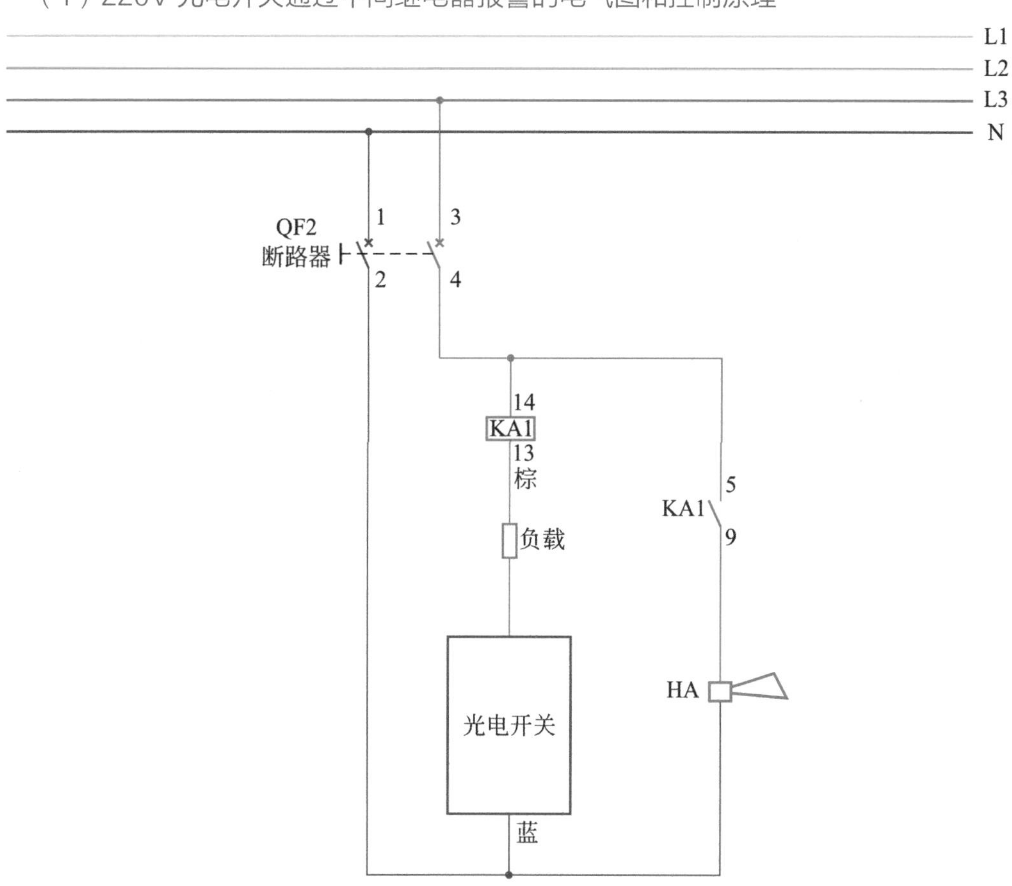

- **主回路接线：** 单相电 220V 通过 L、N 引入断路器 QF1 上端端子，下端右边端子出线引入 220V 中间继电器线圈 14 号端子和中间继电器的常开触点 5 号端子，中间继电器线圈 13 号端子接光电开关棕线，中间继电器的常开触点 9 号端子接报警器 L，报警器 N 和光电开关蓝线接断路器下端左边端子。
- **主回路控制过程：** 合上空开 QF1 接通单相电源，当光电开关靠近障碍物，棕色线输出低电平 0V，使中间继电器线圈（13,14）得电。
- **控制回路：** 合上空开 QF1 接通单相电源，当中间继电器 KA 线圈（13,14）得电，中间继电器 KA 常开触点 (5,9) 吸合，报警器得电，报警器报警且闪烁。

（2）220V 光电开关通过中间继电器报警实物接线

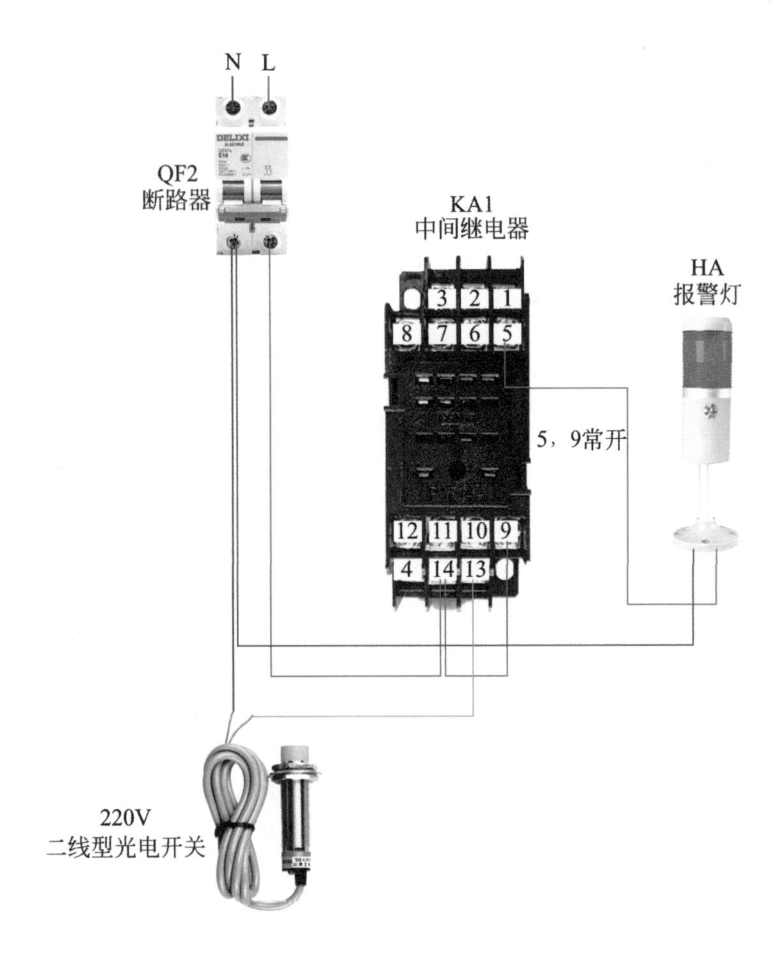

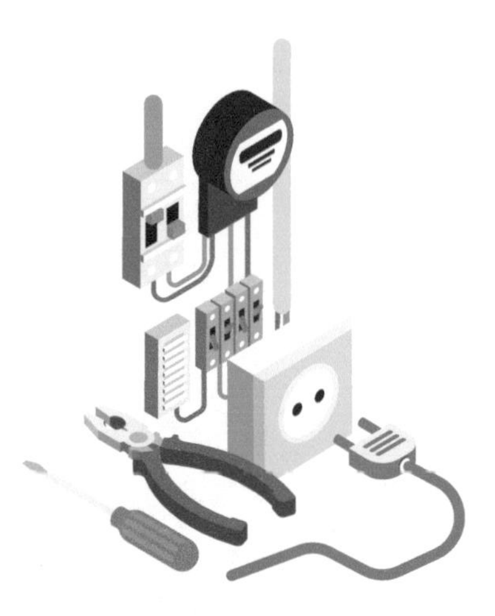

5.30 24V 光电开关通过固态继电器控制交流接触器

（1）24V 光电开关通过固态继电器控制交流接触器的电气图和控制原理

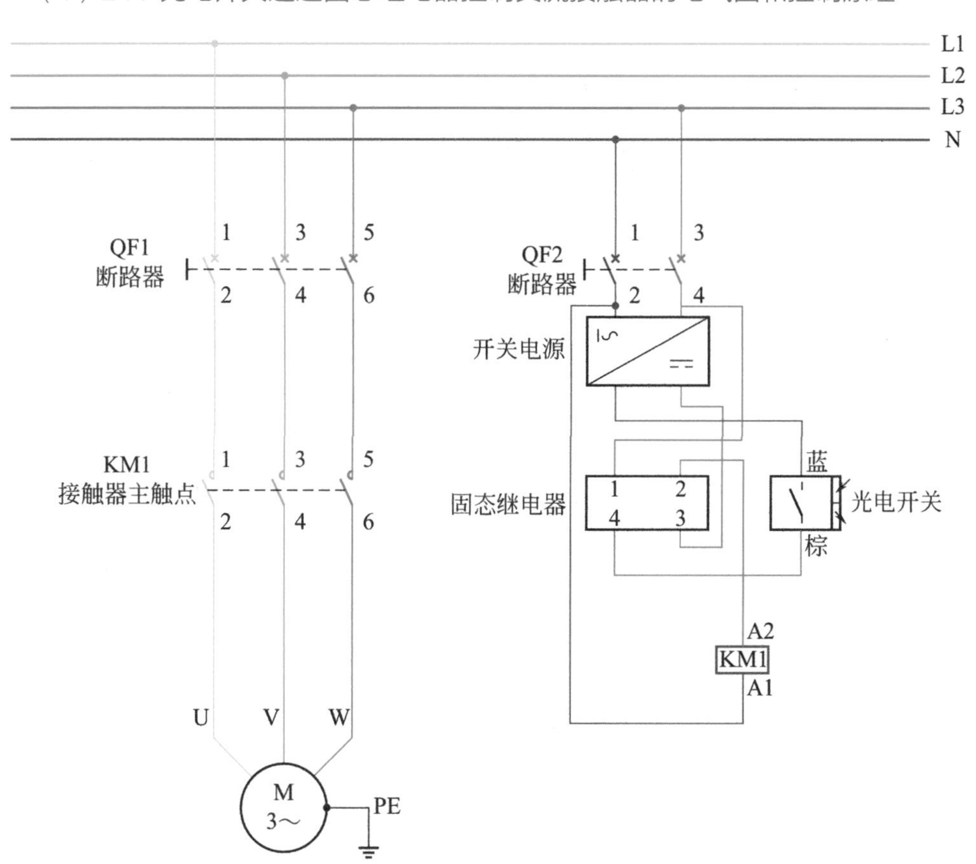

☑ **主回路接线：** 三相电 380V 通过 L1、L2、L3 引入断路器 QF1 上端端子，下端端子出线引入交流接触器主触点 1、3、5，主触点下端端子 2、4、6 出线接热继电器上端端子 1、3、5，热继电器下端端子 2、4、6 出线接电动机三相 U、V、W。

☑ **主回路控制过程：** 合上空开 QF1 接通三相电源，当交流接触器主触点 KM1 吸合，电动机运行。

☑ **控制回路启动：** 合上空开 QF2 接通单相电源，当 24V 两线光电开关靠近障碍物，棕色线输出 0V，使固态继电器输入端（3,4）得电，交流电通过固态继电器 1 号端子输入，2 号端子输出给交流接触器的线圈 A2，交流接触器线圈（A1,A2）得电，主触点 KM1 吸合，电动机运行。

（2）24V 光电开关通过固态继电器控制交流接触器实物接线

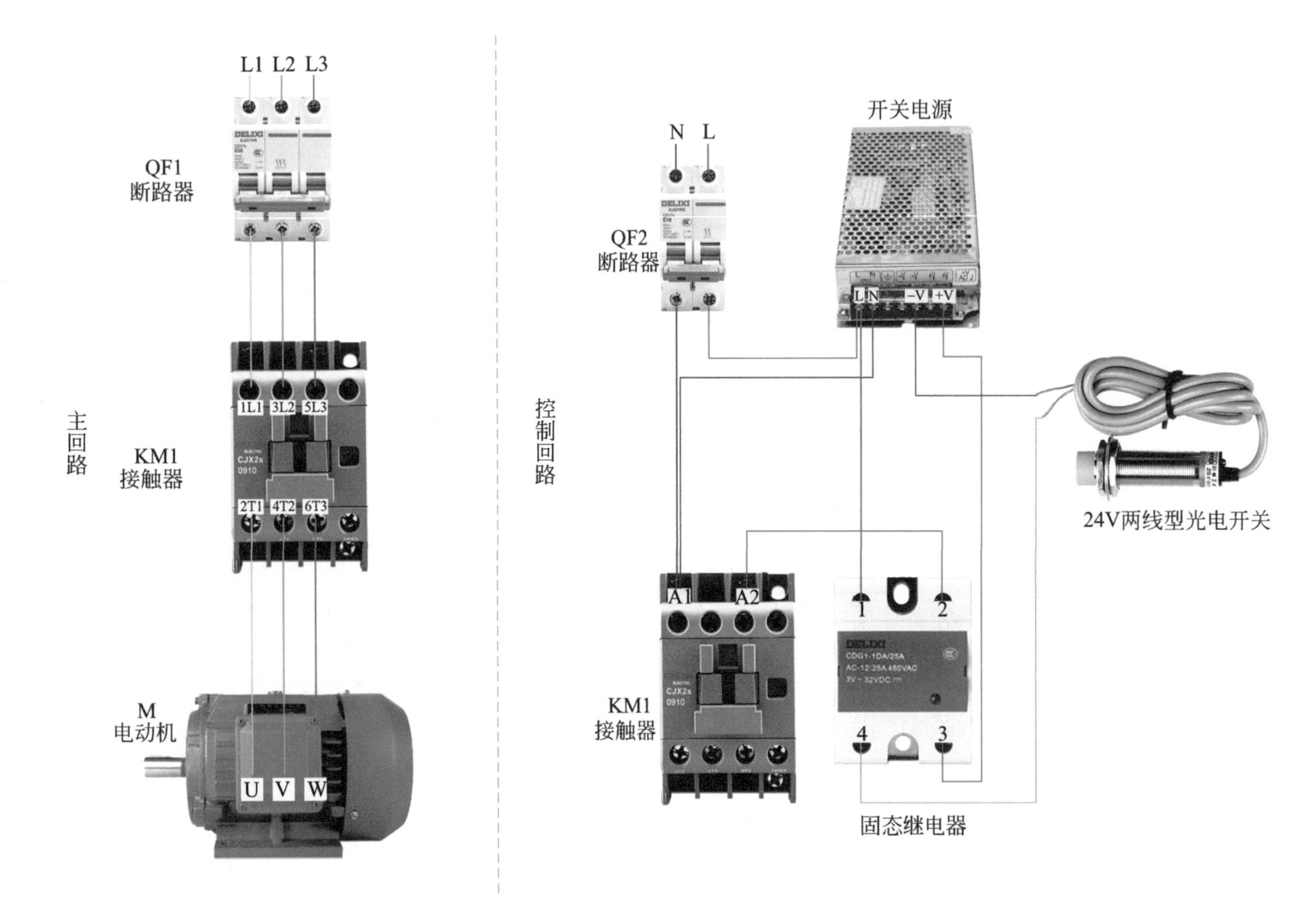

5.31 PNP 和 NPN 接近开关控制三相固态继电器

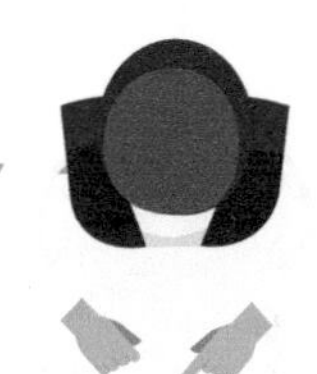

（1）PNP 和 NPN 接近开关控制三相固态继电器的电气图和控制原理

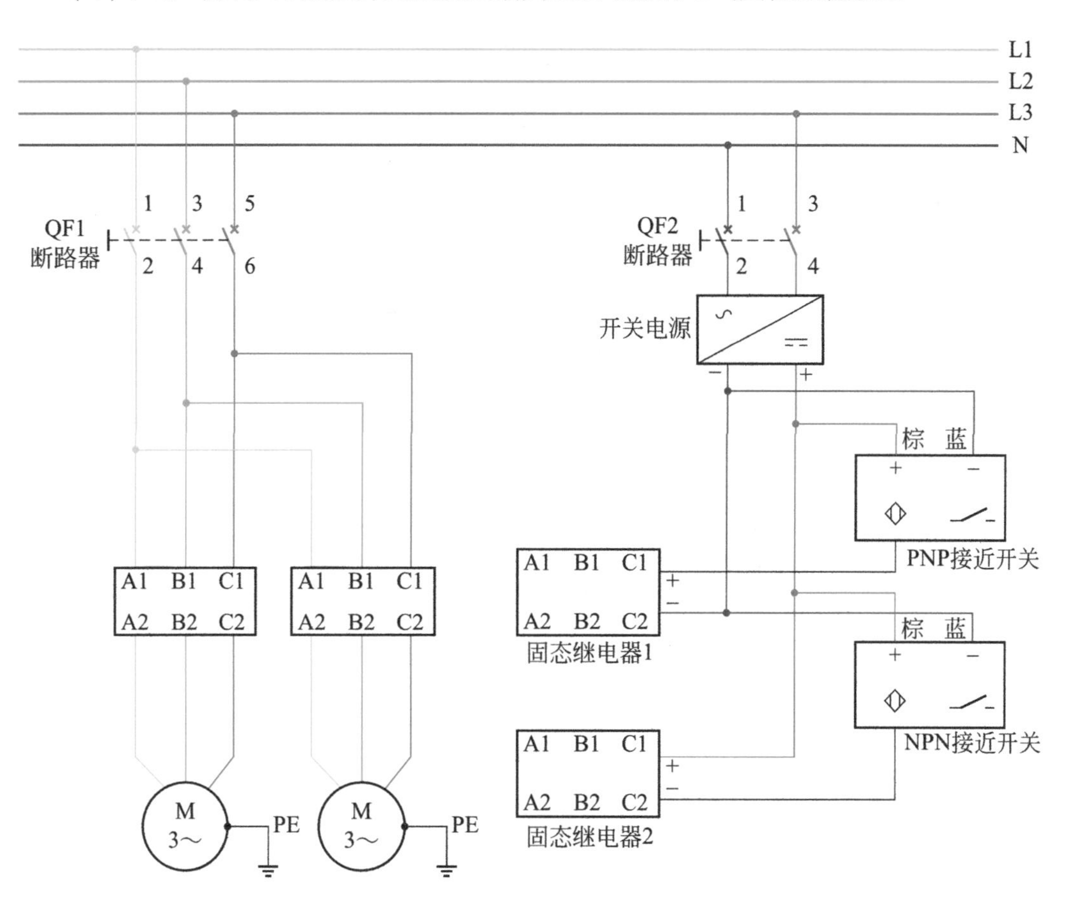

- **主回路接线：** 三相电 380V 通过 L1、L2、L3 引入断路器 QF1 上端端子，下端端子出线引入固态继电器 1 上端端子 A1、B1、C1 和固态继电器 2 上端端子 A1、B1、C1，固态继电器 1 下端端子 A2、B2、C2 出线接电动机 1 三相 U、V、W，固态继电器 2 下端端子 A2、B2、C2 出线接电动机 2 三相 U、V、W。
- **主回路控制过程：** 合上空开 QF1 接通三相电源，当固态继电器 1 上下端子导通，电动机 1 运行；当固态继电器 2 上下端子导通，电动机 2 运行。
- **控制回路启动：** 合上空开 QF2 接通单相电源，当 PNP 接近开关靠近金属，黑色信号线输出 24V，使固态继电器 1 控制电源（+,–）得电，固态继电器 1 的 A1 和 A2 接通，B1 和 B2 接通，C1 和 C2 接通，电动机 1 运行；当 NPN 接近开关靠近金属，黑色信号线输出 0V，使固态继电器 2 控制电源（+,–）得电，固态继电器 2 的 A1 和 A2 接通，B1 和 B2 接通，C1 和 C2 接通，电动机 2 运行。

（2）PNP 和 NPN 接近开关控制三相固态继电器实物接线

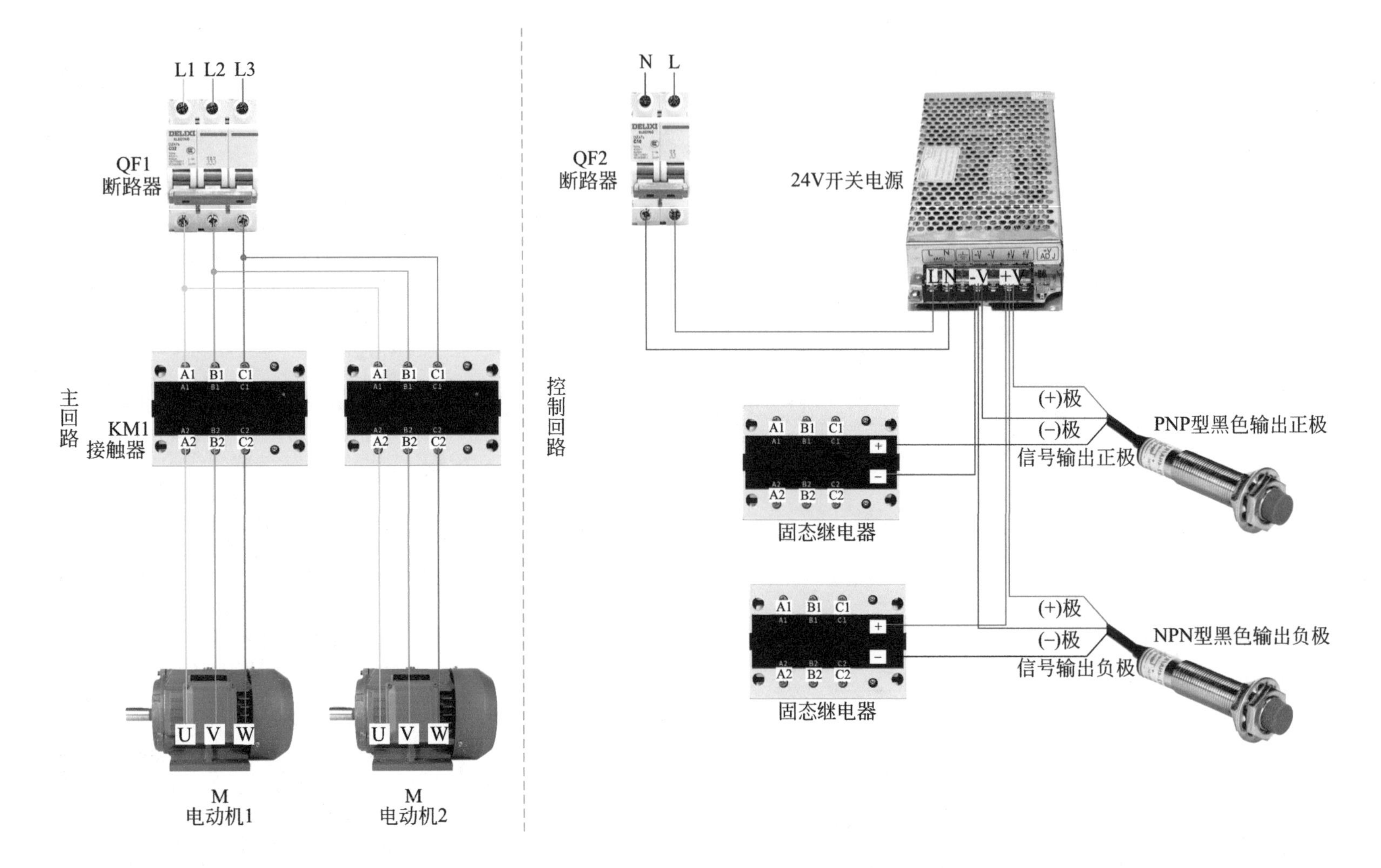

断相、相序保护继电器控制电气回路

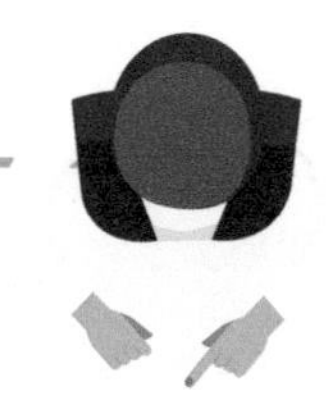

（1）断相、相序保护继电器控制电气回路的电气图和控制原理

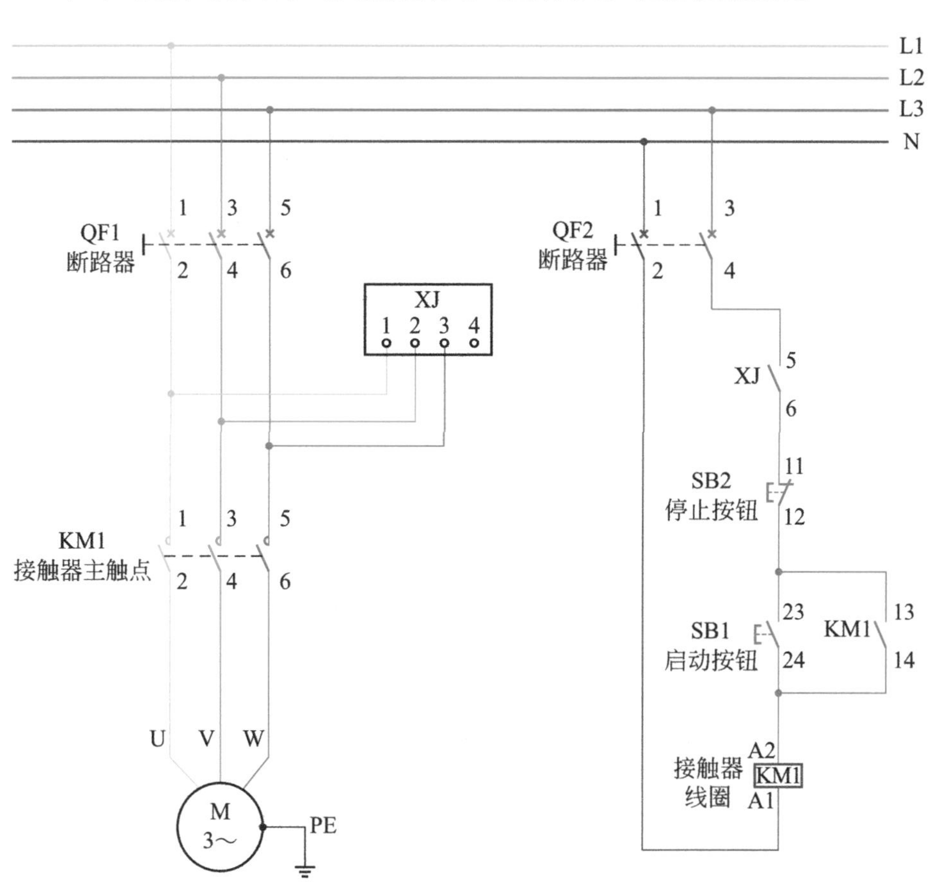

- **主回路接线：** 三相电 380V 通过 L1、L2、L3 引入断路器 QF1 上端端子，下端端子出线引入交流接触器 KM1 主触点 1、3、5 和断相、相序保护继电器 1、2、3 号端子，主触点KM1 下端端子 2、4、6 出线接电动机三相 U、V、W。
- **主回路控制过程：** 合上空开 QF1 接通三相电源，断相、相序保护继电器 XJ 得电，当交流接触器主触点 KM1 吸合，电动机运行。
- **控制回路启动：** 合上空开 QF2 接通单相电源，按下启动按钮 SB2，交流接触器线圈（A1,A2）得电，主触点 KM1 吸合同时常开辅助触点（13，14）吸合，电动机运行。
- **控制回路自锁：** 松开启动按钮 SB2，KM1 线圈依靠启动时已闭合的常开触点（13,14）供电，KM1 主触点仍然保持闭合，电动机保持运行。
- **控制回路停止：** 按下停止按钮，交流接触器线圈（A1,A2）失电，主触点 KM1 断开，电动机停止运行。
- **控制回路保护：** 当主回路三相电正常时，控制回路中常开触点 XJ（5,6）一直保持着吸合状态，当主回路三相电出现断相和相序问题时，控制回路中常开触点 XJ（5,6）断开，交流接触器 KM1 线圈（A1,A2）失电，主触点 KM1 断开，电动机停止运行。

（2）断相、相序保护继电器控制电气回路实物接线

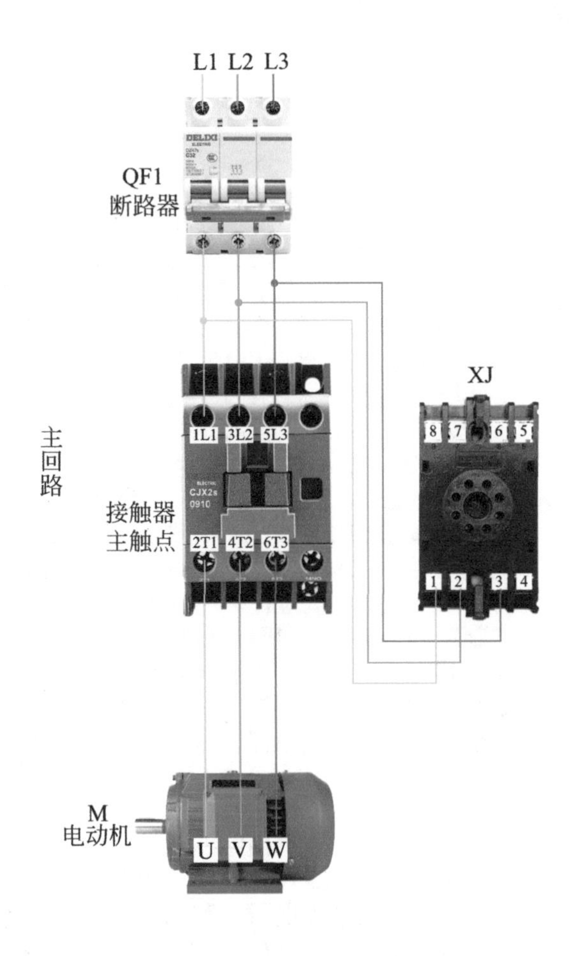

控制回路

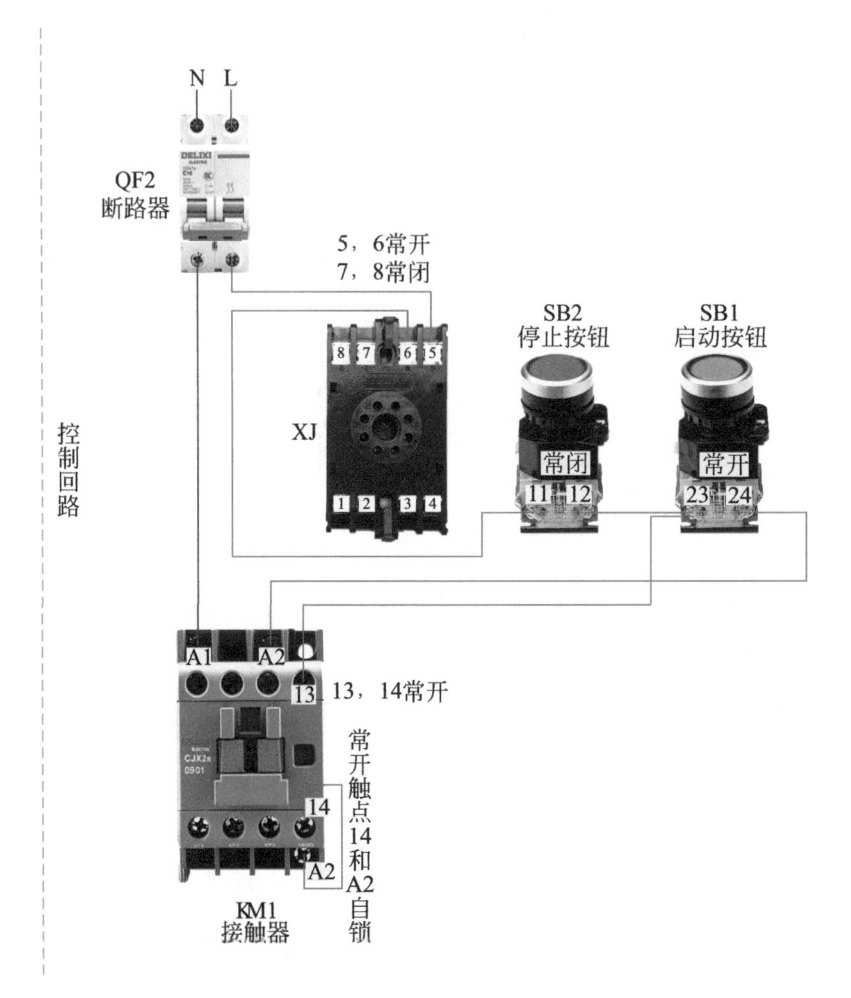

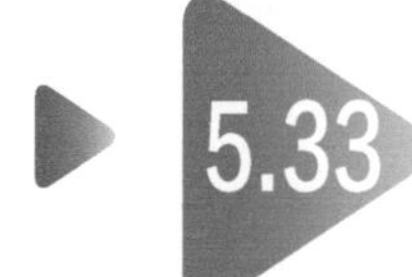

5.33 时控开关控制电动机

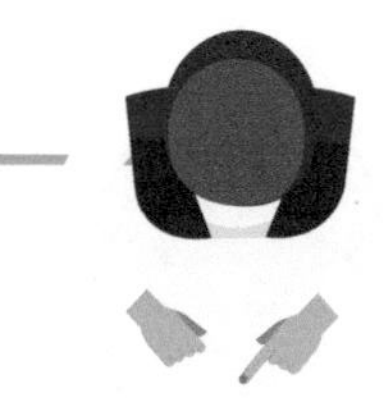

（1）时控开关控制电动机的电气图和控制原理

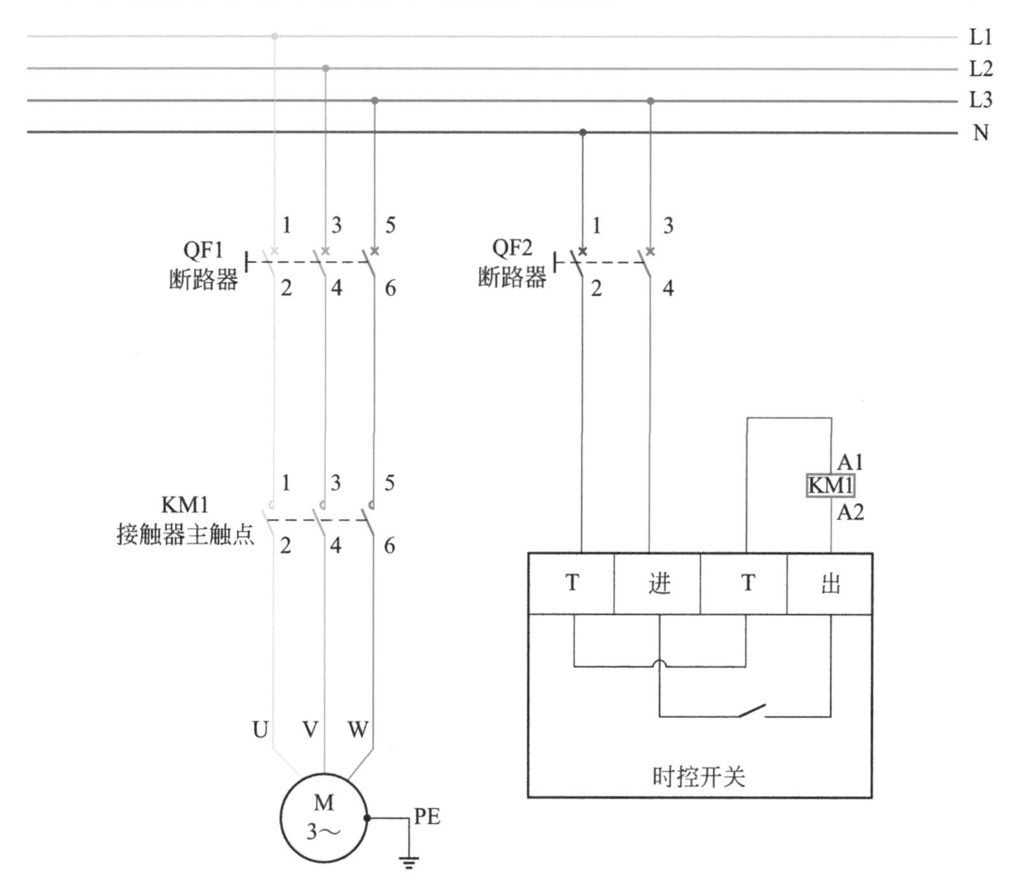

- **主回路接线：** 三相电 380V 通过 L1、L2、L3 引入断路器 QF1 上端端子，下端端子出线引入交流接触器主触点 1、3、5，主触点下端端子 2、4、6 出线接电动机三相 U、V、W。
- **主回路控制过程：** 合上空开 QF1 接通三相电源，当交流接触器主触点 KM1 吸合，电动机运行。
- **控制回路：** 合上空开 QF2 接通单相电源，时控开关输入 220V 电压，设置好输出电压开的时间和关的时间，当输出电压开的时间到了，交流接触器 KM1 线圈（A1,A2）得电，主触点 KM1 吸合，电动机运行；当输出电压关的时间到了，交流接触器 KM1 线圈（A1,A2）失电，主触点 KM1 断开，电动机停止运行。

(2)时控开关控制电动机实物接线

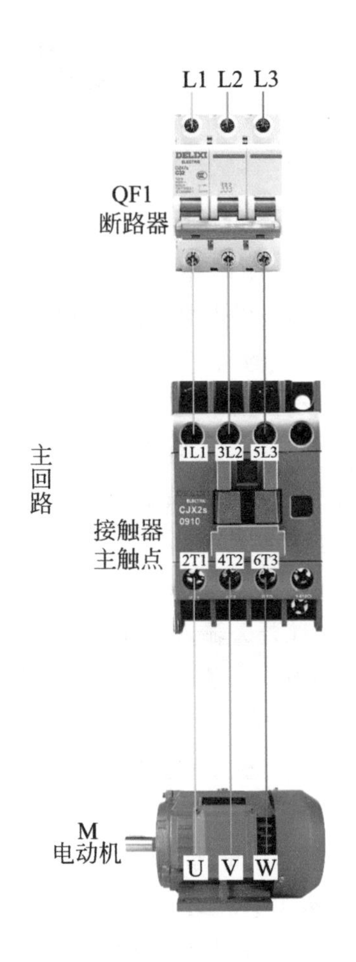

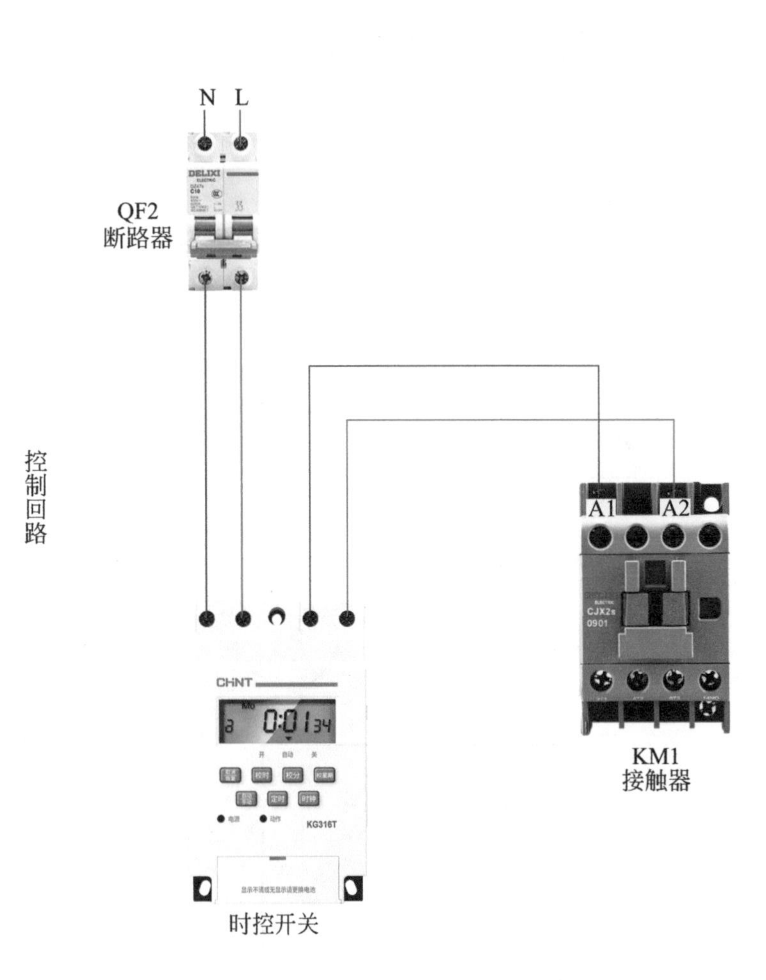

电动机综合保护器应用电路

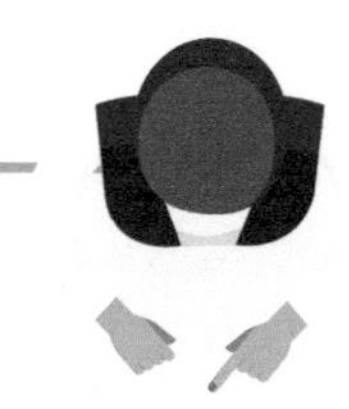

（1）电动机综合保护器应用电路的电气图和控制原理

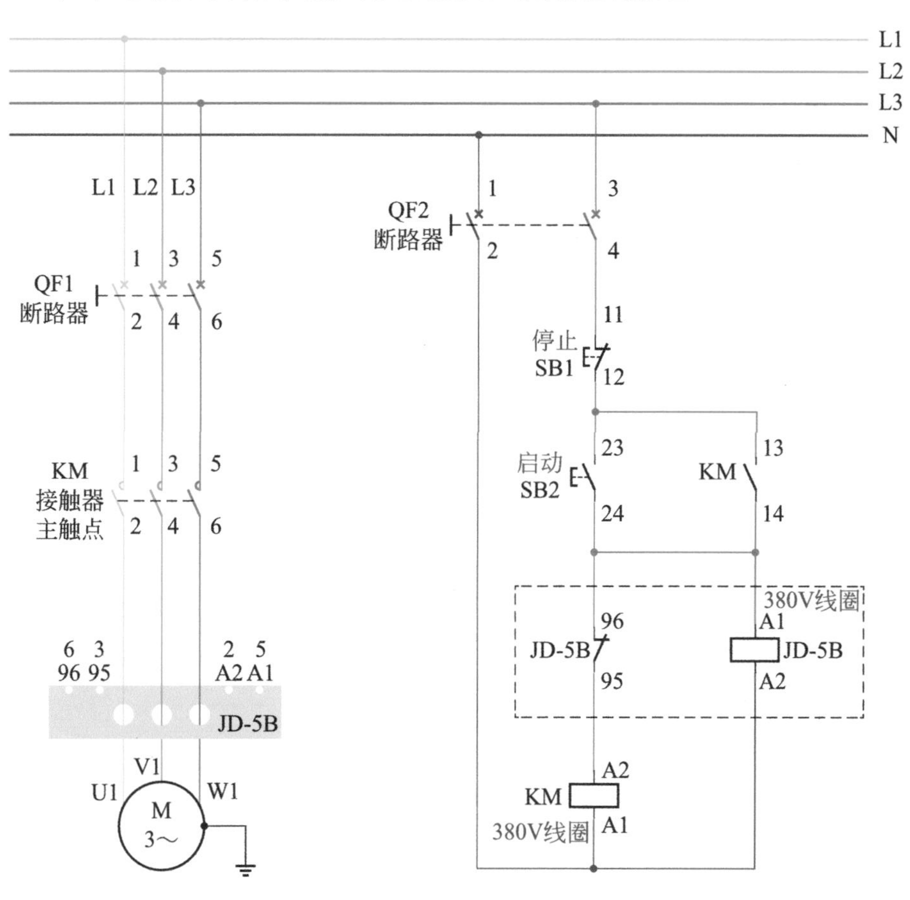

- **主回路接线：** 三相电 380V 通过 L1、L2、L3 引入断路器 QF1 上端端子，下端端子出线引入交流接触器主触点 1、3、5，主触点下端端子 2、4、6 接电动机综合保护器上端端子，综合保护器下端端子出线接电动机三相 U、V、W。
- **主回路控制过程：** 合上空开 QF1 接通三相电源，当交流接触器主触点 KM1 吸合，电动机运行。
- **控制回路启动：** 合上空开 QF2 接通单相电源，按下启动按钮 SB2，交流接触器 KM1 线圈（A1,A2）得电，主触点 KM1 吸合同时常开辅助触点（13,14）吸合，电动机运行。
- **控制回路自锁：** 松开启动按钮 SB2，KM1 线圈依靠启动时已闭合的常开触点（13,14）供电，KM1 主触点仍然保持闭合，电动机保持运行。
- **控制回路停止：** 按下停止按钮，交流接触器 KM1 线圈（A1,A2）失电，主触点 KM1 断开，电动机停止运行。
- **控制回路保护：** 电动机出现过载或者缺相，起保护作用的电动机综合保护器常闭辅助触点（95,96）断开，交流接触器 KM1 线圈（A1,A2）失电，交流接触器主触点 KM1 断开，电动机停止运行。

(2)电动机综合保护器应用电路实物接线

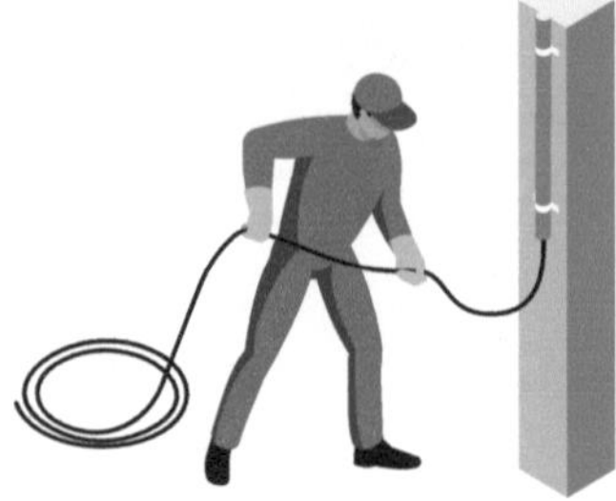

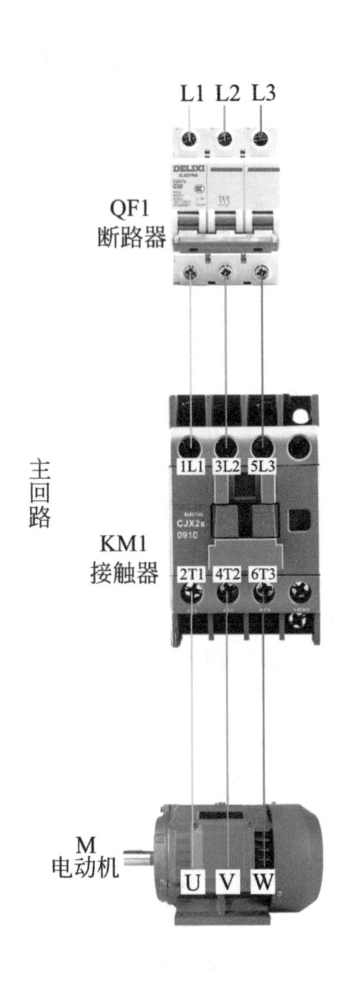

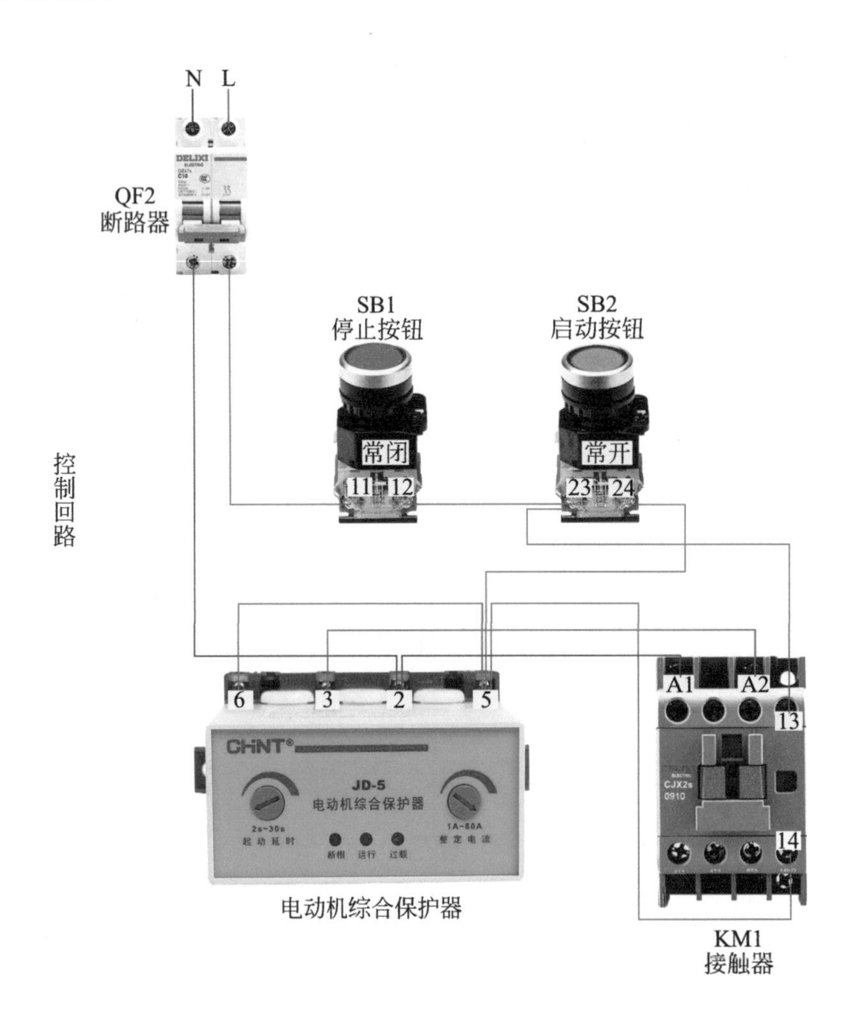

电动机综合保护器

5.35 一用一备电源控制电路

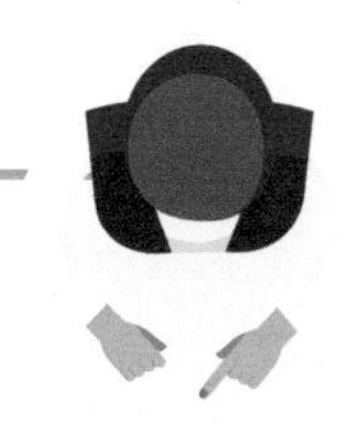

（1）一用一备电源控制电路的电气图和控制原理

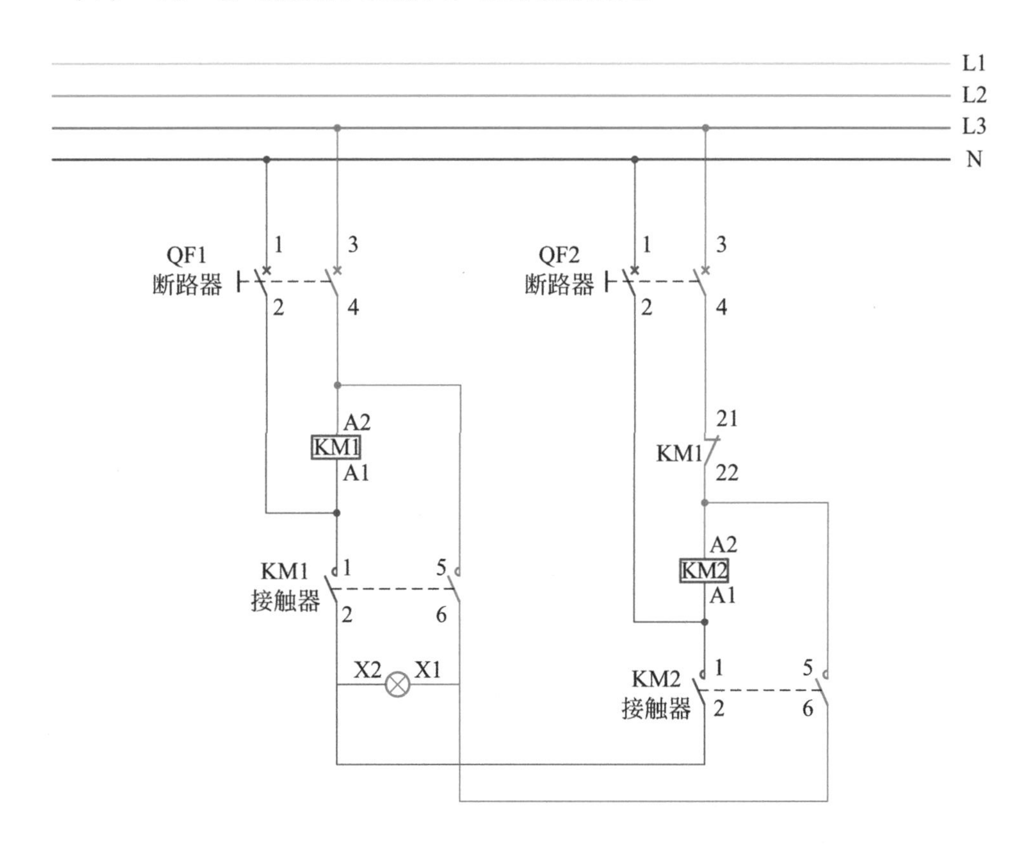

主回路控制过程： 合上空开 QF1 接通单相电源，交流接触器 KM1 线圈（A1,A2）得电，主触点 KM1 吸合，指示灯得电常亮，合上空开 QF2 接通单相电源，当 KM1 线圈得电时，常闭辅助触点 KM1（21,22）断开，交流接触器 KM2 线圈（A1,A2）失电，主触点 KM2 断开，指示灯由 KM1 主触点供电，当接触器 KM1 出现故障不能使用或者断路器 QF1 断开时，接触器 KM1 线圈（A1,A2）失电，主触点 KM1 断开，常闭辅助触点 KM1（21,22）闭合，接触器 KM2 线圈（A1,A2）得电，主触点 KM2 吸合，指示灯依然常亮，指示灯也可以由主触点 KM2 供电。

(2)一用一备电源控制电路实物接线

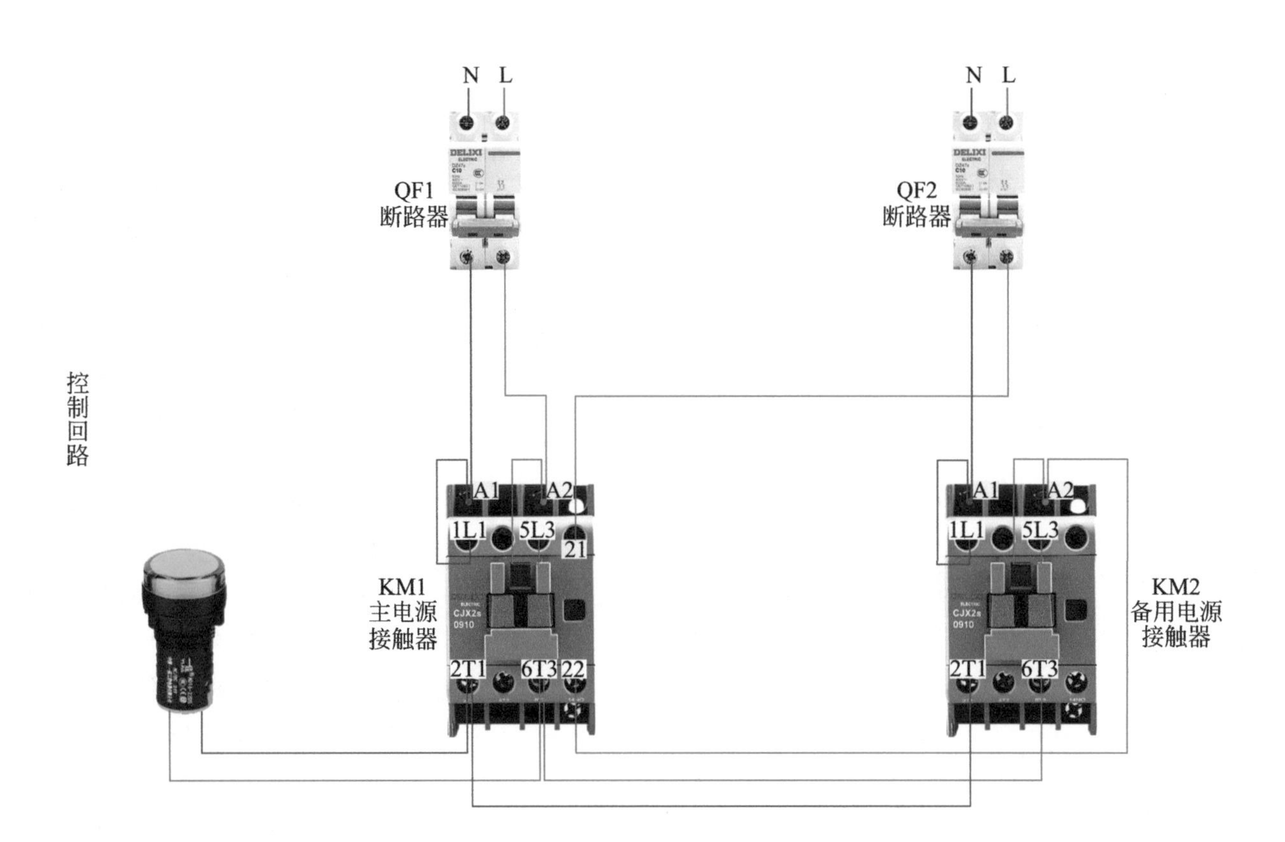

三相电源断相告警

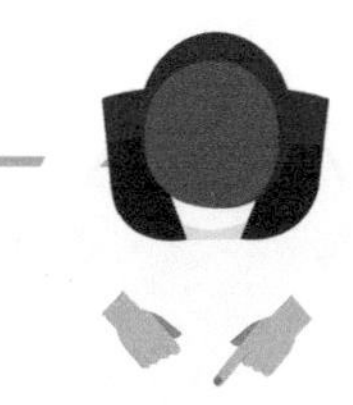

（1）三相电源断相告警的电气图和控制原理

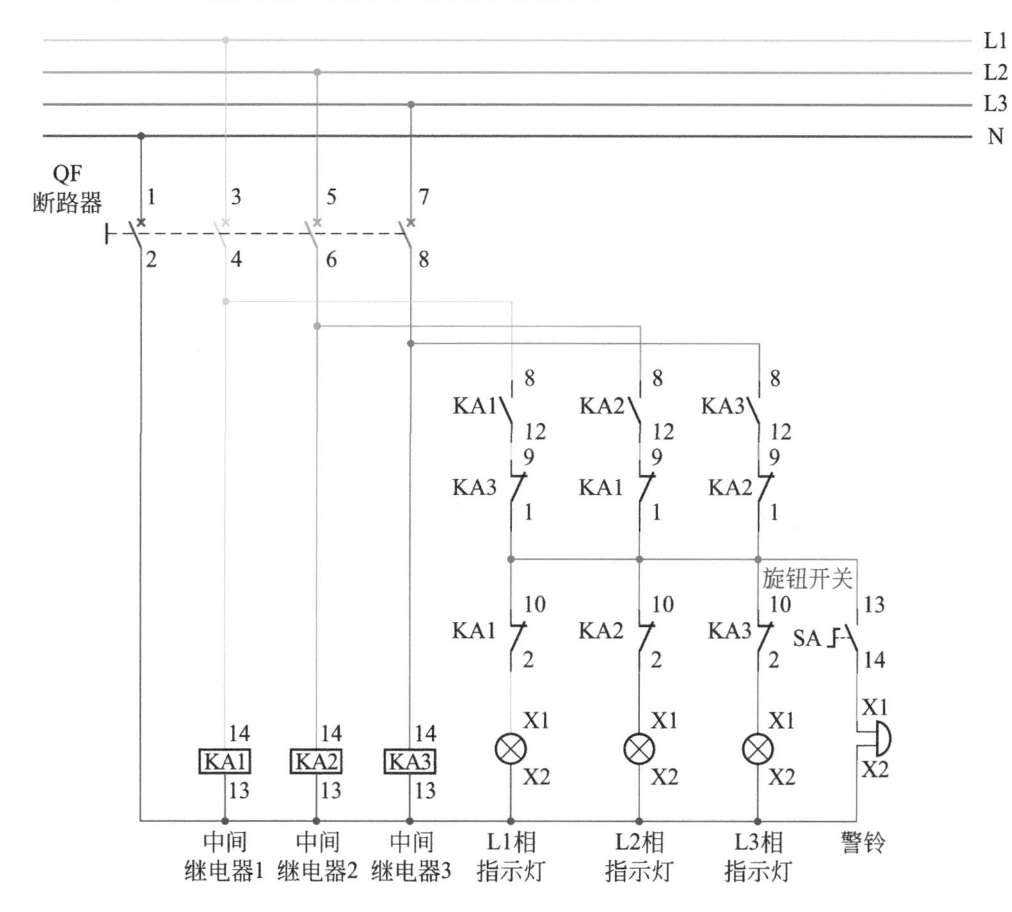

☑ **主回路控制过程：** 合上空开 QF1 接通三相电源，当三相电没有缺相时，中间继电器线圈 KA1、KA2、KA3 得电，常开触点 KA1（8,12）、KA2（8,12）、KA3（8,12）吸合，常闭触点 KA1（1,9）（2,10），常闭触点 KA2（1,9）（2,10），常闭触点 KA3（1,9）（2,10）断开，三相指示灯 L1、L2、L3 熄灭，当三相电中有一相缺相时，比如 A 相缺相，中间继电器 KA1 线圈（13,14）失电，常开触点 KA1（8,12）断开，常闭触点 KA1（1,9）（2,10）闭合，中间继电器 KA2、KA3 线圈（13,14）依然得电，KA2（8,12）、KA3（8,12）吸合，常闭触点 KA2（1,9）（2,10），常闭触点 KA3（1,9）（2,10）断开，这时 L1 指示灯常亮，当旋钮开关保持在常开触点（13,14）接通状态，警铃响起，可手动旋转旋钮断开常开触点（13,14）关闭警铃。同理其他两相断相和 A 相断相告警原理一样。

（2）三相电源断相告警实物接线

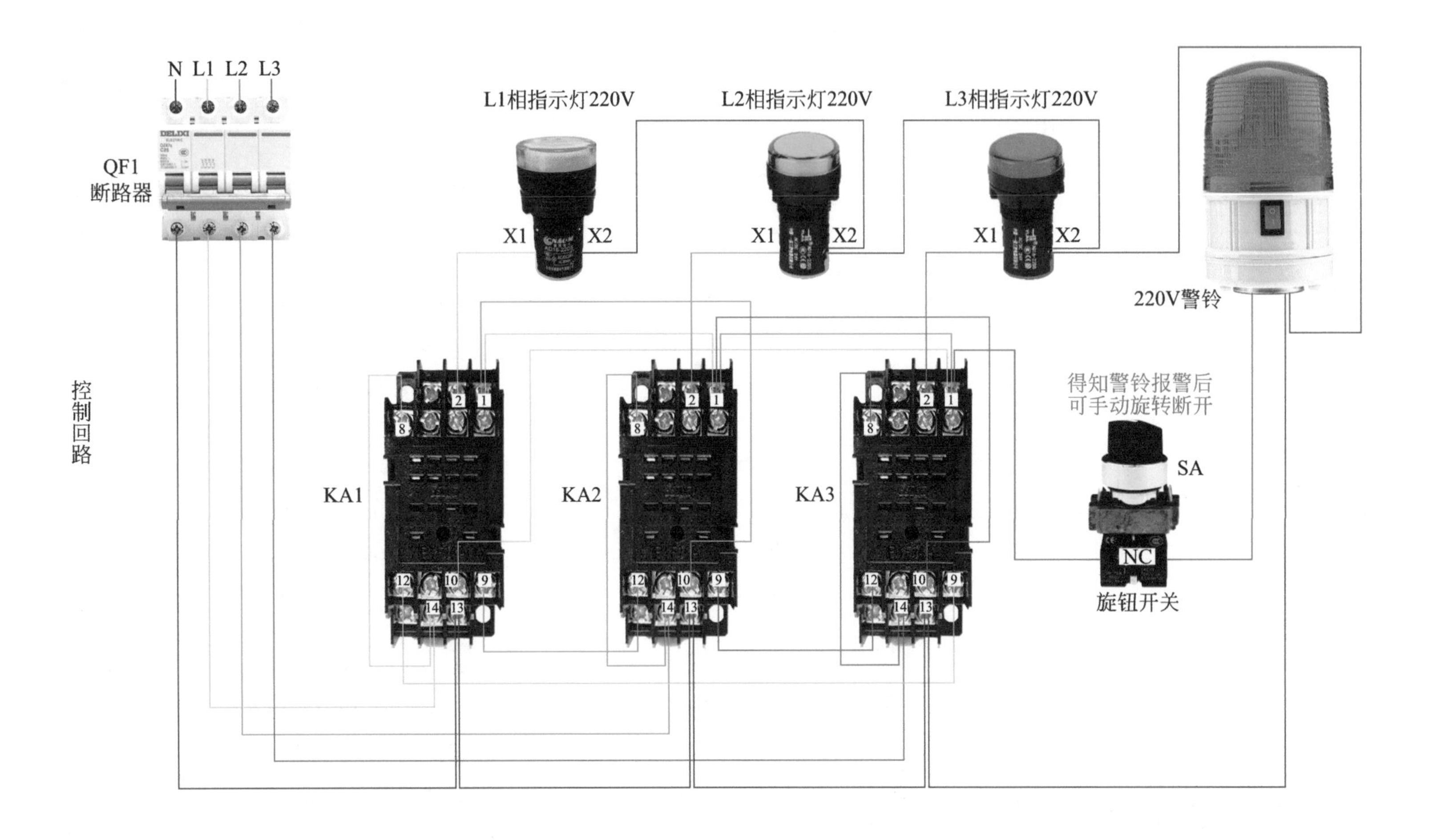

倒顺开关控制三相电动机正反转

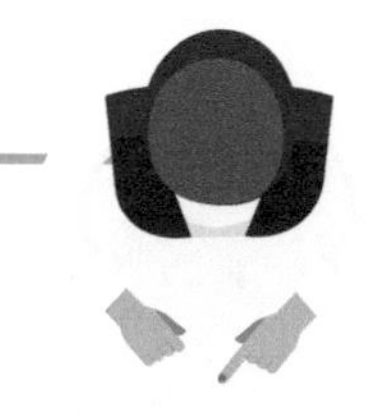

倒顺开关控制三相电动机正反转的电气图和控制原理、实物接线

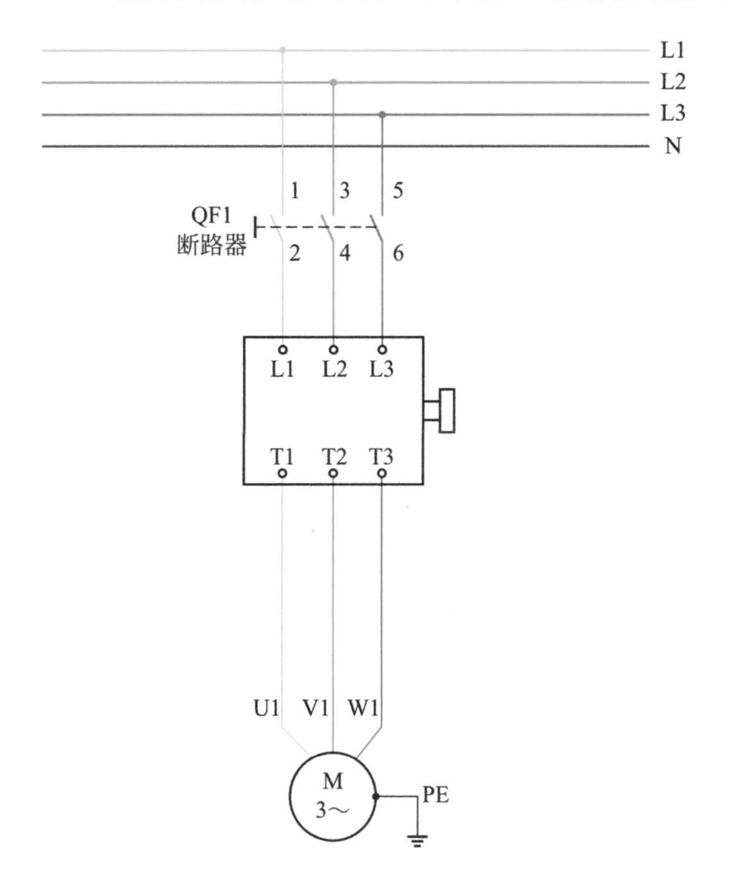

主回路

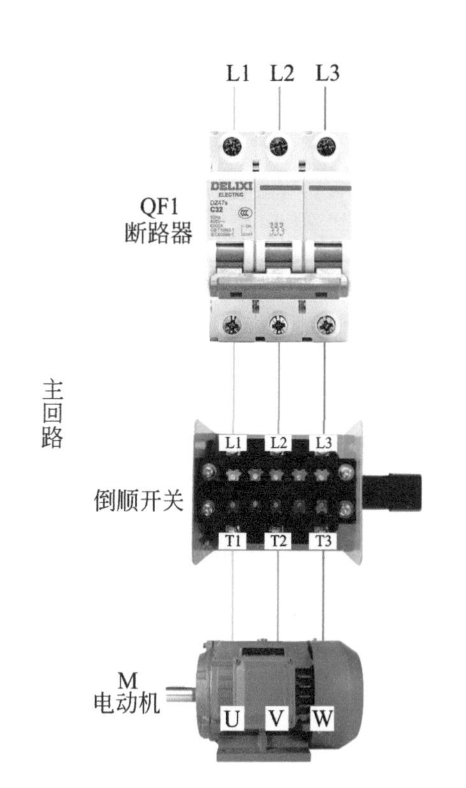

☑ **主回路接线：** 三相电 380V 通过 L1、L2、L3 引入断路器 QF1 上端端子，下端端子出线引入倒顺开关上端端子 L1、L2、L3，倒顺开关下端端子 T1、T2、T3 出线接电动机三相 U、V、W。

☑ **主回路控制过程：** 合上空开 QF1 接通三相电源，当倒顺开关打到顺挡状态电动机正转，当倒顺开关打到倒挡状态电动机反转，当倒顺开关打到停挡状态电动机停止运行。

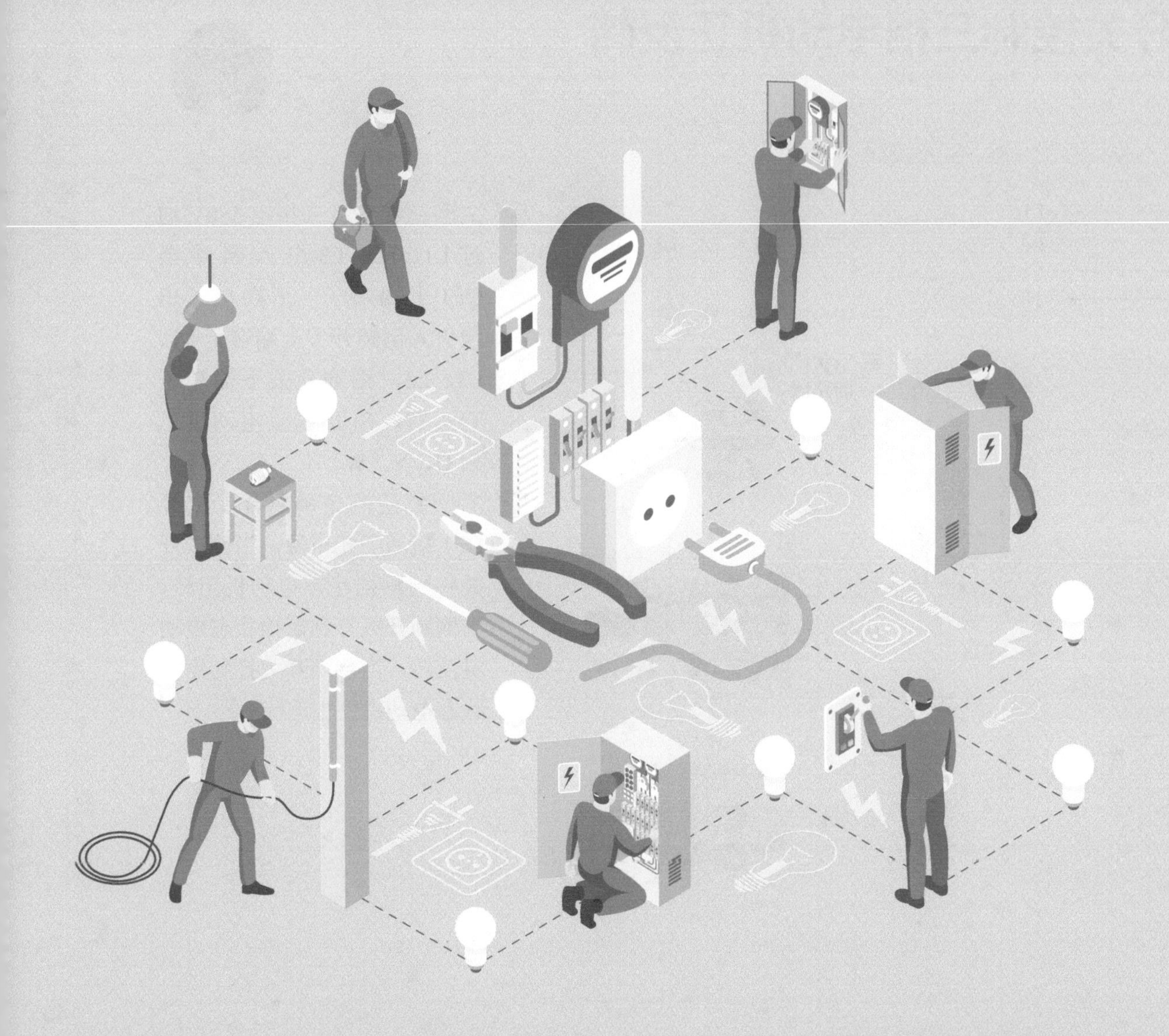

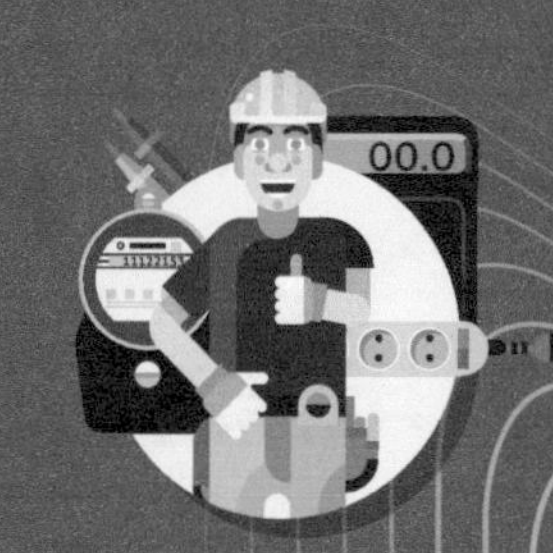

第 6 章
PLC 接线

6.1 CPU ST20 DC/DC/DC 电源接线

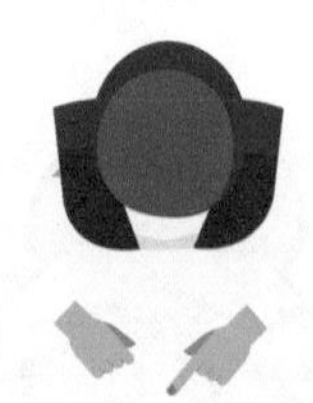

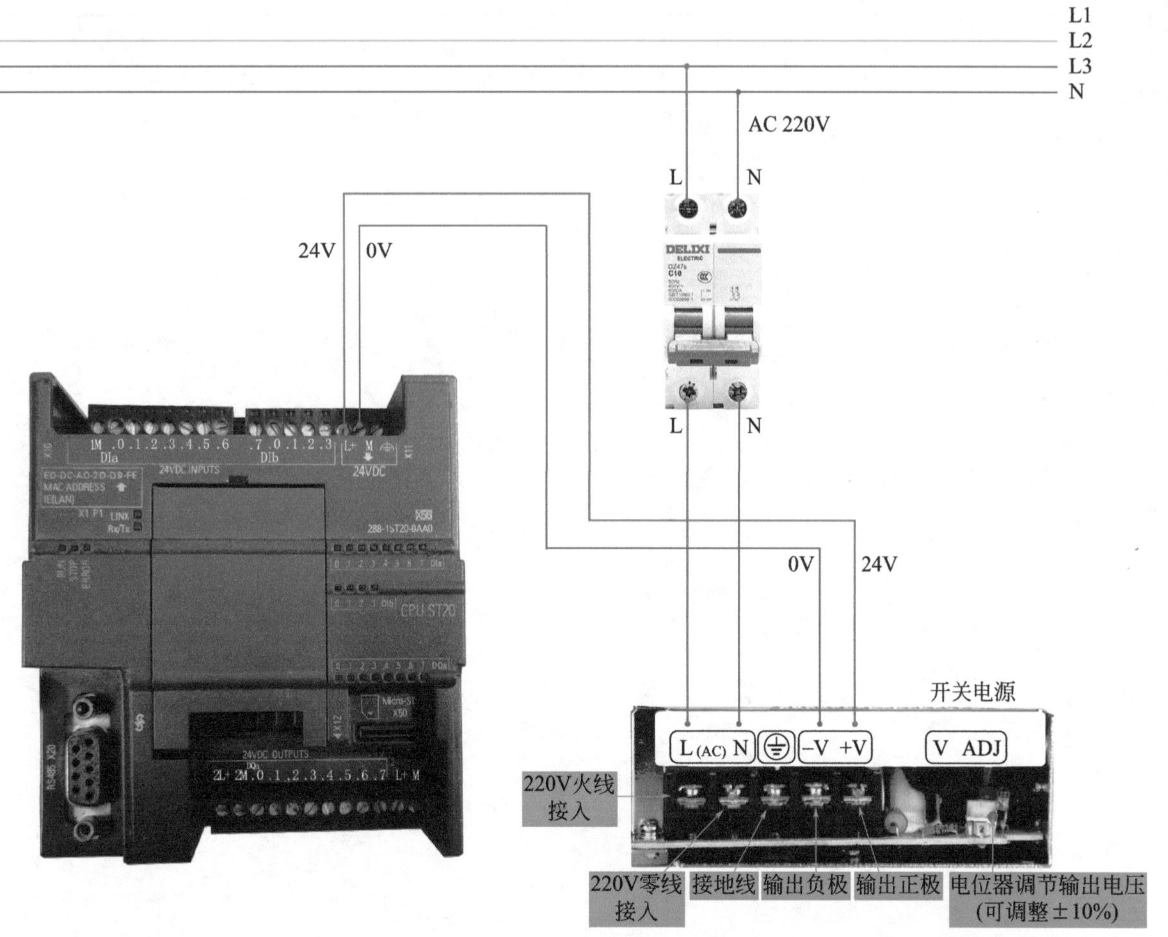

☑ **开关电源：**L接火线，N接零线。通过开关电源把AC 220V转换为DC 24V。V+为24V，V−为0V。

☑ **电源接线：**西门子S7-200 SMART PLC电源接线柱L+接开关电源V+（24V）端，接线柱M接开关电源V−（0V）端。

6.2 CPU SR20 AC/DC/RLY 电源接线

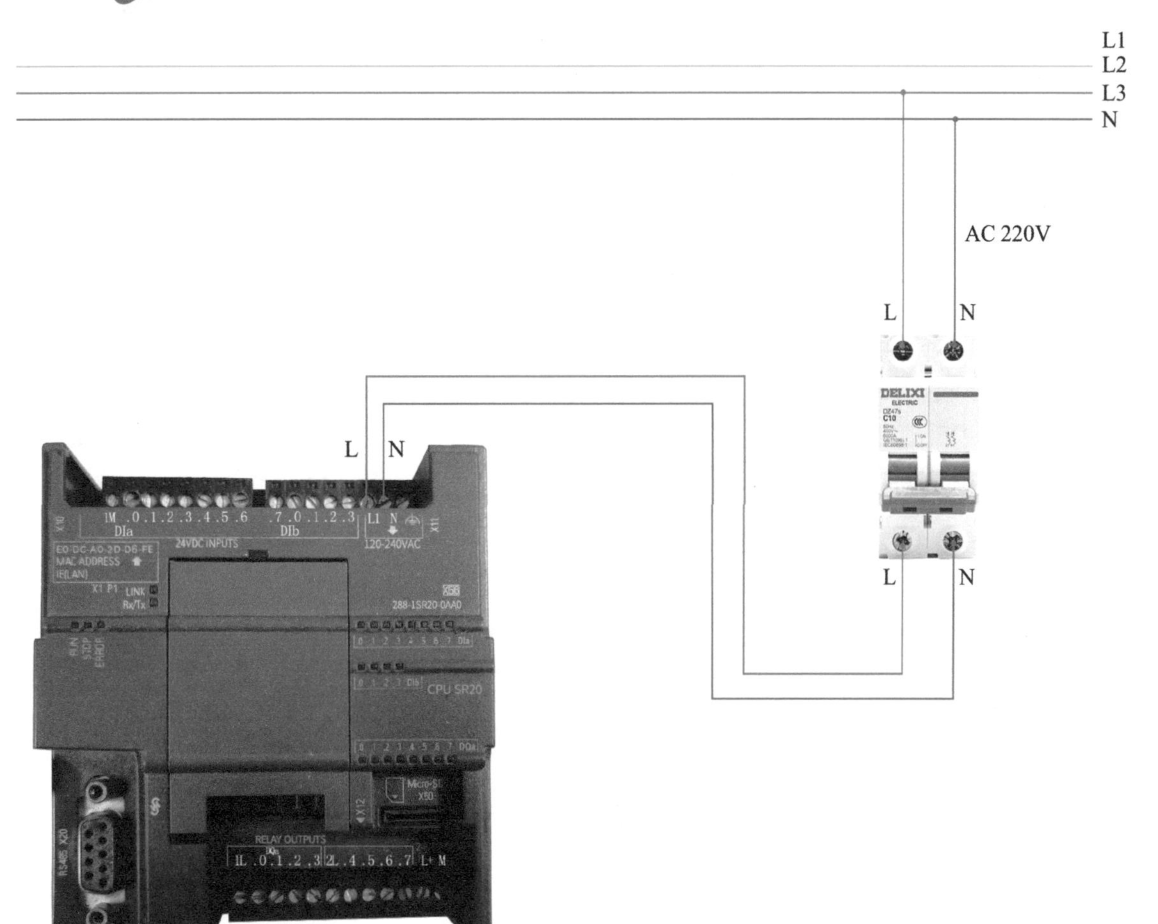

☑ **电源接线：** 西门子 S7-200 SMART PLC 电源接线柱 L1 接断路器的出线端的火线 L，西门子 S7-200 SMART PLC 电源接线柱 N 接断路器的出线端的零线 N。断路器的进线端分别接一根火线和零线，L1、L2、L3 为火线，N 为零线。

6.3 CPU ST20 DC/DC/DC 输入接线

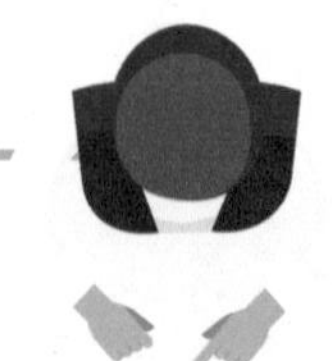

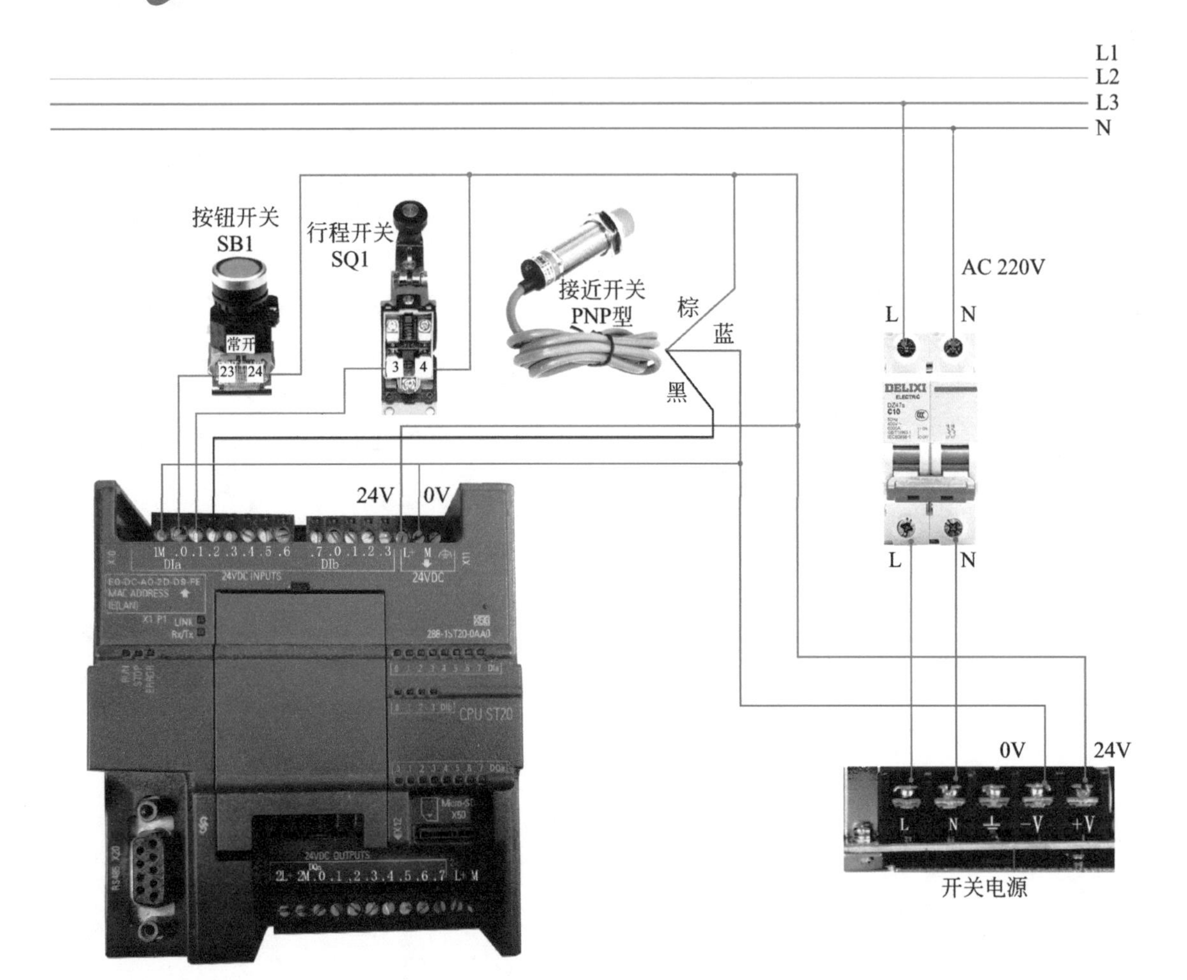

☑ **电源接线：** 西门子 S7-200 SMART PLC 电源接线柱 L+ 接开关电源 V+（24V）端，接线柱 M 接开关电源 V−（0V）端。

☑ **输入接线：** 输入公共端 1M 短接到开关电源的 −V。按钮开关 SB1 常开触点 24 接 24V，23 接端子 I0.0；行程开关 SQ1 常开触点 4 接 24V，3 接端子 I0.1；PNP 型光电开关的棕色信号线接 24V，蓝色线接 0V，黑色信号线接端子 I0.2。

6.4 CPU SR20 AC/DC/RLY 输入接线

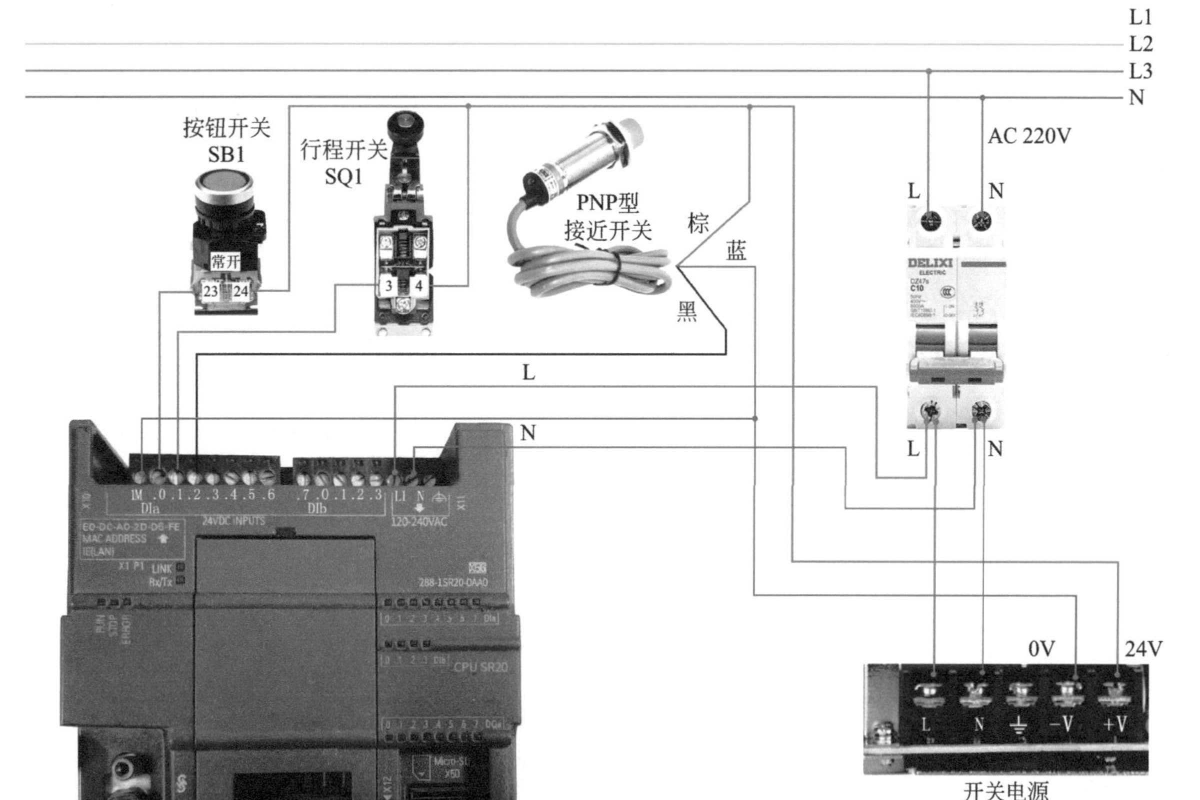

☑ **电源接线：** 西门子 S7-200 SMART PLC 电源接线柱 L1 接断路器的出线端的火线 L，接线柱 N 接断路器的出线端的零线 N。断路器的进线端分别接一根火线和零线。

☑ **输入接线：** 输入公共端 1M 短接到开关电源的 −V。按钮开关 SB1 常开触点 24 接开关电源 V+（24V），23 接端子 I0.0；行程开关 SQ1 常开触点 4 接开关电源 V+（24V），3 接端子 I0.1；PNP 型接近开关的棕色信号线接开关电源 V+（24V），蓝色线接 V−（0V），黑色信号线接端子 I0.2。

6.5 CPU ST20 DC/DC/DC 输出接线

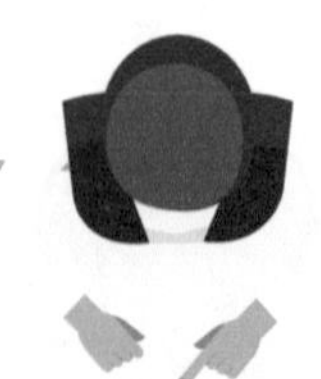

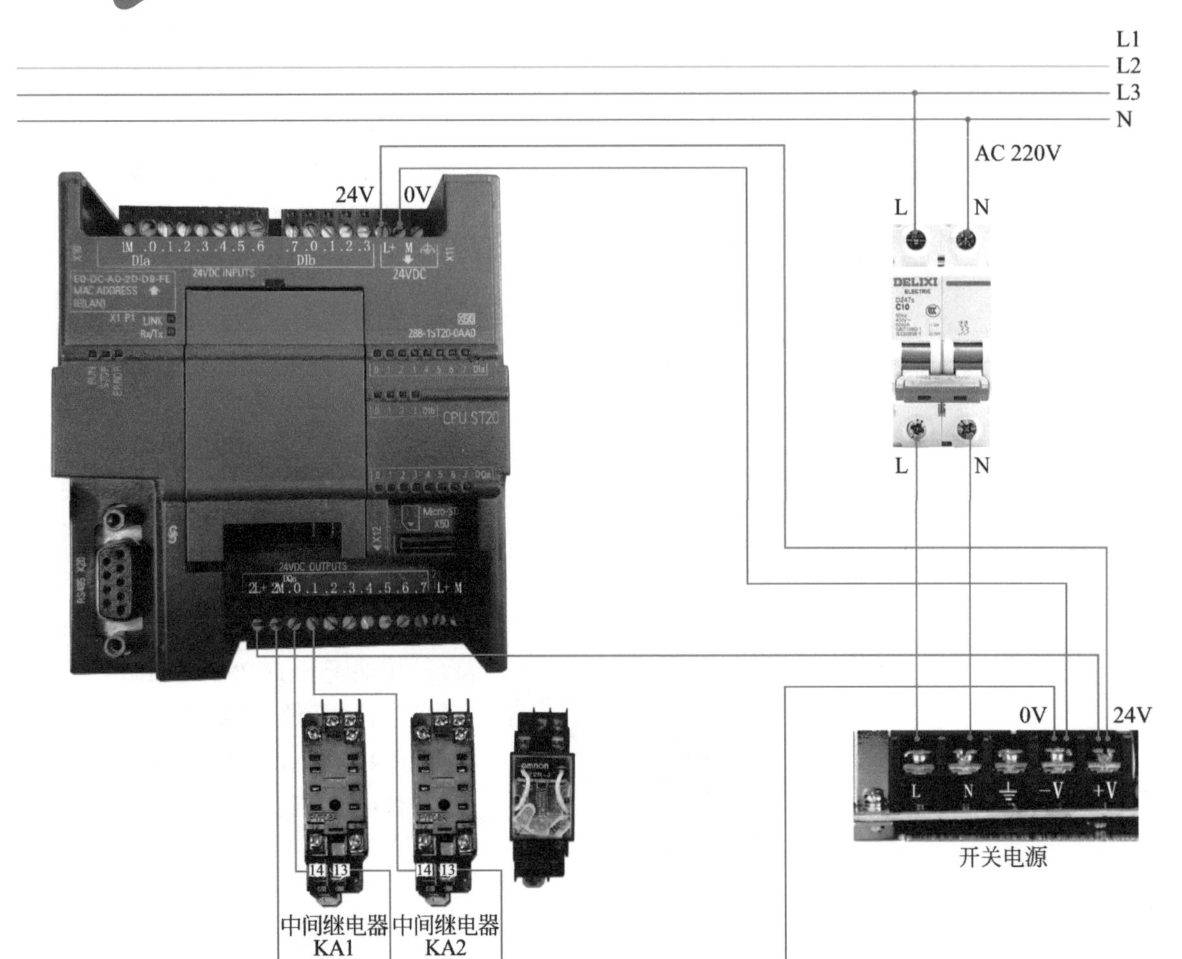

☑ **电源接线：** 西门子 S7-200 SMART PLC 电源接线柱 L+ 接开关电源 V+，接线柱 M 接开关电源 V−。PLC 的 2L+ 接 V+，2M 接 V−。

☑ **输出接线：** 2L+ 接 V+，2M 接 V−。中间继电器 KA1 线圈的 14 端子接 PLC 的输出端子 Q0.0，中间继电器线圈的 13 端子接 M 端（0V）。中间继电器 KA2 线圈的 14 端子接 PLC 的输出端子 Q0.1，中间继电器线圈的 13 端子接 M 端（0V）。

6.6 CPU SR20 AC/DC/RLY 输出接线

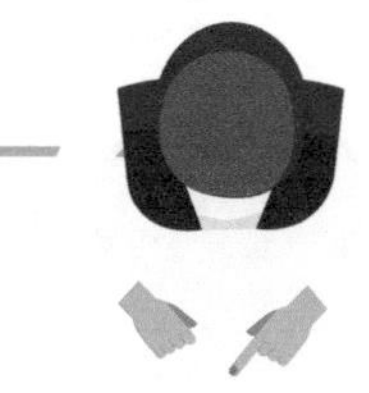

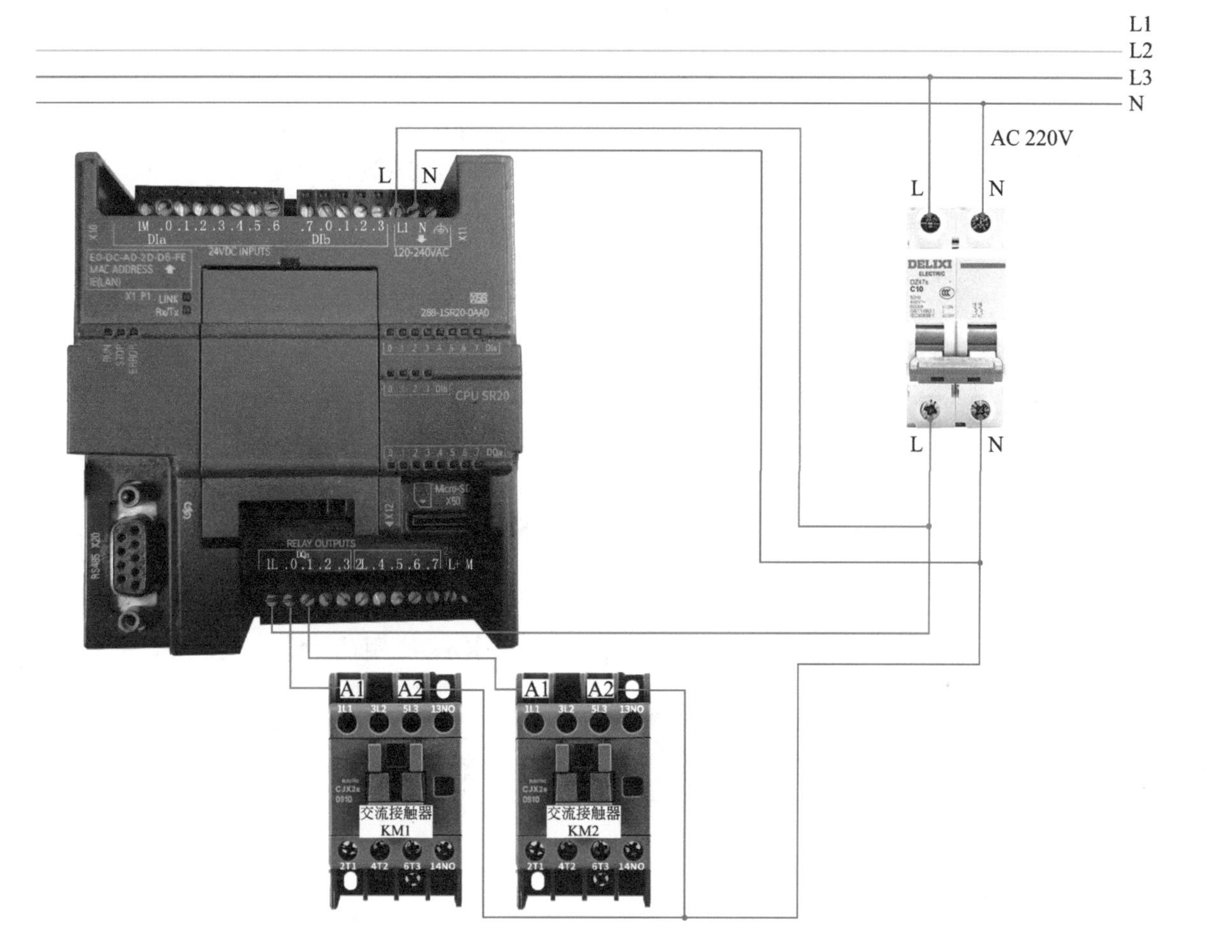

☑ **电源接线：** 西门子 S7-200 SMART PLC 电源接线柱 L1 接断路器的出线端的火线 L，接线柱 N 接断路器的出线端的零线 N。断路器的进线端分别接一根火线和零线。

☑ **输出接线：** 输出公共端 1L 接断路器 L。交流接触器 KM1 线圈端子 A1 接 PLC 的输出端子 Q0.0，交流接触器 KM1 端子 A2 接断路器的出线端的零线 N。交流接触器 KM2 线圈端子 A1 接 PLC 的输出端子 Q0.1，交流接触器 KM1 端子 A2 接断路器的出线端的零线 N。

6.7 CPU ST20 DC/DC/DC 输入和输出接线

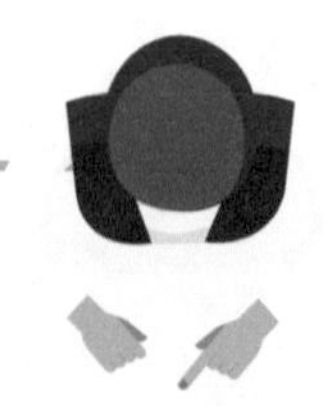

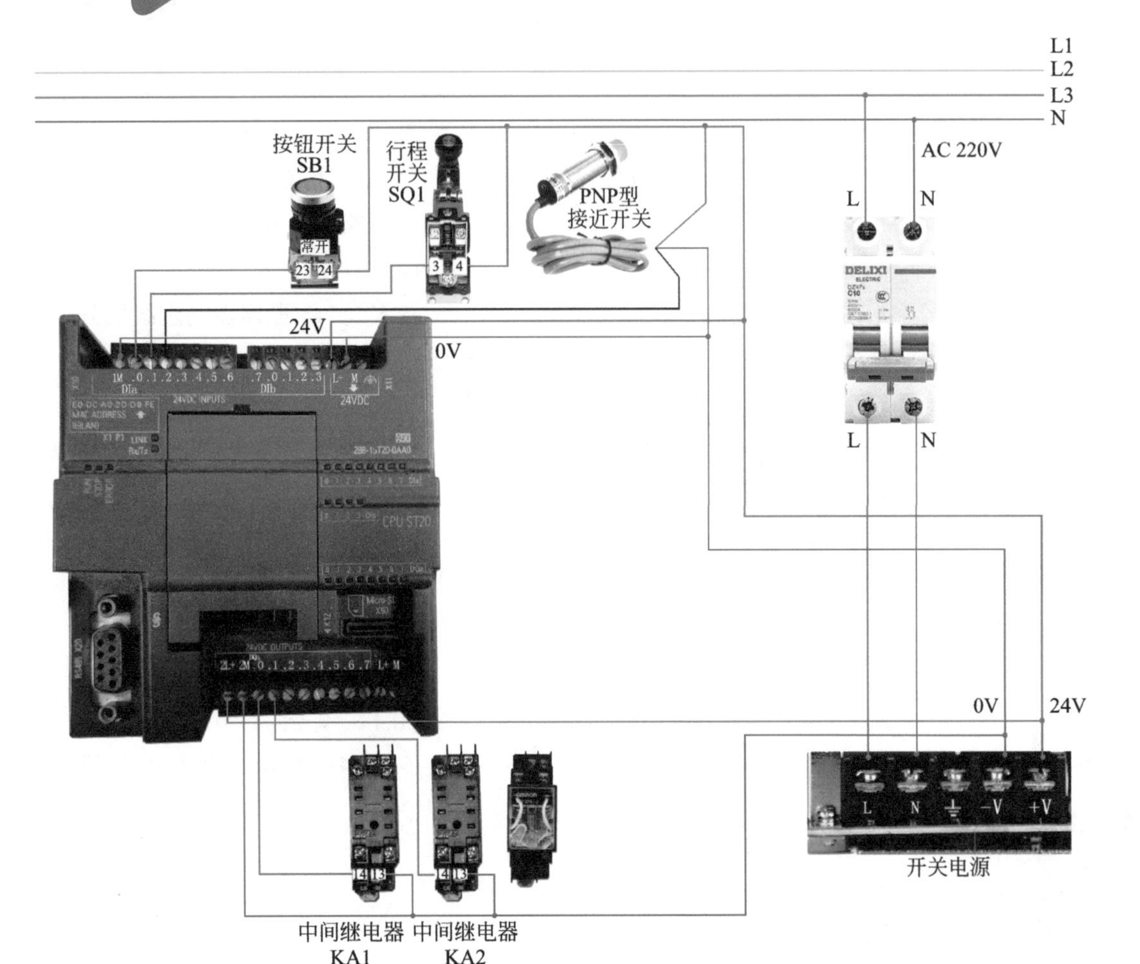

☑ **电源接线：** 西门子 S7-200 SMART PLC 电源接线柱 L+ 接开关电源 V+，接线柱 M 接开关电源 V−。PLC 的 2L+ 接 L+，2M 接 M。

☑ **输入接线：** 输入公共端 1M。按钮开关 SB1 常开触点 24 接 24V，23 接端子 I0.0；行程开关 SQ1 常开触点 4 接 24V，3 接端子 I0.1；PNP 型接近开关的棕色信号线接 24V，蓝色线接 0V，黑色信号线接端子 I0.2。

☑ **输出接线：** 输出公共端 1M 短接到电源 M 端，输出公共端 2L+ 短接到 PLC 电源 L+ 端。中间继电器 KA1 线圈的 14 端子接 PLC 的输出端子 Q0.0，中间继电器线圈的 13 端子接 M 端（0V）。中间继电器 KA2 线圈的 14 端子接 PLC 的输出端子 Q0.1，中间继电器线圈的 13 端子接 M 端（0V）。

6.8 CPU SR20 AC/DC/RLY 输入和输出接线

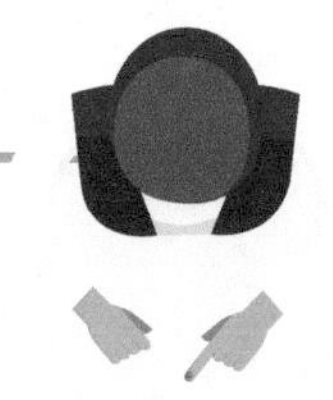

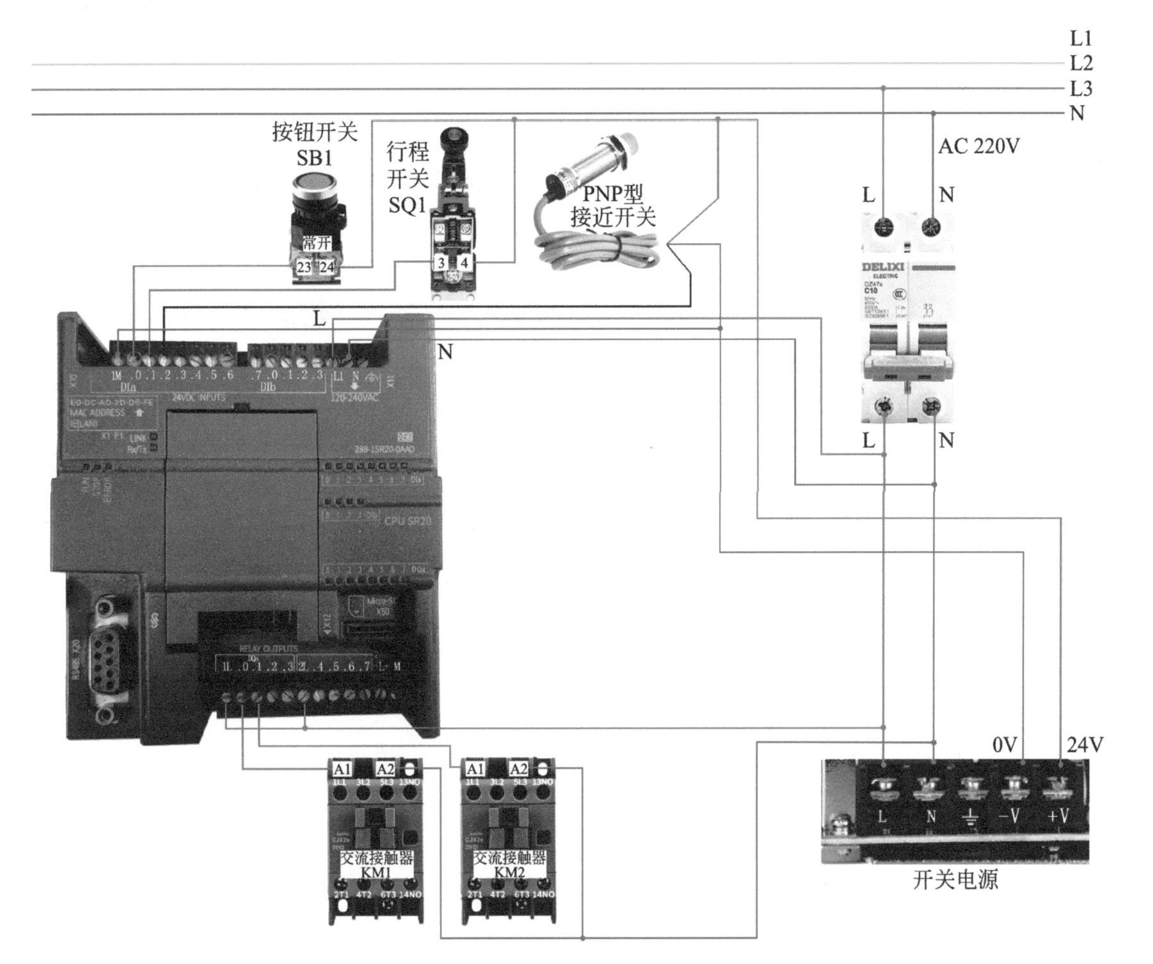

☑ **电源接线：** 西门子 S7-200 PLC 电源接线柱 L1 接断路器的出线端的火线 L，接线柱 N 接断路器的出线端的零线 N。断路器的进线端分别接一根火线和零线。

☑ **输入接线：** 输入公共端 1M 短接到开关电源的 −V。按钮开关 SB1 常开触点 24 接 24V，23 接端子 I0.0；行程开关 SQ1 常开触点 4 接 24V，3 接端子 I0.1；PNP 型接近开关的棕色信号线接 24V，蓝色线接 0V，黑色信号线接端子 I0.2。

☑ **输出接线：** 输出公共端 1L，短接到 PLC 电源 L。交流接触器 KM1 线圈端子 A1 接 PLC 的输出端子 Q0.0，交流接触器 KM1 端子 A2 接断路器的出线端的零线 N。交流接触器 KM2 线圈端子 A1 接 PLC 的输出端子 Q0.1，交流接触器 KM1 端子 A2 接断路器的出线端的零线 N。

6.9 晶体管型 CPU ST20 DC/DC/DC 输出中继控制接触器接线

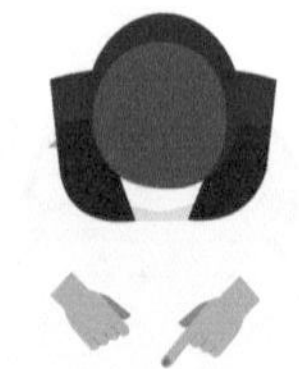

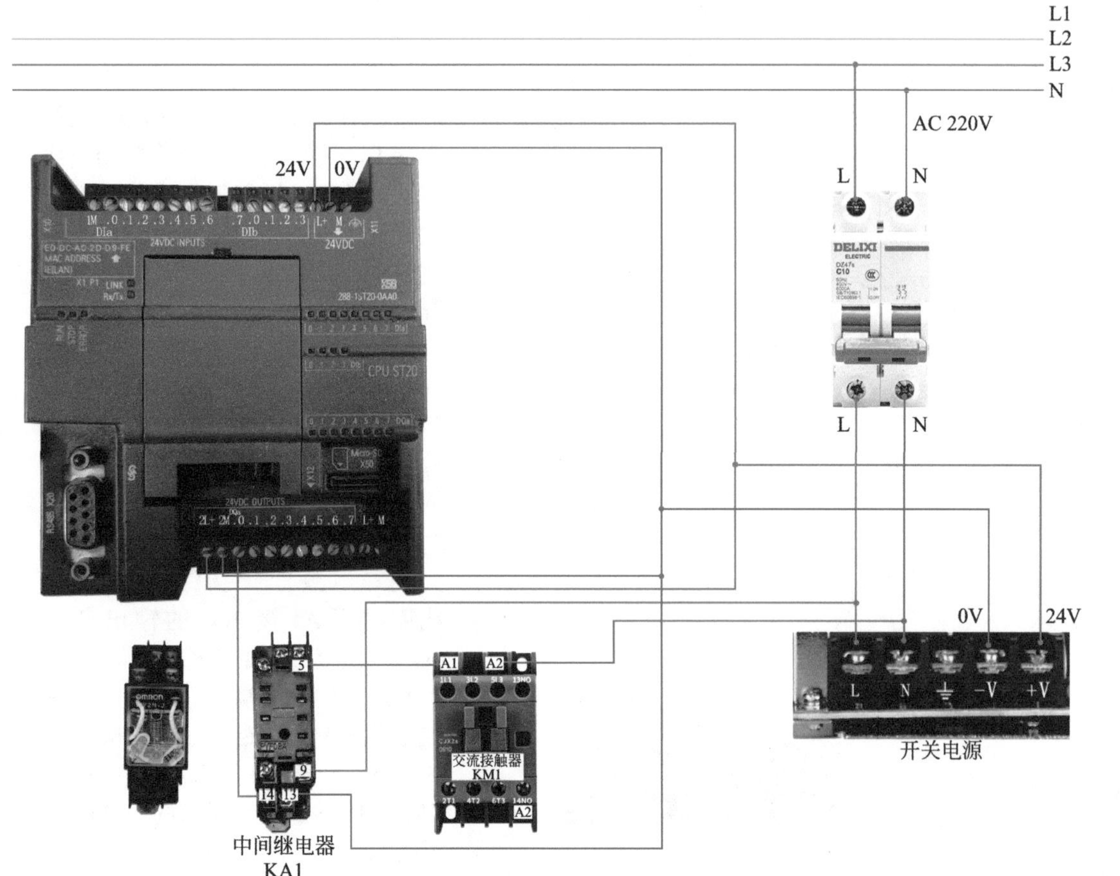

☑ **电源接线：** 西门子 S7-200 SMART PLC 电源接线柱 L+ 接开关电源 V+，接线柱 M 接开关电源 V−。PLC 的 2L+ 接 L+，2M 接 M。

☑ **输出接线：** 输出公共端 2M 短接到电源 V−，输出 2L+ 短接到 PLC 电源 V+ 端。中间继电器 KA1 线圈的 14 端子接 PLC 的输出端子 Q0.0，中间继电器线圈的 13 端子接 M 端（0V）。中间继电器的 9 接 L 端，5 接接触器 KM1 的 A1，A2 接 N。

NPN型接近开关与S7-200 SMART PLC的接线（修改M端）

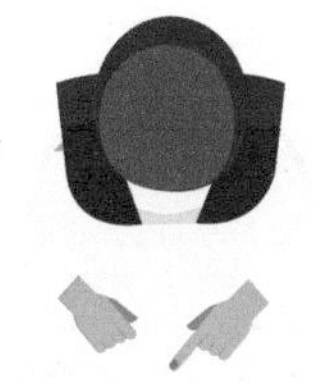

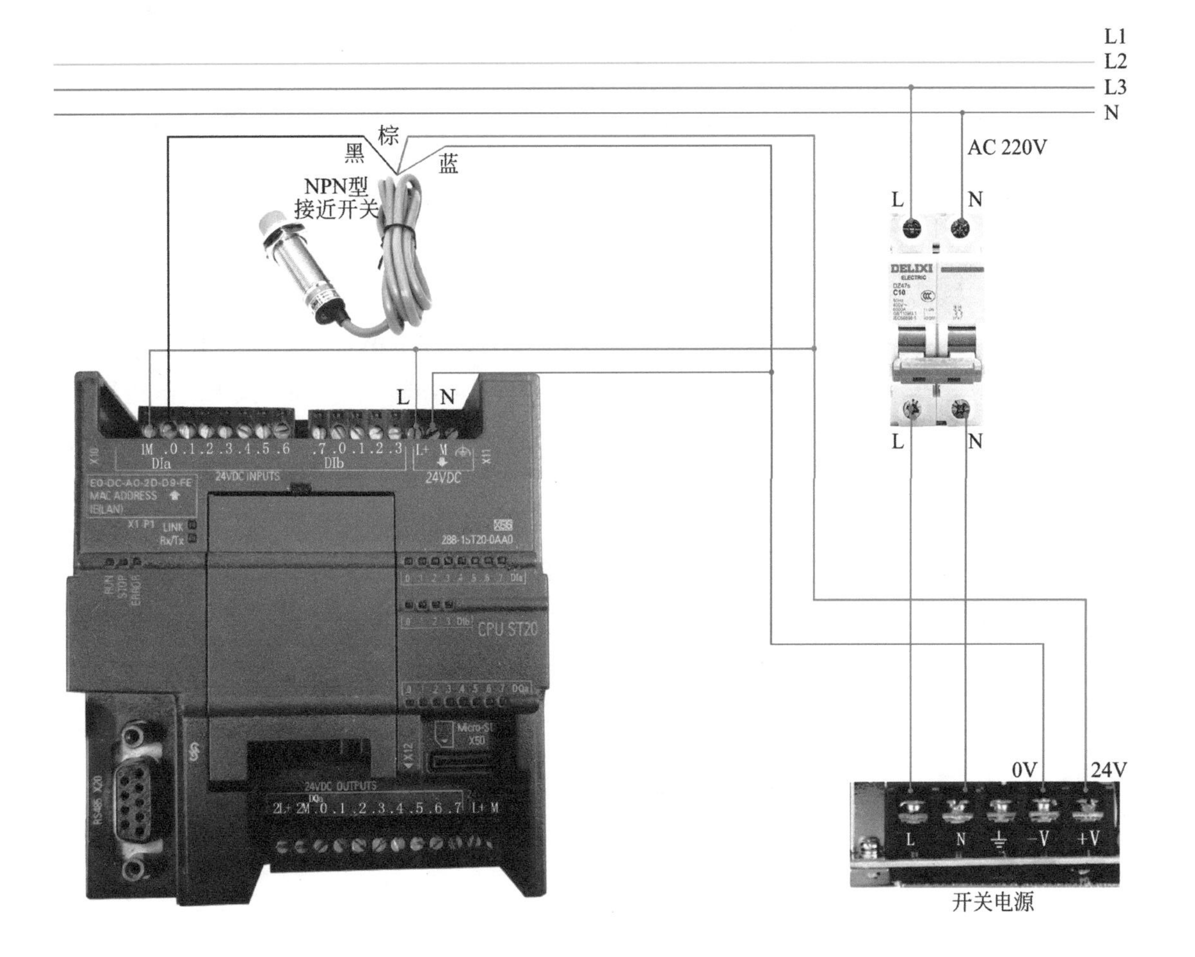

PLC输入端是双极性，既可以接低电平0V，也可以接高电平24V。PLC的1M端接高电平端接24V，输入信号接低电平0V，这样整个输入端都需要接低电平0V。

NPN型三线制接近开关为低电平输出。棕色电源线为24V，蓝色电源线为0V，黑色信号线接I0.0。

6.11 NPN 型接近开关与 S7-200 SMART PLC 的接线（借助中继）

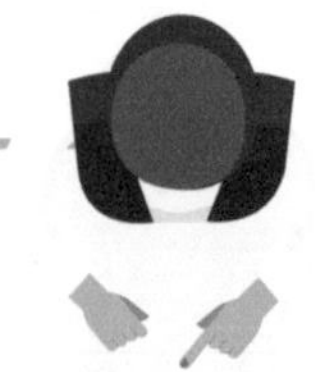

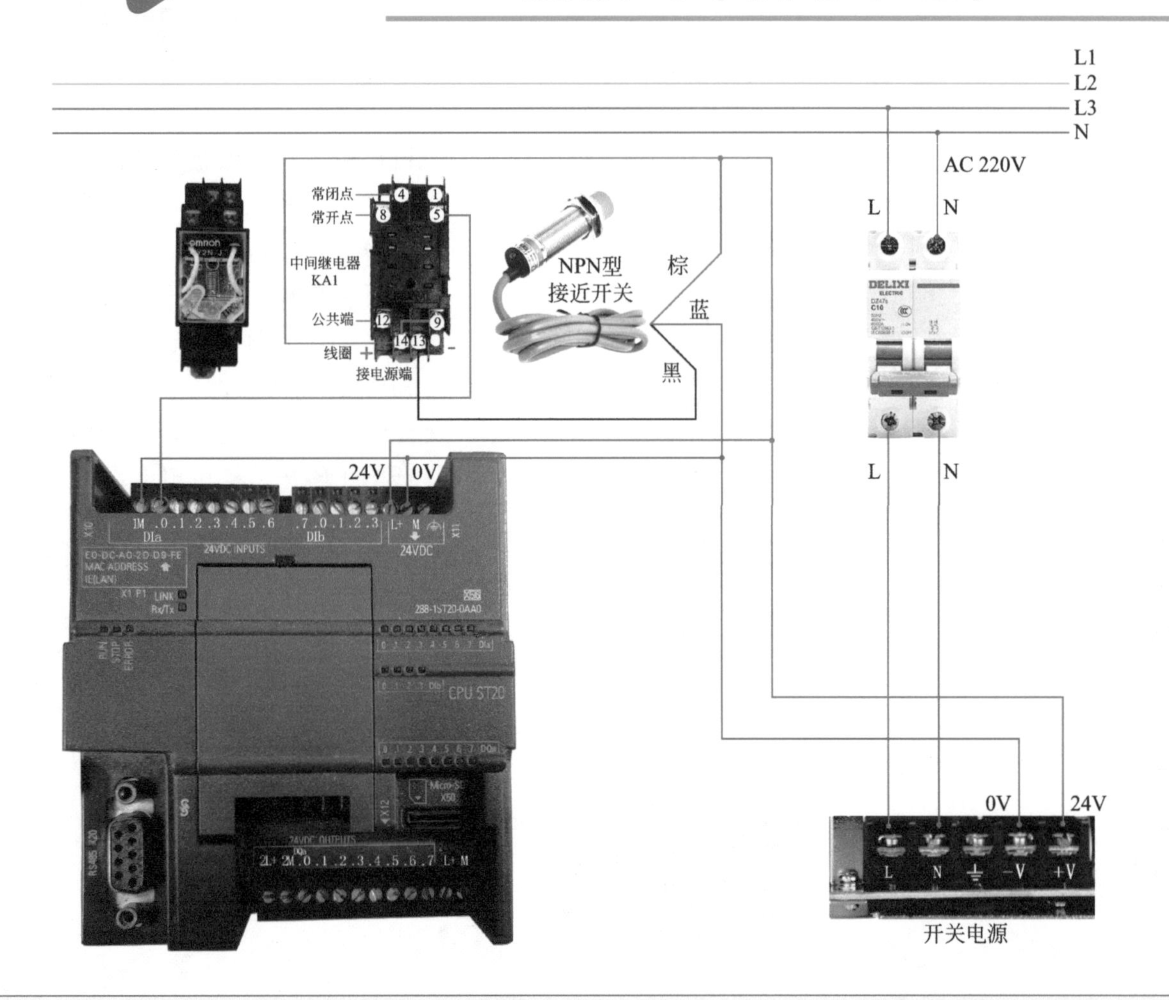

三线制接近开关 NPN 型号为低电平输出。棕色电源线为 24V，蓝色电源线为 0V，黑色信号线接输出 0V。

当 PLC 输入公共端 1M 接的是低电平（0V）时，可借助于中间继电器转换，+24V 接中间继电器的 14 号脚，接近开关黑色线接中间继电器 13 号脚，14 号脚（24V）接到 9 号端子，5 号端子接 PLC 的 I0.0。

接近开关感应以后，中间继电器线圈吸合，常开触点 9 与 5 导通，即 I0.0 得到 24V。

6.12 数字量输入输出模块 EM DR16 接线

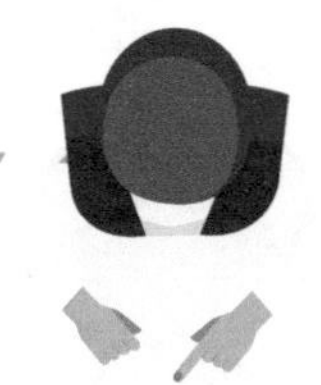

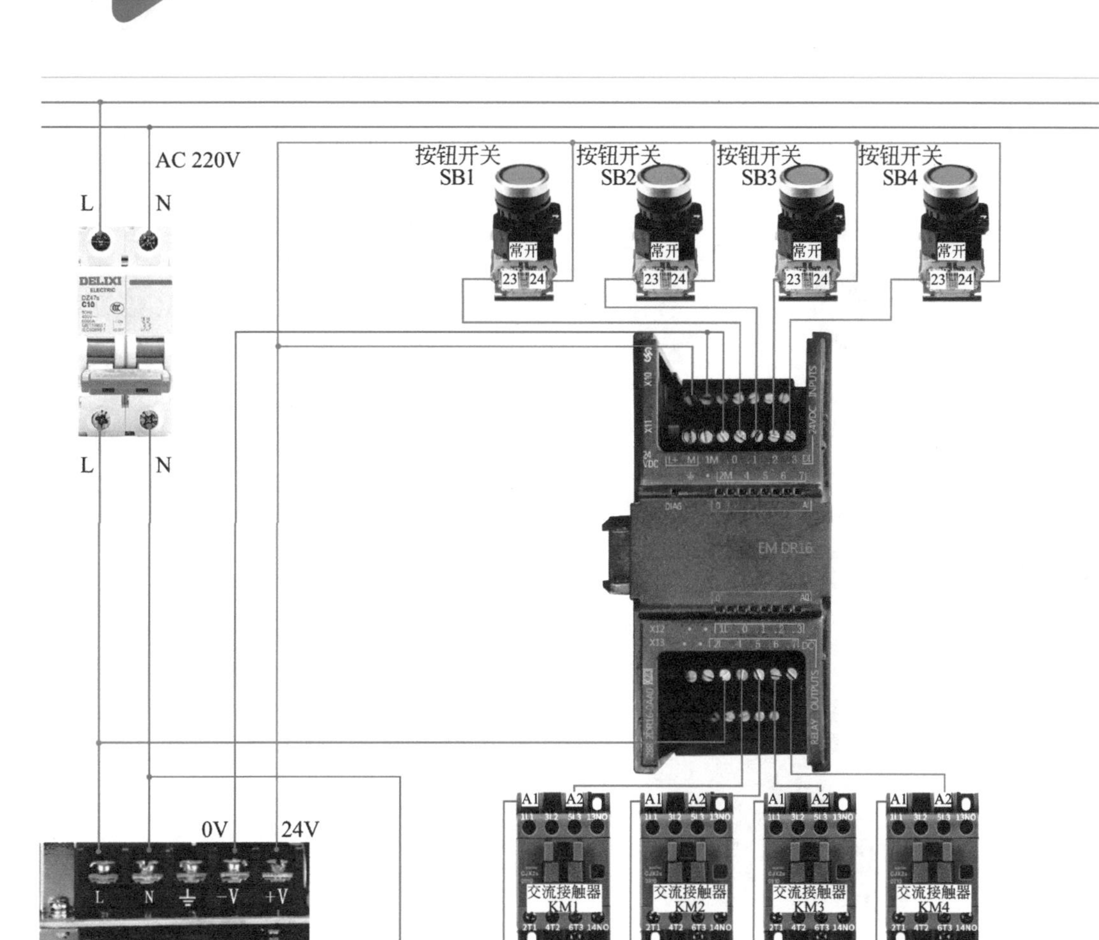

- **DR16 模块接线：** 接线柱 L+ 接开关电源 V+（24V），接线柱 M 接开关电源 V−（0V）。
- **输入接线：** 输入公共端 M 与 1M 短接到开关电源的 −V。按钮开关 SB1 常开触点 24 接 V+（24V），23 接端子 I0.0，按钮开关 SB2、SB3、SB4 接线方式同按钮 SB1。
- **输出接线：** 输出公共端 1L，与 1L 短接接断路器输出的 L 端。交流接触器 KM1 线圈端子 A2 接 PLC 的输出端子 Q0.1，交流接触器 KM1 端子 A1 接断路器的出线端的零线 N。交流接触器 KM2、KM3、KM4 的接线同 KM1。

6.13 模拟量模块 EM AM03 与电流型变送器接线

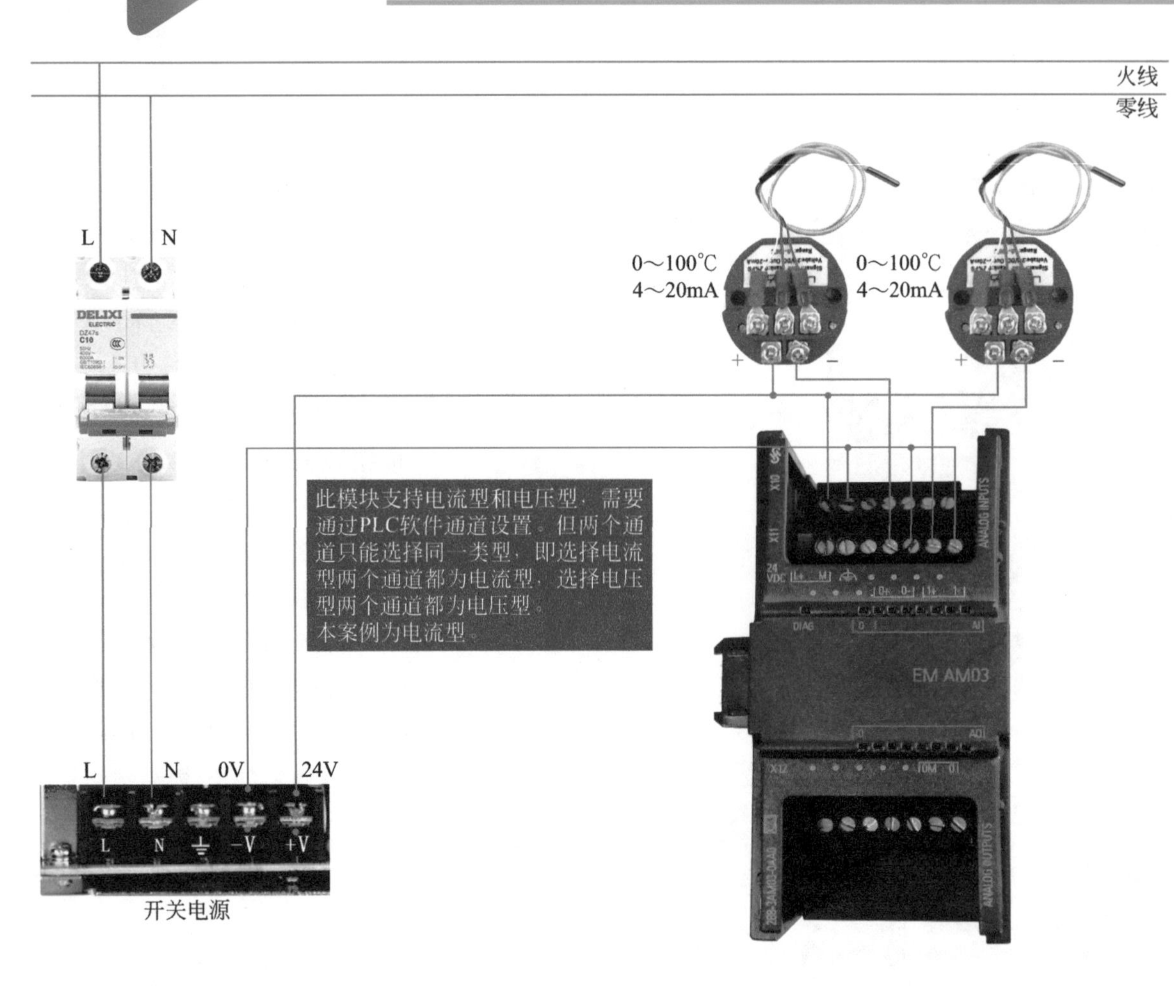

AM03 是模拟量输入 / 输出模块混合模块，2 路模拟量输入和 1 路模拟量输出。

☑ **AM03 电源接线：** L+ 接开关电源 +V，M 接开关电源 −V。

☑ **电流型温度变送器接线：** 变送器的 + 接开关电源 V+（24V），变送器的 − 接模块的 0+，0− 接开关电源 −V（0V）。同理接其他 1 路电流型信号。

☑ **编程软件设置：** 需通过 S7-200 SMART 编程软件设置为电流型信号。

模拟量模块 EM AM03 与电压型变送器接线

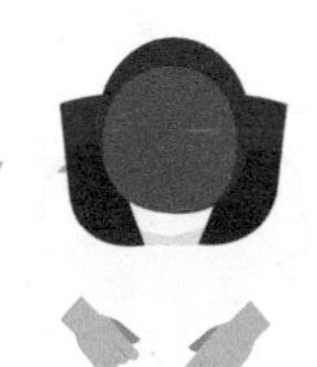

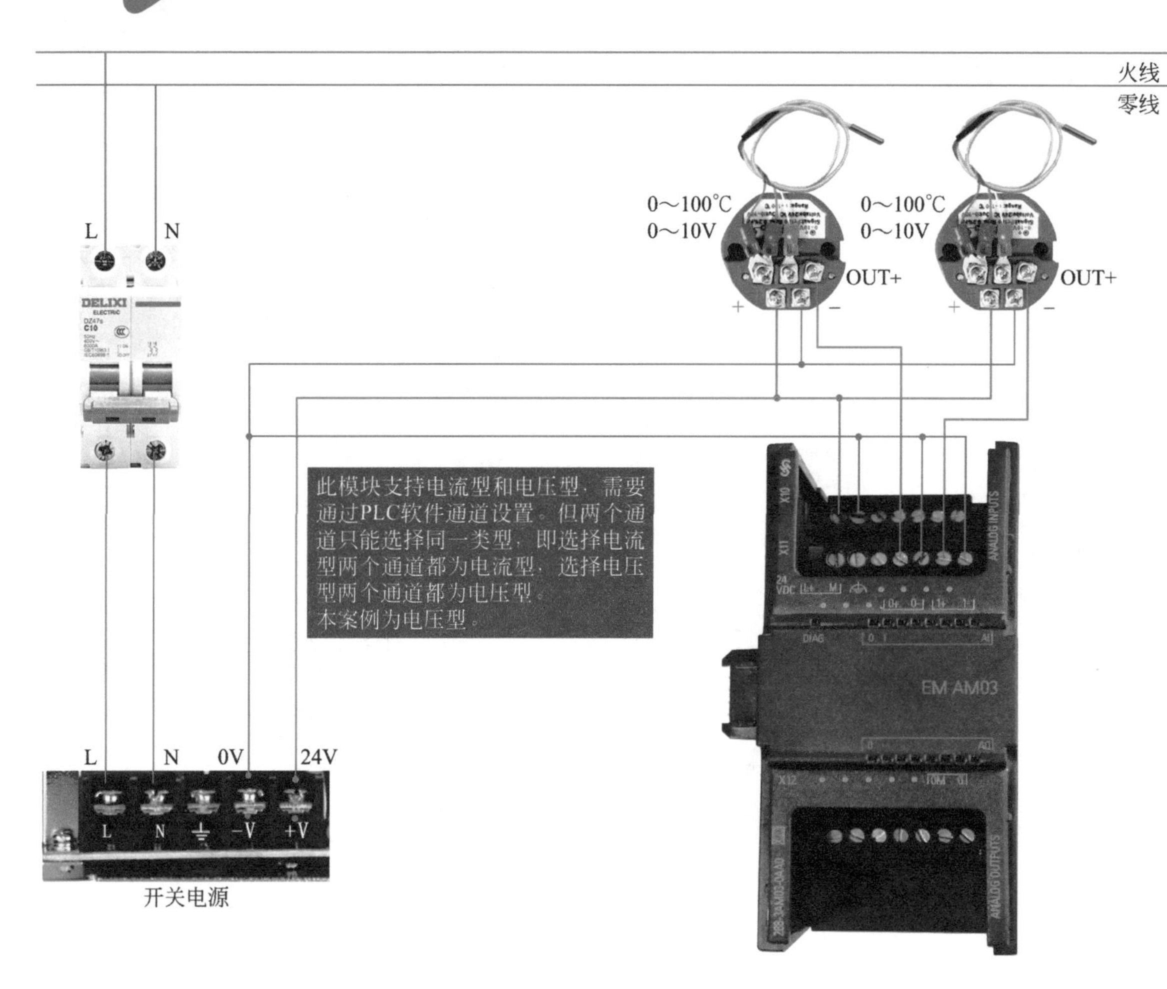

AM03 是模拟量输入 / 输出模块混合模块，2 路模拟量输入和 1 路模拟量输出。

☑ **AM03 电源接线：** L+ 接开关电源 +V，M 接开关电源 −V。

☑ **电流型温度变送器接线：** 变送器的 + 接开关电源 V+（24V），变送器的 − 接模块的 0V，变送器的 OUT 接 0+，0− 接开关电源 −V（0V）。同理接其他 1 路电流型信号。

☑ **编程软件设置：** 需通过 S7-200 SMART 编程软件设置为电压型信号。

6.15 模拟量模块 EM AM03 模拟量输出与西门子变频器接线

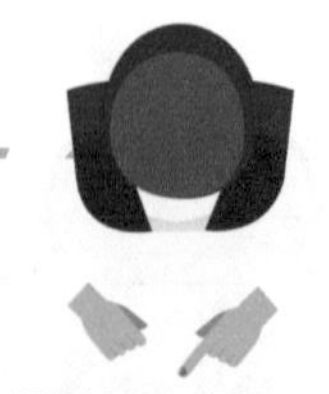

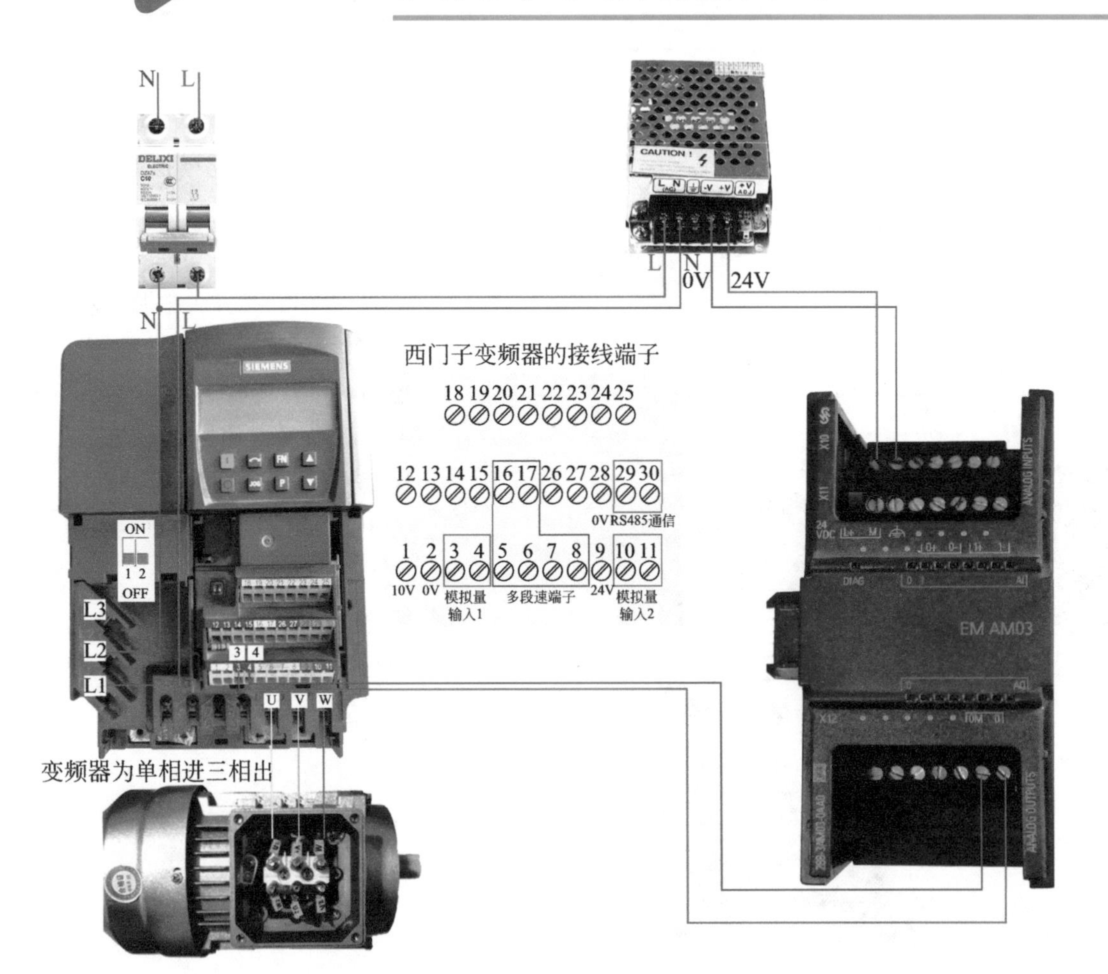

西门子变频器选择模拟量的电流或者电压控制是通过变频器的拨码开关的ON和OFF来决定的，OFF为电压型，ON为电流型。拨码开关的第一个为模拟量通道1（3号和4号端子），拨码开关的第二个为模拟量通道2（10号和11号端子）的拨码开关。

西门子的变频器的模拟量端子是一用一备，正常是用3和4端子，备用是10和11。

变频器参数P1000=2选择模拟量通道1，即3和4接线端子。P1000=7选择模拟量通道2，即10和11接线端子。

AM03是模拟量输入/输出模块混合模块，2路模拟量输入和1路模拟量输出。但是使用电压信号或电流信号需在S7-200 SMART编程软件中设置。

☑ **AM03电源接线：** L+接开关电源+V（24V），M接开关电源−V（0V）。

☑ **AM03与变频器接线：** AM03模拟量输出0接变频器3号（+），0M接变频器4号（−）。

模拟量模块 EM AM03 模拟量输出与台达变频器接线

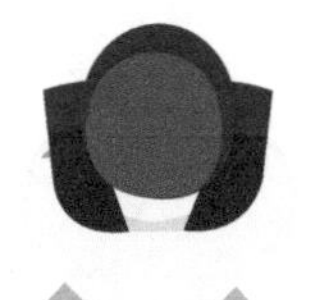

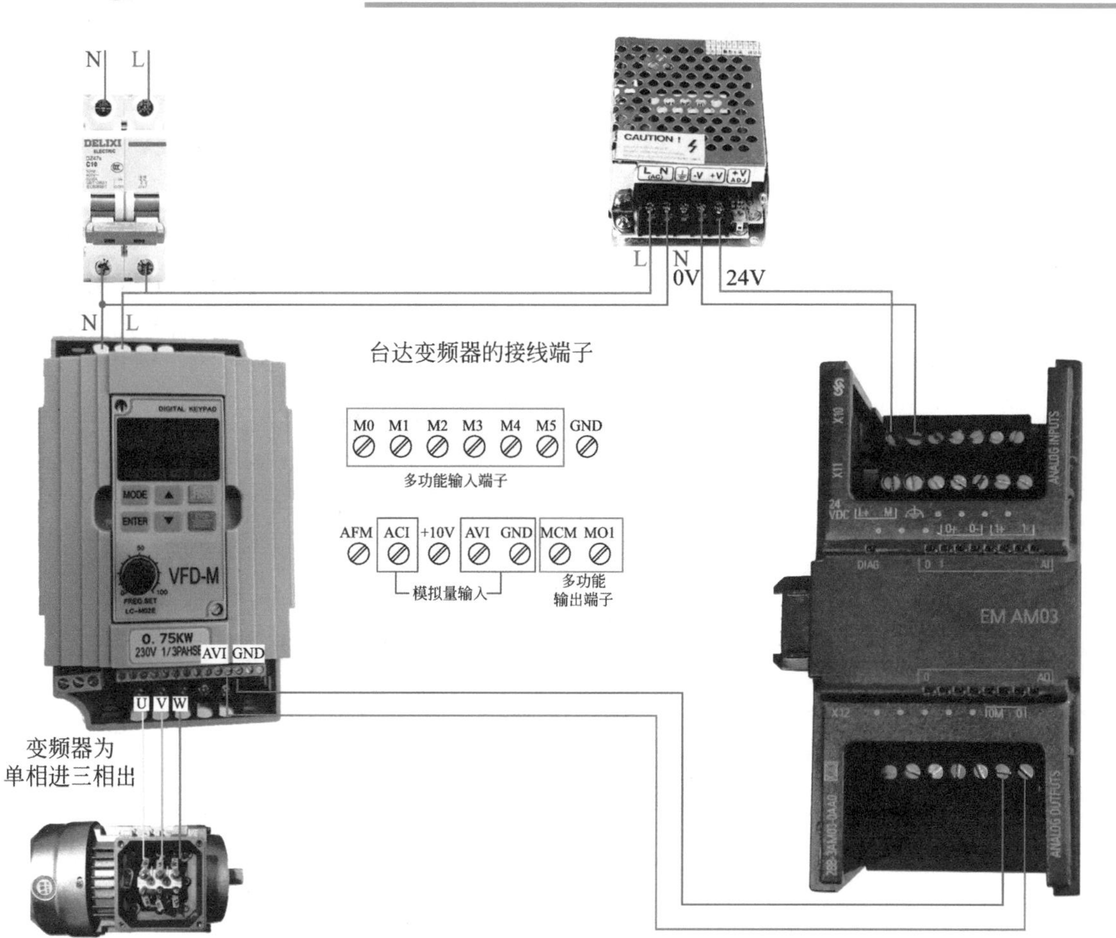

☑ **AM03 是模拟量输入 / 输出模块混合模块：** 2 路模拟量输入和 1 路模拟量输出。但是使用电压信号或电流信号需在 200 SMART 编程软件中设置。

☑ **AM03 电源接线：** L+ 接开关电源 +V（24V），M 接开关电源 −V（0V）。

☑ **AM03 与变频器接线：** AM03 模拟量输出 0 接变频器 AVI 号（+），0M 接变频器 GND 号（−）。

6.17 PNP 编码器与 PLC 接线

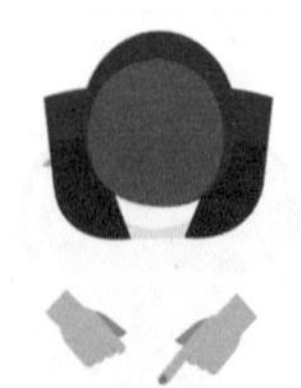

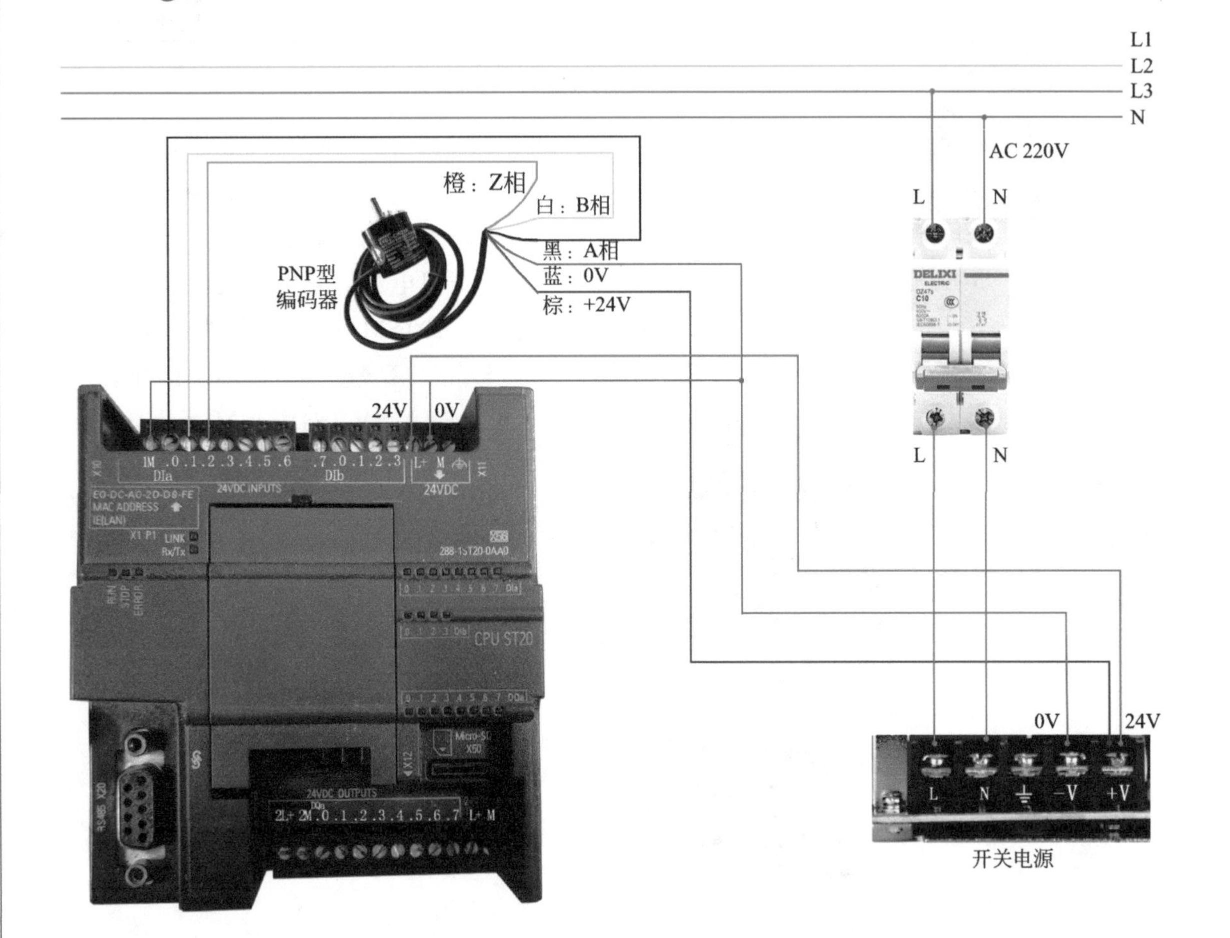

☑ **PNP 型编码器的电源接线：**棕色线接 24V，蓝色线接 0V，

☑ **信号线：**A 相接 I0.0，B 相接 I0.1（A 相和 B 相接入高速脉冲输入端子），Z 相接 I0.2。

PNP 型编码器的信号线输出高电平 24V，即 PLC 的 1M 接开关电源的 0V。

6.18 NPN 编码器与 PLC 接线

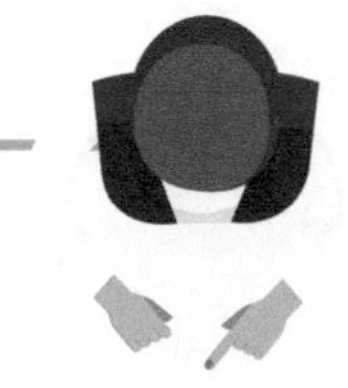

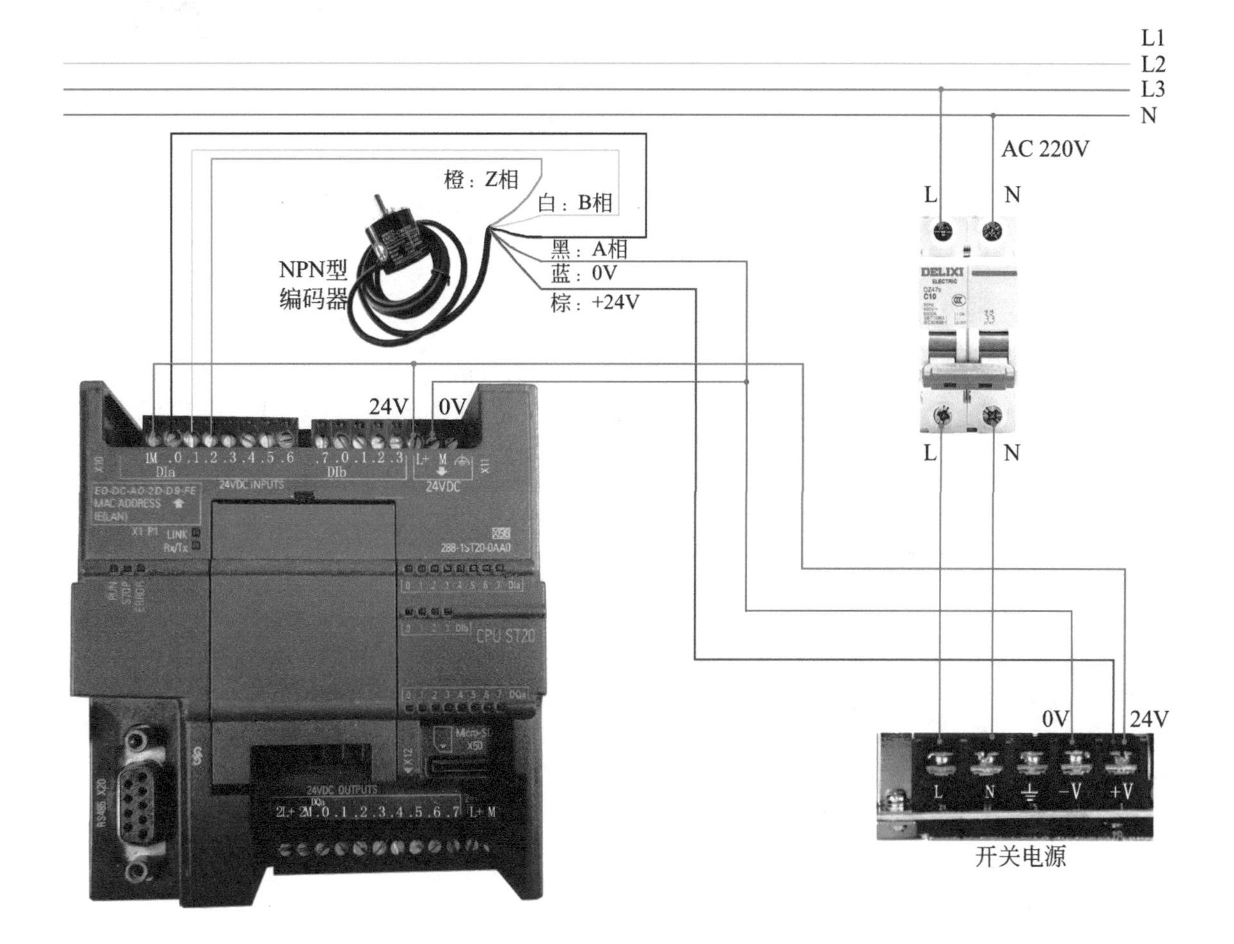

☑ **NPN 型编码器的电源接线：** 棕色线接 24V，蓝色线接 0V。

☑ **信号线：** A 相接 I0.0，B 相接 I0.1（A 相和 B 相接入高速脉冲输入端子），Z 相接 I0.2。NPN 型编码器的信号线输出低电平 0V，即 PLC 的 1M 接开关电源的 24V。

6.19 西门子 MM440 与 S7-200 SMART PLC 的三段速接线

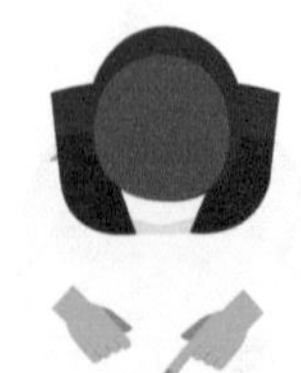

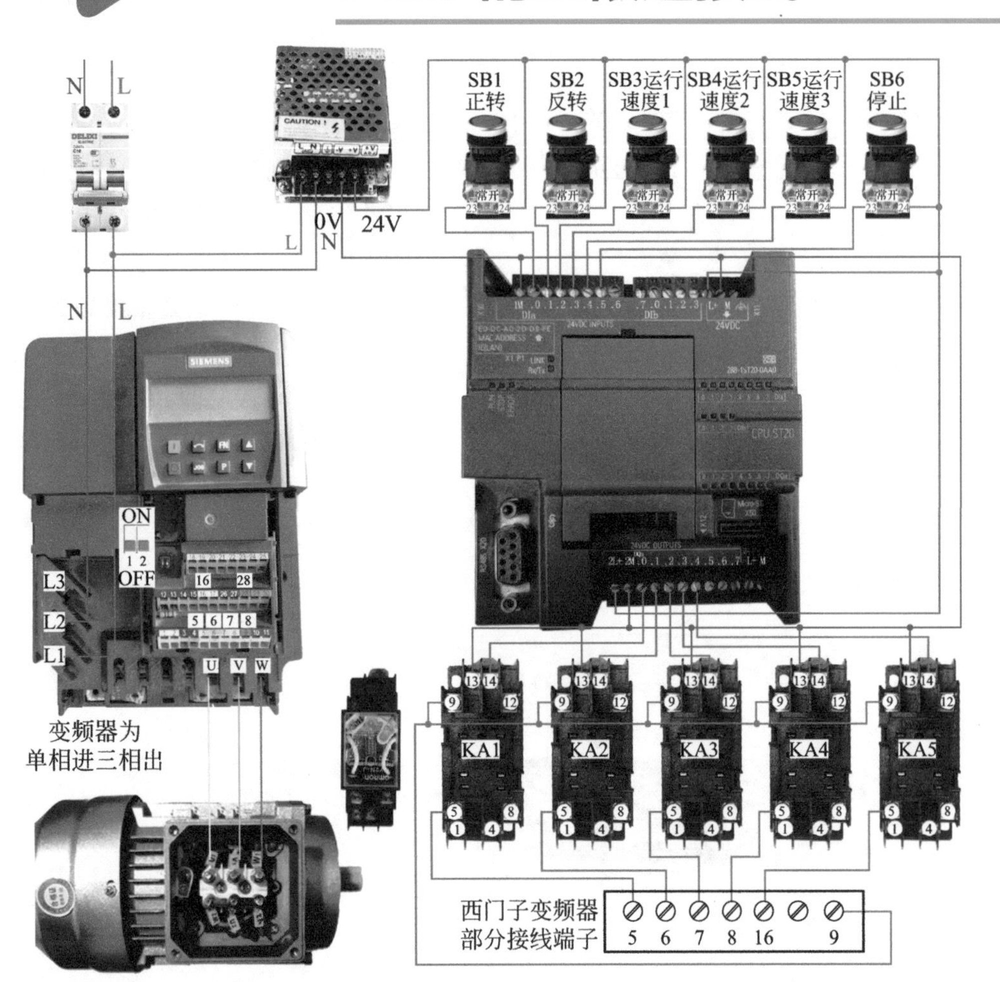

- **变频器的正反转端子接线：** 变频器一定要同源，必须用中间继电器转换。Q0.0 接 KA1 的 14 号端子，13 号端子接 0V。Q0.0 输出 KA1 吸合，常开点 9 与 5 导通。KA1 的 9 接变频器 9 号，KA1 的 5 接变频器 5 号。Q0.1 接线与 Q0.0 方式一样。Q0.0 控制正转，Q0.1 控制反转。
- **变频器的三段速端子接线：** Q0.2 接 KA3 的 14 号端子，13 号端子接 0V。Q0.2 输出 KA3 吸合，常开点 9 与 5 导通。KA3 的 9 接变频器 9 号，KA3 的 5 接变频器的 7 号。Q0.3 和 Q0.4 接线入与 Q0.2 方式一样。Q0.2 控制速度 1，Q0.3 控制速度 2，Q0.4 控制速度 3。
- **按钮开关接线：** 正转按钮接 I0.0，反转按钮接 I0.1，运行速度 1 接 I0.2，运行速度 2 接 I0.3，运行速度 3 接 I0.4，停止接 I0.5。
- **变频器的 9 号接中间继电器 KA1、KA2、KA3、KA4、KA5 的 9 号端子。**

西门子MM440与S7-200 SMART PLC的模拟量接线

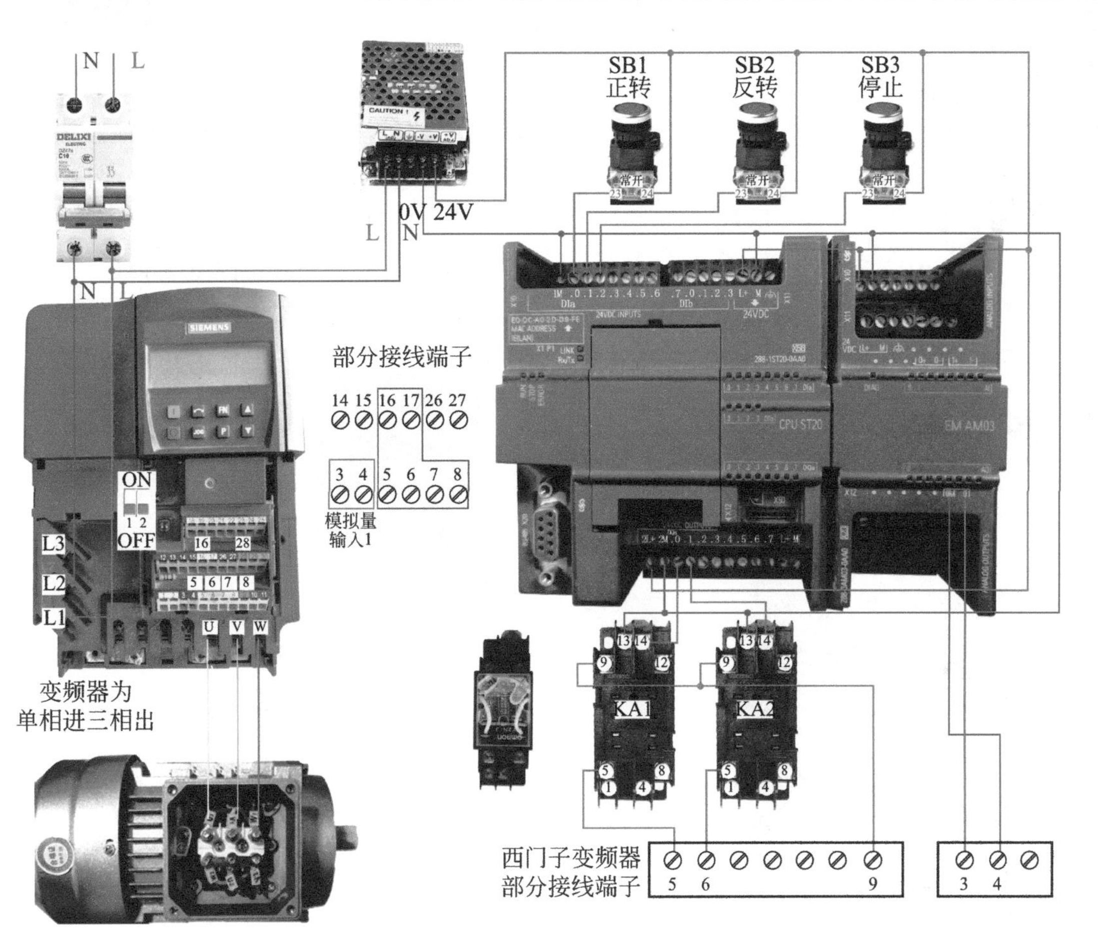

☑ **变频器的正反转端子接线：** 变频器一定要同源，必须用中间继电器转换。Q0.0接KA1的14号端子，13号端子接0V。Q0.0输出KA1吸合，常开点9与5导通。KA1的9接变频器9号，KA1的5接变频器5号。Q0.1接线入与Q0.0方式一样。Q0.0控制正转，Q0.1控制反转。

☑ **变频器的模拟量端子接线：** 3号端子接AM03模拟量输出端子0，4号端子接AM03模拟量输出端子0M。

☑ **按钮开关接线：** 正转按钮接I0.0，反转按钮接I0.1，停止接I0.2。

☑ **变频器的9号接中间继电器KA1、KA2的9号端子。**

西门子 MM440 与 S7-200 SMART PLC 的 USS 通信接线

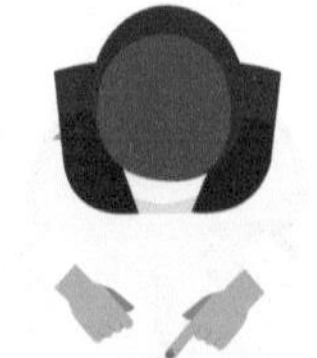

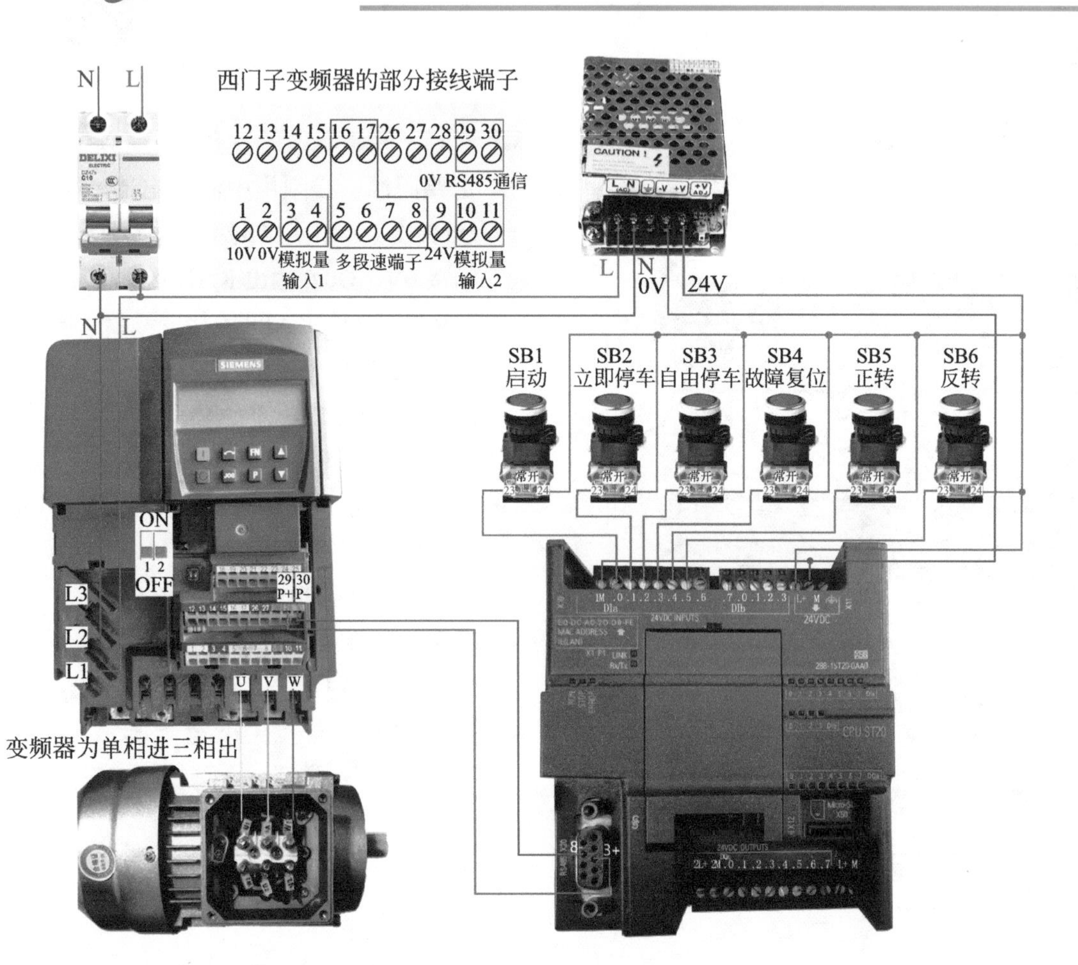

☑ **变频器的通信端子接线：**变频器的29号端子接PLC串口的3，30号端子接PLC的串口的8。

☑ **按钮开关接线：**启动按钮接I0.0，立即停止按钮接I0.1，自由停车接I0.2，故障复位接I0.3，正转接I0.4，反转接I0.5。

6.22 台达变频器与S7-200 SMART PLC的三段速接线

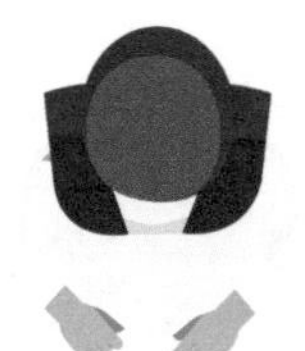

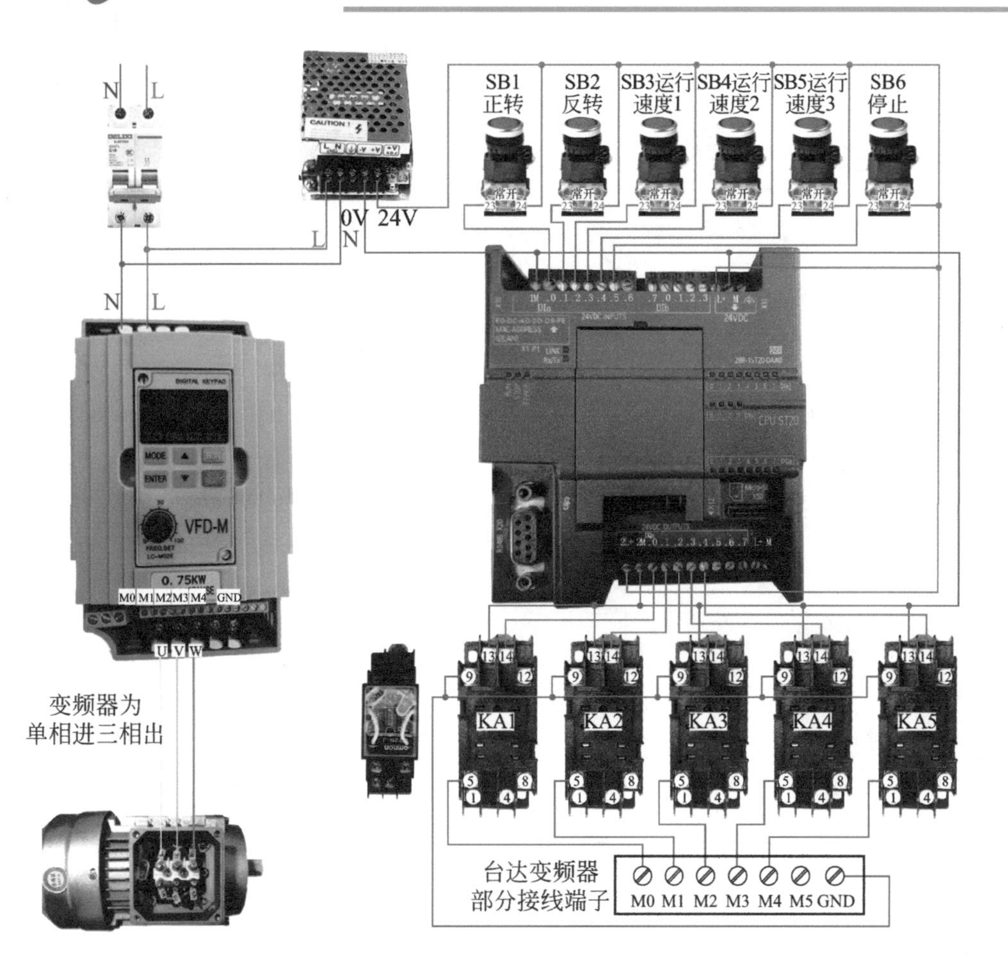

- **变频器的正反转端子接线：**台达变频器是低电平有效，必须用中间继电器转换。Q0.0接KA1的14号端子，13号端子接0V。Q0.0输出KA1吸合，常开点9与5导通。9接变频器GND，5接M0。Q0.1接线与Q0.0方式一样。Q0.0控制正转，Q0.1控制反转。
- **变频器的三段速端子接线：**Q0.2接KA3的14号端子，13号端子接0V。Q0.2输出KA3吸合，常开点9与5导通。9接变频器GND，5接M2。Q0.3和Q0.4接线入与Q0.2方式一样。Q0.2控制速度1，Q0.3控制速度2，Q0.4控制速度3。
- **按钮开关接线：**正转按钮接I0.0，反转按钮接I0.1，运行速度1接I0.2，运行速度2接I0.3，运行速度3接I0.4，停止接I0.5。
- **GND接中间继电器KA1、KA2、KA3、KA4、KA5的9号端子。**

6.23 台达变频器与 S7-200 SMART PLC 的模拟量接线

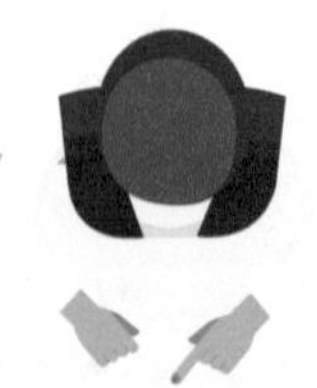

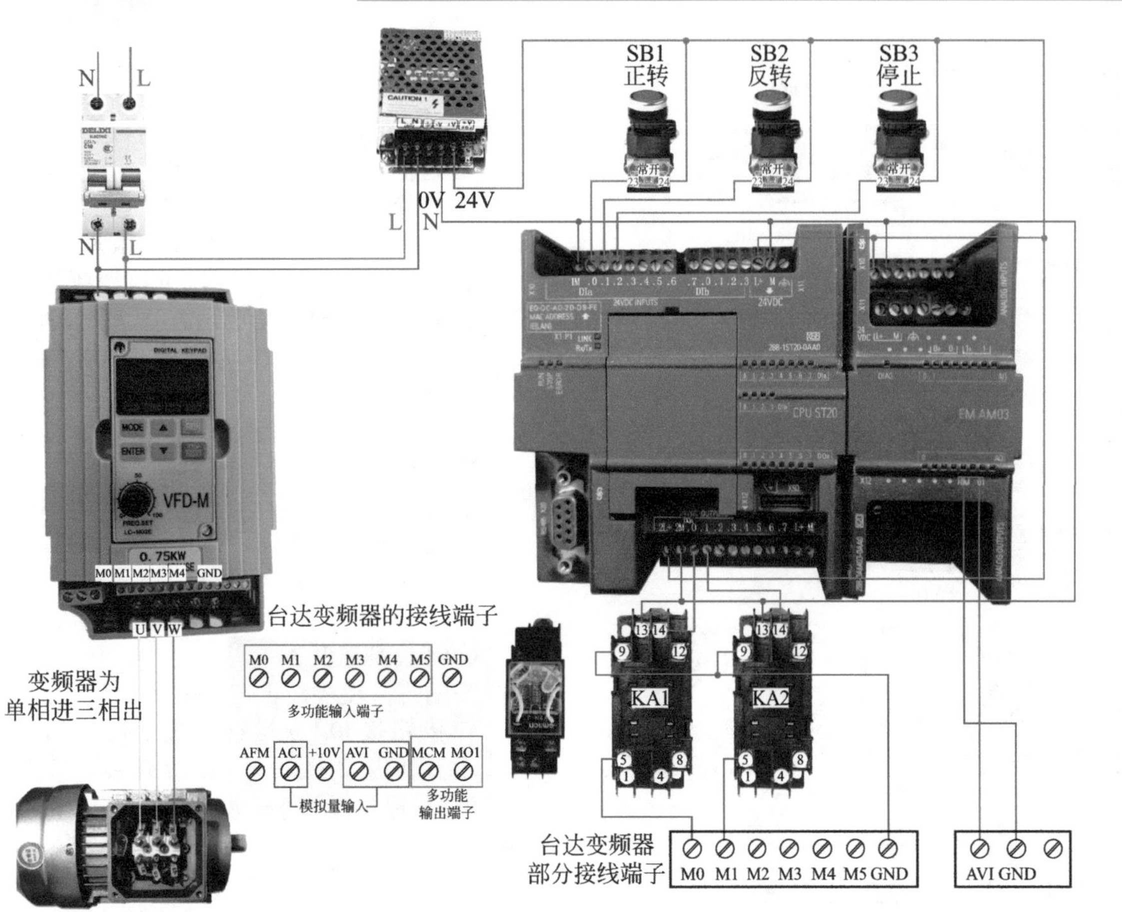

- **变频器的正反转端子接线：** 台达变频器是低电平有效，必须用中间继电器转换。Q0.0 接 KA1 的 14 号端子，13 号端子接 0V。Q0.0 输出 KA1 吸合，常开点 9 与 5 导通。9 接变频器 GND，5 接 M0。Q0.1 接线入与 Q0.0 方式一样。Q0.0 控制正转，Q0.1 控制反转。
- **变频器的模拟量端子接线：** AVI 号端子接 AM03 模拟量输出端子 0，GND 端子接 AM03 模拟量输出端子 0M。
- **按钮开关接线：** 正转按钮接 I0.0，反转按钮接 I0.1，停止接 I0.2。
- **GND 接中间继电器 KA1、KA2 的 9 号端子。**

6.24 台达变频器与 S7-200 SMART PLC 的 Modbus 通信接线

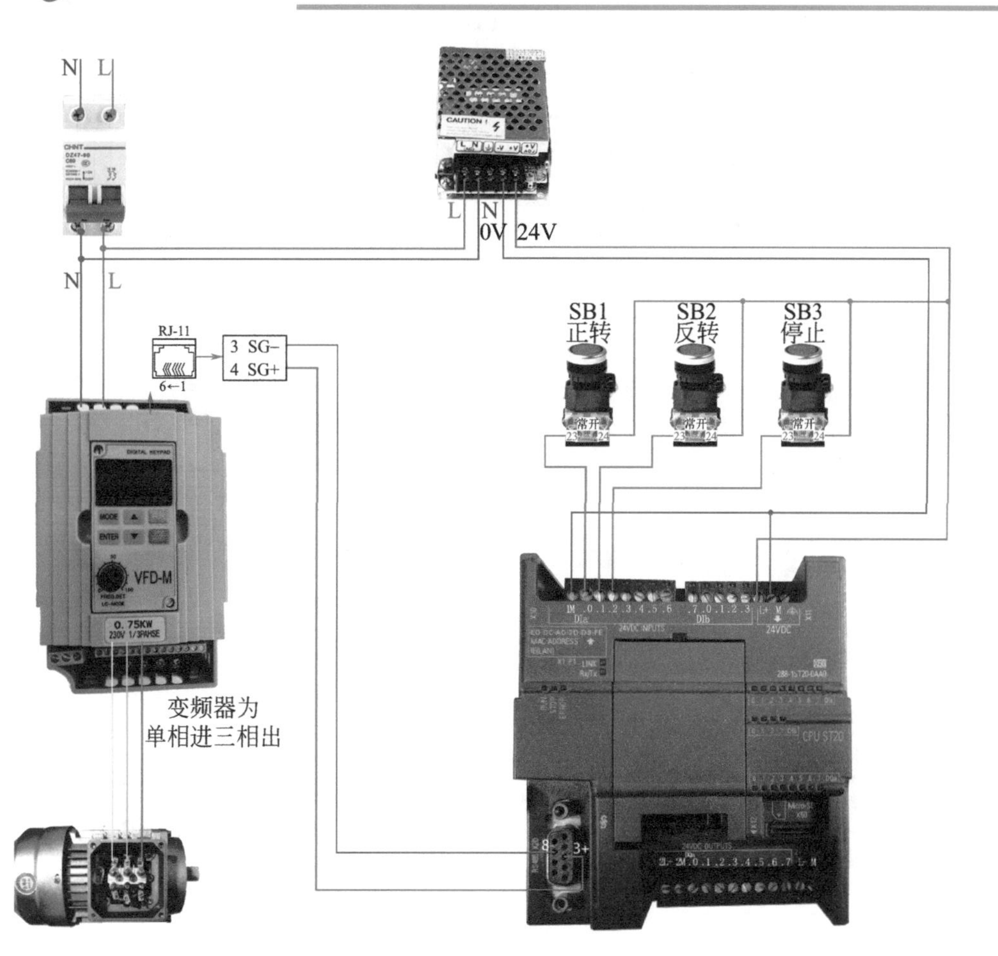

☑ **变频器的通信端子接线：**变频器的 4 号端子接 PLC 串口的 3，3 号端子接 PLC 的串口的 8。

☑ **按钮开关接线：**正转按钮接 I0.0，反转按钮接 I0.1，停止接 I0.2。

6.25 步进驱动器与 PLC 的接线

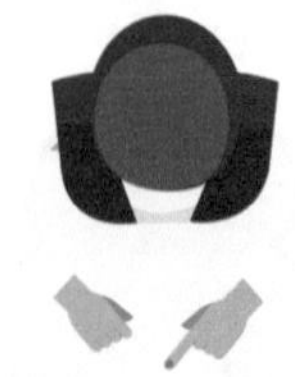

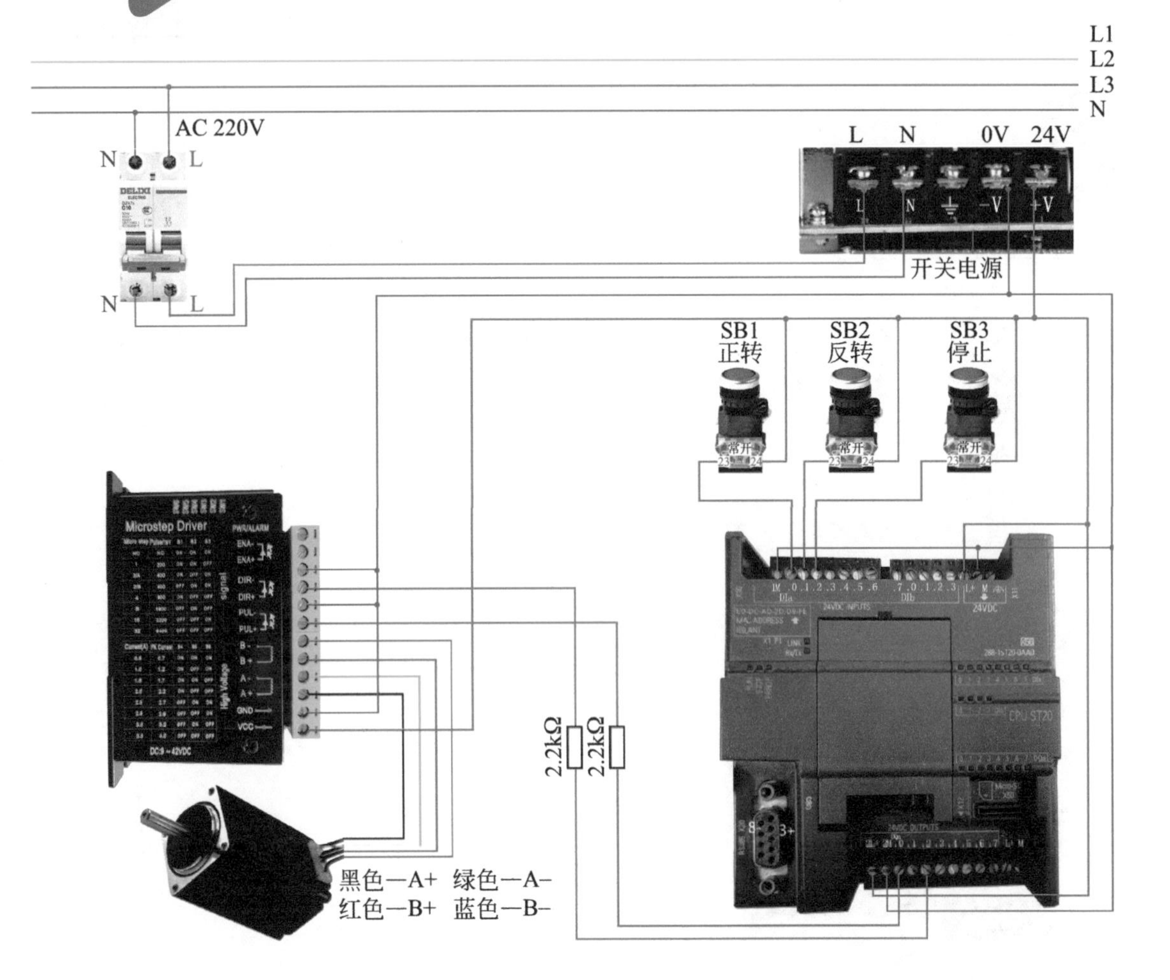

- **步进电动机电源接线：** VCC 接 24V，GND 接 0V。
- **步进电动机接线：** 黑色接 A+，绿色接 A−，红色接 B+，蓝色接 B−。
- **脉冲方向信号接线：** 脉冲（PUL+）接Q0.0，脉冲（PUL−）接 0V。方向（DIR+）接 Q0.2，方向（DIR−）接 0V。驱动器脉冲和方向是 5V 信号，PLC 输出 24V，需要串 2.2kΩ 电阻进行降压。如果驱动器内置电阻（参考说明书），则不需要串电阻。
- **输入端子接线：** 正转按钮开关 SB1 接 I0.0，反正按钮开关 SB2 接 I0.1，停止按钮开关 SB3 接 I0.2。

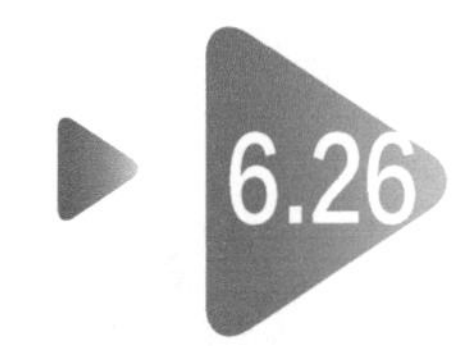

松下伺服 A5 与 S7-200 SMART PLC 的位置控制接线（无内置 2.2kΩ 电阻）

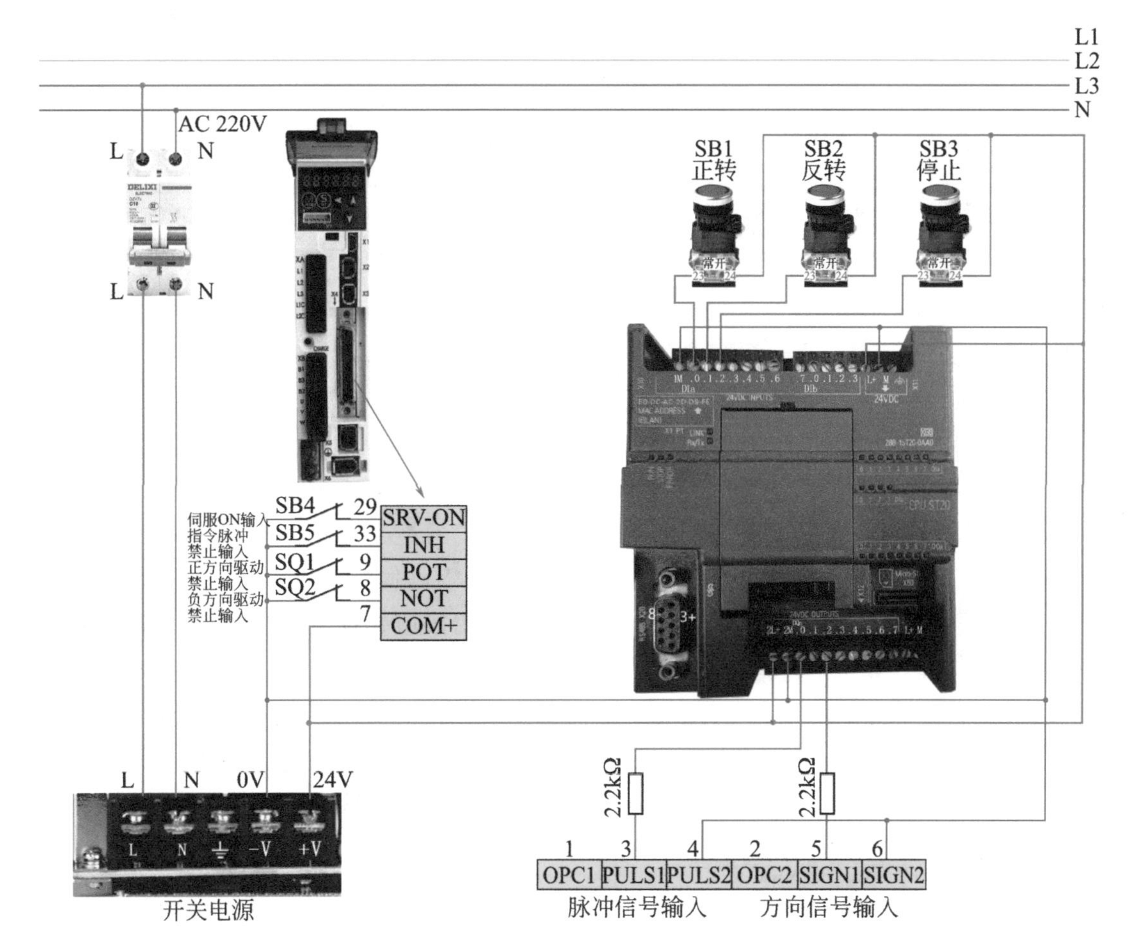

☑ **脉冲方向信号接线：** 脉冲（PULS1）接 Q0.0，脉冲（PULS2）接 0V。方向（OPC2）接 Q0.2，方向（SIGN2）接 0V。

PULS2 端子无内置 2.2kΩ 电阻，即需要外置串 2.2kΩ 电阻，进行降压。

☑ **输入端子接线：** 正转按钮开关 SB1 接 I0.0，反正按钮开关 SB2 接 I0.1，停止按钮开关 SB3 接 I0.2。

☑ **电气控制部分：** 公共端 COM+ 接 24V，伺服 ON 输入（29 号）接常闭按钮 SB4 的 0V，指令脉冲禁止输入（33 号）接常闭按钮 SB5 的 0V，正方向驱动禁止输入（9 号）接常闭按钮 SQ1 的 0V，负方向驱动禁止输入（7 号）接常闭按钮 SQ2 的 0V。

6.27 松下伺服 A5 与 S7-200 SMART PLC 的位置控制接线（内置 2.2kΩ 电阻）

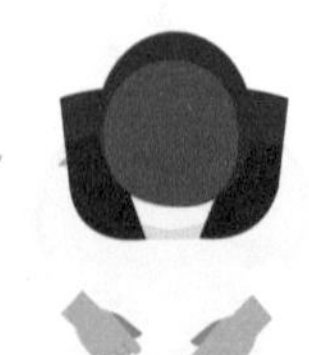

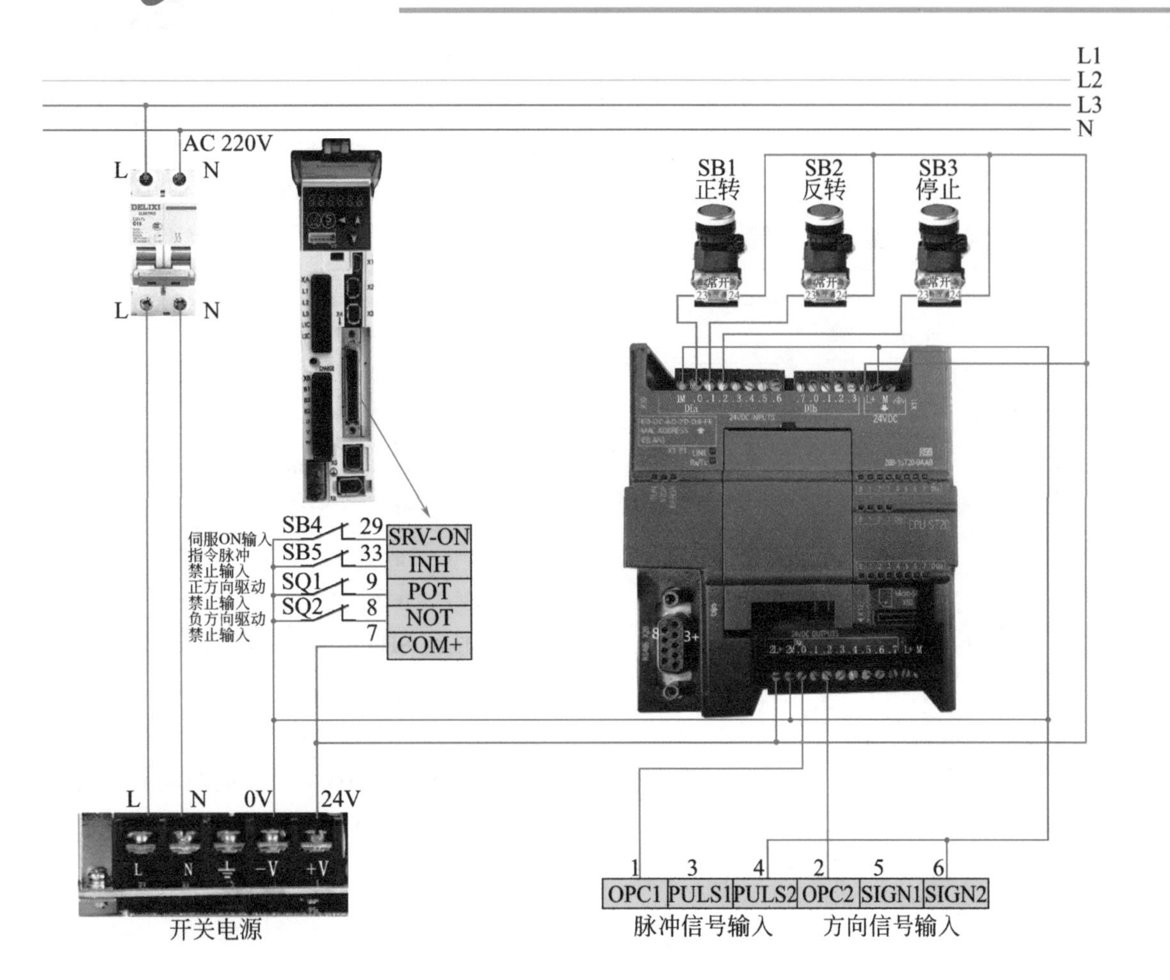

☑ **脉冲方向信号接线：** 脉冲（OPC1）接 Q0.0，脉冲（PULS2）接 0V。方向（OPC2）接 Q0.2，方向（SIGN2）接 0V。PULS1 和 OPC1 和 OPC2 端子是内置 2.2kΩ 电阻，即不需要串电阻进行降压。

☑ **输入端子接线：** 正转按钮开关 SB1 接 I0.0，反正按钮开关 SB2 接 I0.1，停止按钮开关 SB3 接 I0.2。

☑ **电气控制部分：** 公共端 COM+ 接 24V，伺服 ON 输入（29 号）接常闭按钮 SB4 的 0V，指令脉冲禁止输入（33 号）接常闭按钮 SB5 的 0V，正方向驱动禁止输入（9 号）接常闭按钮 SQ1 的 0V，负方向驱动禁止输入（7 号）接常闭按钮 SQ2 的 0V。

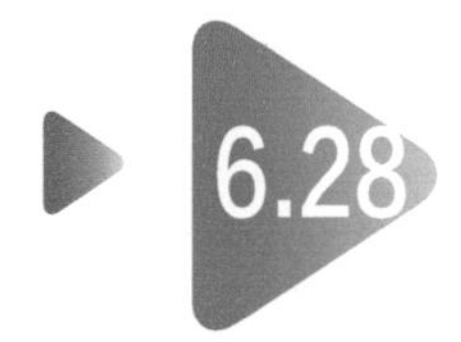

6.28 PLC 控制三相异步电动机的启保停

案例要求：当按下启动按钮时，电动机接通并保持输出；当按下停止按钮时，电动机断开。

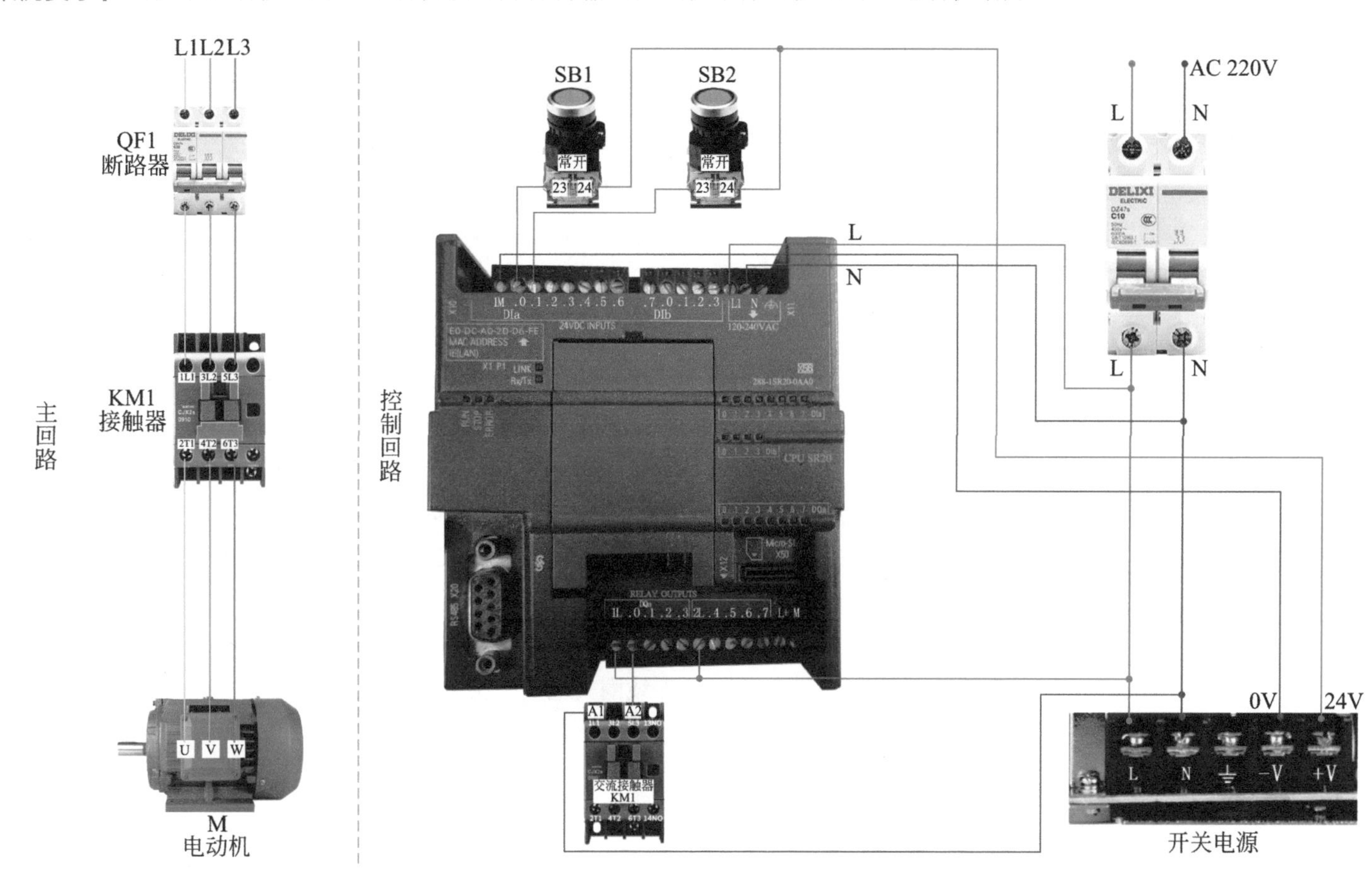

PLC IO 表:

输入量		输出量	
I0.0	电动机启动按钮	Q0.0	电动机输出
I0.1	电动机停止按钮		

案例分析:

由 IO 分配表看，I0.0 为启动按钮，I0.1 为停止按钮，Q0.0 控制交流接触器线圈。按下启动按钮，I0.0 接通，Q0.0 线圈得电，此时松开启动按钮，Q0.0 线圈自锁，构成保持。当按下停止按钮，I0.1 得电，Q0.0 线圈失电。

程序编写:

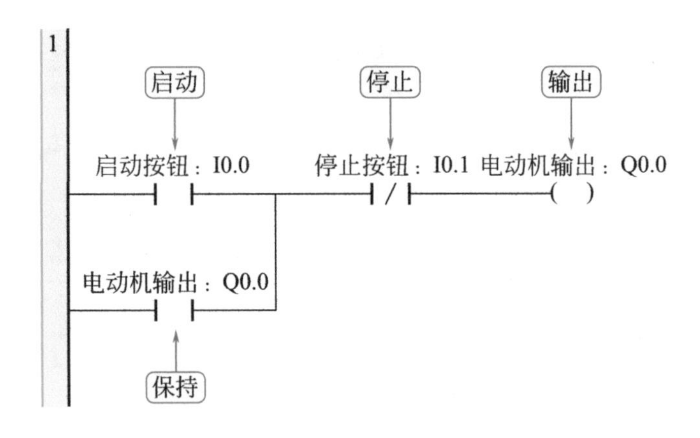

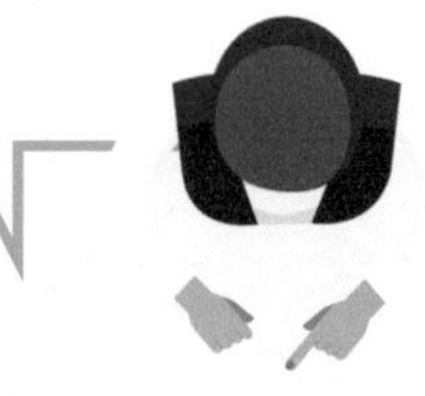

调试说明:

① 三相电 380V 通过 L1、L2、L3 引入断路器 QF1 上端端子，下端端子出线引入交流接触器主触点 1、3、5，主触点下端端子 2、4、6 出线接电动机三相 U、V、W。

② 按下 I0.0 启动按钮，Q0.0 线圈得电，交流接触器 KM1 线圈吸合，电动机启动。在程序中 Q0.0 并联在 I0.0 的下端，实现自锁。

③ 按下 I0.1 停止按钮，I0.1 得电，Q0.0 失电，交流接触器线圈失电，三相电动机停止运行。

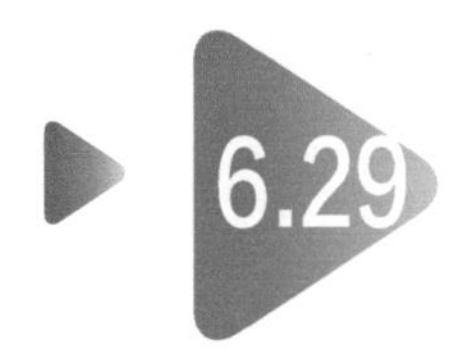

PLC 控制三相异步电动机的多地启动 1（两地都可以启动）

案例要求：在实际的运用中，经常要在两个不同的地方都能启动和停止电动机，实现两地控制。

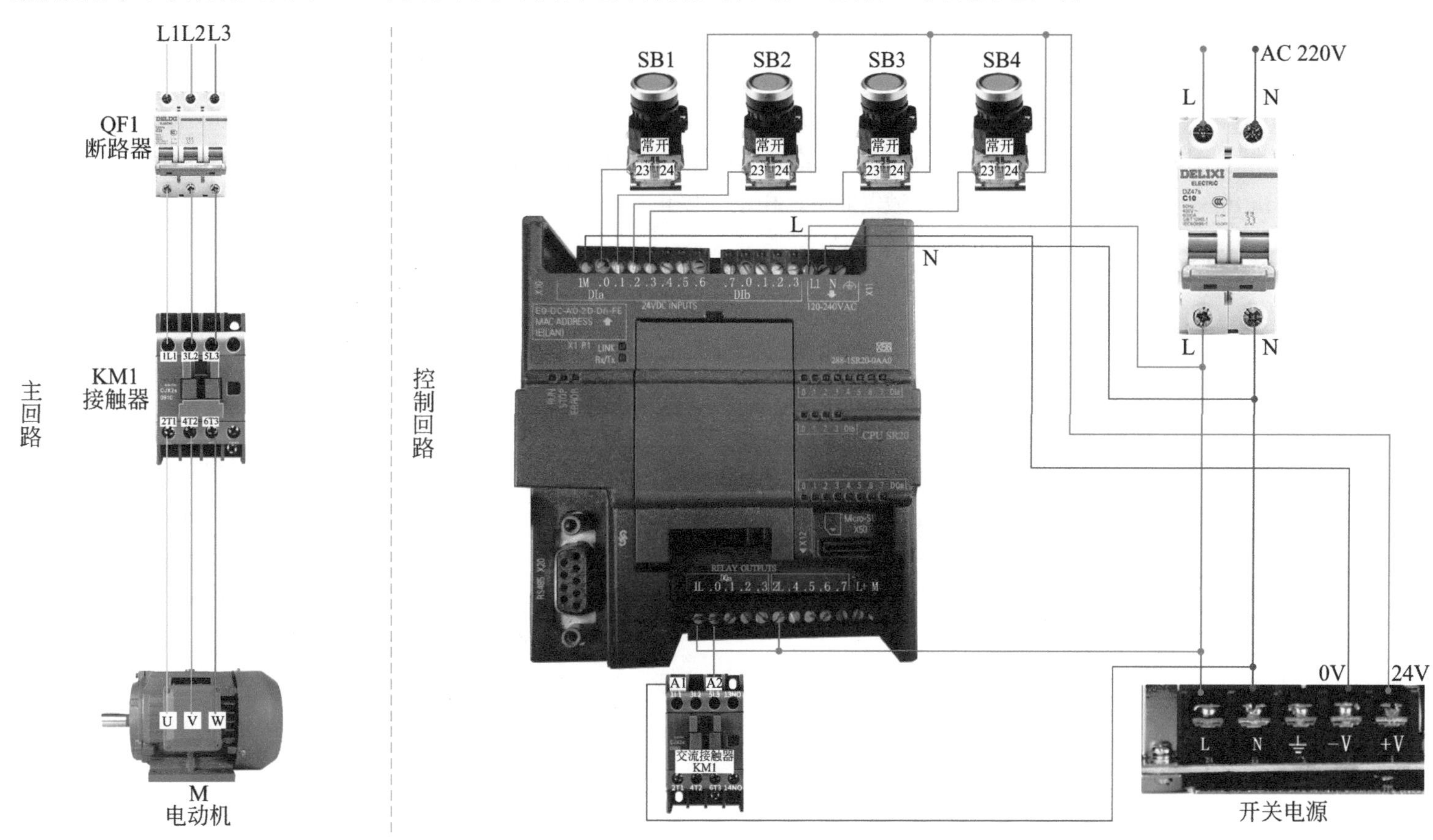

PLC IO 表:

输入量		输出量	
I0.0	A 位置启动按钮	Q0.0	电动机输出
I0.1	B 位置启动按钮		
I0.2	A 位置停止按钮		
I0.3	B 位置停止按钮		

案例分析:

由 IO 分配表看，I0.0 和 I0.1 分别为 A 位置和 B 位置启动按钮，I0.2 和 I0.3 分别为 A 位置和 B 位置停止按钮，Q0.0 控制交流接触器线圈。I0.0 和 I0.1 并联，按下 A 位置启动按钮 I0.0 或 B 位置启动按钮 I0.1，Q0.0 线圈得电自锁，构成保持。当按下 A 位置停止按钮 I0.2 或 B 位置停止按钮 I0.3，Q0.0 线圈失电，交流接触器断开，电动机停止。

程序编写:

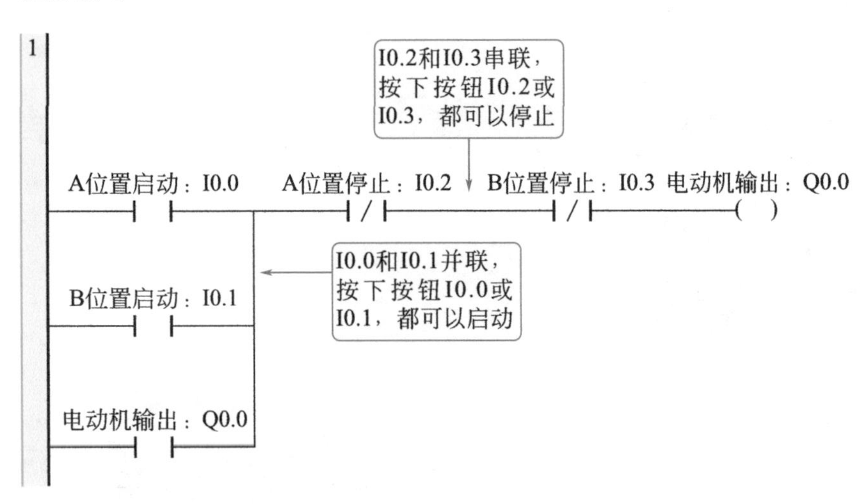

调试说明:

① 三相电 380V 通过 L1、L2、L3 引入断路器 QF1 上端端子，下端端子出线引入交流接触器主触点 1、3、5，主触点下端端子 2、4、6 出线接电动机三相 U、V、W。

② 按下 I0.0 或 I0.1 按钮，Q0.0 线圈得电，交流接触器 KM1 线圈吸合，电动机启动。在程序中 Q0.0 并在 I0.0 和 I0.1 的下端，实现自锁。

③ 按下 I0.2 或 I0.3 停止按钮，I0.2 和 I0.3 得电，Q0.0 线圈失电，交流接触器失电，三相电动机停止运行。

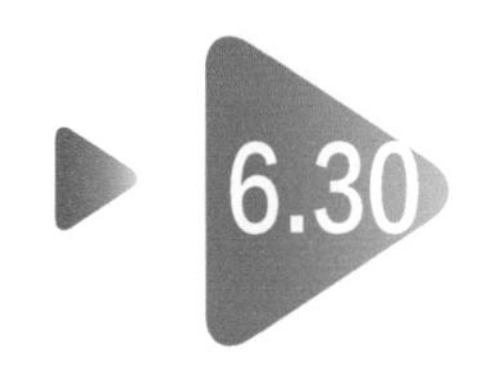

PLC 控制三相异步电动机的多地启动 2（两地同时启动才可运行）

案例要求：要求两地控制电动机M，在两个不同的地点需同时按下SB1和SB2才能启动电动机，按下SB3和SB4都能使电动机停止。

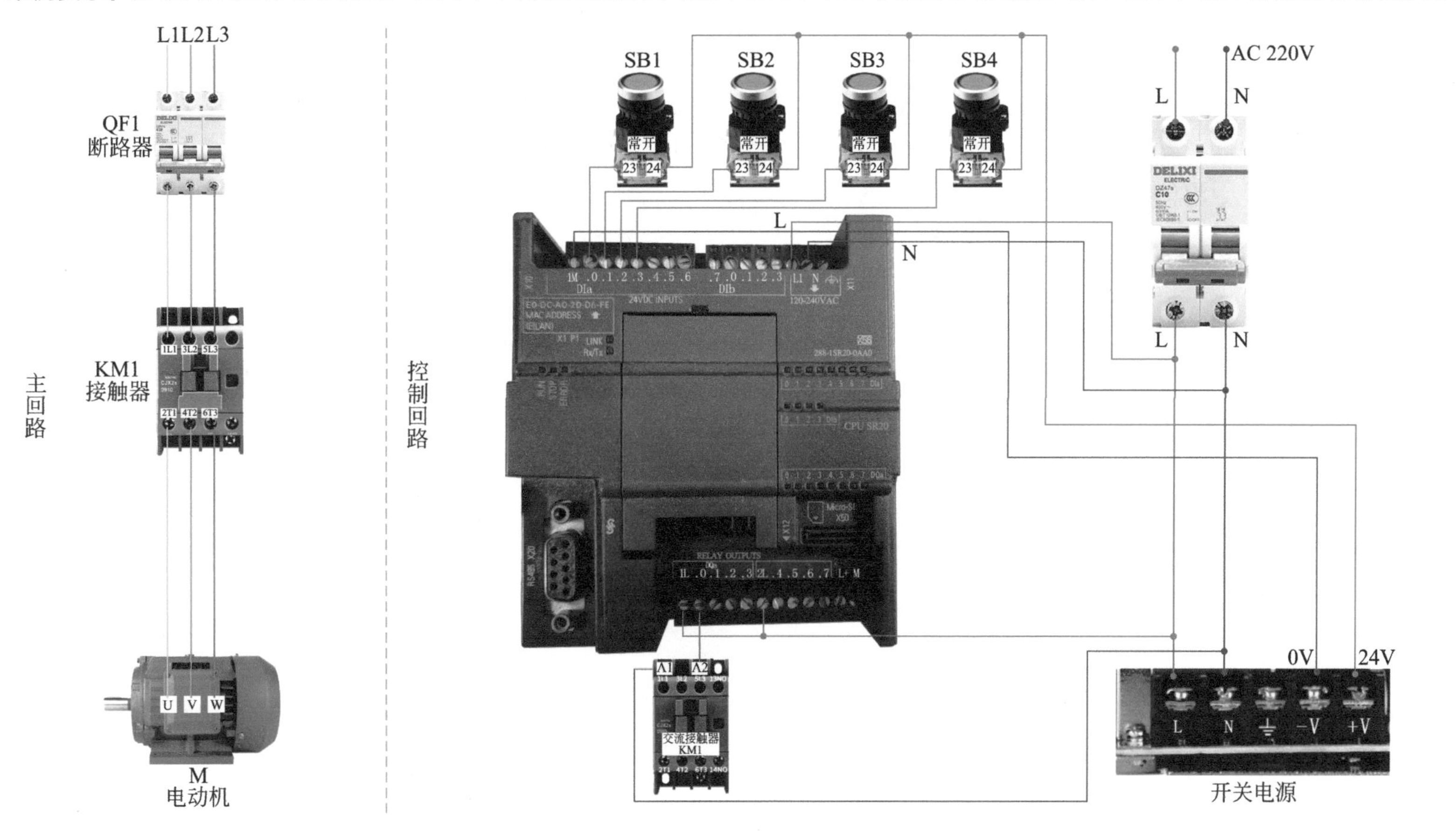

PLC IO 表：

输入量		输出量	
I0.0	A 位置启动按钮	Q0.0	电动机输出
I0.1	B 位置启动按钮		
I0.2	A 位置停止按钮		
I0.3	B 位置停止按钮		

案例分析：

由 IO 分配表看，I0.0 和 I0.1 分别为 A 位置和 B 位置启动按钮，I0.2 和 I0.3 分别为 A 位置和 B 位置停止按钮，Q0.0 控制交流接触器线圈。I0.0 和 I0.1 串联，按下 A 位置启动按钮 I0.0 和 B 位置启动按钮 I0.1，Q0.0 线圈自锁，构成保持。当按下 A 位置停止按钮 I0.2 或 B 位置停止按钮 I0.3，Q0.0 线圈失电。

程序编写：

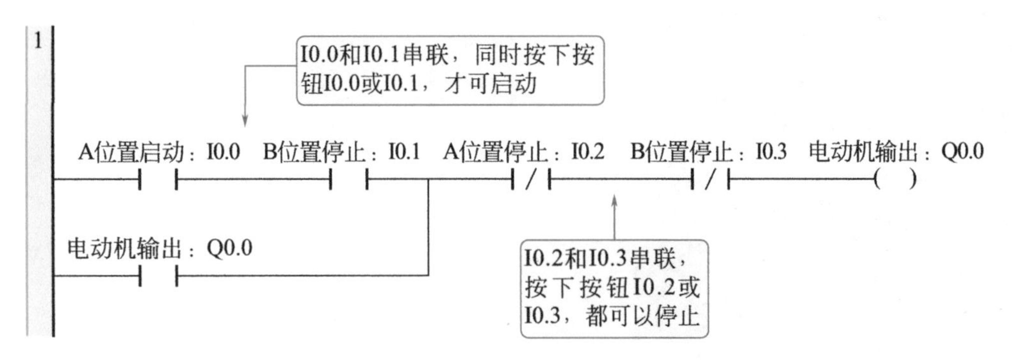

调试说明：

① 三相电 380V 通过 L1、L2、L3 引入断路器 QF1 上端端子，下端端子出线引入交流接触器主触点 1、3、5，主触点下端端子 2、4、6 出线接电动机三相 U、V、W。

② 按下 I0.0 和 I0.1 按钮，Q0.0 线圈得电，交流接触器线圈 KM1 吸合，电动机启动。在程序中 Q0.0 并在 I0.0 和 I0.1 的下端，实现自锁。

③ 按下 I0.2 或 I0.3 停止按钮，I0.2 或 I0.3 得电，Q0.0 线圈失电，交流接触器失电，三相电动机停止运行。

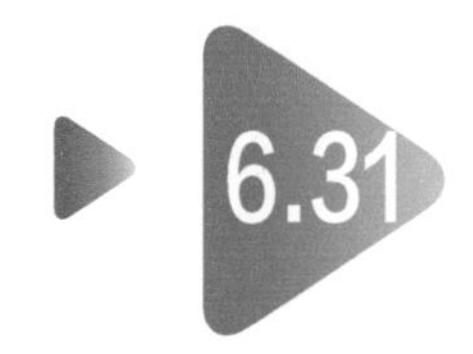

6.31 PLC 控制三相异步电动机的正反转

案例要求：在实际工作中，经常要对电动机进行正反转控制。要求按下正转启动按钮，电动机正向连续运转；按下反转启动按钮，电动机反向连续运转；按下停止按钮，电动机停止转动。

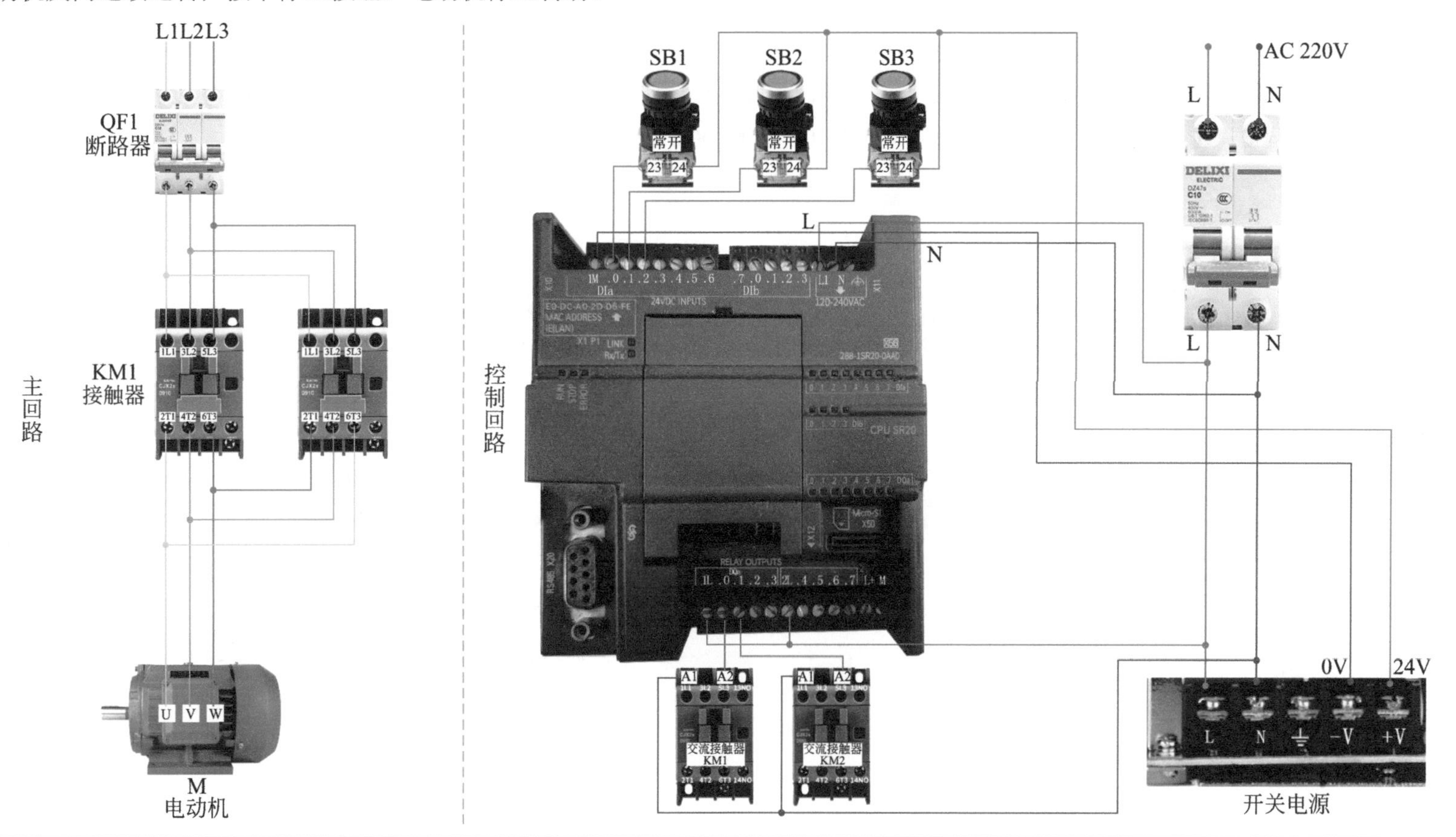

PLC IO 表：

输入量		输出量	
I0.0	正转启动按钮	Q0.0	电动机正转
I0.1	停止按钮	Q0.1	电动机反转
I0.2	反转启动按钮		

案例分析：

由 IO 分配表看，I0.0 为启动按钮，I0.1 为停止按钮，Q0.0 和 Q0.1 为电动机正反转接触器。实现电动机正转，需按下正转启动按钮 I0.0，同时反转接触器失电，此时 Q0.0 通过线圈得电自锁，构成保持。实现电动机反转，需按下反转启动按钮 I0.2，Q0.0 线圈失电，Q0.1 通过线圈得电自锁，构成保持。I0.1 为停止按钮，按下 I0.1 断开 Q0.0 和 Q0.1，输出断开。

程序编写：

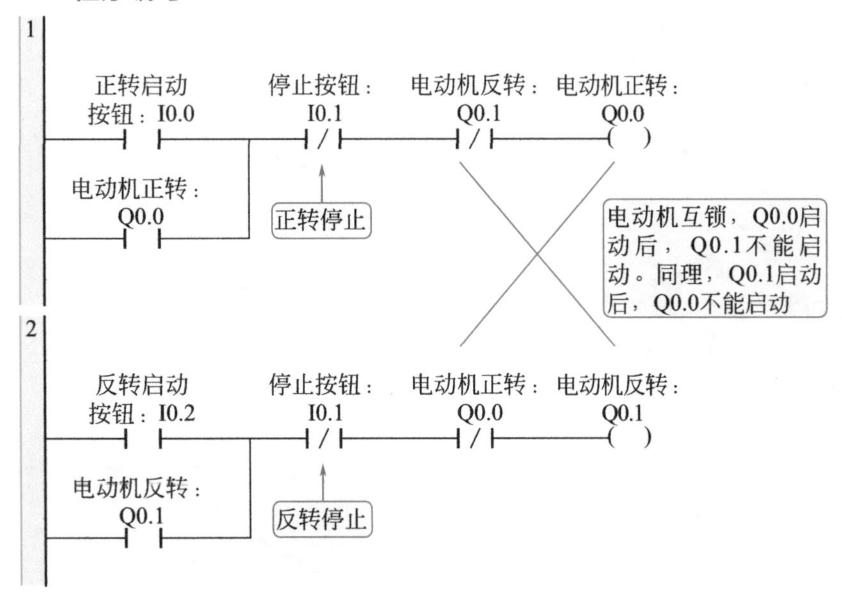

调试说明：

① 三相电 380V 通过 L1、L2、L3 引入断路器 QF1 上端端子，下端端子出线引入交流接触器主触点 1、3、5，主触点下端端子 2、4、6 出线接电动机三相 U、V、W。

② 按下 I0.0 按钮，Q0.0 线圈得电，交流接触器线圈 KM1 吸合，三相电动机正转运行。在程序中 Q0.0 并在 I0.0 的下端，实现自锁。

③ 按下 I0.2 反转按钮，I0.2 得电，Q0.1 线圈得电，反转交流接触器得电，三相电动机反转运行。

④ 按下 I0.1 停止按钮，Q0.0 和 Q0.1 线圈失电，正反转交流接触器失电，三相电动机停止运行。

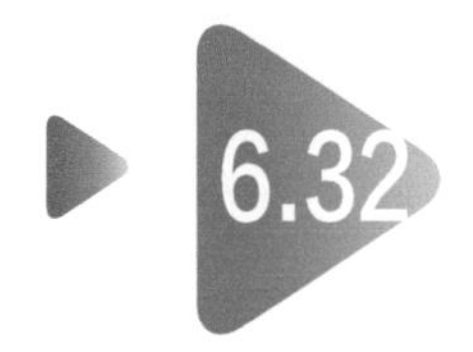

6.32 PLC控制三相异步电动机的延时停止

案例要求：按下启动按钮，电动机立刻启动运行，5s后电动机停止。按下停止按钮，电动机立即停止工作。

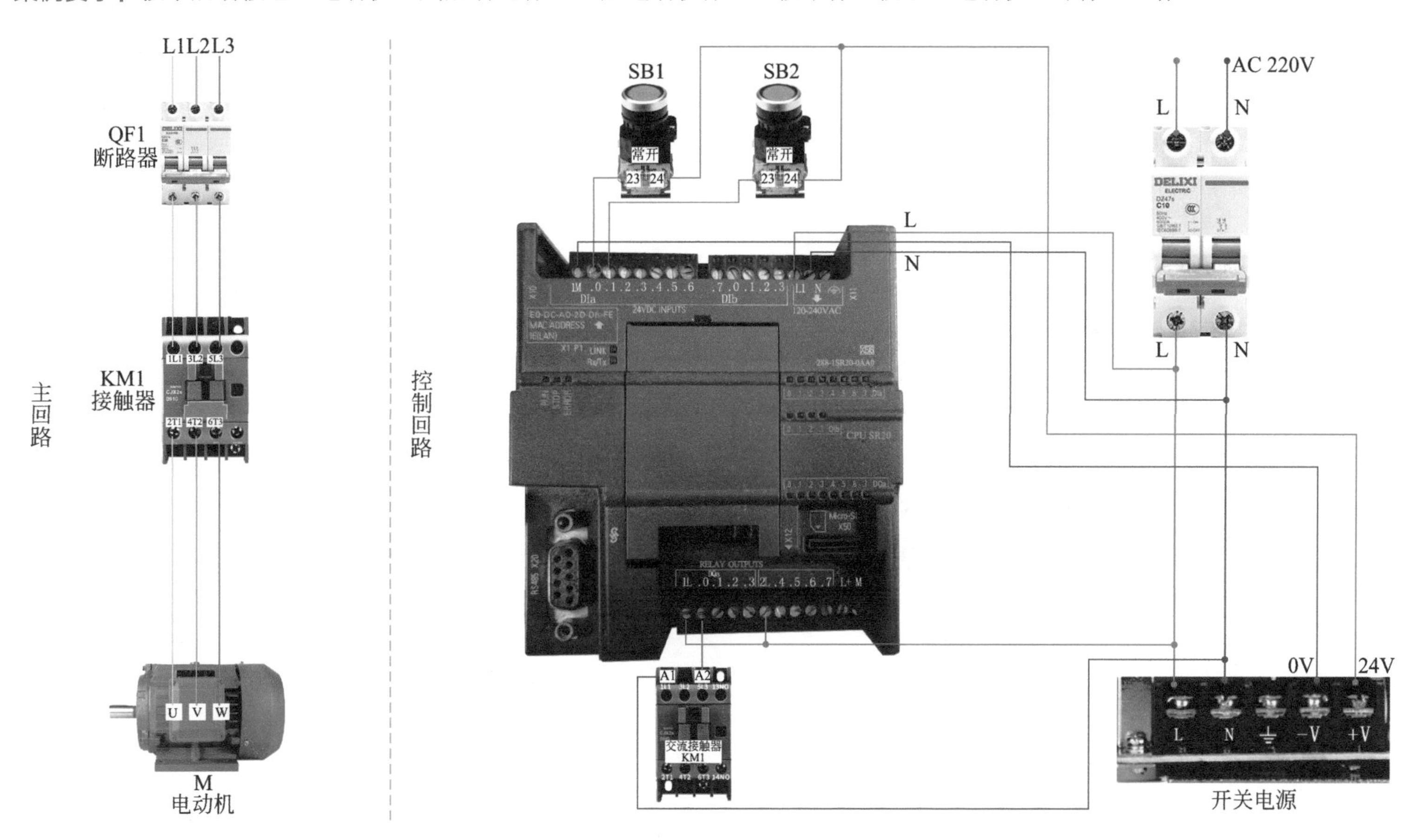

PLC IO 表：

输入量		输出量	
I0.0	启动按钮	Q0.0	电动机运行
I0.1	停止按钮		

案例分析：

由 IO 分配表看，I0.0 为启动按钮，I0.1 为停止按钮，Q0.0 为交流接触器线圈。按下启动按钮 I0.0，Q0.0 导通并自锁。Q0.0 常开触点来保持 I0.0 的信号，能够让定时器持续工作。定时器到达设定的时间 5s，常闭触点断开，Q0.0 线圈断开。 按下停止按钮 I0.1,Q0.0 线圈断开，电动机停止工作，同时定时器清零。

程序编写：

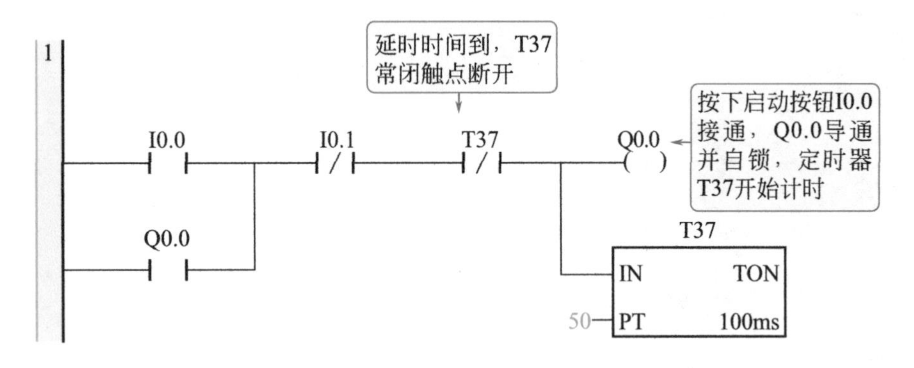

调试说明：

① 三相电 380V 通过 L1、L2、L3 引入断路器 QF1 上端端子，下端端子出线引入交流接触器主触点 1、3、5，主触点下端端子 2、4、6 出线接电动机三相 U、V、W。

② 按下 I0.0 按钮，Q0.0 线圈得电，交流接触器线圈 KM1 吸合，三相电动机运行。在程序中 Q0.0 并在 I0.0 和的下端，实现自锁。

③ 按下 I0.1 停止按钮，Q0.0 线圈失电，交流接触器断开，三相电动机停止运行，定时器清零。

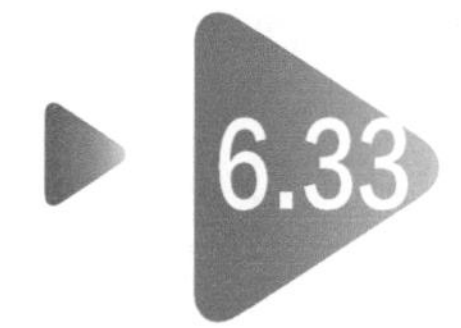

6.33 PLC 控制三相异步电动机的延时启动

案例要求：按下启动按钮，电动机过 5s 才启动运行。按下停止按钮，电动机立即停止工作。

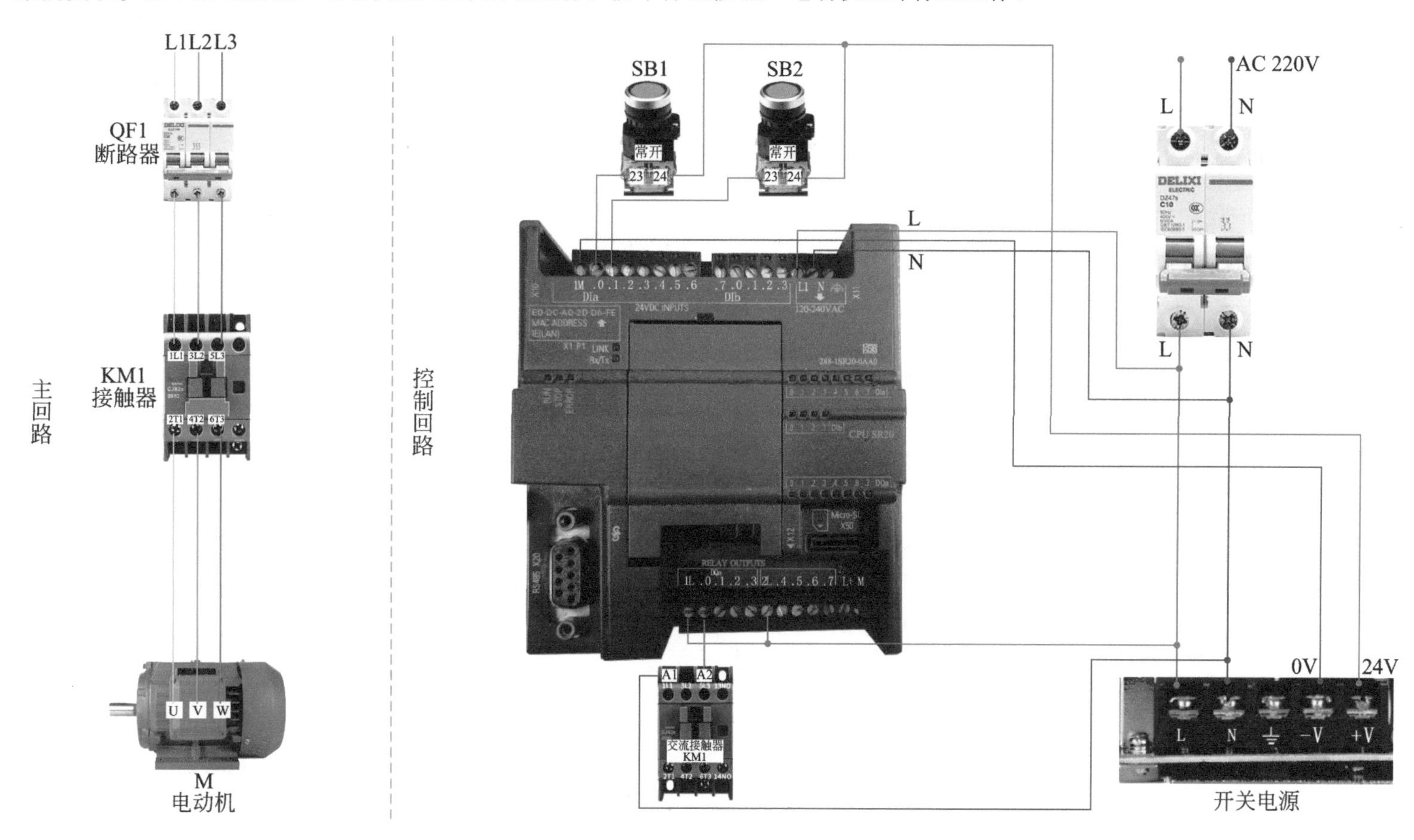

PLC IO 表：

输入量		输出量	
I0.0	启动按钮	Q0.0	电动机运行
I0.1	停止按钮		

案例分析：

由 IO 分配表看，I0.0 为启动按钮，I0.1 为停止按钮，Q0.0 为电动机运行。按下启动按钮 I0.0，电动机需要延时 5s 才可以启动，这时候可借助中间继电器 M0.0 作辅助位过渡，并且能够让定时器持续工作。定时器到达设定的时间 5s，常开触点接通，Q0.0 线圈得电。按下停止按钮 I0.1,Q0.0 线圈断开，电机停止工作。同时定时器清零。

程序编写：

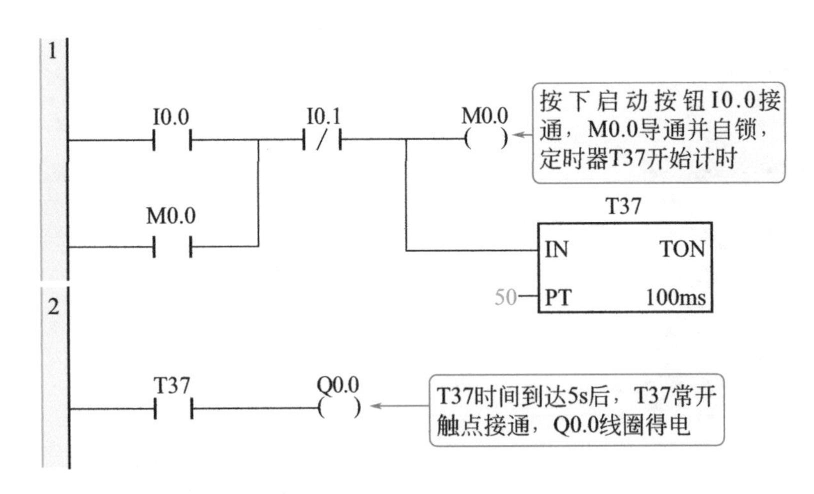

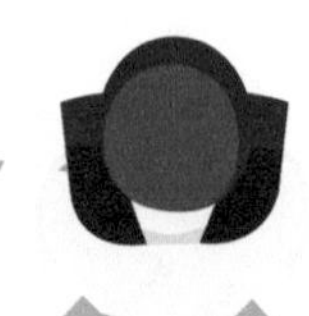

调试说明：

① 三相电 380V 通过 L1、L2、L3 引入断路器 QF1 上端端子，下端端子出线引入交流接触器主触点 1、3、5，主触点下端端子 2、4、6 出线接电动机三相 U、V、W。

② 按下 I0.0 按钮，中间继电器 M0.0 线圈得电，定时器开始定时。在程序中 M0.0 并在 I0.0 的下端，实现自锁。定时时间 5s 到，Q0.0 线圈得电，交流接触器线圈吸合，电动机运行。

③ 按下 I0.1 停止按钮，I0.1 得电，定时器清零，定时器常开触点接断开，交流接触器失电，三相电动机停止。

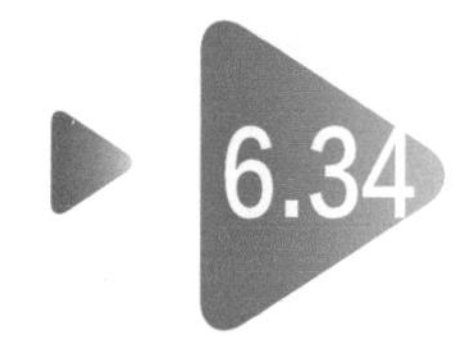

6.34 PLC 控制三相异步电动机的 Y-△启动

案例要求：大于 7.5kW 的交流异步电动机，在启动时常采用 Y-△降压启动。本实例要求按下启动按钮后，电动机先进行星形连接启动，经延时一段时间后，自动切换成三角形连接进行转动；按下停止按钮后，电动机停止运行。

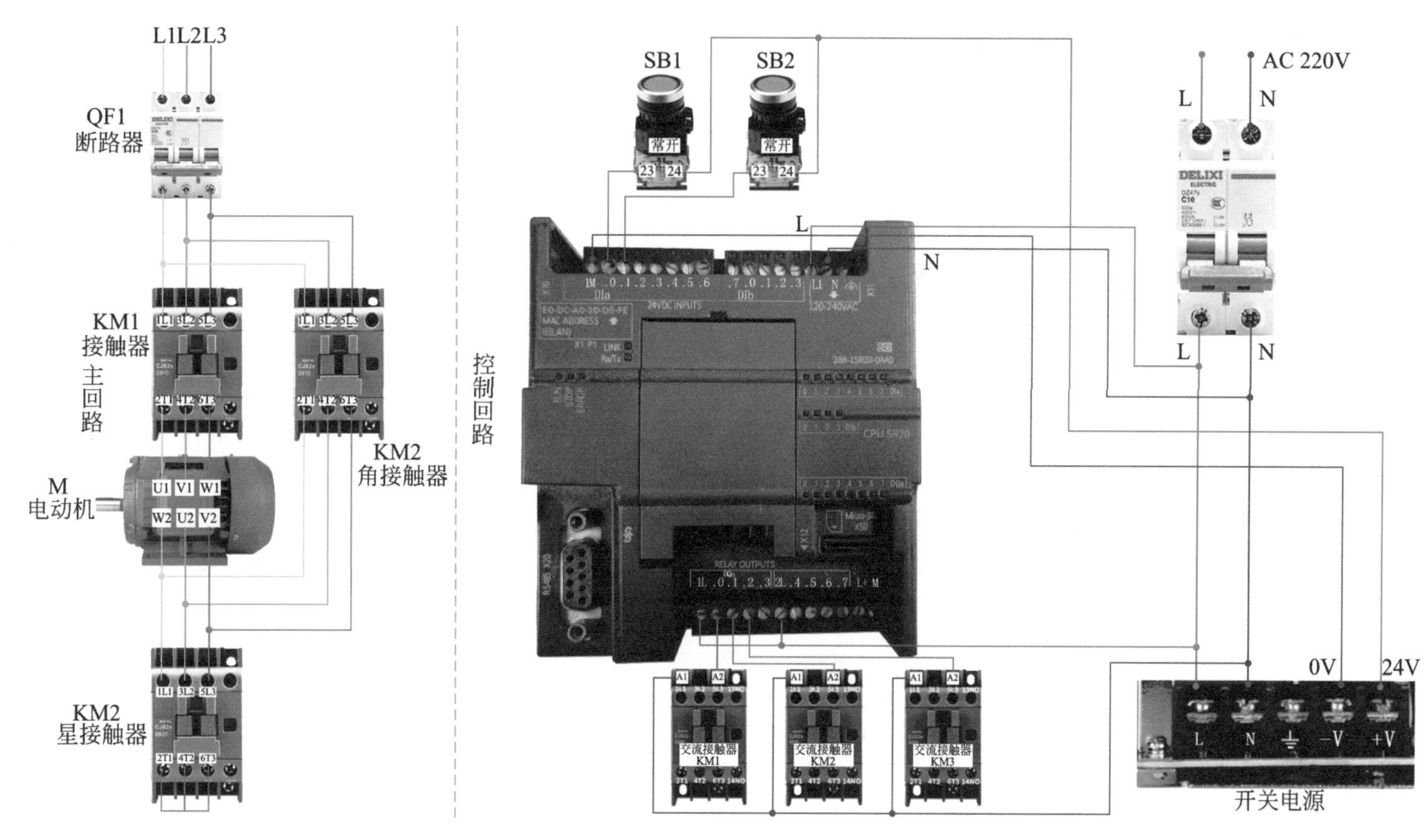

PLC IO表：

输入量		输出量	
I0.0	启动按钮	Q0.0	主接触器线圈
I0.1	停止按钮	Q0.1	星接触器线圈
		Q0.2	角接触器线圈

案例分析：

由IO分配表可知，I0.0为启动按钮，I0.1为停止按钮。按下启动按钮，主接触器吸合，然后星接触器吸合，4s后角接触器吸合，星接触器和角接触器不能同时吸合，所以必须用双方的触点进行互锁，程序如下所示。

程序编写：

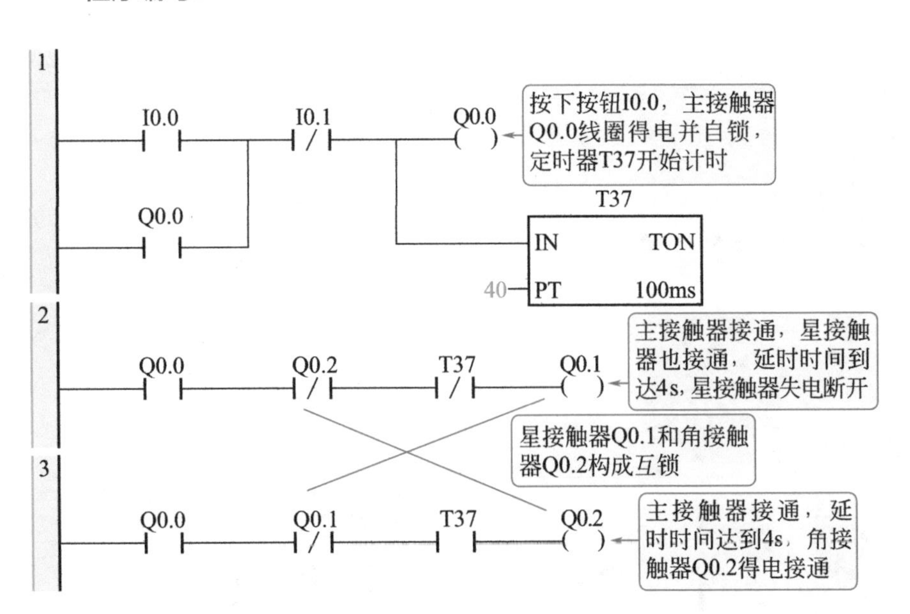

调试说明：

① 三相电380V通过L1、L2、L3引入断路器QF1上端端子，下端端子出线引入交流接触器主触点1、3、5，主触点下端端子2、4、6出线接电动机三相U、V、W。

② 按下I0.0按钮，Q0.0线圈得电，主接触器线圈KM1吸合，同时星接触器吸合，4s后，角接触器吸合。

③ 按下I0.1停止按钮，I0.1得电，Q0.0线圈失电，交流接触器失电，三相电动机停止运行。

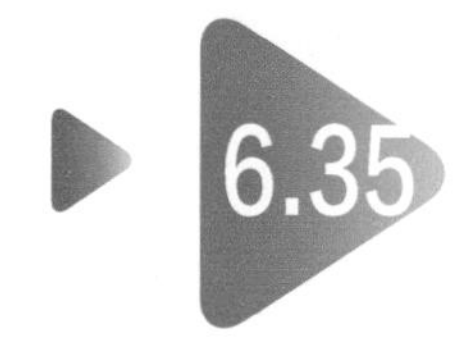

6.35 PLC 控制三相异步电动机的一键启停

案例要求：用一个按钮控制一台三相异步电动机的启动和停止，要求第一次按下按钮时，电动机启动；第二次按下按钮时，电动机停止。

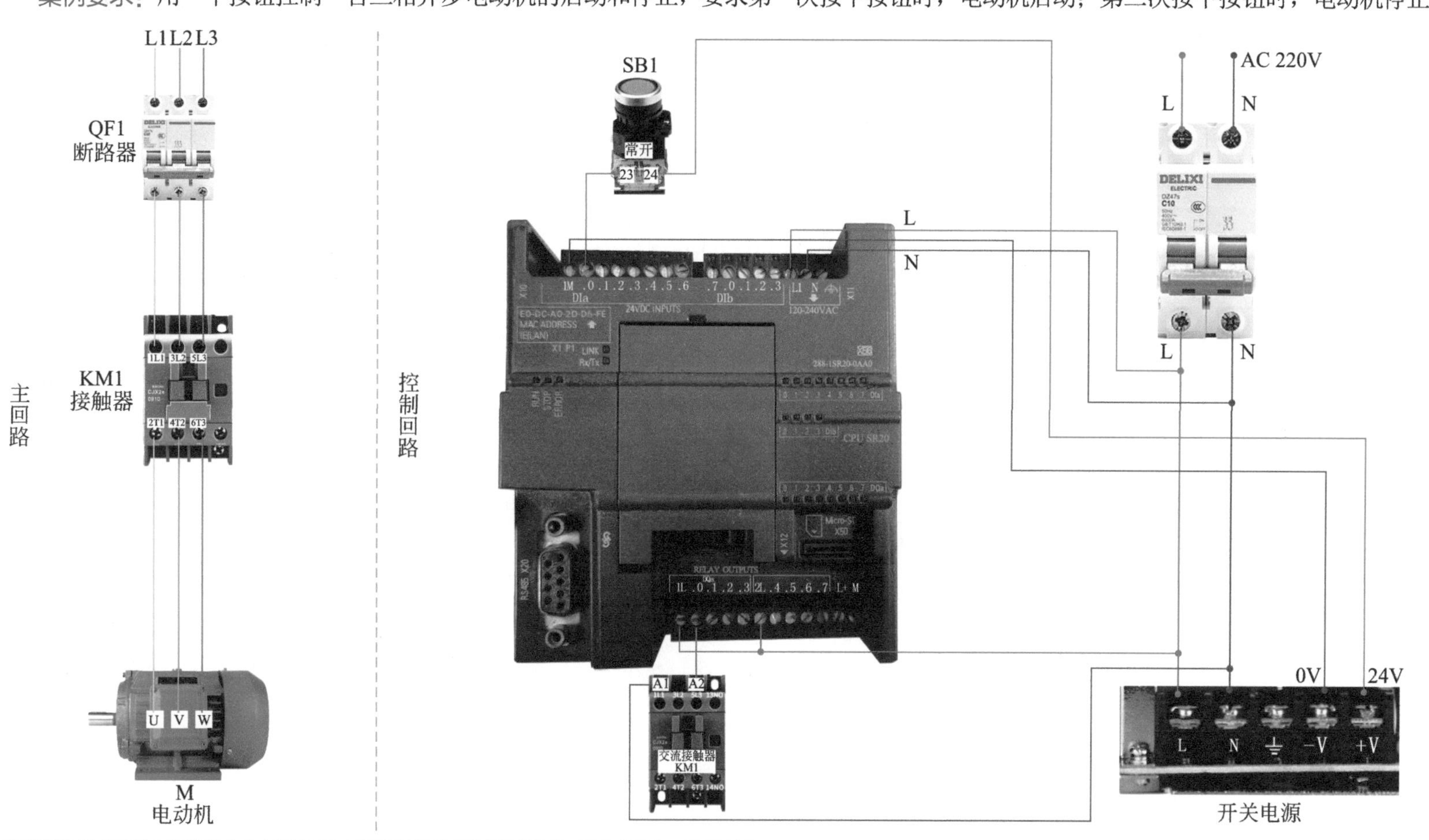

PLC IO 表：

输入量		输出量	
I0.0	启停按钮	Q0.0	电动机输出

案例分析：

由IO分配表可知，I0.0为启停按钮，Q0.0为电动机运行接触器。第一次按下按钮后，电动机开始运行，再次按下按钮，电动机停止。可借助中间继电器M0.0，将中间继电器串联在Q0.0中，第一次按下时中间继电器线圈处于失电状态，Q0.0运行并自锁。再次按下，中间继电器得电，电动机停止，程序如下所示。

程序编写：

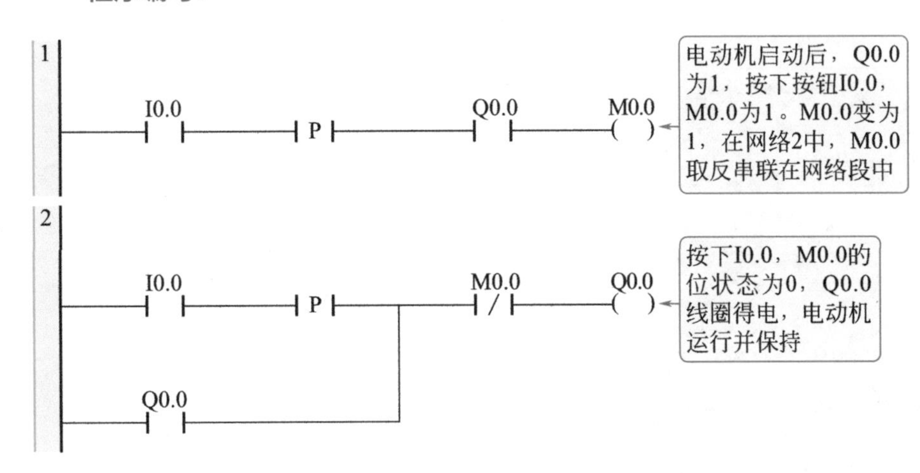

调试说明：

① 三相电380V通过L1、L2、L3引入断路器QF1上端端子，下端端子出线引入交流接触器主触点1、3、5，主触点下端端子2、4、6出线接电动机三相U、V、W。

② 第一次按下I0.0按钮，Q0.0线圈得电，交流接触器线圈KM1吸合，电动机启动。

③ 再次按下I0.0按钮，网络1中的M0.0得电，网络2对M0.0取反，常闭断开，因此Q0.0失电，交流接触器失电，电动机停止运行。

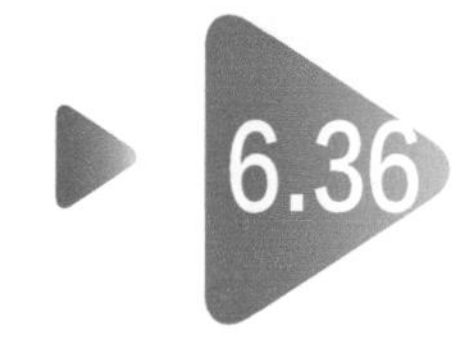

6.36 PLC 控制 3 台三相异步电动机的顺序启动逆序停止

案例要求：按下启动按钮 I0.0，第一台电动机启动，每过 3s 启动一台电机，直至 3 台电动机全部启动；按下停止按钮 I0.1，先停第三台电机，每过 3s 停止一台，直至 3 台电动机全部停止。

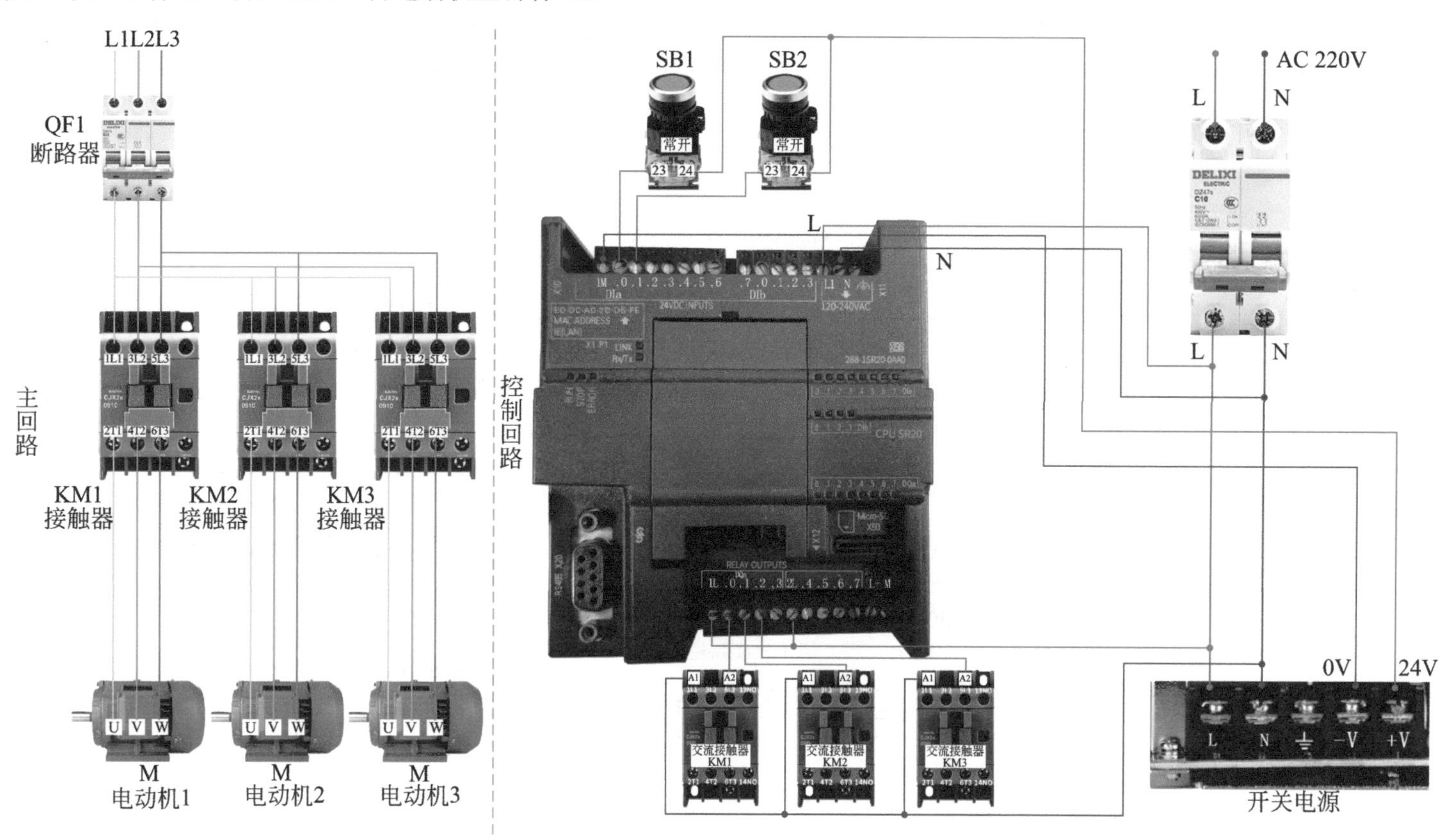

PLC IO表：

输入量		输出量	
I0.0	启动按钮	Q0.0	第一台电动机
I0.1	停止按钮	Q0.1	第二台电动机
		Q0.2	第三台电动机

案例分析：

由IO分配表看，I0.0为启动按钮，I0.1为停止按钮，Q0.0、Q0.1、Q0.2为三台电动机。实现正序启动，借助定时器延时，当定时器大于3s和6s时，进行比较，对应的电动机运行；同理，停止的方法也可借助于定时器，按下停止按钮，每隔3s进行数值比较，根据比较值停止对应的电动机。程序如下图所示。

程序编写：

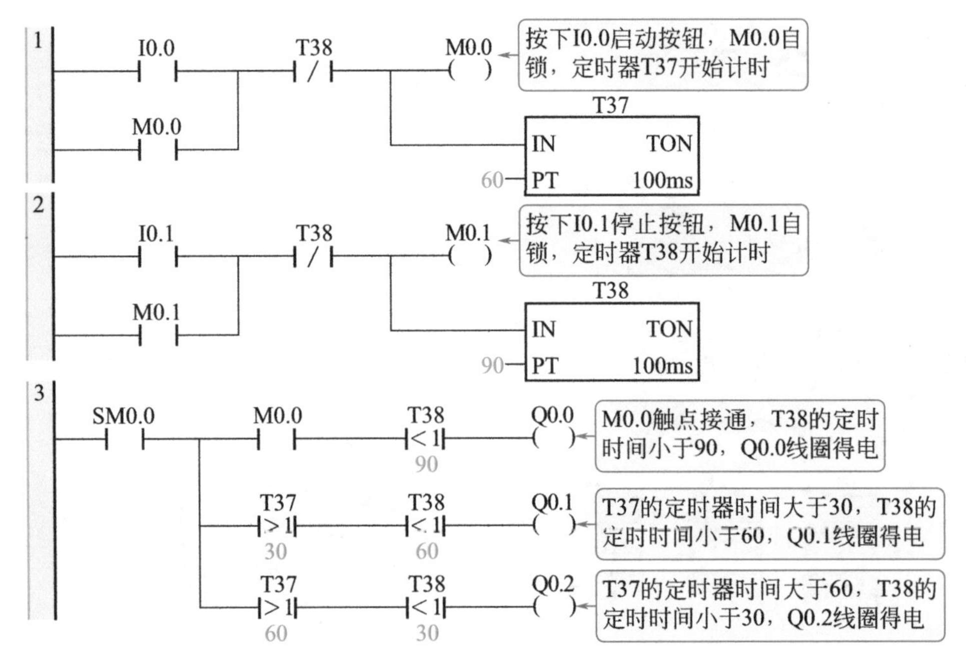

调试说明：

① 三相电380V通过L1、L2、L3引入断路器QF1上端端子，下端端子出线引入交流接触器KM1、KM2、KM3主触点1、3、5，交流接触器主触点下端端子2、4、6出线接电动机三相U、V、W。

② 按下I0.0按钮，M0.0线圈得电，在程序中M0.0并在I0.0的下端，实现自锁。Q0.0线圈得电，第一台电机运行，同时定时器T37开始计时，当定时器大于30（3s），启动第二台电机；当定时器大于60（6s），启动第三台电机。

③ 按下I0.1停止按钮，T38开始定时，当定时器大于30（3s），停止第三台电机，当定时器大于60（6s）停止第二台电机。当定时器大于90（9s）停止第一台电机。

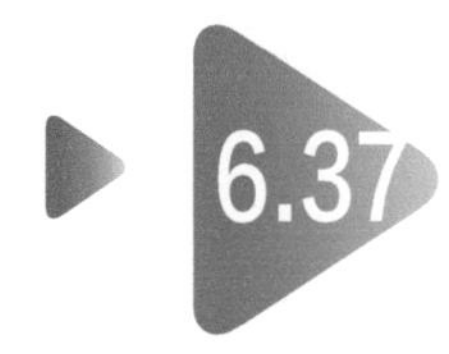

6.37 PLC 控制三相异步电动机的安全启动（防止误动作）

案例要求：长按 I0.0，3s 后电动机启动。在 3s 内松开按钮 I0.0，电动机不能启动。按下 I0.1，电动机立即停止工作。

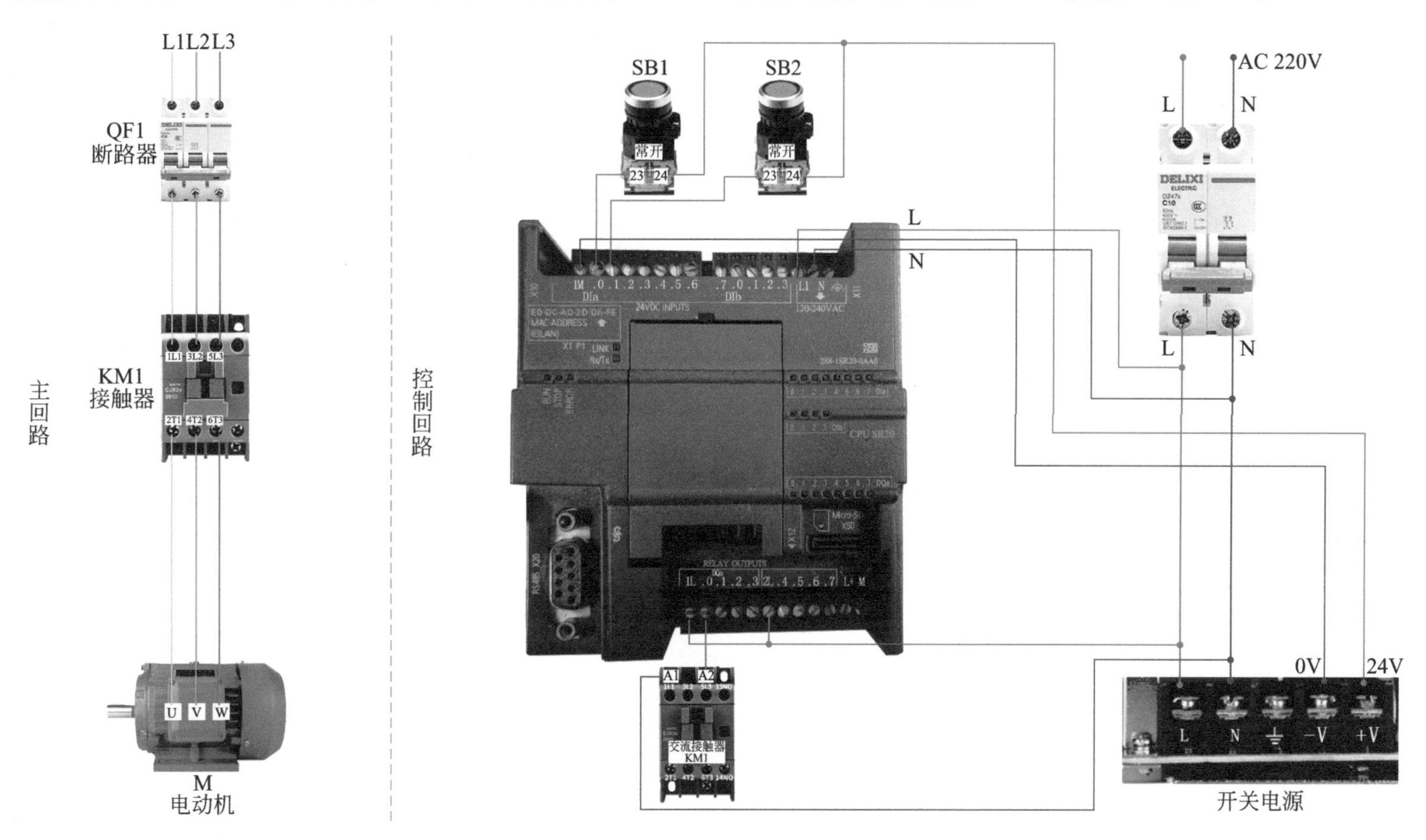

PLC IO 表：

输入量		输出量	
I0.0	启动按钮	Q0.0	电动机输出
I0.1	停止按钮		

案例分析：

由 IO 分配表看，I0.0 为启动按钮，I0.1 为停止按钮，Q0.0 为电动机运行。需长按 3s 才可启动电动机，可使用接通延时定时器（TON），当接通延时定时器定时时间到后，电动机启动。

程序编写：

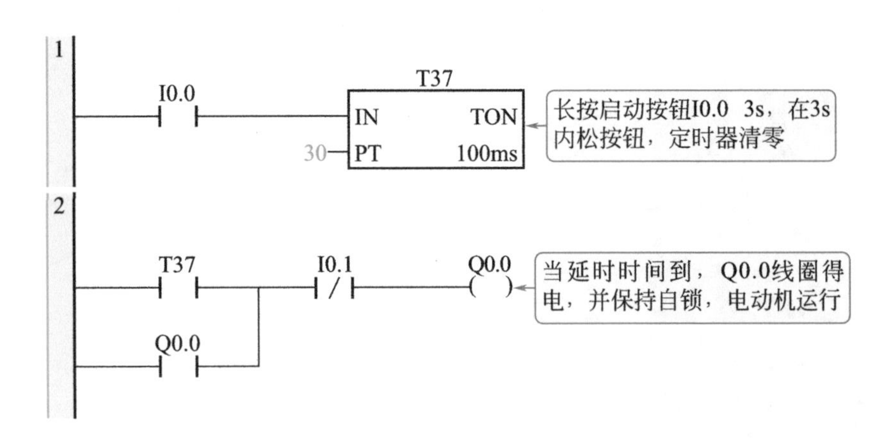

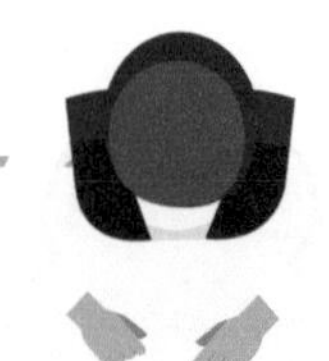

调试说明：

① 三相电 380V 通过 L1、L2、L3 引入断路器 QF1 上端端子，下端端子出线引入交流接触器主触点 1、3、5，主触点下端端子 2、4、6 出线接电动机三相 U、V、W。

② 按下 I0.0 按钮，定时器开始计时，3s 后接通，在 3s 内松开按钮，定时器清零（可防止误动作），当定时时间到，Q0.0 线圈得电，交流接触器线圈 KM1 吸合，电动机启动。在程序中 Q0.0 并在 T37 的下端，实现自锁。

③ 按下 I0.1 停止按钮，I0.1 得电，Q0.0 线圈失电，交流接触器失电，三相电动机停止。

第 7 章
变频器应用

7.1 西门子变频器

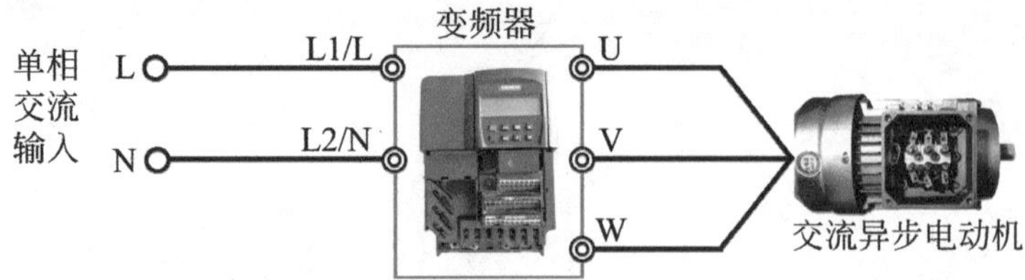

7.1.1 西门子变频器硬件介绍

（1）西门子变频器调速系统

西门子变频器有多个系列，西门子 MM440 是目前应用较为广泛的变频器，本章以西门子 MM440 为例进行讲解。变频器在交流电动机调速控制系统中，主要有两种典型使用方法，分别为三相交流和单相交流变频调速系统，如下图所示。

西门子 MM440 是用于控制三相交流电动机速度的变频器系列。该系列有多种型号。这里选用的 MM440 订货号为 6SE6440-2UC13-7AA1。

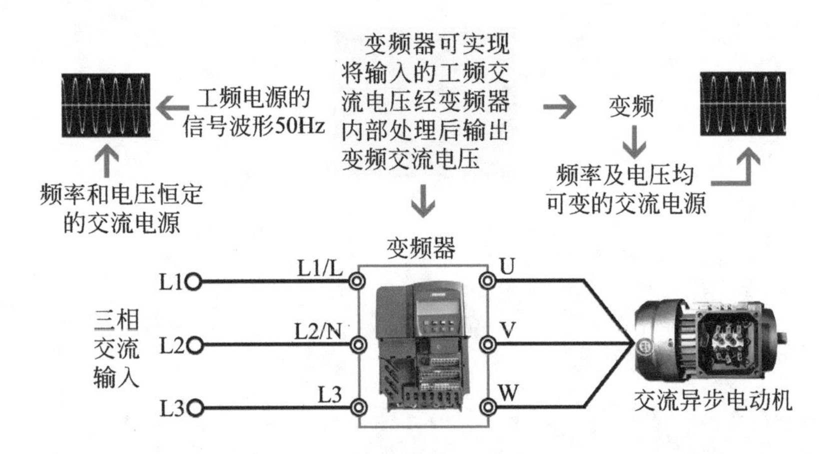

该变频器额定参数为：

- 电源电压：220V，单相交流。
- 额定输出功率：0.37kW。
- 额定输出电流：2.5A。
- 操作面板：基本操作板（BOP）。

（2）VFD-M 变频器的端子及接线介绍

① 变频器接线端子及功能图解。打开变频器后，就可以连接电源和电动机的接线端子。接线端子在变频器机壳下端。

西门子 MM440 系列为用户提供了一系列常用的输入输出接线端子，用户可以方便地通过这些接线端子来实现相应的功能，打开变频器后可以看到变频器的接线端子如下图所示。这些接线端子的功能及使用说明如下表所示。

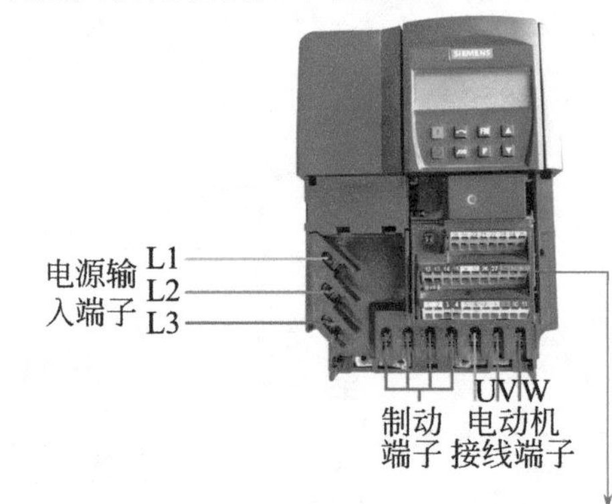

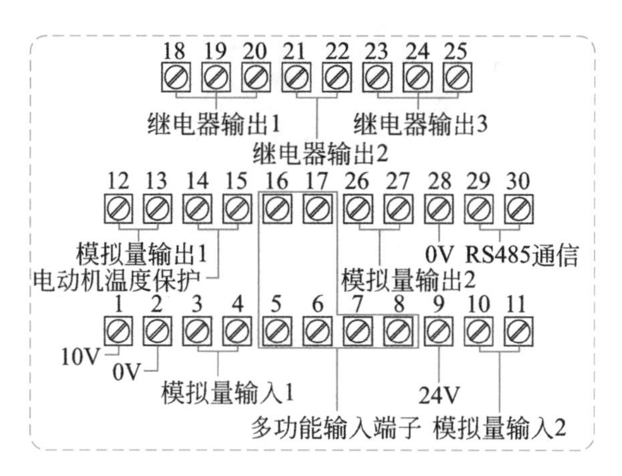

主回路端子接线端子表

端子记号	内容说明（端子规格为 M3.0）
L1/L，L2/N，L3	主回路交流电源输入
U，V，W	连接至电动机
B−，DC+/B+，DC−	刹车电阻（选用）连接端子
⏚	接地用（避免高压突波冲击以及噪声干扰）

控制回路接线端子表

端子	功能说明	端子	功能说明
1	+10V 电源	8	可编程逻辑输入端
2	0V 电源	16	
3	模拟量 1 输入端	17	
4		9	24V 电源
5	可编程逻辑输入端	28	0V 电源
6		10	模拟量 2 输入端
7		11	

续表

端子	功能说明	端子	功能说明
12	模拟量输出 1	22	继电器输出 2 端子
13		23	继电器输出 3 端子
14	电动机温度保护端子	24	
15		25	
18	继电器输出 1 端子	26	模拟量输出 2
19		27	
20		29	通信端子
21	继电器输出 2 端子	30	

② 变频器控制电路端子的标准接线介绍。变频器的控制电路一般包括输入电路、输出电路和辅助接口等部分，输入电路接收控制器（PLC）的指令信号（开关量或模拟量信号），输出变频器的状态信息（正常时的开关量或模拟量输出、异常输出等），辅助接口包括通信接口、外接键盘接口等。西门子变频器电路端子的标准线如下图所示。

通用变频器是一种智能设备，其特点之一就是各端子的功能可通过调整相关参数的值进行变更。

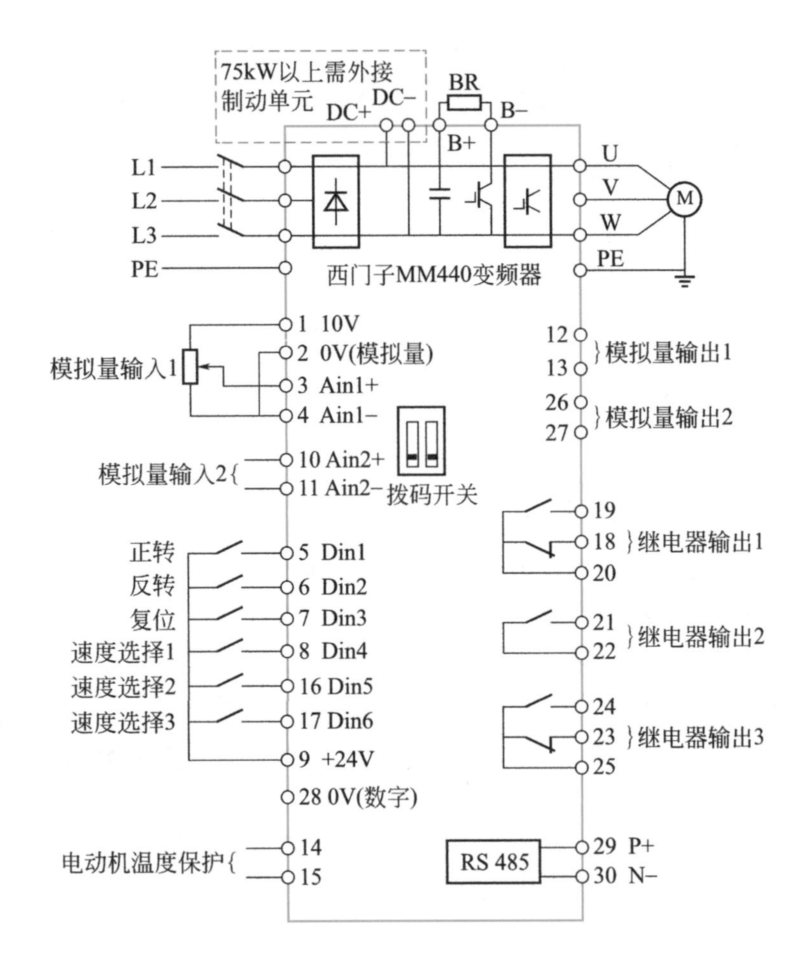

（3）MM440 变频器面板介绍

① 西门了 MM440 变频器面板介绍如下图所示。

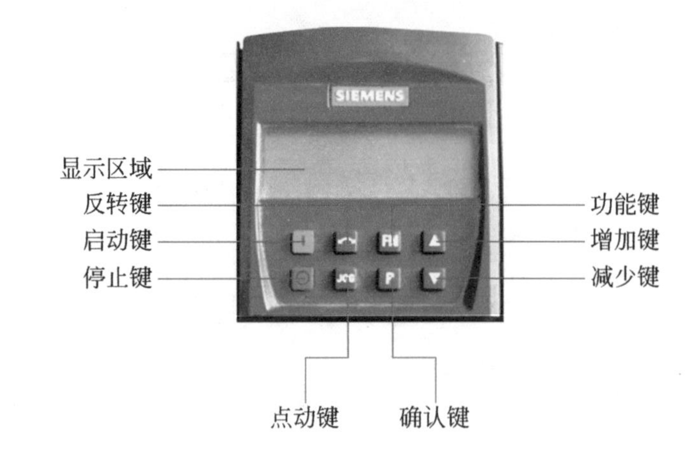

② 面板的操作如下图所示。

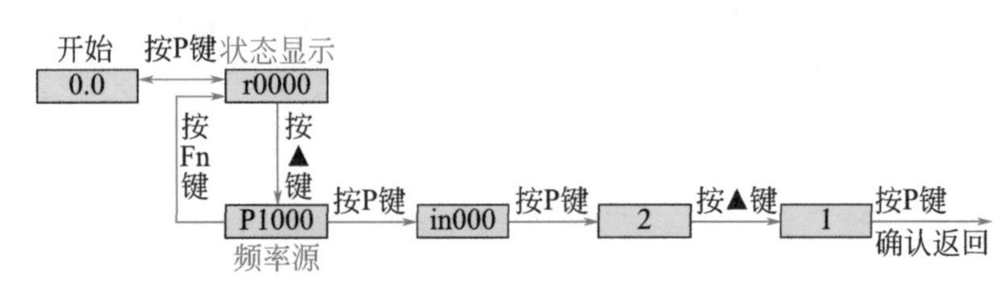

③ MM440 恢复出厂设置的步骤。在变频器初次调试，或者参数设置混乱时，需要执行该操作，以便于将变频器的参数值恢复到一个确定的默认值。

7.1.2 西门子变频器面板电动机正反转案例

控制要求：通过变频器面板控制电动机正反转和频率的增减。

（1）MM440 变频器面板控制电气与实物接线图

西门子 MM440 变频器面板控制电路原理图及实物接线图如下图所示。

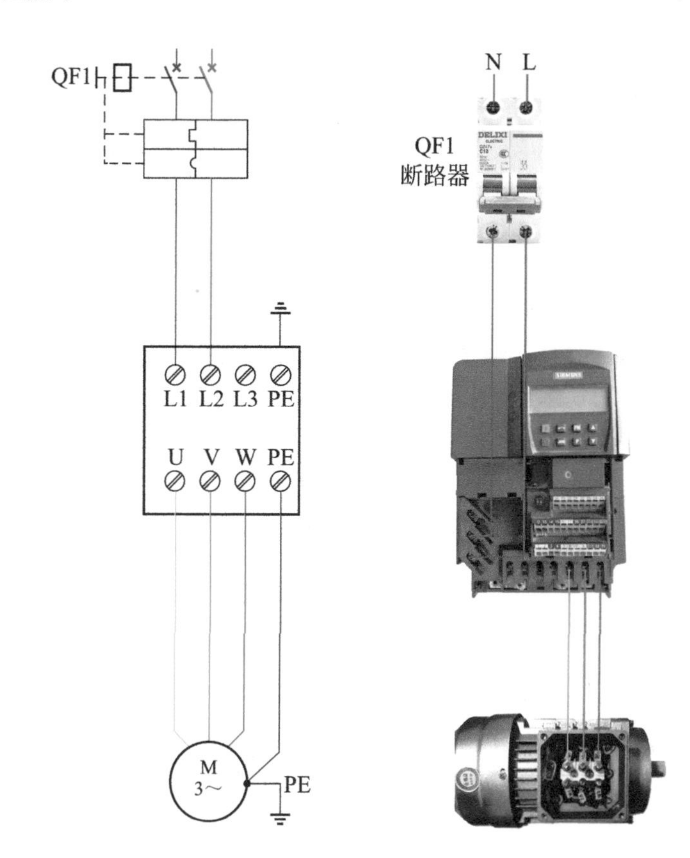

（2）电动机参数设置

为了使电动机与变频器相匹配，需要设置电动机参数，这些参数可以从电动机铭牌中直接得到。电动机参数设置如下表所示。电动机参数设定完成后，变频器当前处于准备状态，可正常运行。

参数号	出厂值	设置值	说明
P0003	1	2	设定用户访问级为标准级
P0010	0	1	快速调试
P0100	0	0	功率以 kW 表示，频率为 50Hz
P0304	230	220	电动机额定电压（V）
P0305	3.25	1.93	电动机额定电流（A）
P0307	0.75	0.37	电动机额定功率（kW）
P0310	50	50	电动机额定频率（Hz）
P0311	0	1400	电动机额定转速（r/min）

（3）MM440 变频器面板控制参数设定

按照下面表格的参数设置面板控制变频器正反转和频率增减。

变频器参数设置

参数号	出厂值	设置值	说明
P0003	1	2	设用户访问级为扩展级
P0700	1	1	由键盘输入设定值（选择命令源）
P1000	2	1	由键盘（电动电位计）输入设定值
P1080	0	0	电动机运行的最低频率（Hz）
P1082	50	50	电动机运行的最高频率（Hz）
P1060	10	5	点动斜坡上升时间（s）
P1061	10	5	点动斜坡下降时间（s）

（4）控制说明

① 主电路启动：闭合总电源 QF1，变频器输入端 L1、L2、L3 上电，为启动电动机做好准备。

② 变频器面板控制：

a. 面板启动：按下面板Ⓘ键，电动机启动运行。

b. 面板停止：再按一下面板Ⓞ键，电动机停止运行。

c. 面板电位器调速：在电动机运行状态下，可直接通过按前操作面板上的增加键 / 减少键（▲/▼），修改变频器的频率进而改变电动机的转速。

③ 主电路停止：断开总电源 QF1，变频器输入端 L1、L2、L3 断电，变频器失电断开。

7.1.3 西门子变频器三段速控制（自锁按钮控制）

控制要求：按下 SB1 正转运行，按下 SB2 反转运行，按下 SB3 以 10Hz 的频率运行，按下 SB4 以 15Hz 的频率运行，按下 SB5 以 20Hz 的频率运行。SB1 ～ SB5 为自锁按钮。

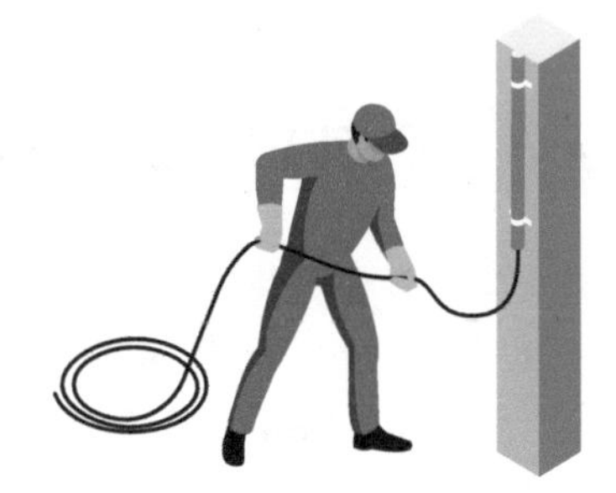

（1）变频器的电气和实物接线原理图

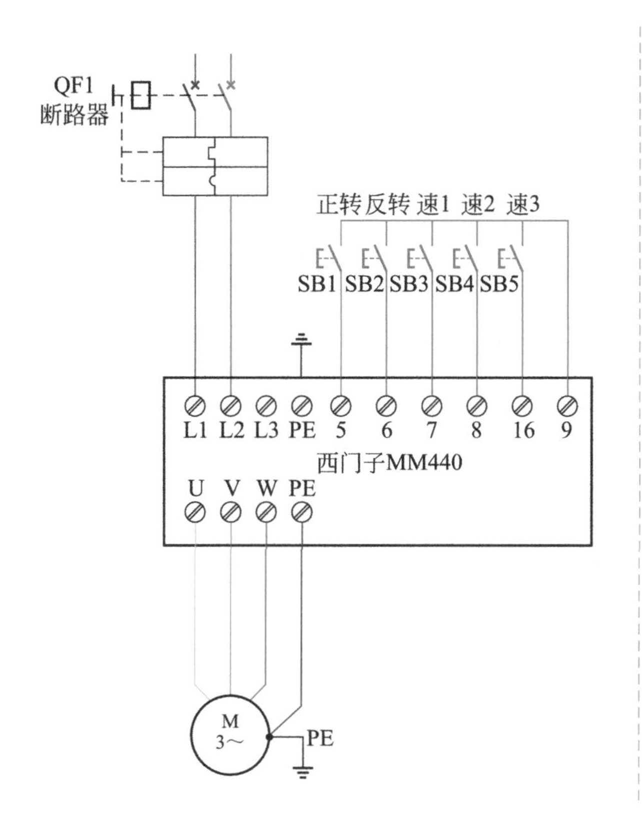

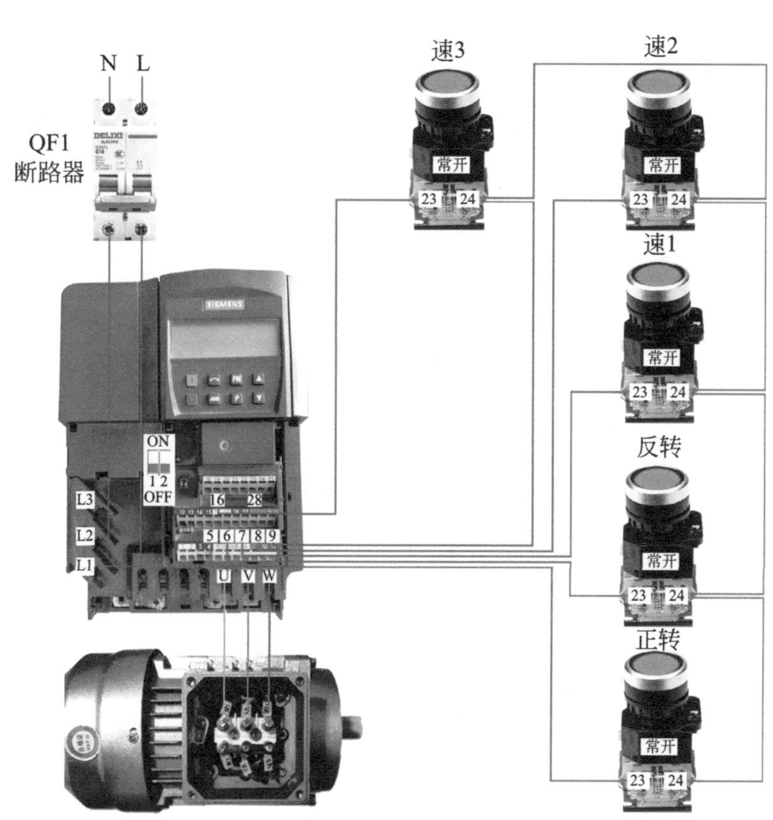

（2）电动机参数设置

为了使电动机与变频器相匹配，需要设置电动机参数，这些参数可以从电动机铭牌中直接得到。电动机参数设置如下表所示。

参数号	出厂值	设置值	说明
P0003	1	2	设定用户访问级为标准级
P0010	0	1	快速调试
P0100	0	0	功率以 kW 表示，频率为 50Hz
P0304	230	220	电动机额定电压（V）
P0305	3.25	1.93	电动机额定电流（A）
P0307	0.75	0.37	电动机额定功率（kW）
P0310	50	50	电动机额定频率（Hz）
P0311	0	1400	电动机额定转速（r/min）

（3）MM440 变频器控制电动机三段速和正反转参数设定

参数号	出厂值	设置值	说明
P0003	1	2	设定用户访问级为标准级
P0700	2	2	命令源选择“由端子排输入”
P0701	1	1	ON 接通正转，OFF 停止
P0702	12	2	ON 接通反转，OFF 停止
P0703	9	15	选择固定频率
P0704	15	15	选择固定频率
P0705	15	15	选择固定频率

续表

参数号	出厂值	设置值	说明
P1000	2	3	选择固定频率设定值
P1003	10	10	选择固定频率 10（Hz）
P1004	15	15	选择固定频率 15（Hz）
P1005	25	20	选择固定频率 20（Hz）

（4）工作原理说明

① 电源接线：闭合总电源 QF1，变频器输入端 L1、L2、L3 上电，为启动电动机做好准备。

② 变频器端子控制启停：按下按钮 SB1，电动机正转运行，松开按钮，按钮自锁。再次按下 SB1，电动机停止；按下按钮 SB2，电动机反转运行，松开按钮，按钮自锁。再次按下 SB2，电动机停止。

③ 端子多段速给定：在电动机运行状态下，按下按钮 SB3，电动机以 10Hz 运行；按下按钮 SB4，电动机以 15Hz 运行；按下按钮 SB5，电动机以 20Hz 运行。

④ 断开总电源：断开总电源 QF1，变频器输入端 L1、L2、L3 断电，变频器失电断开。

7.1.4 西门子变频器三段速控制（转换开关控制）

控制要求：旋钮开关 SA1 为三挡开关，有正转反转挡位以及中间停止挡位，按下 SB1 以 10Hz 的频率运行，按下 SB2 以 15Hz 的频率运行，按下 SB3 以 20Hz 的频率运行。

（1）变频器的接线原理图

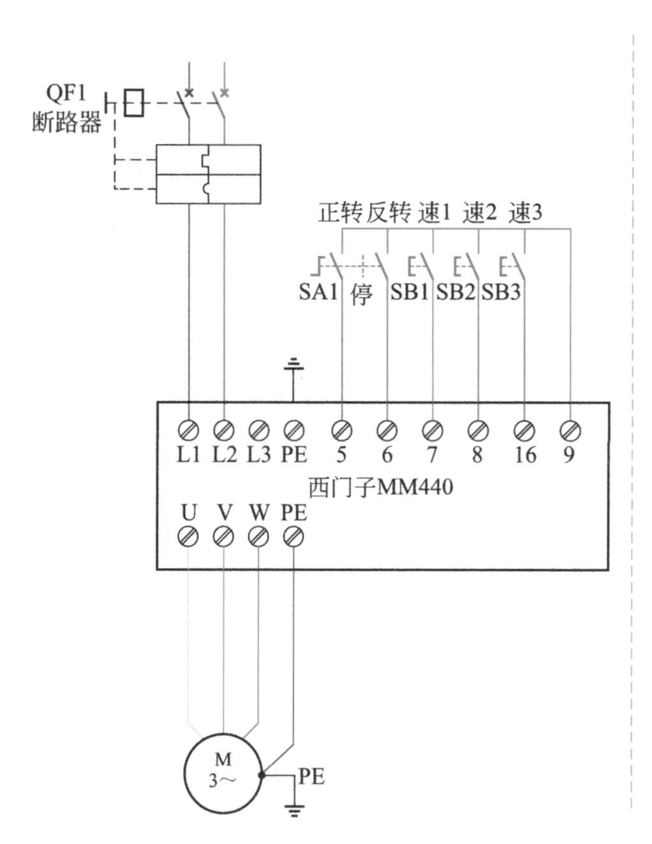

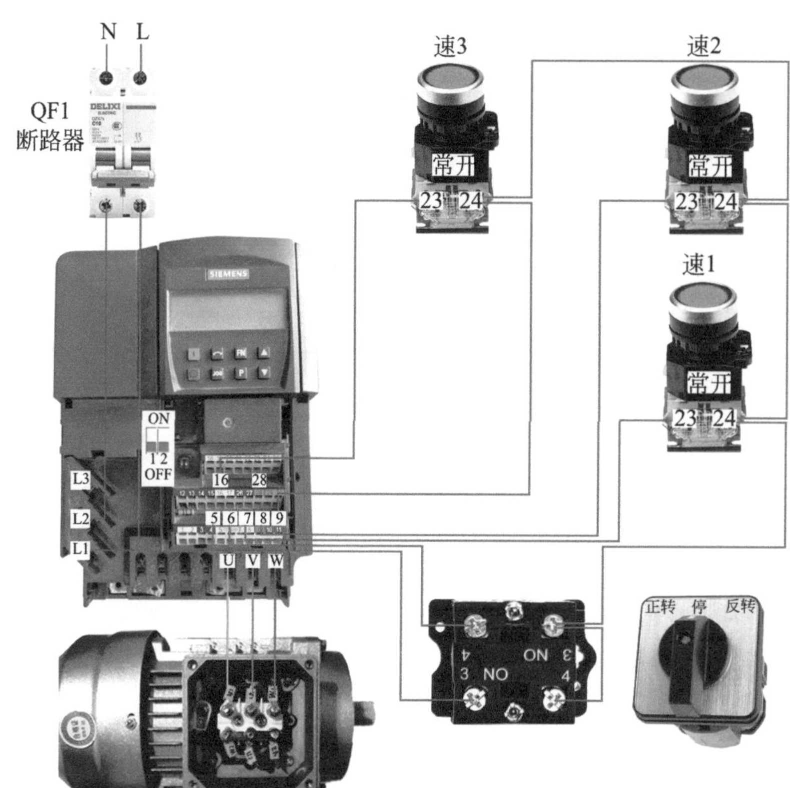

（2）电动机参数设置

参数号	出厂值	设置值	说明
P0003	1	2	设定用户访问级为标准级
P0010	0	1	快速调试
P0100	0	0	功率以 kW 表示，频率为 50Hz
P0304	230	220	电动机额定电压（V）
P0305	3.25	1.93	电动机额定电流（A）
P0307	0.75	0.37	电动机额定功率（kW）
P0310	50	50	电动机额定频率（Hz）
P0311	0	1400	电动机额定转速（r/min）

（3）MM440 变频器控制电动机三段速和正反转参数设定

参数号	出厂值	设置值	说明
P0003	1	2	设定用户访问级为标准级
P0700	2	2	命令源选择“由端子排输入”
P0701	1	1	ON 接通正转，OFF 停止
P0702	12	2	ON 接通反转，OFF 停止
P0703	9	15	选择固定频率
P0704	15	15	选择固定频率
P0705	15	15	选择固定频率
P1000	2	3	选择固定频率设定值

续表

参数号	出厂值	设置值	说明
P1003	10	10	选择固定频率 10（Hz）
P1004	15	15	选择固定频率 15（Hz）
P1005	25	20	选择固定频率 20（Hz）

（4）工作原理说明

① 电源接线：闭合总电源 QF1，变频器输入端 L1、L2、L3 上电，为启动电动机做好准备。

② 变频器端子控制启停：旋转按钮 SA1 旋到正转挡位，电动机正转运行，旋转按钮 SA1 旋到停止挡位，电动机停止；旋转按钮 SA1 旋到反转挡位，电动机反转运行。

③ 端子多段速给定：在电动机运行状态下，按下按钮 SB1，电动机以 10Hz 运行；按下按钮 SB2，电动机以 15Hz 运行；按下按钮 SB3，电动机以 20Hz 运行。

④ 断开总电源：断开总电源 QF1，变频器输入端 L1、L2、L3 断电，变频器失电断开。

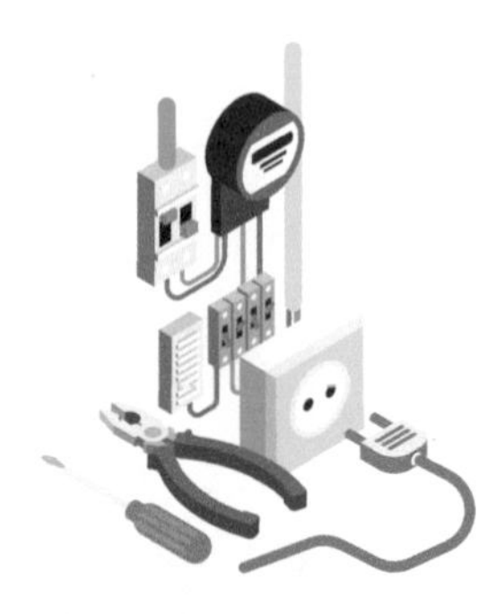

7.1.5 西门子变频器模拟量控制电动机正反转和频率（电位器控制）

控制要求：按下 SB1 为正转运行，按下 SB2 为反转运行，顺时针旋转滑动电阻器频率增加，逆时针旋转滑动电阻器频率减小。

（1）变频器的电气和实物接线原理图

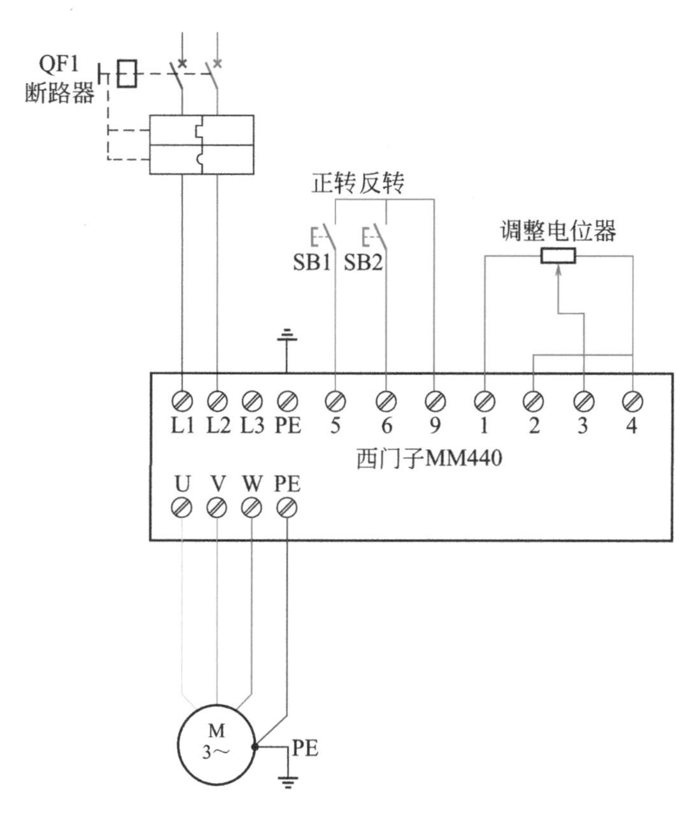

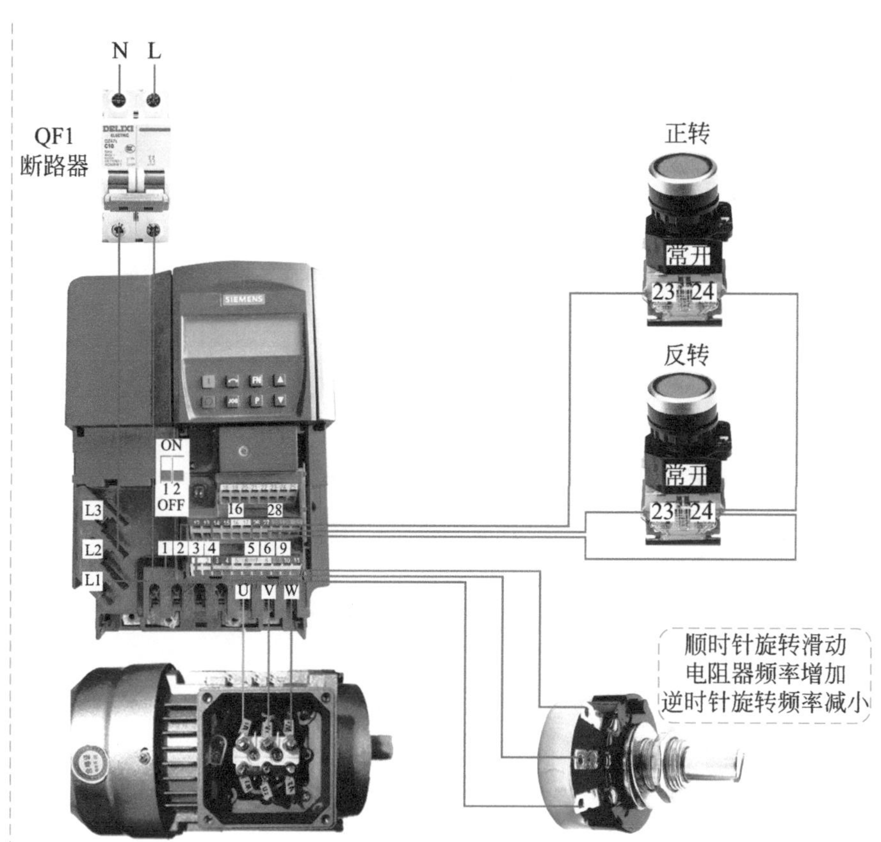

(2)电动机参数设置

为了使电动机与变频器相匹配，需要设置电动机参数，这些参数可以从电动机铭牌中直接得到。电动机参数设置如下表所示。

参数号	出厂值	设置值	说明
P0003	1	2	设定用户访问级为标准级
P0010	0	1	快速调试
P0100	0	0	功率以 kW 表示，频率为 50Hz
P0304	230	220	电动机额定电压（V）
P0305	3.25	1.93	电动机额定电流（A）
P0307	0.75	0.37	电动机额定功率（kW）
P0310	50	50	电动机额定频率（Hz）
P0311	0	1400	电动机额定转速（r/min）

(3)变频器 MM440 变频器模拟量控制参数设定

参数号	出厂值	设置值	说明
P0003	1	2	设定用户访问级为标准级
P0010	0	1	快速调试
P0100	0	0	功率以 kW 表示，频率为 50Hz
P0304	230	220	电动机额定电压（V）
P0305	3.25	1.93	电动机额定电流（A）
P0307	0.75	0.37	电动机额定功率（kW）
P0310	50	50	电动机额定频率（Hz）
P0100	0	0	功率以 kW 表示，频率为 50Hz
P0304	230	220	电动机额定电压（V）

续表

参数号	出厂值	设置值	说明
P0305	3.25	1.93	电动机额定电流（A）
P0307	0.75	0.37	电动机额定功率（kW）
P0310	50	50	电动机额定频率（Hz）
P0311	0	1400	电动机额定转速（r/min）
P0700	2	2	命令源选择“由端子排输入”
P0701	1	1	ON 接通正转，OFF 停止
P0702	12	2	ON 接通反转，OFF 停止
P0756[0]	0	0	单极性电压输入（0 ～ +10V）
P0757[0]	0	0	电压 2V 对应 0% 的标度，即 0Hz
P0758[0]	0%	0%	电压 10V 对应 100% 的标度，即 50Hz
P0759[0]	10	10	

(4)工作原理说明

① 电源接线：闭合总电源 QF1，变频器输入端 L1、L2、L3 上电，为其启动电动机做好准备。

② 变频器端子控制启停：按下按钮 SB1，电动机正转运行，松开后按钮自锁，再次按下 SB1，电动机停止；按下按钮 SB2，电动机反转运行，松开后按钮自锁，再次按下 SB2，电动机停止。

③ 模拟量速度给定：通过外部电位器频率给定，在电动机运行状态下，旋转外部电位器，可以修改变频器的频率进而改变电动机的转速。

④ 断开总电源：断开总电源 QF1，变频器输入端 L1、L2、L3 断电，变频器失电断开。

7.1.6 西门子变频器变频与工频切换控制

控制要求：在正常运行中，以变频启动运行，当变频器有故障时切换为工频运行。SB1 与 SB2 为正反转按钮，SB3 为控制回路停止按钮，SB4 为启动按钮，KA1 为故障继电器，KA2 为报警继电器，KA3 为运行继电器，LH1 为变频器报警指示，KM1 为变频器输入电源接触器，KM3 为变频输出接触器，KM2 为工频运行接触器。变频器的频率由模拟量给定。

（1）变频器的电气原理图

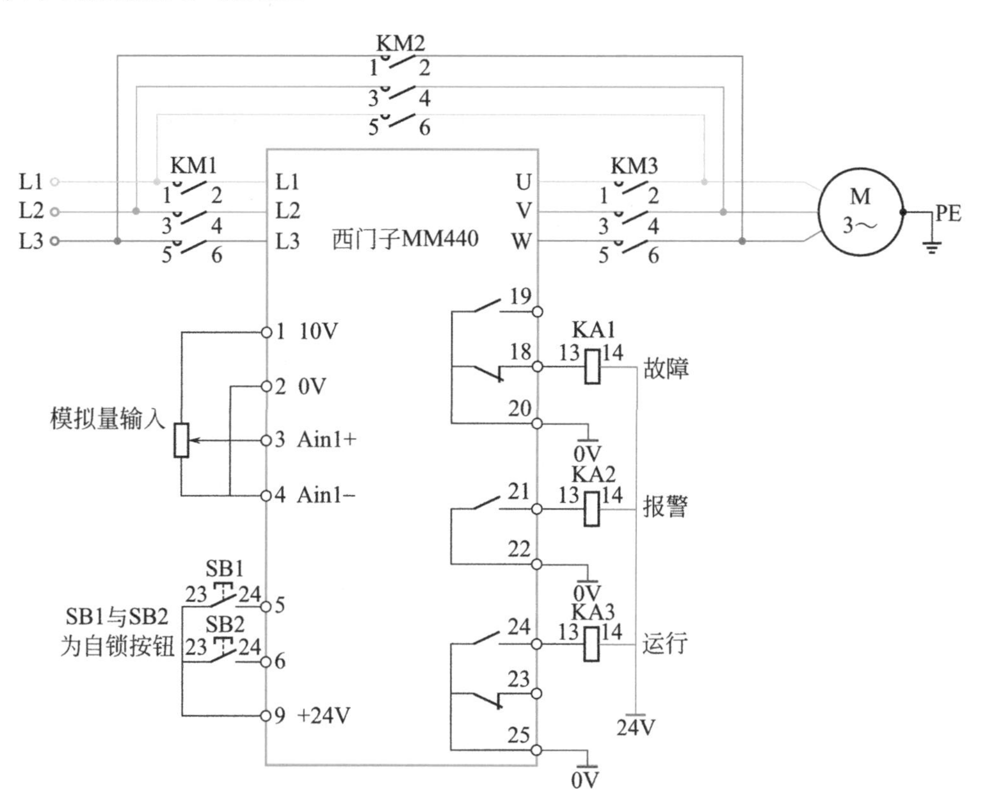

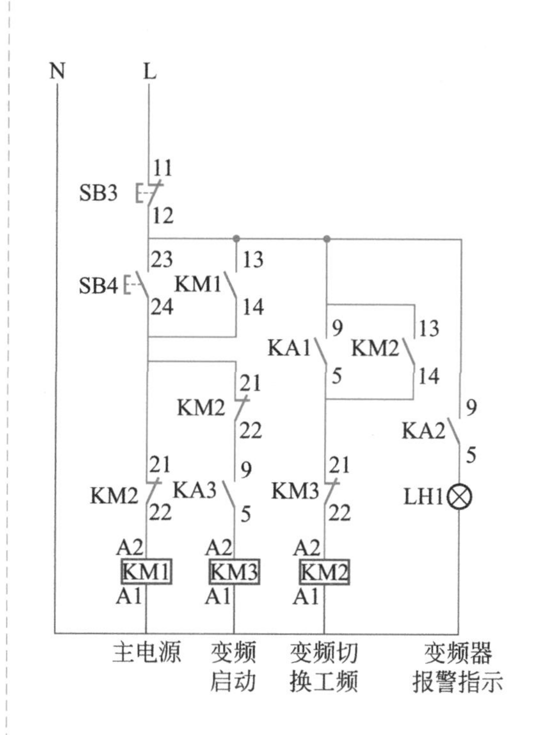

（2）电动机参数设置

参数号	出厂值	设置值	说明
P0003	1	2	设定用户访问级为标准级
P0010	0	1	快速调试
P0100	0	0	功率以 kW 表示，频率为 50Hz
P0304	230	220	电动机额定电压（V）
P0305	3.25	1.93	电动机额定电流（A）
P0307	0.75	0.37	电动机额定功率（kW）
P0310	50	50	电动机额定频率（Hz）
P0311	0	1400	电动机额定转速（r/min）

（3）变频器参数设置

参数号	出厂值	设置值	说明
P700	2	2	I/O 端子控制
P1000	2	2	模拟输入 1 通道
P731	52.3	52.3	故障监控（继电器失电）
P732	52.7	52.7	报警监控（继电器得电）
P733	52.2	52.2	变频运行中（继电器电）
P0701	1	1	ON 接通正转，OFF 停止
P0701	12	2	ON 接通正转，OFF 停止

（4）工作原理说明

① 主回路接线：三相电 380V 通过 L1、L2、L3 引入接触器 KM1 上端端子，下端端子出线引入 MM440 变频器的 L1、L2、L3，变频器的输出端 U、V、W 引入交流接触器的 KM3 的上端端子，KM3 下端端子出线引入三相异步电动机，此步骤为变频启动的主回路接线。或者三相电 380V 通过 L1、L2、L3 引入接触器 KM2 上端端子，下端端子出线引入三相异步电动机 U1、V1、W1，此步骤为工频启动的主回路接线。

② 主回路控制过程：KM1 主回路吸合接通变频器三相电源，当变频器输出，交流接触器 KM3 吸合，电动机 1 运行。或 KM2 主回路吸合接通主电源，电动机 1 工频运行。

③ 变频运行：按下控制回路启动按钮 SB4，KM1 线圈得电，并自锁。按下变频器正转按钮 SB1，变频器开始运行，变频器继电器 24、25 接通，中间继电器 KA3 线圈得电，KA3 常开触点闭合，KM3 线圈得电。主触点 KM3 吸合，电动机变频运行。

④ 工频运行：在变频器故障时，继电器 18、20 接通，KA1 线圈得电，常开触点 5、9 接通，KM2 线圈得电，KM2 主触点接通，工频启动 KM2。

⑤ 停止按钮：按下停止按钮 SB3，KM1、KM2、KM3 线圈失电，KM1、KM2、KM3 主触点断开，电动机停止。

7.1.7 西门子 S7-200 SMART PLC 多段速控制西门子变频器 MM440

控制要求：按下 SB1 正转运行，按下 SB2 反转运行，按下 SB3 以 10Hz 的频率运行，按下 SB4 以 15Hz 的频率运行，按下 SB5 以 20Hz 的频率运行。

（1）变频器的实物接线图

PLC 与变频器三段速控制电动机电路实物接线图如下图所示。

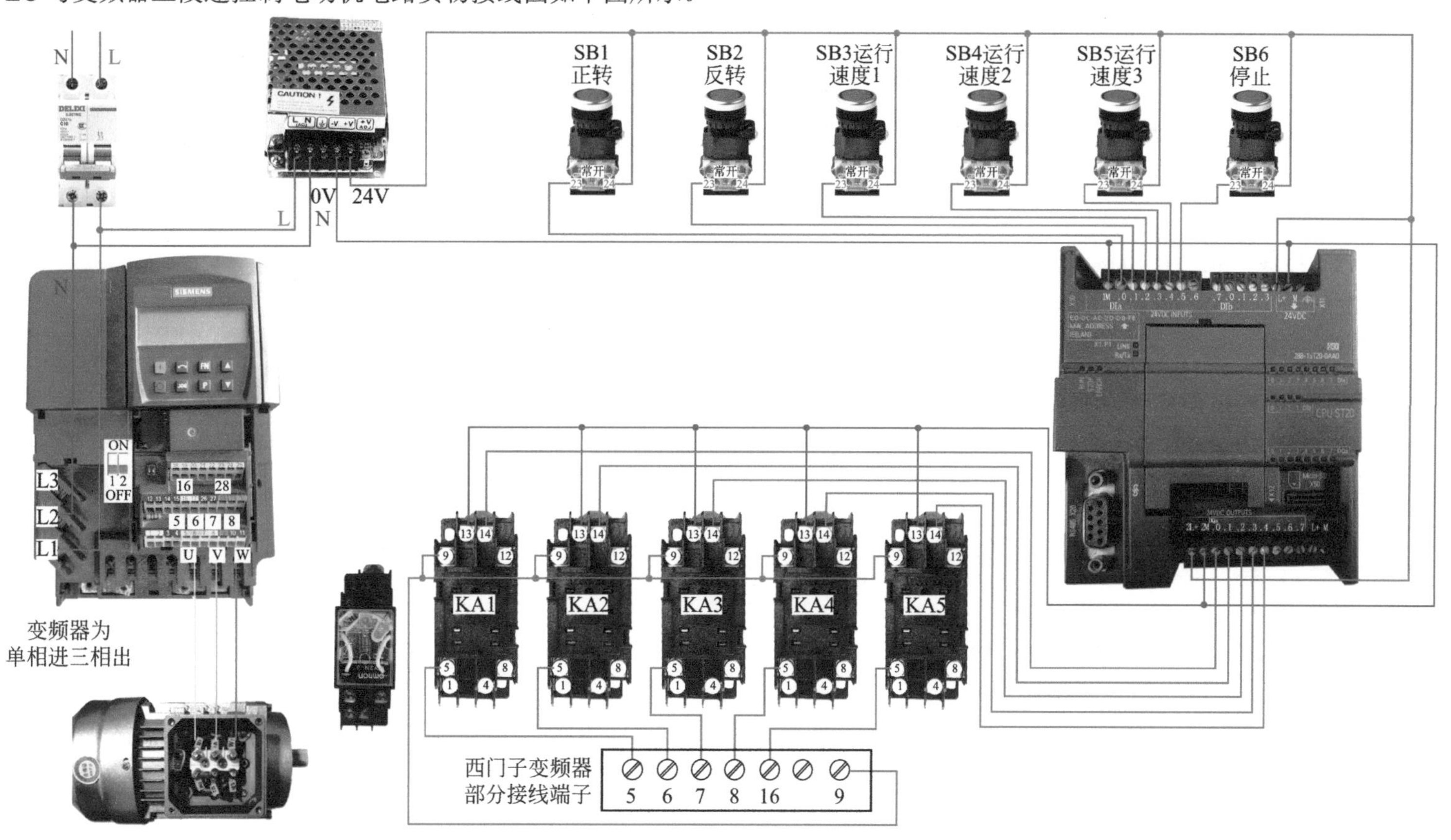

（2）实物接线讲解

① 变频器的正反转端子接线：变频器一定要同源，必须用中间继电器转换。Q0.0 接 KA1 的 14 号端子，13 号端子接 0V。Q0.0 输出 KA1 吸合，常开点 9 与 5 导通。KA1 的 9 接变频器 9 号，KA1 的 5 接变频器 5 号。Q0.1 接线与 Q0.0 方式一样。Q0.0 控制正转，Q0.1 控制反转。

② 变频器的三段速端子接线：Q0.2 接 KA3 的 14 号端子，13 号端子接 0V。Q0.2 输出 KA3 吸合，常开点 9 与 5 导通。KA3 的 9 接变频器 9 号，KA3 的 5 接变频器的 7 号。Q0.3 和 Q0.4 接线入与 Q0.2 方式一样。Q0.2 控制速度 1，Q0.3 控制速度 2，Q0.4 控制速度 3。

③ 按钮开关接线：正转按钮接 I0.0，反转按钮接 I0.1，运行速度 1 接 I0.2，运行速度 2 接 I0.3，运行速度 3 接 I0.4，停止接 I0.5。

④ 变频器的 9 号接 KA1、KA2、KA3、KA4、KA5 的 9 号端子。

（3）电动机参数设置

参数号	出厂值	设置值	说明
P0003	1	2	设定用户访问级为标准级
P0010	0	1	快速调试
P0100	0	0	功率以 kW 表示，频率为 50Hz
P0304	230	220	电动机额定电压（V）
P0305	3.25	1.93	电动机额定电流（A）
P0307	0.75	0.37	电动机额定功率（kW）

续表

参数号	出厂值	设置值	说明
P0310	50	50	电动机额定频率（Hz）
P0311	0	1400	电动机额定转速（r/min）

（4）变频器参数设置

参数号	出厂值	设置值	说明
P0700	2	2	命令源选择“由端子排输入”
P0701	1	1	ON 接通正转，OFF 停止
P0702	12	2	ON 接通反转，OFF 停止
P0703	9	15	选择固定频率
P0704	15	15	选择固定频率
P0705	15	15	选择固定频率
P1000	2	3	选择固定频率设定值
P1003	10	10	选择固定频率 10（Hz）
P1004	15	15	选择固定频率 15（Hz）
P1005	25	20	选择固定频率 20（Hz）

（5）PLC 与变频器三段速控制电动机 PLC 程序

① PLC 程序 I/O 分配表如下。

输入	功能	输出	功能
I0.0	正转启动	Q0.0	正转运行
I0.1	反转启动	Q0.1	反转运行
I0.2	低速	Q0.2	低速运行
I0.3	中速	Q0.3	中速运行
I0.4	高速	Q0.4	高速运行
I0.5	停止		

② PLC 程序如下：

1
低速：I0.2　停止：I0.5　中速输出：Q0.3　高速输出：Q0.4　低速输出：Q0.2
低速输出：Q0.2

无中高速输出时，按下低速I0.2按钮，启动低速输出Q0.2并且自保；按下停止按钮，断开低速输出。

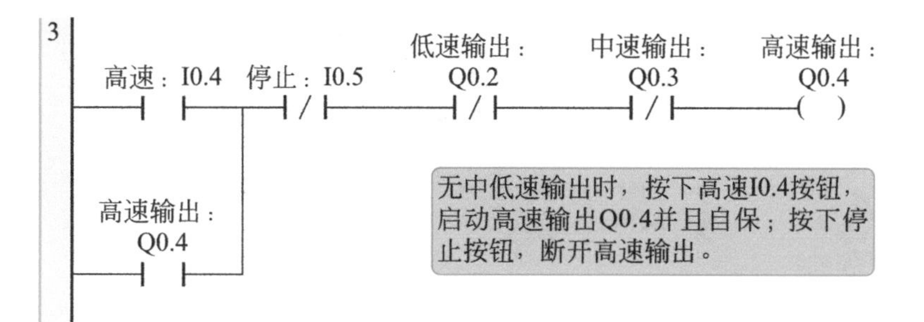

2
中速：I0.3　停止：I0.5　低速输出：Q0.2　高速输出：Q0.4　中速输出：Q0.3
中速输出：Q0.3

无高低速输出时，按下中速I0.3按钮，启动中速输出Q0.3并且自保；按下停止按钮，断开中速输出。

4
正转：I0.0　停止：I0.5　反转输出：Q0.1　正转输出：Q0.0
正转输出：Q0.0

无反转输出时，按下正转I0.0启动按钮，启动正转输出Q0.0并且自保；按下停止按钮，断开正转输出。

5
反转：I0.1　停止：I0.5　正转输出：Q0.0　反转输出：Q0.1
反转输出：Q0.1

无正转输出时，按下反转I0.1启动按钮，启动反转输出Q0.1并且自保；按下停止按钮，断开反转输出。

7.1.8 西门子 S7-200 SMART PLC 模拟量控制西门子变频器 MM440

控制要求：按下 SB1 正转运行，按下 SB2 反转运行，按下 SB3 停止运行，按下 SB4 频率加 1Hz 运行，按下 SB5 减 1Hz 运行。

（1）变频器的实物接线图

PLC 与变频器模拟量控制电机电路实物图如下图所示。

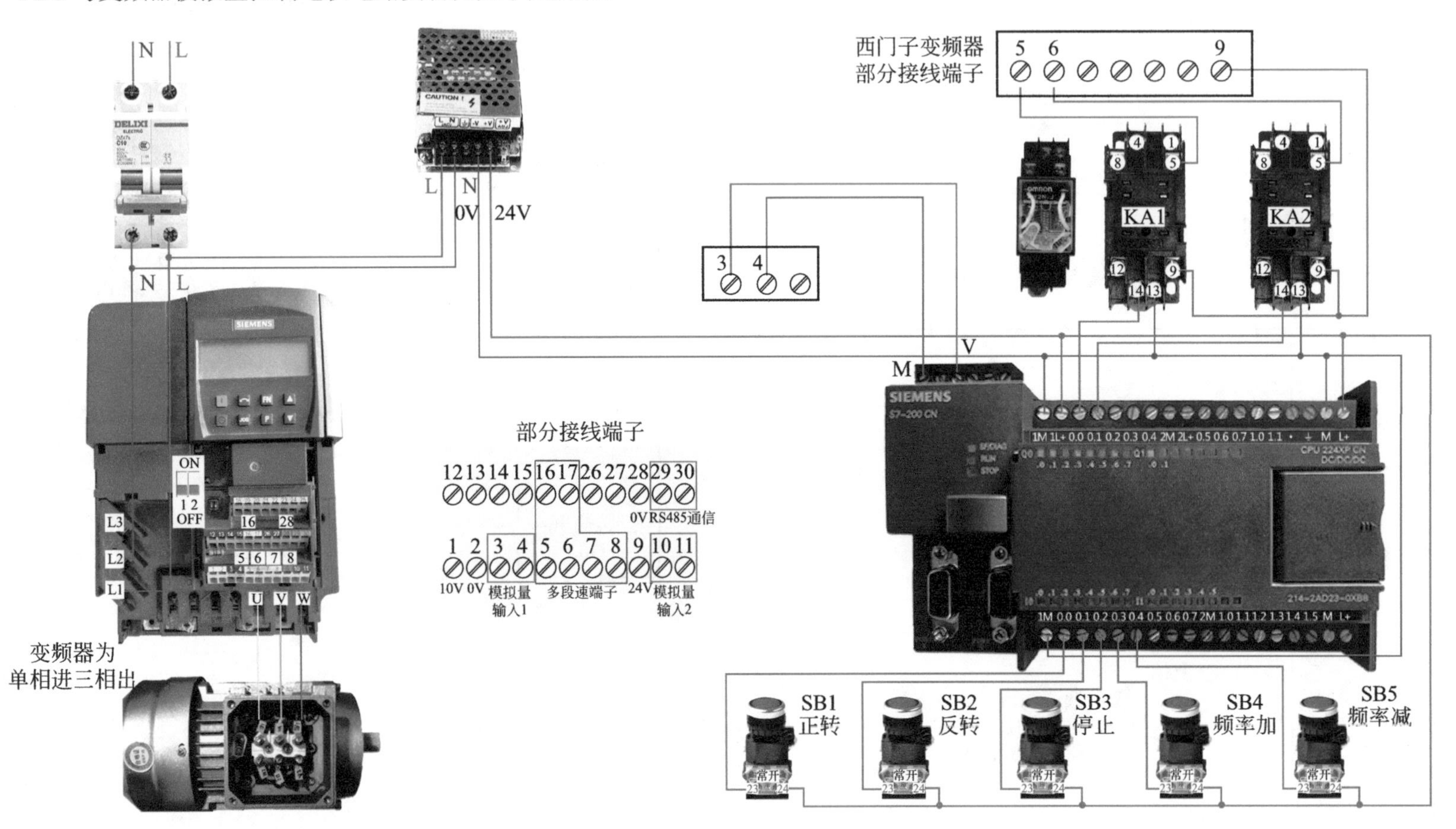

(2) 实物接线讲解

① 变频器的正反转端子接线：变频器一定要同源，必须用中间继电器转换。Q0.0 接 KA1 的 14 号端子，13 号端子接 0V。Q0.0 输出 KA1 吸合，常开点 9 与 5 导通。KA1 的 9 接变频器 9 号，KA1 的 5 接变频器 5 号。Q0.1 接线与 Q0.0 方式一样。Q0.0 控制正转，Q0.1 控制反转。

② 变频器的模拟量端子接线：3 号端子接 PLC 自带模拟量输出端子 V，4 号端子接 PLC 自带模拟量输出端子 M。

③ 按钮开关接线：正转按钮接 I0.0，反转按钮接 I0.1，停止接 I0.2，频率增按钮接 I0.3，频率减按钮接 I0.4。

④ 变频器的 9 号接中间继电器 KA1、KA2 的 9 号端子。

(3) 电动机参数设置

参数号	出厂值	设置值	说明
P0003	1	2	设定用户访问级为标准级
P0010	0	1	快速调试
P0100	0	0	功率以 kW 表示，频率为 50Hz
P0304	230	220	电动机额定电压（V）
P0305	3.25	1.93	电动机额定电流（A）
P0307	0.75	0.37	电动机额定功率（kW）
P0310	50	50	电动机额定频率（Hz）
P0311	0	1400	电动机额定转速（r/min）

(4) 变频器参数设置

参数号	出厂值	设置值	说明
P0700	2	2	命令源选择“由端子排输入”
P0701	1	1	ON 接通正转，OFF 停止
P0702	12	2	ON 接通反转，OFF 停止
P0756[0]	0	0	单极性电压输入（0 ～ +10V）
P0757[0]	0	0	电压 2V 对应 0% 的标度，即 0Hz
P0758[0]	0%	0%	
P0759[0]	10	10	电压 10V 对应 100% 的标度，即 50Hz
P0760[0]	100%	100%	
P1000	2	2	频率设定值选择为模拟量输入
P1080	0	0	电动机运行的最低频率（Hz）
P1082	50	50	电动机运行的最高频率（Hz）

(5) PLC 模拟量控制变频器 PLC 程序

案例要求：按下 SB1 正转运行，按下 SB2 反转运行，按下 SB3 停止运行，按下 SB4 频率加 1Hz 运行，按下 SB5 频率减 1Hz 运行。

① PLC 程序 I/O 分配表如下。

输入	功能	输出	功能
I0.0	正转	Q0.0	正转
I0.1	反转	Q0.1	反转
I0.2	停止		
I0.3	频率加		
I0.4	频率减		

② PLC 程序如下。

编程思路：

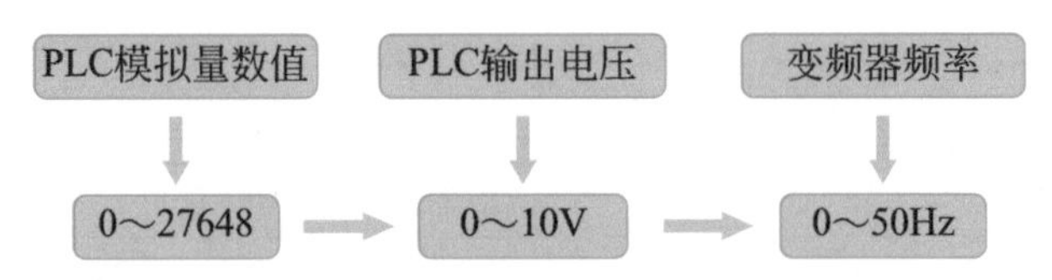

推导出：

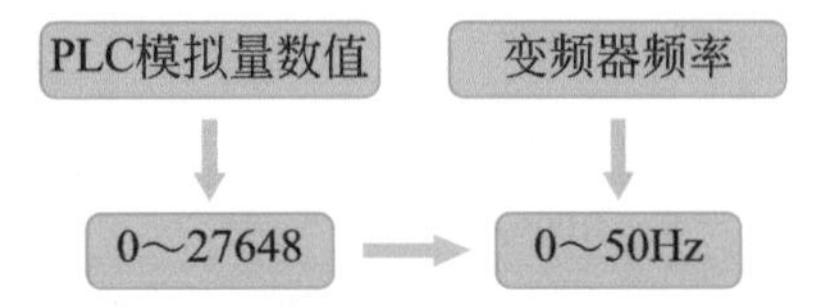

推算出：1Hz 对应 PLC 模拟量数值为 27648/50 =552.96 ≈ 553

总结：PLC 模拟量数值增加或减少 553，变频器频率增加或减少 1Hz。

本案例说明：用 PLC 模拟量电压输出，数值存放到 AQW16，按一次 I0.3，AQW16 数值增加 553，频率增加 1Hz；按一次 I0.4，AQW16 数值减 553，频率减 1Hz。

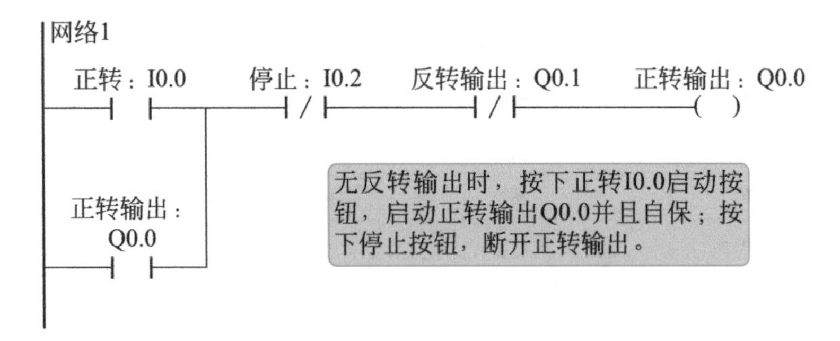

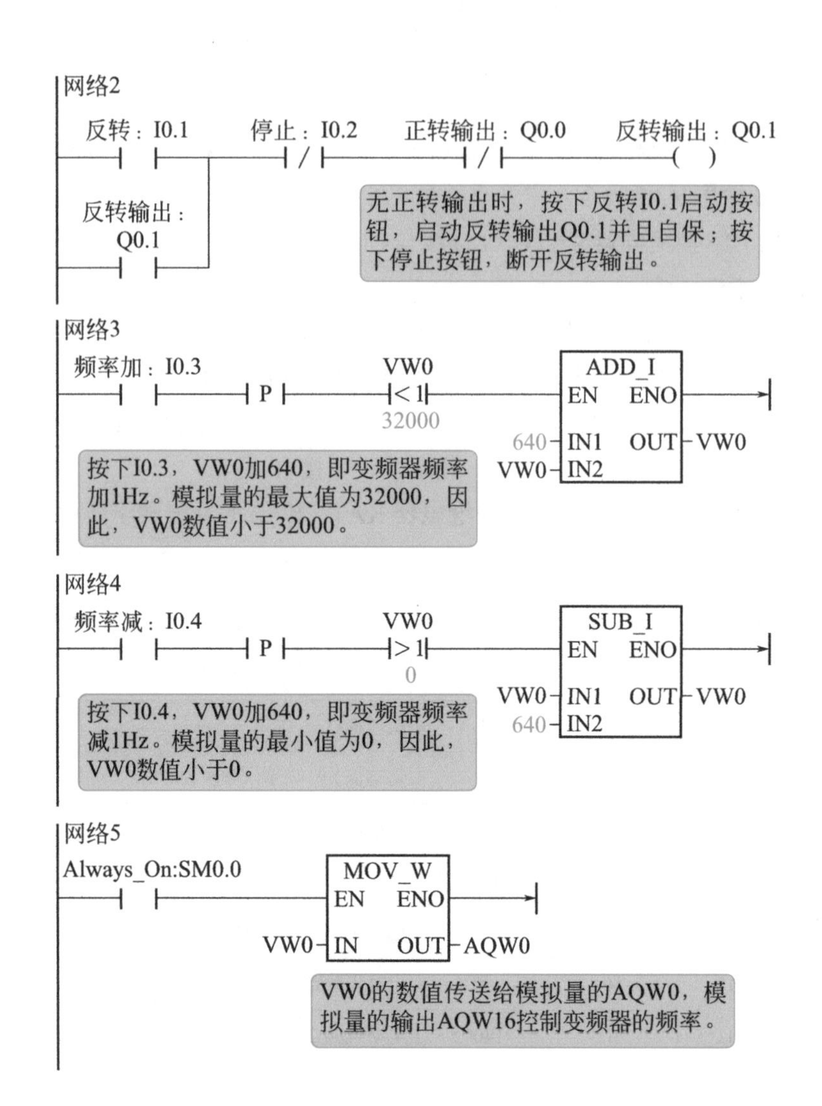

7.1.9 西门子变频器故障报警代码及处理方法

MM440 常见故障代码及其含义如下表所示。

F0001	F0002	F0003	F0004	F0005
过流	过电压	欠电压	变频器过温	变频器 I^2T 过热
F0011	F0012	F0015	F0020	F0021
电动机过热	变频器温度信号丢失	电动机温度信号丢失	电源断相	接地故障
F0022	F0023	F0024	F0030	F0035
功率组件故障	输出故障	整流器过温	冷却风机故障	在重启动后再次故障
F0040	F0041	F0042	F0051	F0052
自动校准故障	电动机参数自动监测故障	速度控制优化功能故障	参数 EEPROM 故障	功率组件故障
F0053	F0054	F0060	F0070	F0071
I/O EEPROM 故障	I/O 板错误	Asic 超时	CB 设定值故障	USS（BOP- 链接）设定值故障
F0072	F0080	F0085	F0090	F0101
USS（COMM- 链接）设定值故障	ADC 输入信号丢失	外部故障	编码器反馈信号丢失	功率组件溢出
F0221	F0222	F0450	F0452	
PID 反馈信息低于最小值	PID 反馈信息高于最大值	BIST 测试故障	检测出传动带有故障	

A0501	A0502	A0503	A0504	A0505
电流限幅	过压限幅	欠压限幅	变频器过温	变频器 I^2T 过温
A0506	A0511	A0512	A0520	A0521
变频器的“工作－停止”周期	电动机 I^2T 过温	电动机温度信号丢失	整流器过温	运行环境过温
A0522	A0523	A0535	A0541	A0542
I^2C 读出超时	输出故障	制动电阻过热	电动机数据自动监测已激活	速度控制优化激活
A0590	A0600	A0700	A0701	A0702
编码器反馈信号丢失的报警	RTOS 超出正常范围	CB 报警 1	CB 报警 2	CB 报警 3
A0703	A0704	A0705	A0706	A0707
CB 报警 4	CB 报警 5	CB 报警 6	CB 报警 7	CB 报警 8
A0708	A0709	A0710	A0711	A0910
CB 报警 9	CB 报警 10	CB 报警 11	CB 组错误	支流回路最大电压 V_{dc-max} 控制器未激活
A0911	A0912	A0920	A0921	A0922
支流回路最大电压 V_{dc-max} 控制器已激活	支流回路最小电压 V_{dc-min} 控制器已激活	ADC 参数设定不正确	DAC 参数设定不正确	变频器没负载
A0923	A0952			
同时请求正向和反向点动	检测到传动带故障			

（1）故障代码 F001（过电流）可能引起故障的原因

电动机功率（P0307）与变频器的功率（r0206）不匹配电动机的导线短路有接地故障。

故障诊断和应采取的措施：

检查以下各项情况：电动机功率（P0307）与变频器的功率（r0206）相匹配，电缆的长度不得超过允许的最大值，电动机的电缆和电动机内部不得有短路或接地故障，输入变频器的电动机参数必须与实际使用的电动机参数相符合，输入变频器的定子电阻值（P0350）必须正确无误，电动机的冷却风道必须通畅，电动机不得过载增加斜坡上升时间（P1120），减少“启动提升”的强度（P1312）。

（2）故障代码 F002（过电压）可能引起故障的原因

直流回路的电压（r0026）超过了跳闸电平（2172）。

故障诊断和应采取的措施：

检查以下各项情况：电源电压（P0210）必须在变频器铭牌规定的范围以内；直流回路电压控制器必须投入工作（P1240），而且正确地进行了参数化；斜坡下降时间（P1121）必须与负载的转动惯量相匹配；实际要求的制动功率必须在规定的限定值以内。

（3）故障代码 F003（欠电压）可能引起故障的原因

供电电源故障冲击负载超过了规定的限定值。

故障诊断和应采取的措施：

检查以下各项：供电电源电压（P0210）必须在变频器铭牌规定的范围以内；检查供电电源是否短时掉电，或有短时的电压降低。

（4）故障代码 F004（变频器过温）可能引起故障的原因

变频器运行时冷却风量不足，环境温度太高。

故障诊断和应采取的措施：

检查以下各项情况：变频器运行时冷却风机必须正常运转；调制脉冲的频率必须设定为缺省值；检查环境温度是否太高，超过了变频器的允许值。

（5）故障代码 F0011（电动机过温）可能引起故障的原因

电动机过载。

故障诊断和应采取的措施：

检查以下各项情况：负载过大或负载的工作周期时间太长，标称的电动机温度超限值（P0626 ～ P0628）必须正确，电动机温度报警电平（P0604）必须与电动机的实际过温情况相匹配。

（6）故障代码 F0012（变频器温度信号丢失）可能引起故障的原因

变频器（散热器）的温度传感器断线。

（7）故障代码 F0015（电动机温度信号丢失）可能引起故障的原因

电动机的温度传感器开路或短路，如果检测到温度信号已经丢失，温度监控开关便切换为监控电动机的温度模型。

（8）故障代码 F0020（电源断相）可能引起故障的原因

如果三相输入电源电压中有一相丢失，便出现故障，但变频器的脉冲仍然允许输出，变频器仍然可以带负载。

故障诊断和应采取的措施：

检查输入电源各项的线路。

（9）故障代码 F0021（接地故障）可能引起故障的原因

如果三相电流的总和超过变频器额定电流的 5%，便出现这一故障。

（10）故障代码 F0022（功率组件故障）可能引起故障的原因

下列情况下将引起硬件故障（r0947=22 和 r0949=1）：直流回路过流 =IGBT 短路；制动斩波器短路；接地故障；I/O 板插入不正确。

故障诊断和应采取的措施：

永久性的 F0022 故障：检查 I/O 板必须完全插入插座中，如果在变频器的输出侧或 IGBT 中有接地故障或短路故障时，断开电动机电缆就能确定是哪种故障。在所有外部接线都已断开（电源接线除外），而变频器仍然出现永久性故障的情况下，几乎可以断定变频器一定存在缺陷，应该进行检修偶尔发生的 F0022 故障：突然的负载变化或机械阻滞斜坡时间很短，采用无传感器矢量控制功能时参数优化运行得很差，安装有制动电阻时，制动电阻的阻值太低。

（11）故障代码 F0023（输出故障）可能引起故障的原因

输出的一相断线。

（12）故障代码 F0024（整流器过温）可能引起故障的原因

通风风量不足，冷却风机没有运行，环境温度过高。

故障诊断和应采取的措施：

变频器运行时冷却风机必须处于运转状态，脉冲频率必须设定为缺省值，环境温度不能高于变频器允许的运行温度。

（13）故障代码 F0042（速度控制优化功能故障）可能引起故障的原因

速度控制优化功能（P1960）故障。故障值 =0：在规定时间内不能达到稳定速度；故障值 =1：读数不合乎逻辑。

（14）故障代码 F0052（功率组件故障）可能引起故障的原因

读取功率组件的参数时出错，或数据非法。

故障诊断和应采取的措施：

与客户支持部门或维修部门联系。

（15）故障代码 F0053（I/O EEPROM 故障）可能引起故障的原因

读 I/O EEPROM 信息时出错，或数据非法。

故障诊断和应采取的措施：

检查数据；更换 I/O 模块。

（16）故障代码 F0054（I/O 板错误）可能引起故障的原因

连接的 I/O 板不对，I/O 板检测不出识别号，检测不到数据。

故障诊断和应采取的措施：

检查数据；更换 I/O 模板。

（17）故障代码 F0070（CB 设定值故障）可能引起故障的原因

在通信报文结束时，不能从 CB（通信板）接设定值。

故障诊断和应采取的措施：

检查 CB 板和通信对象。

（18）故障代码 F0080（ADC 输入信号丢失）可能引起故

障的原因

断线信号超出限定值。

（19）故障代码 F0085（外部故障）可能引起故障的原因

由端子输入信号触发的外部故障。

故障诊断和应采取的措施：

封锁触发故障的端子输入信号。

（20）故障代码 F0090（编码器反馈信号丢失）可能引起故障的原因

从编码器来的信号丢失。

故障诊断和应采取的措施：

① 检查编码器的安装固定情况，设定 P0400 = 0 并选择 SLVC 控制方式（P1300 = 20 或 22）。

② 如果装有编码器，请检查编码器的选型是否正确（检查参数 P0400 的设定）。

③ 检查编码器与变频器之间的接线。

④ 检查编码器应无故障（选择 P1300 = 0，在一定速度下运行，检查 r0061 中的编码器反馈信号）。

⑤ 增加编码器反馈信号消失的门限值（P0492）。

（21）故障代码 F0221（PID 反馈信号低于最小值）可能引起故障的原因

PID 反馈信号低于 P2268 设置的最小值。

故障诊断和应采取的措施：

改变 P2268 的设置值，或调整反馈增益系数。

（22）故障代码 F0222（PID 反馈信号高于最大值）可能引起故障的原因

PID 反馈信号超过 P2267 设置的最大值。

故障诊断和应采取的措施：

改变 P2267 的设置值，或调整反馈增益系数。

7.2 台达变频器

7.2.1 台达变频器硬件介绍

（1）台达变频器调速系统

台达变频器有多个系列，台达 VFD-M 是目前应用较为广泛的变频器，本章以台达 VFD-M 为例进行讲解。变频器在交流电动机调速控制系统中，主要有两种典型使用方法，分别为三相交流和单相交流变频调速系统，如下图所示。

台达 VFD-M 是用于控制三相交流电动机速度的变频器系列。该系列有多种型号，这里选用的 VFD-M 订货号为 VFD007M21A。

该变频器额定参数为：

- 电源电压：220V，单相交流。
- 额定输出功率：0.75kW。
- 额定输出电流：5A。
- 操作面板：基本操作板（BOP）。

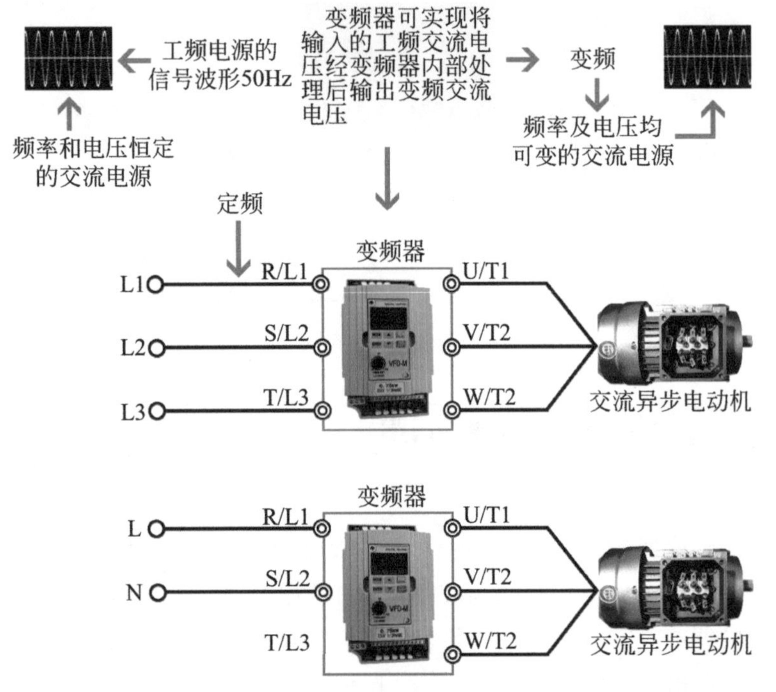

(2)VFD-M 变频器的端子及接线介绍

① 变频器接线端子及功能图解。打开变频器后，就可以连接电源和电动机的接线端子。接线端子在变频器机壳上下端。

台达 VFD-M 系列为用户提供了一系列常用的输入输出接线端子，用户可以方便地通过这些接线端子来实现相应的功能，打开变频器后可以看到变频器的接线端子如下图所示。这些接线端子的功能及使用说明如下表所示。

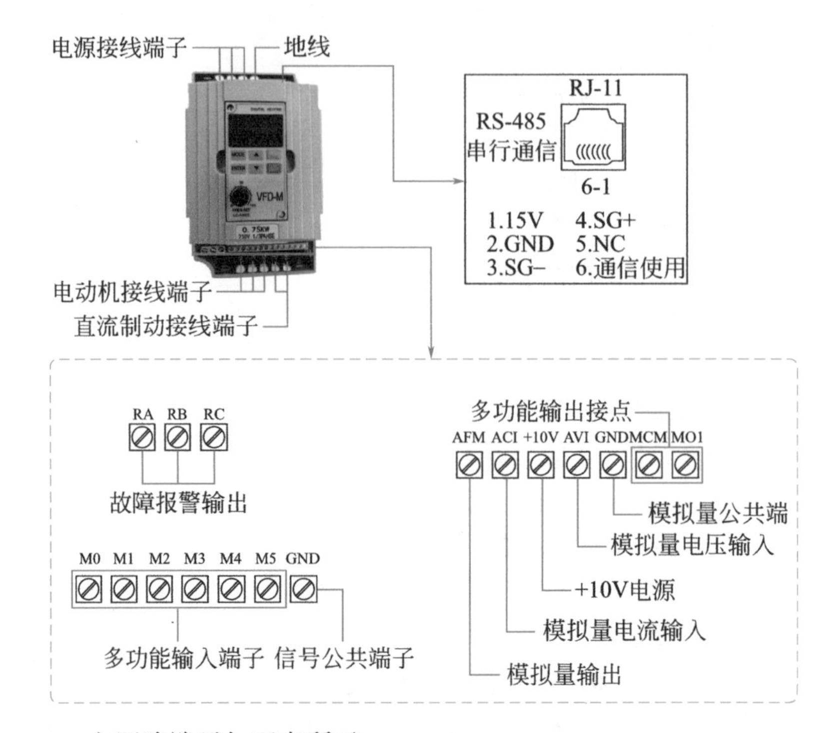

主回路端子如下表所示。

端子记号	内容说明（端子规格为 M3.0）
R/L1，S/L2，T/L3	主回路交流电源输入
U/T1，V/T2，W/T3	连接至电动机
B1-B2	刹车电阻（选用）连接端子
⏚	接地用（避免高压突波冲击以及噪声干扰）

控制回路端子如下表所示。

端子	功能说明	出厂设定（NPN 模式）
M0	多功能输入辅助端子	M0 ～ M5-GND 功能选择可参考参数 P38 ～ P42 多功能输入选择接 GND 时（ON），动作电流为 10mA；开路或高电压时（OFF），容许漏电流为 10μA
M1	多功能输入选择一	
M2	多功能输入选择二	
M3	多功能输入选择三	
M4	多功能输入选择四	
M5	多功能输入选择五	
GND	控制信号地参考点	
+10V	+10VDC 输出	+10V-GND，可输出固定直流电压 +10V（10mA）
AVI	模拟电压频率指令	范围：0 ～ 10VDC 对应到 0 ～最大输出频率
ACI	模拟电流频率指令	范围：4 ～ 20mA 对应到 0 ～最大输出频率
AFM	多功能模拟电压输出	输出电流：2mA Max 范围：0 ～ 10VDC
MO1	功能输出端子（光耦合）	交流电动机驱动器以晶体管开集极方式输出各种监视信号。 如运转中，频率到达，过载指示等信号。详细请参考参数 P45 多功能输出端子选择
MCM	多功能输出端子共同端（光耦合）	Max 48VDC 50mA
RA	多功能 Relay 输出节点（常开 a）	RA-RC
RB	多功能 Relay 输出节点（常开 b）	RB-RC
RC	多功能 Relay 输出节点，共同端	

通用变频器是一种智能设备，其特点之一就是各端子的功能可通过调整相关参数的值进行变更。

② 变频器控制电路端子的标准接线介绍。变频器的控制电路一般包括输入电路、输出电路和辅助接口等部分，输入电路接收控制器（PLC）的指令信号（开关量或模拟量信号），输出电路输出变频器的状态信息（正常时的开关量或模拟量输出、异常输出等），辅助接口包括通信接口、外接键盘接口等。台达变频器电路端子的标准接线如下图所示。

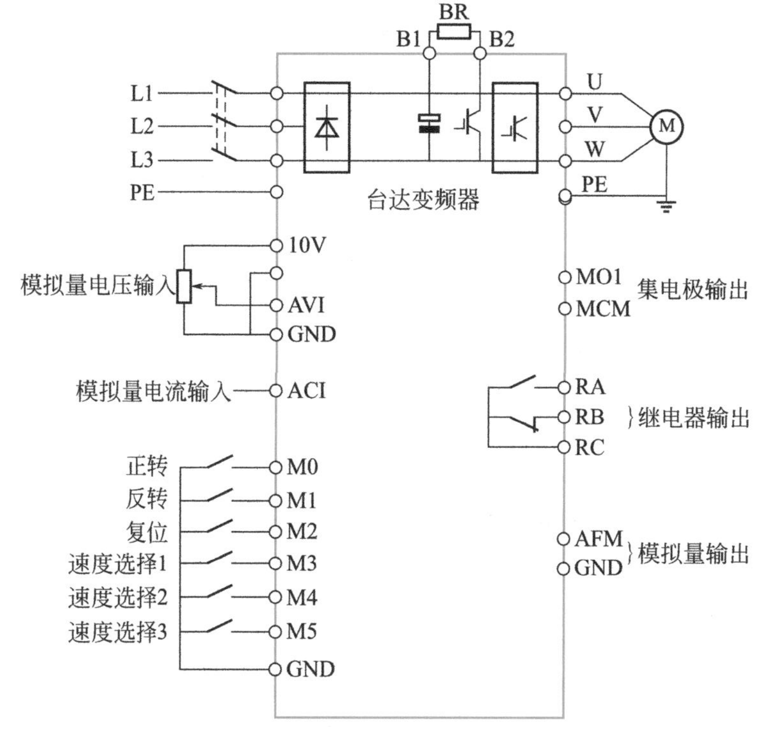

③ VFD-M 变频器面板介绍

台达 VFD-M 变频器面板介绍如下图所示。

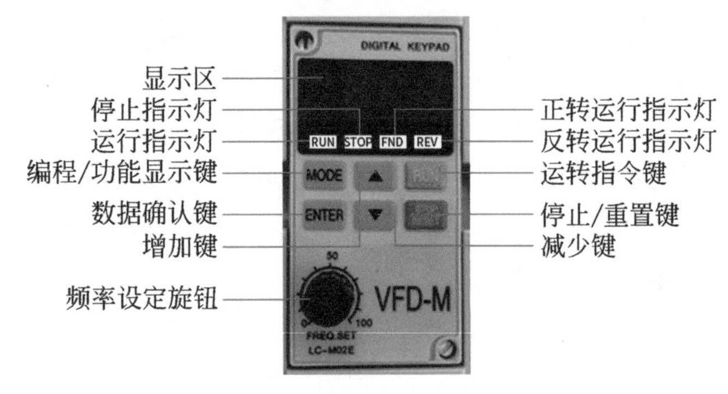

面板的操作如下图所示。

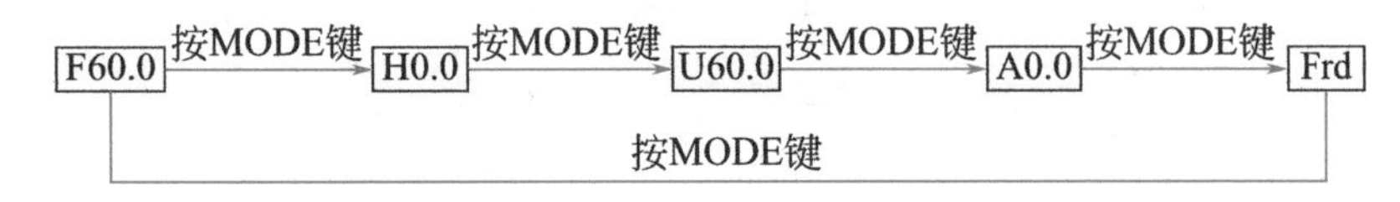

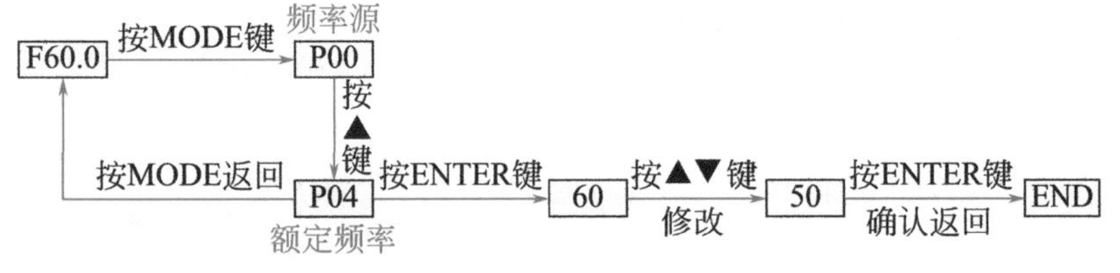

在变频器初次调试或者参数设置混乱时，需要执行该操作，以便于将变频器的参数值恢复到一个确定的默认值。

恢复出厂设置方法如下图所示。

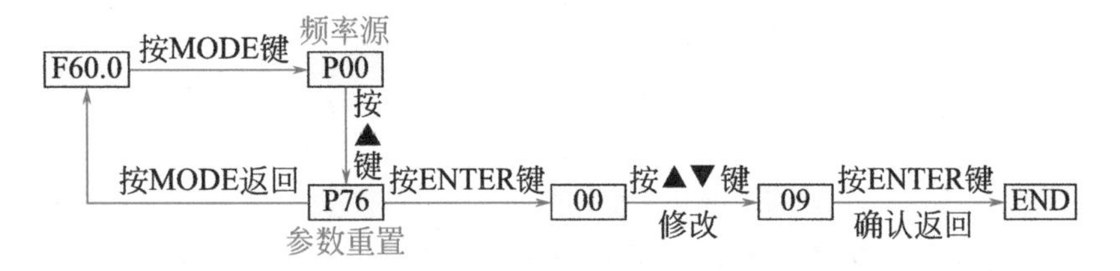

7.2.2 台达变频器面板控制电动机正反转案例

控制要求：按下面板 RUN 键，电动机启动运行。按下面板 STOP/RESET 键，电动机停止运行，通过旋转面板电动电位器改变频率的大小。

（1）VFD-M 变频器面板控制接线图

台达 VFD-M 变频器面板控制电路原理图及实物接线图如下图所示。

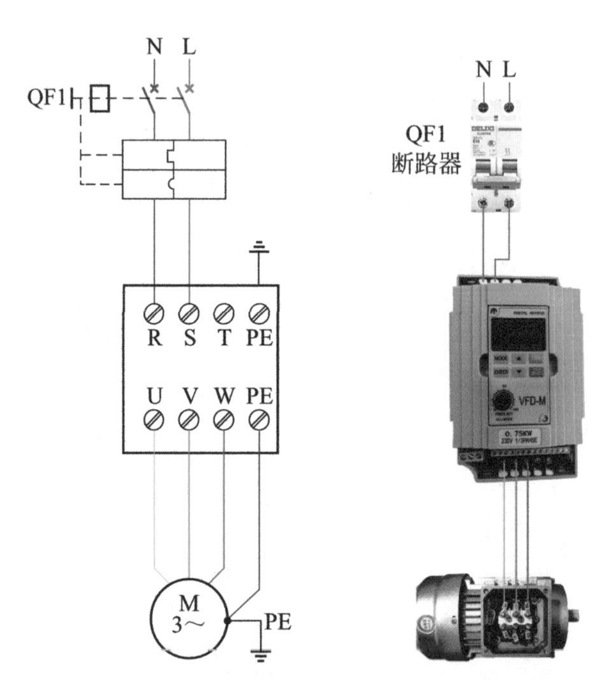

（2）VFD-M 变频器电动机参数调整

为了使电动机与变频器相匹配，需要设置电动机参数，这些参数可以从电动机铭牌中直接得到。电动机参数设置如下表所示。

参数号	出厂值	设置值	说明
P04	60	50	电动机额定频率（Hz）
P05	230	220	电动机额定电压（V）
P52	0	1.95	电动机额定电流（A）

（3）VFD-M 变频器面板控制参数设定

参数号	出厂值	设置值	说明
P04	60	50	电动机额定频率（Hz）
P05	220	220	电动机额定电压（V）
P52	0	1.93	电动机额定电流（A）
P00	00	04	由键盘（电动电位计）输入设定值
P01	00	00	由键盘输入设定值（选择命令源）
P03	60	50	电动机运行的最高频率（Hz）
P08	1.5	0	电动机运行的最低频率（Hz）
P10	10	5	点动斜坡上升时间（s）
P11	10	5	点动斜坡下降时间（s）

（4）电路工作原理

① 闭合总电源 QF1。变频器输入端 R、S、T 上电，为启动电动机做好准备。

② 变频器面板控制：

a. 面板启动：按下面板 RUN 键，电动机启动运行。

b. 面板停止：再按一下面板 STOP 键，电动机停止运行。

c. 面板电位器调速：在电动机运行状态下，旋转面板电位器键，可以修改变频器的频率进而改变电动机的转速。

③ 断开总电源 QF1。变频器输入端 R、S、T 断电，变频器失电断开。

7.2.3 变频器三段速控制（自锁按钮控制）

控制要求：按下 SB1 正转运行，按下 SB2 反转运行，按下 SB3 以 10Hz 的频率运行，按下 SB4 以 15Hz 的频率运行，按下 SB5 以 20Hz 的频率运行。SB1 ～ SB5 为自锁按钮。

（1）变频器的接线原理图

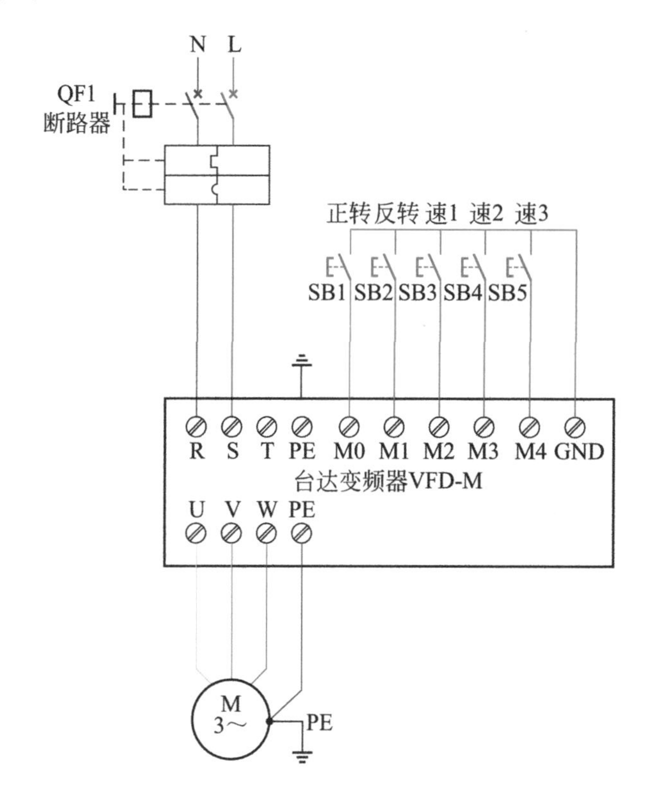

（2）变频器的接线实物图

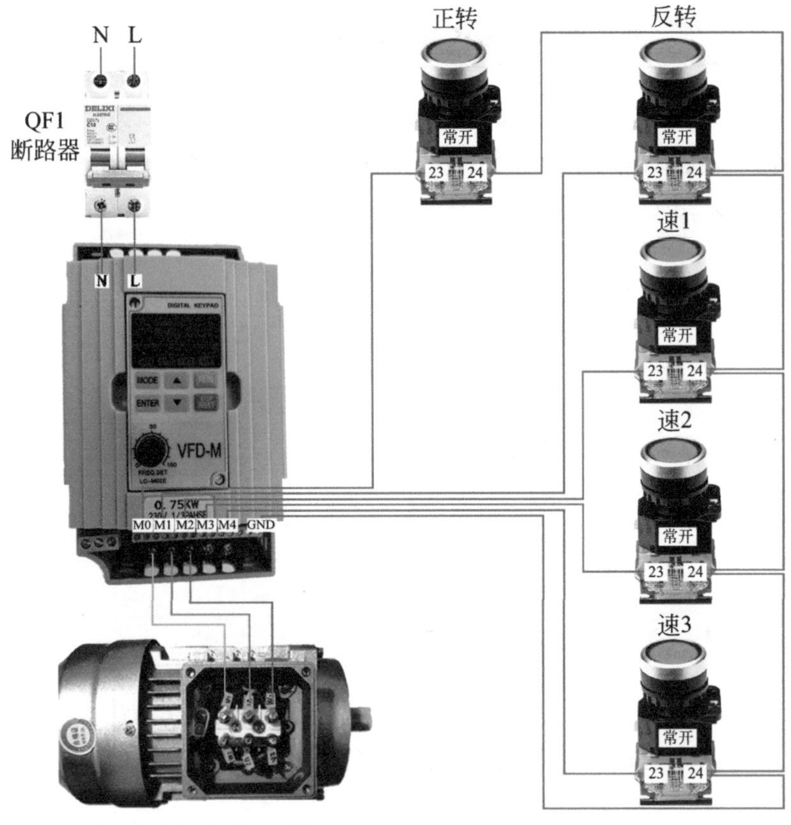

（3）电动机参数设置

参数号	出厂值	设置值	说明
P04	60	50	电动机额定频率（Hz）
P05	230	220	电动机额定电压（V）
P52	0	1.95	电动机额定电流（A）

（4）变频器三段速参数设置

参数号	出厂值	设置值	说明
P00	00	00	由端子输入设定值（选择频率源）
P01	00	01	由端子输入设定值（选择命令源）
P03	60	50	电动机运行的最高频率（Hz）
P08	1.5	0	电动机运行的最低频率（Hz）
P10	10	5	点动斜坡上升时间（s）
P11	10	5	点动斜坡下降时间（s）
P17	0.0	10	选择固定频率 10（Hz）
P18	0.0	15	选择固定频率 15（Hz）
P20	0.0	20	选择固定频率 20（Hz）
P38	00	00	M0：正转 / 停止；M1：反转 / 停止
P39	05	06	M2 接通多段速指令一
P40	06	07	M3 接通多段速指令二
P41	07	08	M4 接通多段速指令三

（5）工作原理说明

① 电源接线：闭合总电源 QF1，变频器输入端 R、S、T 上电，为启动电动机做好准备。

② 变频器端子控制启停：按下按钮 SB1，电动机正转运行，松开按钮，按钮自锁，再次按下 SB1，电动机停止；按下按钮 SB2，电动机反转运行，松开按钮，按钮自锁，再次按下 SB2，电动机停止。

③ 端子多段速给定：在电动机运行状态下，按下按钮 SB3，电动机以 10Hz 运行，松开按钮，按钮白锁，再次按下 SB3，电动机停止；按下按钮 SB4，电动机以 15Hz 运行，松开按钮，按钮自锁，再次按下 SB4，电动机停止；按下按钮 SB5，电动机以 20Hz

运行，松开按钮，按钮自锁，再次按下 SB5，电动机停止。

④ 断开总电源：断开总电源 QF1，变频器输入端 R、S、T 断电，变频器失电断开。

7.2.4 变频器三段速控制（转换开关控制）

控制要求：旋钮开关 SA1 为三挡开关，有正转反转挡位以及中间停止挡位，旋钮开关 SA2 旋转到速度 1 挡位以 10Hz 的频率运行，旋钮开关 SA2 旋转到速度 2 挡位以 15Hz 的频率运行，旋钮开关 SA2 旋转到速度 3 挡位以 20Hz 的频率运行。

（1）变频器的接线原理图

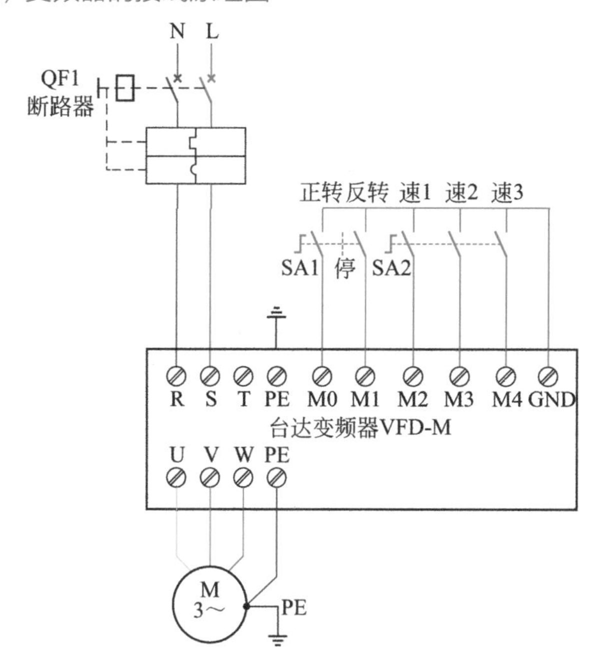

（2）变频器的接线实物图

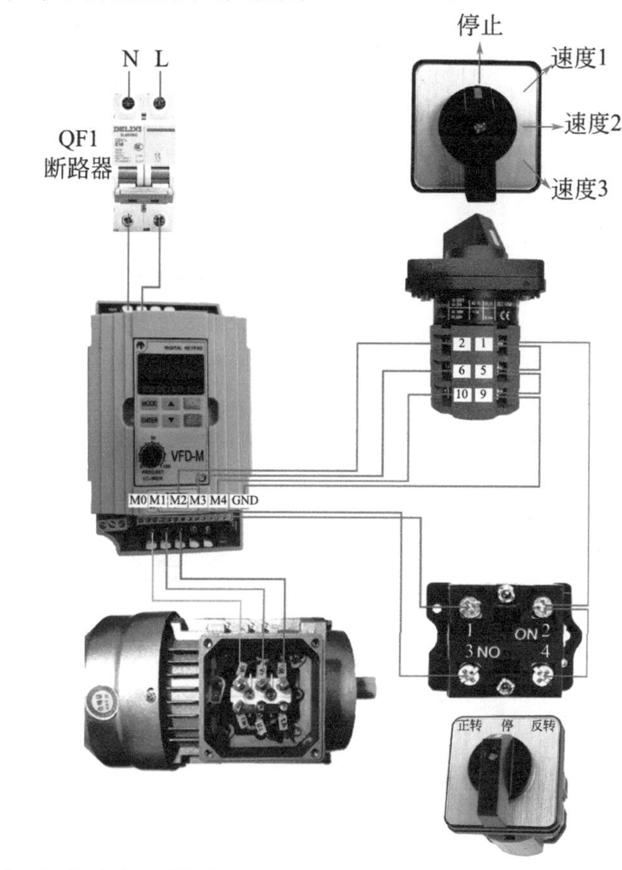

（3）电动机参数设置

参数号	出厂值	设置值	说明
P04	60	50	电动机额定频率（Hz）
P05	230	220	电动机额定电压（V）
P52	0	1.95	电动机额定电流（A）

（4）变频器参数设置

参数号	出厂值	设置值	说明
P00	00	00	由端子输入设定值（选择频率源）
P01	00	01	由端子输入设定值（选择命令源）
P03	60	50	电动机运行的最高频率（Hz）
P08	1．5	0	电动机运行的最低频率（Hz）
P10	10	5	点动斜坡上升时间（s）
P11	10	5	点动斜坡下降时间（s）
P17	0.0	10	选择固定频率 10（Hz）
P18	0.0	15	选择固定频率 15（Hz）
P20	0.0	20	选择固定频率 20（Hz）
P38	00	00	M0：正转 / 停止；M1：反转 / 停止
P39	05	06	M2 接通多段速指令一
P40	06	07	M3 接通多段速指令二
P41	07	08	M4 接通多段速指令三

（5）工作原理说明

① 电源接线：闭合总电源 QF1，变频器输入端 R、S、T 上电，为启动电动机做好准备。

② 变频器端子控制启停：旋转按钮 SA1 旋到正转挡位，电动机正转运行，旋转按钮 SA1 旋到停止挡位，电动机停止；旋转按钮 SA1 旋到反转挡位，电动机反转运行。

③ 端子多段速给定：旋钮开关 SA2 旋转到速度 1 挡位变频器以 10Hz 的频率运行，旋钮开关 SA2 旋转到速度 2 挡位变频器以 15Hz 的频率运行，旋钮开关 SA2 旋转到速度 3 挡位变频器以 20Hz 的频率运行。

④ 断开总电源：断开总电源 QF1，变频器输入端 R、S、T 断电，变频器失电断开。

7.2.5 变频器模拟量控制（电位器）

控制要求：旋钮开关 SA1 为三挡开关，有正转反转挡位以及中间停止挡位，顺时针旋转电位器器频率增加，逆时针旋转电位器频率减小。

（1）变频器的原理图

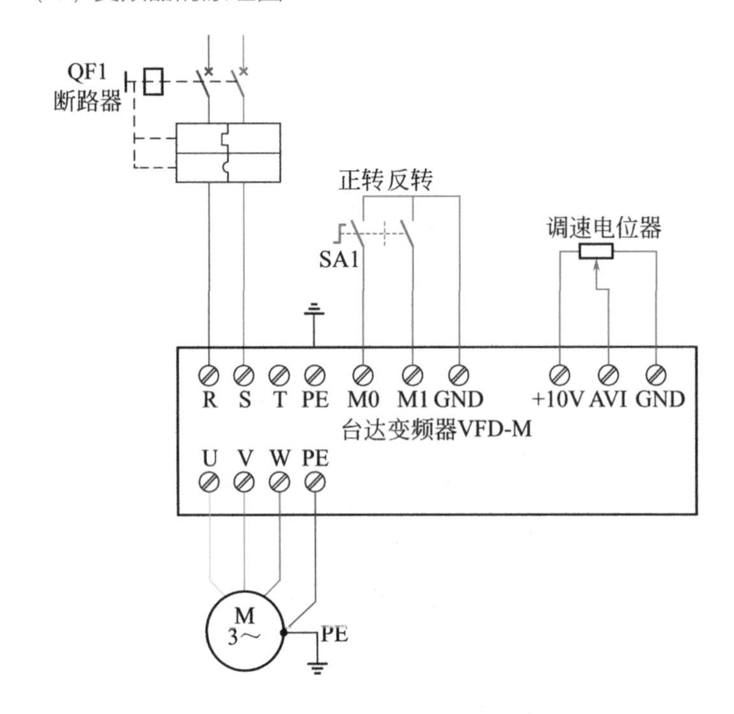

（2）变频器的接线实物图

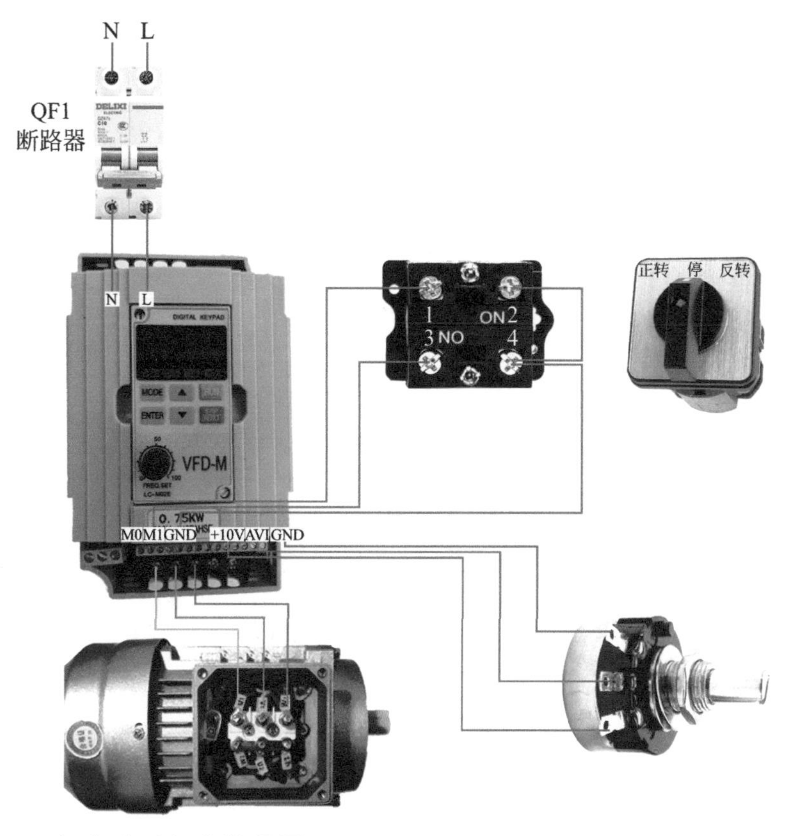

（3）电动机参数设置

参数号	出厂值	设置值	说明
P04	60	50	电动机额定频率（Hz）
P05	230	220	电动机额定电压（V）
P52	0	1.95	电动机额定电流（A）

（4）变频器参数设置

参数号	出厂值	设置值	说明
P00	00	01	由模拟量输入设定值
P01	00	01	由端子输入设定值（选择命令源）
P03	60	50	电动机运行的最高频率（Hz）
P08	1.5	0	电动机运行的最低频率（Hz）
P10	10	5	点动斜坡上升时间（s）
P11	10	5	点动斜坡下降时间（s）
P38	00	00	M0：正转 / 停止；M1：反转 / 停止
P128	0.0	0.0	最小频率对应输入电压值
P129	10.0	10.0	最大频率对应输入电压值

（5）工作原理说明

① 电源接线：闭合总电源 QF1，变频器输入端 L1、N 上电，为其启动电动机做好准备。

② 变频器端子控制启停：旋钮开关 SA1 旋到正转挡位变频器正转运行，旋钮开关 SA1 旋到反转挡位变频器反转运行，旋钮开关 SA1 旋到中间挡位停止。

③ 模拟量速度给定：外部电位器频率给定：在电动机运行状态下，旋转外部电位器，可以修改变频器的频率进而改变电动机的转速。

④ 断开总电源：断开总电源 QF1，变频器输入端 R、S、T 断电，变频器失电断开。

7.2.6 变频切换工频电路

控制要求：在正常运行中，以变频启动运行，当变频器有故障时切换为工频运行。SB1 与 SB2 为正反转按钮，SB3 为控制回路停止按钮，SB4 为启动按钮，KA1 为故障继电器，KA2 为运行继电器，KM1 为变频器输入电源接触器，KM3 为变频输出接触器，KM2 为工频运行接触器。变频器的频率为模拟量输入控制。

（1）变频器的主回路

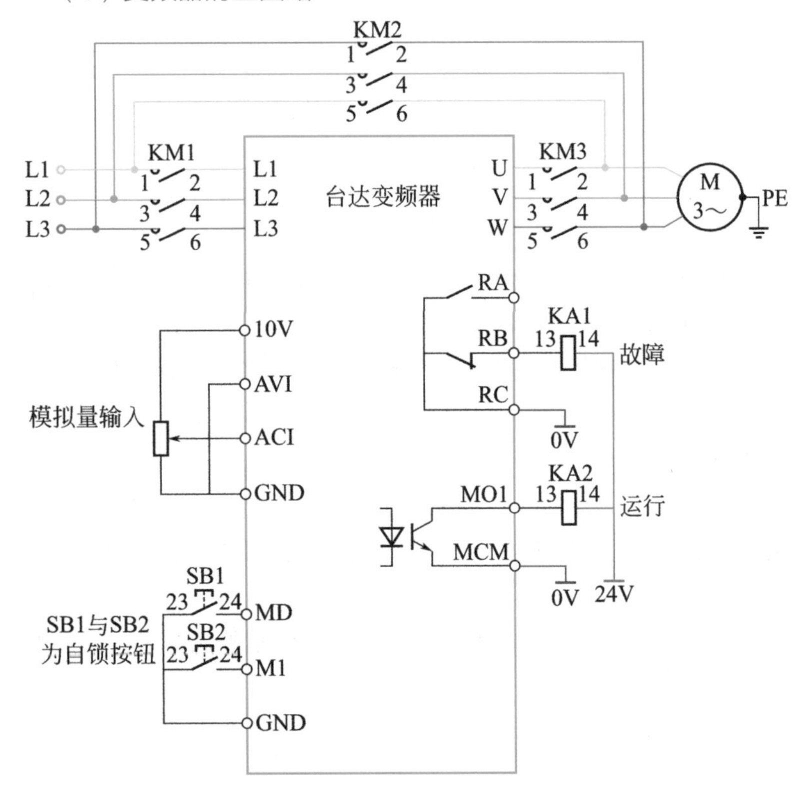

（2）变频器的控制回路

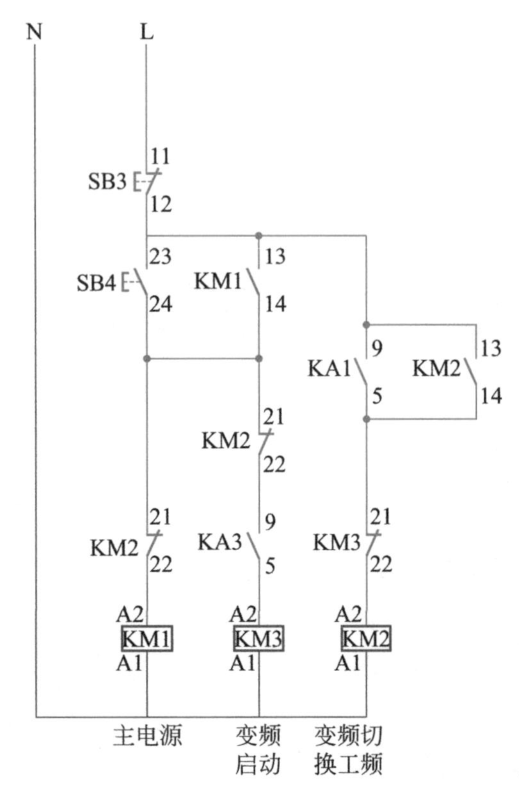

（3）电动机参数设置

参数号	出厂值	设置值	说明
P04	60	50	电动机额定频率（Hz）
P05	230	220	电动机额定电压（V）
P52	0	1.95	电动机额定电流（A）

（4）变频器参数设置

参数号	出厂值	设置值	说明
P00	00	01	由模拟量输入设定值
P01	00	01	由端子输入设定值（选择命令源）
P03	60	50	电动机运行的最高频率（Hz）
P08	1.5	0	电动机运行的最低频率（Hz）
P10	10	5	点动斜坡上升时间（s）
P11	10	5	点动斜坡下降时间（s）
P38	00	00	M0：正转 / 停止；M1：反转 / 停止
P45	00	00	00：运转中指示
P46	07	07	07：故障指示
P128	0.0	0.0	最小频率对应输入电压值
P129	10.0	10.0	最大频率对应输入电压值

（5）工作原理说明

① 主回路接线：三相电 380V 通过 L1、L2、L3 引入接触器 KM1 上端端子，下端端子出线引入台达变频器的 R、S、T，变频器的输出端 U、V、W 引入交流接触器的 KM3 的上端端子，KM3 下端端子出线引入三相异步电动机，此步骤为变频启动的主回路接线。或者三相电 380V 通过 L1、L2、L3 引入接触器 KM2 上端端子，下端端子出线引入三相异步电动机 U1、V1、W1，此步骤为工频启动的主回路接线。

② 主回路控制过程：KM1 主回路线圈吸合接通变频器三相电源，当变频器输出，交流接触器 KM3 吸合，电动机 1 变频运行。或 KM2 主回路吸合接通主电源，电动机 1 工频运行。

③ 变频运行：按下控制回路启动按钮 SB4，KM1 线圈得电，并自锁。按下变频器正转按钮 SB1，变频器开始运行，变频器继电器 24、25 接通，中间继电器 KA3 线圈得电，KA3 常开触点闭合，KM3 线圈得电。主触点 KM3 吸合，电动机变频运行。

④ 工频运行：在变频器故障时，继电器 RB、RC 接通，KA1 线圈得电，常开触点 5、9 接通，KM2 线圈得电，KM2 主触点接通，工频启动 KM2。

⑤ 停止按钮：按下停止按钮 SB3，KM1、KM2、KM3 线圈失电，KM1、KM2、KM3 主触点断开，电动机停止。

7.2.7 西门子 S7-200 SMRAT PLC 多段速控制台达变频器

控制要求：按下 SB1 正转运行，按下 SB2 反转运行，按下 SB3 以 10Hz 的频率运行，按下 SB4 以 15Hz 的频率运行，按下 SB5 以 20Hz 的频率运行。

（1）变频器的实物接线图

PLC 与变频器三段速控制电动机电路实物接线图如下图所示。

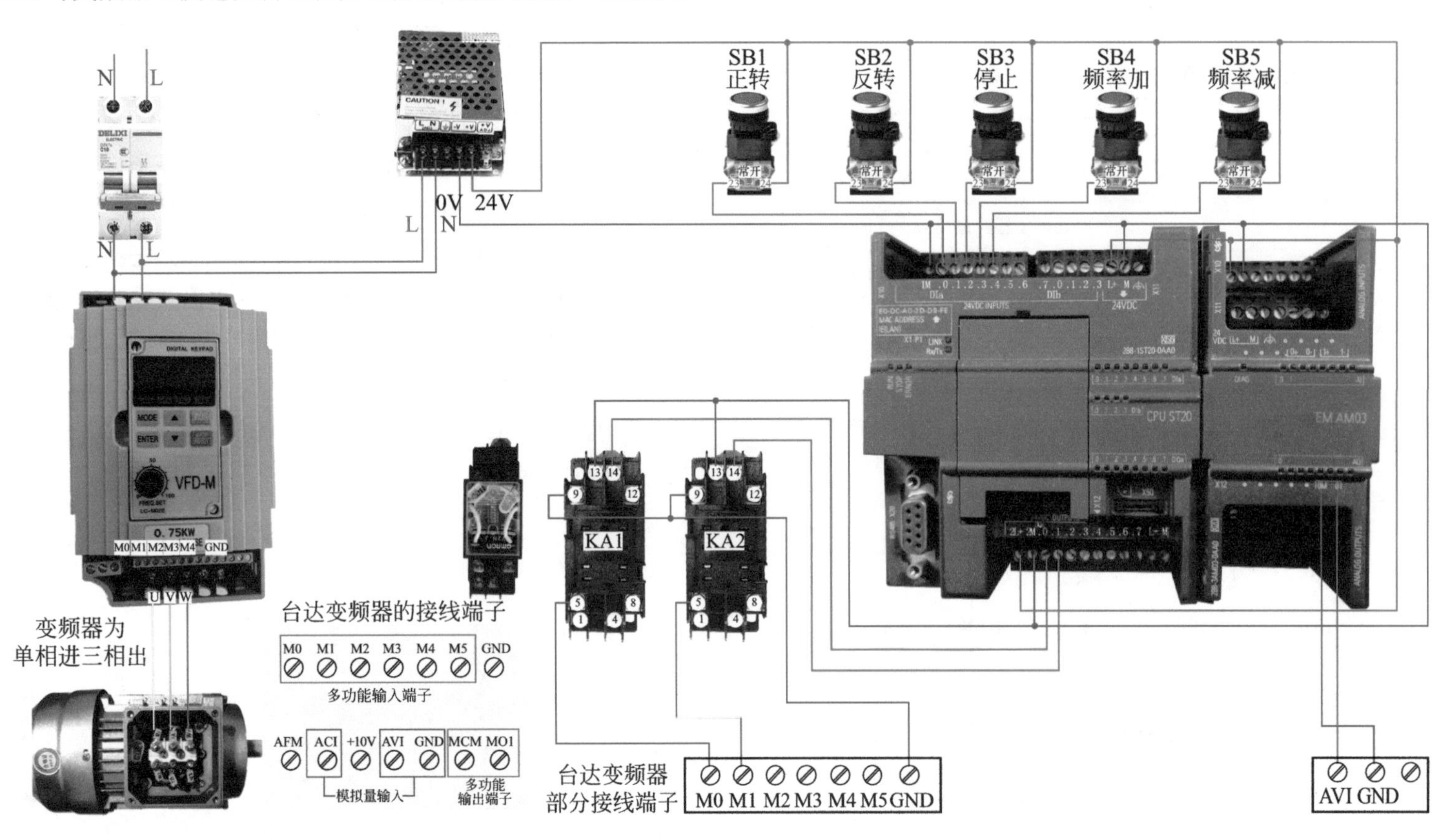

（2）实物接线讲解

① 电源接线：闭合总电源 QF1，变频器输入端 L1、L2、L3 上电，为启动电动机做好准备。

② 变频器的正反转端子接线：台达变频器是低电平有效，必须用中间继电器转换。Q0.0 接 KA1 的 14 号端子，13 号端子接 0V。Q0.0 输出 KA1 吸合，常开点 9 与 5 导通。9 接变频器 GND，5 接 M0。Q0.1 接线与 Q0.0 方式一样。Q0.0 控制正转，Q0.1 控制反转。

③ 变频器的三段速端子接线：Q0.2 接 KA3 的 14 号端子，13 号端子接 0V。Q0.2 输出 KA3 吸合，常开点 9 与 5 导通。9 接变频器 GND，5 接 M2。Q0.3 和 Q0.4 接线与 Q0.2 方式一样。Q0.2 控制速度 1，Q0.3 控制速度 2，Q0.4 控制速度 3。

④ 按钮开关接线：正转按钮接 I0.0，反转按钮接 I0.1，运行速度 1 接 I0.2，运行速度 2 接 I0.3，运行速度 3 接 I0.4，停止接 I0.5。

GND 接中间继电器 KA1、KA2、KA3、KA4、KA5 的 9 号端子。

⑤ 断开总电源：断开总电源 QF1，变频器输入端 R、S、T 断电，变频器失电断开。

（3）电动机参数设置

参数号	出厂值	设置值	说明
P04	60	50	电动机额定频率（Hz）
P05	230	220	电动机额定电压（V）
P52	0	1.95	电动机额定电流（A）

（4）变频器参数设置

参数号	出厂值	设置值	说明
P00	00	00	由端子输入设定值（选择频率源）
P01	00	01	由端子输入设定值（选择命令源）
P03	60	50	电动机运行的最高频率（Hz）
P08	1.5	0	电动机运行的最低频率（Hz）
P10	10	5	点动斜坡上升时间（s）
P11	10	5	点动斜坡下降时间（s）
P17	0.0	15	选择固定频率 15（Hz）
P18	0.0	20	选择固定频率 20（Hz）
P20	0.0	30	选择固定频率 30（Hz）
P38	00	00	M0：正转 / 停止；M1：反转 / 停止
P39	05	06	M2 接通多段速指令一
P40	06	07	M3 接通多段速指令二
P41	07	08	M4 接通多段速指令三

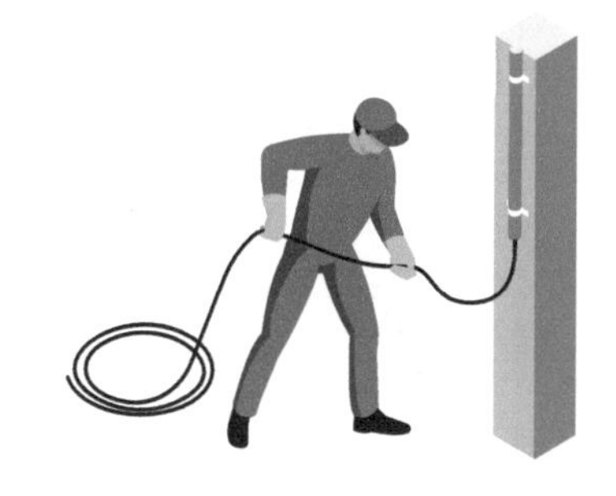

（5）PLC 与变频器三段速控制电动机 PLC 程序

① PLC 程序 I/O 分配表如下表所示。

输入	功能	输出	功能
I0.0	正转启动	Q0.0	正转运行
I0.1	反转启动	Q0.1	反转运行
I0.2	低速	Q0.2	低速运行
I0.3	中速	Q0.3	中速运行
I0.4	高速	Q0.4	高速运行
I0.5	停止		

② PLC 程序如下：

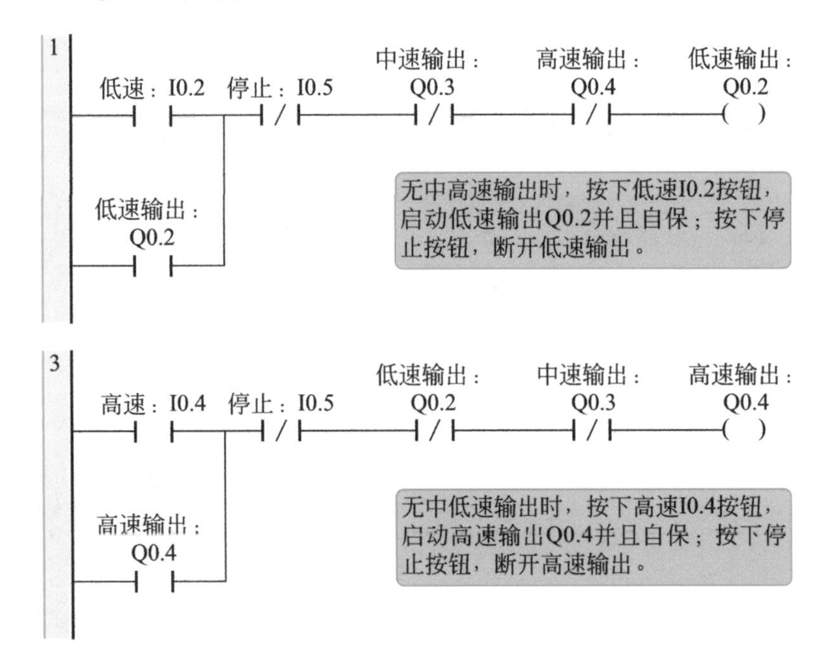

2

中速：I0.3　停止：I0.5　低速输出：Q0.2　高速输出：Q0.4　中速输出：Q0.3

中速输出：Q0.3

无高低速输出时，按下中速I0.3按钮，启动中速输出Q0.3并且自保；按下停止按钮，断开中速输出。

4

正转：I0.0　停止：I0.5　反转输出：Q0.1　正转输出：Q0.0

正转输出：Q0.0

无反转输出时，按下正转I0.0启动按钮，启动正转输出Q0.0并且自保；按下停止按钮，断开正转输出。

5

反转：I0.1　停止：I0.5　正转输出：Q0.0　反转输出：Q0.1

反转输出：Q0.1

无正转输出时，按下反转I0.1启动按钮，启动反转输出Q0.1并且自保；按下停止按钮，断开反转输出。

7.2.8 西门子 S7-200 SMRAT PLC 模拟量控制台达变频器

控制要求：按下 SB1 正转运行，按下 SB2 反转运行，按下 SB3 停止运行，按下 SB4 频率加 1Hz 运行，按下 SB5 减 1Hz 运行。

（1）变频器的实物接线图

PLC 与变频器模拟量控制电动机电路实物图如下图所示。

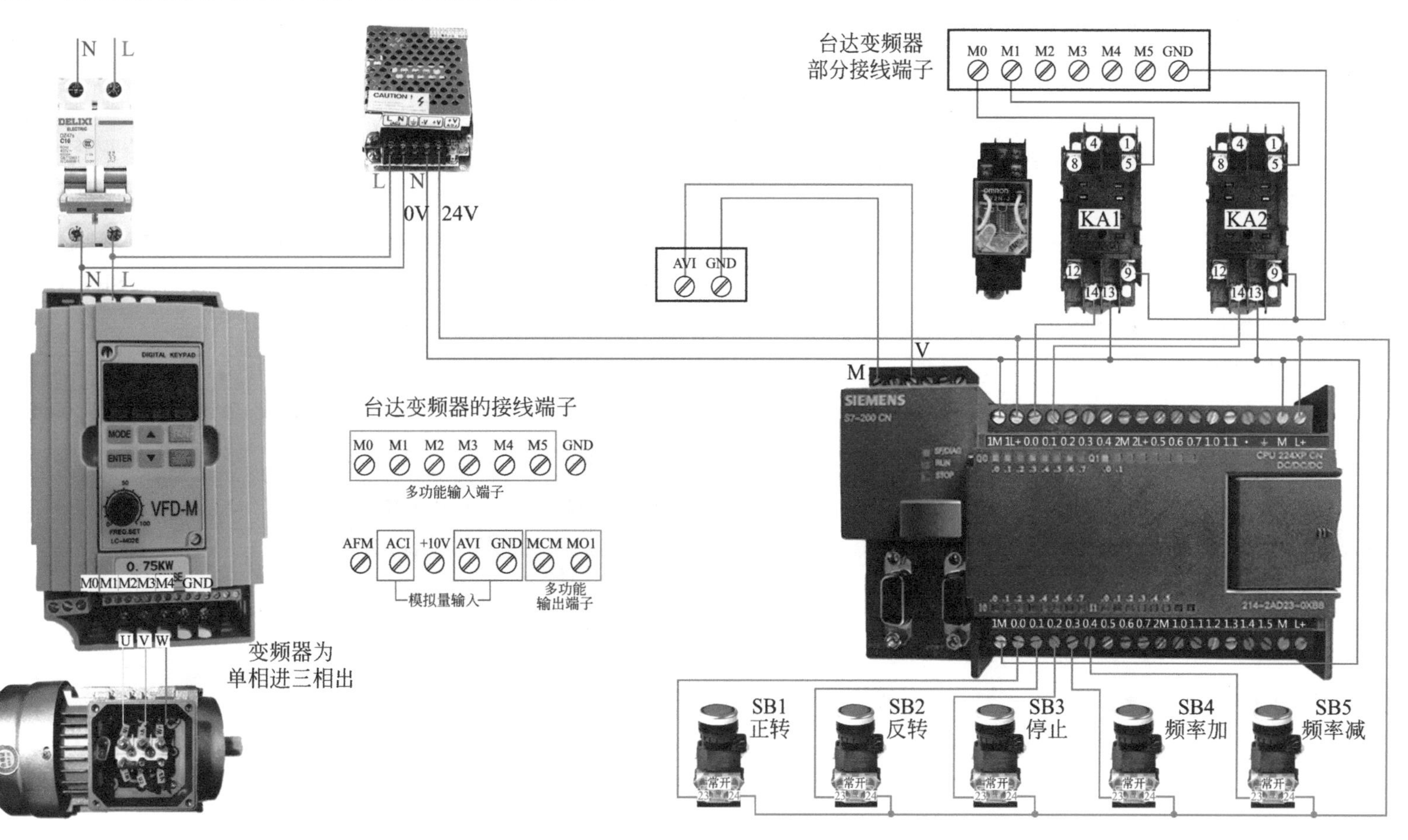

(2)实物接线讲解

① 电源接线：闭合总电源 QF1，变频器输入端 L1、L2、L3 上电，为启动电动机做好准备。

② 变频器的正反转端子接线：变频器一定要同源，必须用中间继电器转换。Q0.0 接 KA1 的 14 号端子，13 号端子接 0V。Q0.0 输出 KA1 吸合，常开点 9 与 5 导通。KA1 的 9 接变频器 9 号，KA1 的 5 接变频器 5 号。Q0.1 接线与 Q0.0 方式一样。Q0.0 控制正转，Q0.1 控制反转。

③ 3 号端子接 AM03 模拟量输出端子 0，4 号端子接 AM03 模拟量输出端子 0M。

④ 按钮开关接线：正转按钮接 I0.0，反转按钮接 I0.1，停止接 I0.2，频率增按钮接 I0.3，频率减按钮接 I0.4。

⑤ 断开总电源：断开总电源 QF1。变频器输入端 R、S、T 断电，变频器失电断开。

(3)电动机参数设置

参数号	出厂值	设置值	说明
P04	60	50	电动机额定频率（Hz）
P05	230	220	电动机额定电压（V）
P52	0	1.95	电动机额定电流（A）

(4)变频器参数设置

参数号	出厂值	设置值	说明
P00	00	01	由模拟量输入设定值
P01	00	01	由端子输入设定值（选择命令源）

续表

参数号	出厂值	设置值	说明
P03	60	50	电动机运行的最高频率（Hz）
P08	1．5	0	电动机运行的最低频率（Hz）
P10	10	5	点动斜坡上升时间（s）
P11	10	5	点动斜坡下降时间（s）
P38	00	00	M0：正转 / 停止；M1：反转 / 停止
P128	0.0	0.0	最小频率对应输入电压值
P129	10.0	10.0	最大频率对应输入电压值

(5)PLC 模拟量控制变频器 PLC 程序

案例要求：按下 SB1 正转运行，按下 SB2 反转运行，按下 SB3 停止运行，按下 SB4 频率加 1Hz 运行，按下 SB5 频率减 1Hz 运行。

① PLC 程序 I/O 分配表如下表所示。

输入	功能	输出	功能
I0.0	正转	Q0.0	正转
I0.1	反转	Q0.1	反转
I0.2	停止		
I0.3	频率加 1Hz		
I0.4	频率减 1Hz		

② PLC 程序如下：

编程思路：

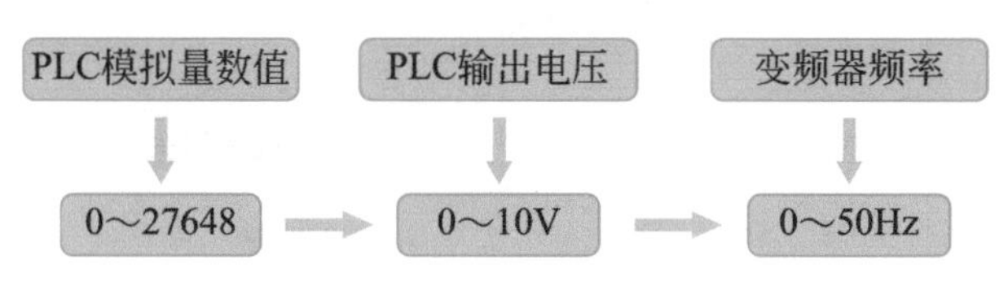

推导出：

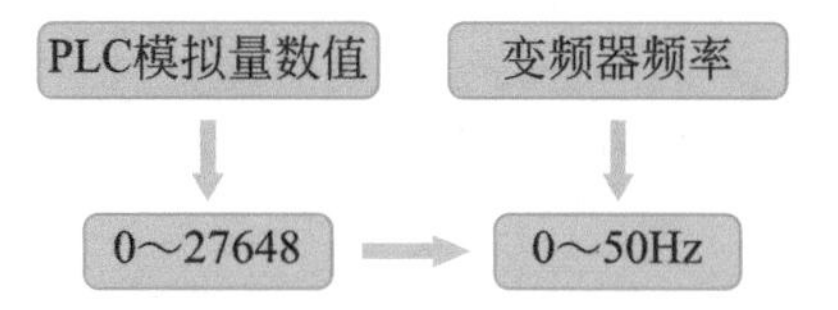

推算出：1Hz 对应 PLC 模拟量数值为 27648/50 =552.96 ≈ 553

总结：PLC 模拟量数值增加或减少 553，变频器频率增加或减少 1Hz。

本案例说明：用 PLC 模拟量电压输出，数值存放到 AQW16，按一次 I0.3，AQW16 数值增加 553，频率增加 1Hz；按一次 I0.4，AQW16 数值减 553，频率减 1Hz。

程序：

1

正转：I0.0　停止：I0.2　反转输出：Q0.1　正转输出：Q0.0

正转输出：Q0.0

无反转输出时，按下正转I0.0启动按钮，启动正转输出Q0.0并且自保；按下停止按钮，断开正转输出。

2

反转：I0.1　停止：I0.2　正转输出：Q0.0　反转输出：Q0.1

反转输出：Q0.1

无正转输出时，按下反转I0.1启动按钮，启动反转输出Q0.1并且自保；按下停止按钮，断开反转输出。

3

频率加：I0.3　P　VW0 < I 27648　ADD_I　EN　ENO　553 IN1　OUT VW0　VW0 IN2

按下I0.3，VW0加553，即变频器频率加1Hz。模拟量的最大值为27648，因此，VW0数值小于27648。

4

频率减：I0.4　P　VW0 > I 0　SUB_I　EN　ENO　VW0 IN1　OUT VW0　553 IN2

按下I0.4，VW0加553，即变频器频率减1Hz。模拟量的最小值为0，因此，VW0数值大于0。

5

Always_On:SM0.0　MOV_W　EN　ENO　VW0 IN　OUT AQW16

VW0的数值传送给模拟量的AQW16，模拟量的输出AQW16控制变频器的频率。

7.2.9 台达 VFD-M 变频器故障报警代码及处理方法

oc	ou	oH	Lu	oL
过流	过电压	超温	直流侧欠压	超设定额定电流
oL1	bb	ocA	ocd	ocn
变频器过载过热	多功能端子输入错误	加速过流	减速过流	运行中过流
EF	CF1	CF2	GFF	CFA
多功能输入端子报错	内部存储卡写入报错	内部存储卡读出报错	接地保护或保险丝故障	自动加速模式失败
CF3	PHL	codE	FbE	
驱动器线路异常	欠相保护	软件保护启动	PID 回授异常	

（1）故障代码 oc（过电流）可能引起故障的原因

变频器侦测输出侧有异常突增的过电流产生。

故障诊断和应采取的措施：

① 检查电动机输出功率与变频器输出功率是否相符合。

② 检查变频器与电动机间的联机是否有短路现象。

③ 增大加速时间（P10，12）检查电动机是否有超额负载。

（2）故障代码 ou（直流侧过电压）可能引起故障的原因

变频器侦测内部直流高压侧有过电压现象产生。

故障诊断和应采取的措施：

① 检查输入电压是否在变频器额定输入电压范围内。

② 监测是否有突波电压产生。

③ 由于电动机惯量回升电压，造成变频器内部直流高压侧电压过高，此时可增加减速时间或加装刹车电阻（选用）。

（3）故障代码 oH（变频器超温）可能引起故障的原因

变频器侦测内部温度过高，超过保护位准。

故障诊断和应采取的措施：

① 检查环境温度是否过高。

② 检查进出风口否堵塞。

③ 检查散热片是否有异物。

④ 检查变频器通风空间是否足够。

（4）故障代码 Lu 可能引起故障的原因

变频器侦测内部直流高压侧过低。

故障诊断和应采取的措施：

检查输入电源是否正常。

(5)故障代码 oL 可能引起故障的原因

变频器侦测输出超过可承受的电流耐量 150% 的变频器额定电流，可承受 60s。

故障诊断和应采取的措施：

① 检查电动机是否过负载。

② 减低 P54 转矩提升设定值。

③ 增加变频器输出容量。

(6)故障代码 oL1 可能引起故障的原因

内部电子热过载继电器保护：电动机负载过大。

故障诊断和应采取的措施：

① 检查电动机是否过载。

② 检查 P52 电动机额定电流值是否适当。

③ 检查电子热过载继电器功能设定。

④ 增加电机容量。

(7)故障代码 oL2 可能引起故障的原因

电动机负载太大。

故障诊断和应采取的措施：

① 检查电动机负载是否过大。

② 检查过转矩检出位准设定值（P60 ～ 62）。

(8)故障代码 bb 可能引起故障的原因

当外部多功能输入端子（M2 ～ M5）设定此一功能时，交流电动机驱动器停止输出。

故障诊断和应采取的措施：

清除信号来源“bb”立刻消失。

(9)故障代码 ocA 可能引起故障的原因

加速中过电流。

故障诊断和应采取的措施：

① 输出连线是否绝缘不良增加加速时间。

② 减低 P54 转矩，提升设定值，更换较大输出容量的变频器。

(10)故障代码 ocd 可能引起故障的原因

减速中过电流产生。

故障诊断和应采取的措施：

① 输出连线是否绝缘不良。

② 增加减速时间。

③ 更换较大输出容量的变频器。

(11)故障代码 ocn 可能引起故障的原因

运转中过电流产生。

故障诊断和应采取的措施：

① 输出连线是否绝缘不良。

② 检查电动机是否堵转。

更换较大输出容量的变频器。

(12)故障代码 EF 可能引起故障的原因

当外部多功能输入端子（M2 ～ M5）设定外部异常（EF）时，交流电动机驱动器停止输出。

故障诊断和应采取的措施：

清除故障来源后按“RESET”键即可。

(13)故障代码 CF1 可能引起故障的原因

内部存储器 IC 数据写入异常。

故障诊断和应采取的措施：

检查输入电源电压正常后重新开机。

(14) 故障代码 GFF 可能引起故障的原因

接地保护或保险丝故障。

接地保护：变频器有异常输出现象。输出端接地（接地电流高于变频器额定电流的 50% 以上时），功率模块可能已经损坏，此保护系针对变频器而非人体。

保险丝故障：由主电路板的 LED 指示灯显示保险丝是否故障。

故障诊断和应采取的措施：

① 接地保护。

② 确定 IGBT 功率模块是否损坏，检查输出侧接线否绝缘不良。

③ 保险丝故障。

④ 更换保险丝。

(15) 故障代码 CFA 可能引起故障的原因

自动加减速模式失败。

故障诊断和应采取的措施：

① 交流电动机驱动器与电动机匹配是否恰当。

② 负载回升惯量过大。

③ 负载变化过于急剧。

(16) 故障代码 CF3 可能引起故障的原因

交流电动机驱动器侦测线路异常。

故障诊断和应采取的措施：

直流侧电压（DC-BUS）侦测线路异常，请送厂维修。

(17) 故障代码 PHL 可能引起故障的原因

欠相保护。

故障诊断和应采取的措施：

检查是否为三相输入电源。

(18) 故障代码 codE 可能引起故障的原因

软件保护启动。

故障诊断和应采取的措施：

显示 codE 为密码锁定。

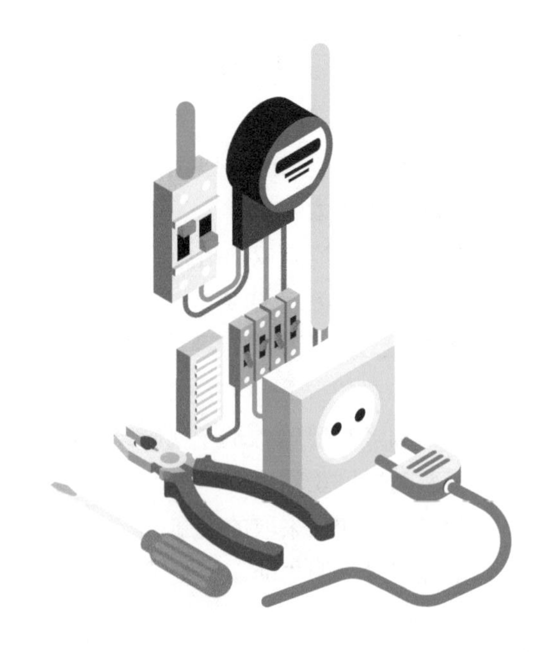

附录

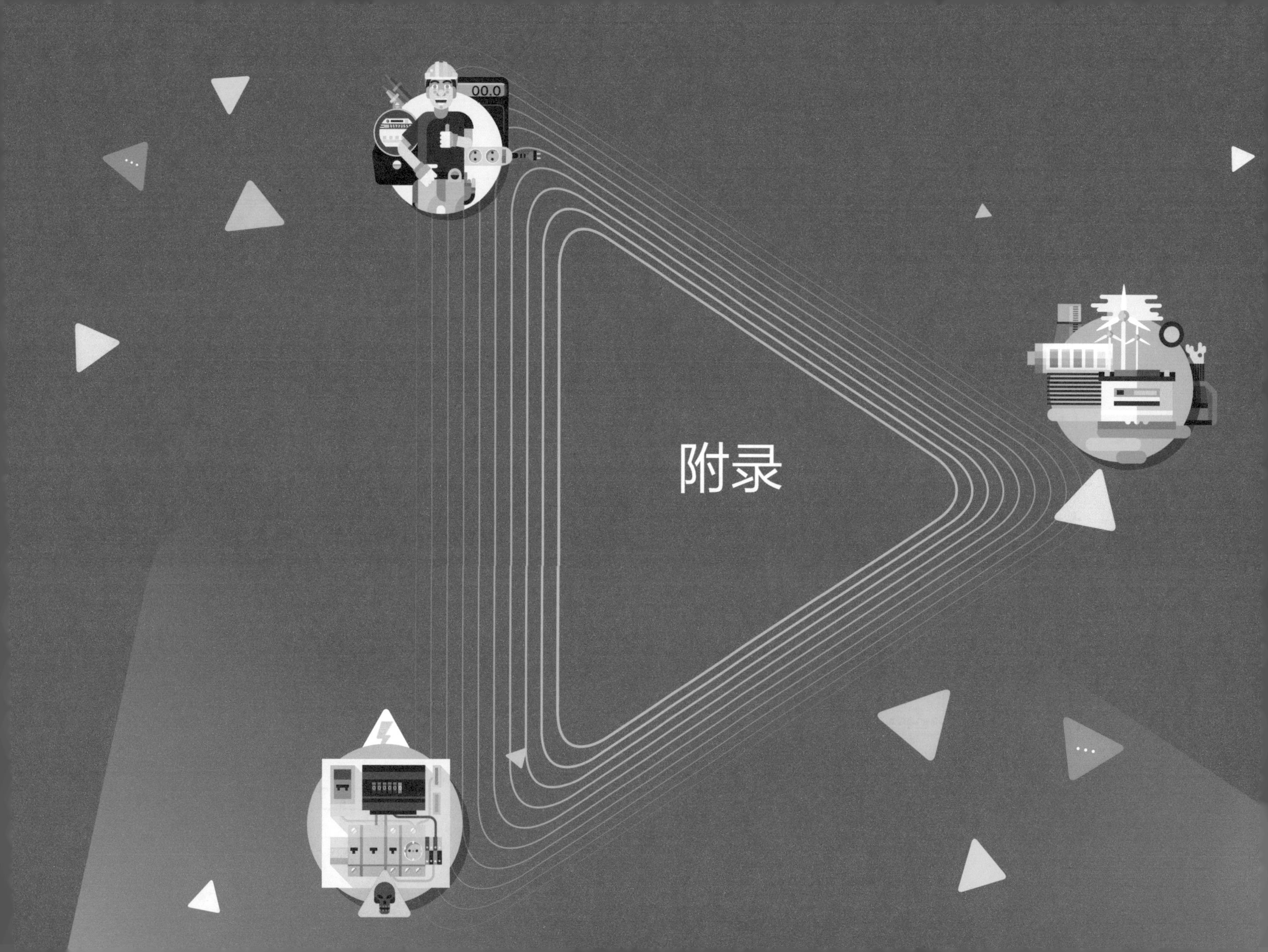

电气符号示意图

符号	描述	符号	描述	符号	描述
	常开触点		急停按钮 NO		热继 NO
	常闭触点		急停按钮 NC		热继 NC
	手动开关 NO		接近开关 NO	KA1	中间继电器线圈
	手动开关 NC		接近开关 NC	符号 KM1	接触器线圈
	按钮开关 NO		延时闭合 NO	KT1	通电延时线圈
	按钮开关 NC		延时断开 NC	KT1	通电断电延时线圈
	旋钮开关 NO		延时断开 NO		热继线圈

续表

符号	描述	符号	描述	符号	描述
	旋钮开关 NC		延时闭合 NC	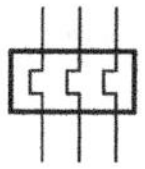	热继线圈 3P
	两位方式旋钮 NO		常开主触点	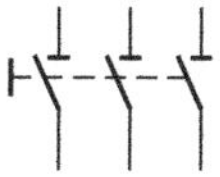	隔离开关
	两位方式旋钮 NC		常闭主触点	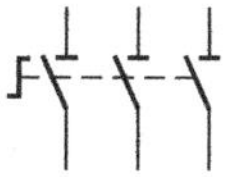	旋钮隔离开关
	行程开关 NO	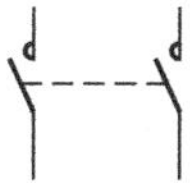	常开主触点 2P	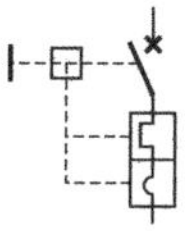	空气开关 1P
	行程开关 NC	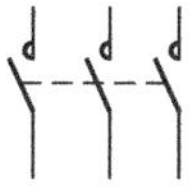	常开主触点 3P	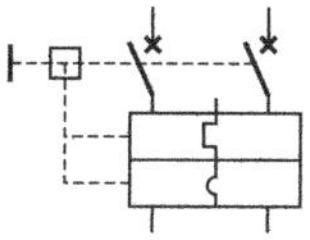	空气开关 2P
	指示灯		地线	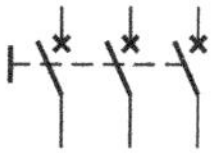	断路器
	扬声器		保护地线	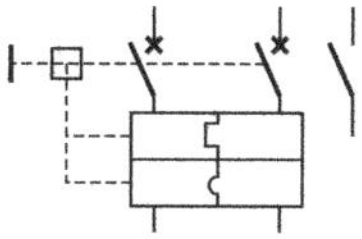	电动机保护断路器 2P
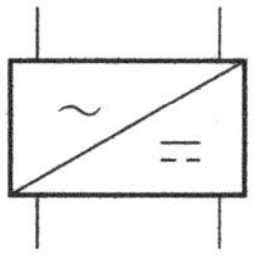 ～ =	开关电源	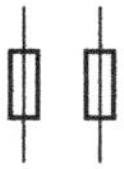	熔断器	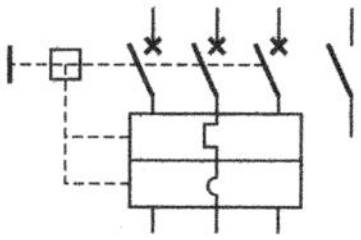	电动机保护断路器 3P

单相三相的电流计算

（1）单相负荷电流计算

在供配电系统中，单相负荷占有很大的比例，单相负荷的电流值计算是供配电设计中的一个很重要的内容。这一要诀介绍的是单相负荷电流如何估算。

① 单相 220V 负荷电流。单相负荷电压为 220V，这类负荷的功率因数大多为“1”，如最常见的照明负荷，其电流值为容量的 4.5 倍，计算公式为

$$I=4.5P$$

式中，I 为负荷电流，A；P 为负荷功率，W。

例： 求单相 220V 供电的功率为 2kW 碘钨灯的电流。

解： 据要诀可知，电流 $I=2\times4.5=9$（A）。

② 单相 380V 负荷电流。单相 380V 用电设备，当两根线都接在相线上，承受 380V 电压时，如交流电焊机、行灯变压器等（称为单相 1380V 用电负荷），其电流约为容量的 2.6 倍。计算公式为

$$I=2.6P$$

式中，I 为负荷电流，A；P 为用电设备功率，kW。

例： 单相 380V 供电的功率为 28kV·A 的交流电焊机，初级接成单相 1380V，求它的初级电流。

解： 根据要诀可知，电流 $I=28\times2.6=72.8$（A）。

（2）三相电动机求电流

例： 已知 2.2kW 三相电动机电压为 380V，如何求电流？

解：

$$P=\sqrt{3}\ UI\cos\phi\times\eta$$

其中：P——电动机的额定功率；U——额定电压(三相380V)；$\cos\phi$——电动机的功率因数；η——电动机的效率。

将 $\sqrt{3}=1.732$，$U=380$V，$\cos\phi\approx0.85$，$\eta\approx0.9$，代入上式得：$I\approx4.37$A

结论： 由公式及口诀均可说明容量相同、电压等级不同的电动机的额定电流是不相同的，即电压千伏数不一样，除以相同的容量，所得“商数”显然不相同。不相同的商数去乘相同的系数 0.76，所得的电流值也不相同。若把以上口诀称为通用口诀，则可推导出计算 220V、380V、660V、3.6kV 电压等级电动机的额定电流专用计算口诀，用专用计算口诀计算某台三相电动机额定电流时，容量千瓦与电流安培关系直接倍数化，省去了容量除以千伏数，商数再乘系数 0.76。1kW 三相 200V 电动机电流为 3.5A，1kW 常用 380V 电动机电流为 2A，1kW 低压 600V 电动机电流为 1.2A，1kW 高压 3kV 电动机电流为 1A，8kW 高压 6kV 电动机电流为 1A。

欧姆定律：

（千瓦）	$P=U/I$
P——电功率 W（瓦）	P（11000W）=220V×50A
I——电流 A（安）	$I=U/R=220\text{V}/48.4\Omega=4.55\text{A}$
R——电阻 Ω（欧）	$R=U/I=220\text{V}/4.55\text{A}=48.4$
U——电压 V（伏）	$I=P/U=11000\text{W}/220\text{V}=50\text{A}$

常用元器件选型

（1）断路器

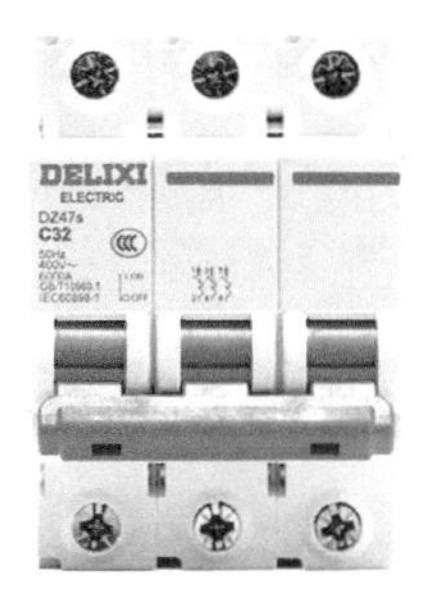

这种断路器分 C 型和 D 型 ,C 型用于配电、照明、阻性负载，选型按照负载额定电流的 1.5 倍选。D 型用于电动机等具有启动电流的负载，选型按照负载额定电流的 1.5 倍选；C 型不适用于电动机，因为电动启动电流比较大，容易在电动机启动时造成跳闸，如果用 C 型断路器带电动机，选型按照电机额定电流的 2 ~ 2.5 倍选择。

断路器文字符号：QF

断路器图形符号：

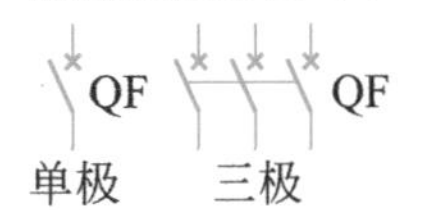

（2）交流接触器

按照负载额定电流的 1.5 倍左右选型。

例：一台 3kW 三相电动机，额定电流 6A，我们可以选择一个 9A 的接触器，如果是 11kW 的电动机，额定电流 22A 可以选择一个 32A 的接触器，具体看有没有这个规格，靠近选择。

交流接触器文字符号：KM

交流接触器图形符号：

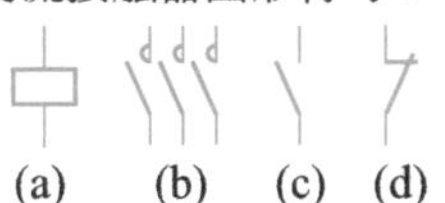

(a)　(b)　(c)　(d)

（3）电动机断路器

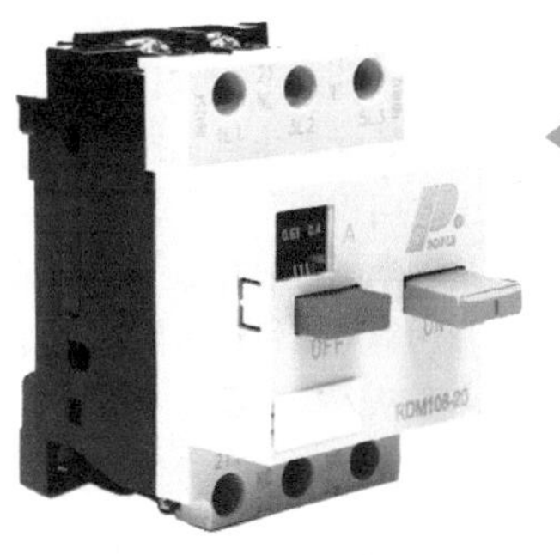

用于三相电动机的电源控制。

这种断路器不用考虑电动机的启动电流，不会因为电动机的启动电流大而导致跳闸，断路器的额定电流可在一定范围内可调。

例：3kW 三相电动机，额定电流 6A，可以选择一个 6 ~ 10A 的断路器设定电流在 7A 左右，也就是说根据电动机额定电流往上一个规格选择。

电动机断路器图形符号：

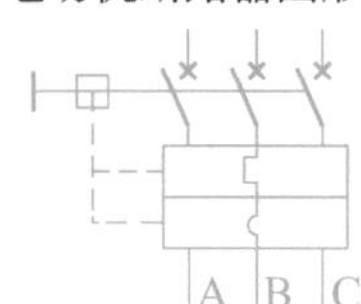

（4）热继电器

热继电器文字符号：FR

热继电器图形符号：

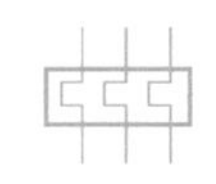

FR

(a) 加热元件　(b) 热继电器触点

用于三相电动机的过载（过流）保护。

热保护继电器的额定电流是有一个范围的，可在一定范围内可调，选型可以按照电动机额定电流的 1.1 ~ 1.2 倍选择，也可以根据电动机额定电流往上选择规格。

参考文献

[1]《新编电工手册》编委会 . 新编电工手册 [M]. 北京 : 化学工业出版社 , 2018.

[2] 张伯龙 . 从零开始学低压电工技术 [M]. 北京 : 国防工业出版社 , 2010.

[3] 张振文 . 电工电路识图、布线、接线与维修 [M]. 北京 : 化学工业出版社 , 2017.

[4] 韩雪涛 . 零基础学电工 [M]. 北京 : 机械工业出版社 , 2018.

[5] 张兴伟 . 全彩图解电工快速入门 [M]. 北京 : 电子工业出版社 , 2014.

[6] 杨锐 . 图解电工从入门到精通 [M]. 武汉 : 华中科技大学出版社 , 2014.